白話機器學習

Luis G. Serrano 著／CSebastian Thrun 序／洪巍恩 譯

Title : Grokking Machine Learning
Author : Luis G. Serrano
ISBN : 978-1-617295-91-1

目錄

推薦序   viii

自序   x

致謝   xii

關於本書   xiv

關於作者   xviii

1　什麼是機器學習？它是一種常識，只是是由電腦來完成   **1**

我需要有深厚的數理和程式背景才能了解機器學習嗎？   2

好的，所以機器學習到底是什麼？   4

我們如何讓機器根據資料做出決策？記得 - 制定 - 預測框架   7

2　機器學習的類型   **17**

標記資料和未標記資料有什麼區別？   19

監督式學習：使用標記資料的機器學習分支   21

非監督式學習：處理未標記資料的機器學習分支   25

什麼是增強式學習？   34

3 在資料點附近畫一條線：線性迴歸　　39

問題：我們需要預測房子的價格　　41

解決方案：建立房價迴歸模型　　42

如何讓電腦畫出這條線：線性迴歸演算法　　49

我們如何衡量我們的結果？使用誤差函數　　68

實際應用：使用 Turi Create 預測印度房價　　77

如果資料不在一條線中怎麼辦？多項式迴歸　　79

參數和超參數　　82

迴歸的應用　　82

4 最佳化訓練過程：配適不足、過度配適、測試和正規化　　87

使用多項式迴歸的配適不足和過度配適案例　　90

我們如何讓電腦選擇正確的模型？透過測試　　92

我們在哪裡打破了黃金法則，我們如何解決它？驗證集　　95

決定模型應該多複雜的數值方法：模型複雜度圖　　96

避免過度配適的另一種方法：正規化　　98

使用 Turi Create 進行多項式迴歸、測試和正規化　　109

5 用線來分割我們的點：感知器算法　　117

問題：我們在一個外星球上，我們不懂外星人的語言！　　120

我們如何確定分類器的好壞？誤差函數　　137

如何找到一個好的分類器？感知器算法　　145

編寫感知器算法　　156

感知器算法的應用　　162

6　用以分裂點的連續方法：邏輯分類器　　167

邏輯分類器：連續版本的感知器分類器　　169

如何找到一個好的邏輯分類器？邏輯迴歸演算法　　182

對邏輯迴歸演算法進行編碼　　189

實際應用：使用 Turi Create 對 IMDB 評論進行分類　　194

分類為多個類別：softmax 函數　　197

7　你如何衡量分類模型？準確率及其朋友　　201

準確率：我的模型多久正確一次？　　202

如何解決準確率問題？定義不同類型的錯誤以及如何衡量它們　　204

評估我們模型的有用工具：接收者操作特徵 (ROC) 曲線　　216

8　最大程度地利用機率：單純貝氏分類模型　　233

生病還是健康？以貝氏定理為主角的故事　　235

使用案例：垃圾郵件偵測模型　　240

使用真實資料建構垃圾郵件偵測模型　　256

9　透過提問來分割資料：決策樹　　265

問題：我們需要根據使用者可能下載的內容向他們推薦應用程式　　272

解決方案：建構 App 推薦系統　　274

除了是 / 否之類的問題之外　　293

決策樹的圖形邊界　　297

實際應用：使用 Scikit-Learn 模擬學生申請入學　　302

迴歸決策樹　　306

應用　　311

10 組合建構組塊以獲得更多力量：神經網路 315

神經網路案例：一個更複雜的外星球 317

訓練神經網路 333

在 Keras 中編寫神經網路 341

用於迴歸的神經網路 351

用於更複雜資料集的其他架構 353

11 用風格尋找邊界：支援向量機和核方法 359

使用新的誤差函數來建構更好的分類器 362

在 Scikit-Learn 中編寫支援向量機 369

用非線性邊界訓練 SVM：核方法 372

12 結合模型以最大化結果：集成學習 401

在我們朋友的一點幫助之下 402

Bagging：隨機加入一些弱學習器來建構一個強學習器 405

AdaBoost：以巧妙的方式加入弱學習器，以打造強學習器 412

梯度提升：使用決策樹建構強學習器 422

XGBoost：一種進行梯度提升的極端方法 428

集成方法的應用 438

13 付諸實踐：資料工程和機器學習的真實案例　　441

鐵達尼號資料集　　442

清理我們的資料集：缺失值以及如何處理它們　　447

特徵工程：在訓練模型之前轉換我們資料集中的特徵　　450

訓練我們的模型　　457

調整超參數以找到最佳模型：網格搜尋　　463

使用 k 折交叉驗證來重新使用我們的資料作為訓練和驗證　　467

附錄 A 練習題的答案　　471

附錄 B 梯度下降背後的數學涵義：使用導數和斜率　　513

附錄 C 參考資料　　537

索引　　549

推薦序

你是否認為機器學習很複雜又很難掌握呢？其實不然！你需要讀這本書！

Luis Serrano 就像一位厲害的魔法師，能用淺白的語言來解釋事情。我初次見到他，是他在 Udactiy 教授機器學習的時候，他讓我們的學生覺得機器學習就像加減數學一樣簡單；最重要的是，他讓教材變得很有趣。他所錄製的課程影片非常吸引人，至今仍是 Udacity 上最受歡迎的課程內容之一。

而這本書更棒！即使是害怕的人也會喜歡這本書的教材，因為 Serrano 揭露了機器學習社會中最隱藏的祕密，他會帶領你逐步了解這個領域中關鍵的演算法和技術。即使不喜歡數學，你仍可以成為機器學習的愛好者，因為 Serrano 大幅減少了許多學者所熱愛的艱澀數學術語，而只用直覺和實務來解釋說明。

本書真正的目標是要使你自己掌握這些方法，所以這本書充滿了有趣的練習，讓你能嘗試那些神秘（但現在已經被解密）的技術。你是想看最新的 Netflix 節目，還是願意花時間將機器學習應用於電腦視覺和自然語言理解方面的問題？如果是後者，那這本書適很合你閱讀。我無法用言語表達，玩這最新奇的機器學習技術，並看到電腦在你的監督下施展了魔法，這是多麼有趣的事。

此外，由於機器學習幾乎是過去幾年以來最熱門的技術，你現在就可以將所學習的新技能應用在日常工作中。在幾年前，《紐約時報》宣稱全世界只有 1 萬名機器學習專家，卻有數百萬個職缺機會，時至今日仍是如此。透過本書的學習，保證你能擁有當今世界上最需要的技能之一，並能成為一名專業的機器學習工程師。

· ·

Luis Serrano 藉由本書完成了令人敬佩的工作，他解釋了複雜的演算法，並讓幾乎所有人都能理解這些演算法。然而他也沒有對內容的深度妥協，反而著重於透過一系列有啟發性的專案和練習來增強讀者的能力。這意味者，閱讀本書將不會是個被動的閱讀過程，所以要從本書中獲益良多，你必須付出努力。在 Udacity 我們有一句話：「你不會因為只看別人運動就瘦下來」。要想深入了解機器學習，你必須學會將其應用於現實世界中的問題。倘若你已經準備好這樣做，那這本就是最適合你的書了──不論你是誰！

Sebastian Thrun 博士
Udacity 創辦人
美國史丹佛大學兼任教授

自序

未來已經到來！而那個未來有個名字，就叫做機器學習。從醫學到銀行業，從自駕車到點咖啡，幾乎所有產業都看得到其應用，人們對機器學習的興趣與日俱增；但，什麼是機器學習呢？

許多時候，當我閱讀機器學習書籍或參加機器學習講座的時候，我所看到的不是滿滿的複雜公式，就是一行又一行的程式碼。一段時間，我認為這就是機器學習，而機器學習只保留給那些同時對數學和電腦科學都有紮實知識的人。

然而，我開始將機器學習與其他學科進行比較，例如音樂。音樂理論和實務是複雜的學科；但當我們想到音樂時，我們所想到的不是樂譜和音階，而是歌曲和旋律。這就讓我思考，機器學習也是如此嗎？它真的只是一堆公式和程式碼，還是它背後有段旋律呢？

音樂　　　　　　　　　　機器學習

圖 1　音樂不僅僅是音階和音符，其所有技術細節背後都有一段旋律。同樣的，機器學習不僅僅是公式和程式，它還有一個旋律，在這本書中，我們歌唱這旋律。

●●●

我將這想法放在心上，並且開始一段了解機器學習旋律的旅程。我盯著公式和程式碼看了好幾個月；我畫了很多圖表；我在餐巾紙上塗鴉，然後把它展示給我的家人、朋友和同事們；我在小型和大型資料集上訓練模型；我做了些實驗。經過了一段時間，我才開始聆聽機器學習的旋律，突然之間，一些非常美麗的圖畫開始在我腦海中形成，我開始撰寫與所有機器學習概念相關的故事。旋律、圖畫、故事——這就是對任何主題我享受的學習方式，我在本書中與你分享的正是那些旋律、圖畫和故事。我的目標是讓每個人都能完全理解機器學習，而這本書是這一旅程的其中一步。我很高興你能和我一起邁出這一步！

致謝

首先，我要感謝我的編輯 Marina Michaels，要不是她，這本書就不會存在。她的組織能力、透徹的編輯和寶貴的投入幫助我塑造《白話機器學習》這本書。我感謝 Marjan Bace、Bert Bates 以及 Manning 團隊其他成員的支持、專業精神、偉大的想法和耐心。也感謝我的技術校對人員 Shirley Yap 和 Karsten Strøbæk、技術開發編輯 Kris Athi，以及審稿人員給予我很好的回饋並糾正了我許多錯誤。我感謝製作編輯 Keri Hales、審稿編輯 Pamela Hunt、圖片編輯 Jennifer Houle、校對員 Jason Everett，以及整個製作團隊為實現這本書而做的所有付出。 我感謝 Laura Montoya 在包容性語言和 AI 倫理方面提供的幫助，Diego Hernandez 對程式碼的寶貴補充，以及 Christian Picón 在儲存庫和套件技術方面給予非常大的幫助。

我想感謝 Sebastian Thrun 為教育民主化方面所做的傑出工作。Udacity 是第一個讓我有機會向世界傳授知識的平台，我要感謝我在那裡遇到的優秀同事和學生。感謝 Alejandro Perdomo 和 Zapata Computing 團隊，他們向我介紹了量子機器學習的世界。還要感謝我在 Google 和 Apple 公司所遇到的許多優秀領導者和同事，他們在我的職業生涯中扮演了至關重要的角色。特別感謝 Roberto Cipriani 和 Paper Inc. 的團隊讓我成為這個大家庭的一員，並感謝他們在教育界所做的出色工作。

我要感謝我的許多學術導師，他們塑造了我的職業生涯和我的思維方式：Mary Falk de Losada 和她在哥倫比亞數學奧林匹克競賽的團隊，我在那裡開始熱愛數學，並且有機會遇到偉大的導師，和他建立起終生難忘的友誼；我的博士導師 Sergey Fomin，他對我的數學教育和教學風格影響深遠；我的碩士導師 Ian Goulden，以及 Nantel 和 François Bergeron、Bruce Sagan 和 Federico Ardila，以及我有機會共事的許多教授和同事，特別是滑鐵盧大學、西根大學、魁北克大學、

蒙特利爾大學和約克大學的教授和同事；最後是 Richard Hoshino 以及奎斯特大學的團隊和學生，他們幫助我測試和改進了本書中的材料。

致所有審稿人：Al Pezewski、Albert Nogués Sabater、Amit Lamba、Bill Mitchell、Borko Djurkovic、Daniele Andreis、Erik Sapper、Hao Liu、Jeremy R. Loscheider、Juan Gabriel Bono、Kay Engelhardt、Krzysztof Kamyczek、Matthew Margolis、Matthias Busch、Michael Bright、Millad Dagdoni、Polina Keselman、Tony Holdroyd 和 Valerie Parham-Thompson，你們的建議使這本書變得更好。

我要感謝我的妻子 Carolina Lasso，她在這個過程中的每一步都以愛和善意支持我；感謝我的母親 Cecilia Herrera 用愛撫養我長大，總是鼓勵我追隨自己的熱情；感謝我的祖母 Maruja，她是從天堂看著我的天使；感謝我最好的朋友 Alejandro Morales 一直在我身邊；還要感謝我的朋友們，他們啟迪了我的道路，照亮了我的生活，我衷心地感謝你們，全心全意地愛你們。

YouTube、blog、podcast 和社交媒體讓我有機會與世界各地成千上萬的優秀靈魂建立連結。對學習充滿無限熱情的好奇心，慷慨地分享他們的知識和見解的教育工作者，組成了一個電子部落，每天都激勵著我，給我繼續教學和學習的能量。對於那些與世界分享他們的知識或每天努力學習的人們，我感謝你們。

我感謝所有努力使這個世界變得更加公平且和平的人。對於任何為正義、和平、環境和地球上每個人的平等機會而戰的人，無論他們的種族、性別、出生地、條件和選擇如何，我從心底感謝你們。

最後，但同樣重要的是，這本書是獻給讀者你的。你選擇了學習的道路，選擇了進步的道路，選擇了在不舒服中感到自在的道路，這令人欽佩。我希望這本書是你在追隨自己的熱情和創造更美好世界的道路上邁出的積極一步。

關於本書

本書教給你兩件事：機器學習模型以及如何使用它們。機器學習模型有不同的類型，其中一些會回傳確定的答案，例如是或否，而另一些則以機率的形式回傳答案。它們之中有些使用方程式，另一些使用 if 語句，它們的一個共同點是都會回傳一個答案或一個預測。機器學習的分支，包括回傳預測的模型，被恰當地命名為**預測性機器學習**，這就是我們在本書中專注的機器學習類型。

本書架構

章節類別

本書有兩種類型的章節。其中大部分（第 3、5、6、8、9、10、11 和 12 章）各包含一種機器學習模型的類型。每章中對應的模型都有詳細的研究，包括範例、公式、程式碼和供你解決的練習。其他章節（第 4、7 和 13 章）包含了用於訓練、評估和改進機器學習模型的有用技術。特別是，第 13 章包含一個真實資料集上的端到端範例，在這個範例中，你將能夠應用你在前面幾章中獲得的所有知識。

建議的學習順序

你有兩種使用這本書的方式。我推薦的是逐章線性地閱讀，因為你會發現，學習模型和學習訓練模型的技術之間的交替是很有意義的。然而，另一種學習途徑是首先學習所有的模型（第 3、5、6、8、9、10、11 和 12 章），然後學習訓練它們的技術（第 4、7 和 13 章）。當然，由於我們都有不同的學習方式，你可以創造你自己的學習路徑！

附錄

本書有三個附錄。附錄 A 包含每章練習的解答。附錄 B 包含一些有用的正式數學推導，但比本書的其餘部分更具技術性。附錄 C 包含我推薦的參考資料和資源清單，如果你想進一步了解的話。

要求與學習目標

本書為你提供了一個可靠的預測性機器學習框架。要充分利用這本書，你應該有一個視覺思維，並對初級數學有良好的理解，例如線圖、方程式和基本機率。如果你知道如何寫程式，特別是 Python，這將很有幫助（儘管不是強制性的），因為在整本書中，你有機會在真實的資料集中實作和應用幾個模型。閱讀本書後，你將能夠做到以下幾點：

- 描述預測性機器學習中最重要的模型及其工作原理，包括線性迴歸和邏輯迴歸、單純貝氏分類、決策樹、神經網路、支援向量機和集成方法。
- 識別它們的優點和缺點，以及它們使用的參數。
- 識別這些模型在現實世界中的使用方式，並制訂潛在的方法，將機器學習應用於你想解決的任何特定問題。
- 學習如何最佳化這些模型，比較並改進它們，以建立我們可以建立的最佳機器學習模型。
- 手動或使用現有的套裝軟體來編寫模型，並使用它們對真實的資料集進行預測。

如果你有一個特定的資料集或問題，我邀請你思考如何將你在本書中學到的東西應用於其中，並將其作為一個起點來實現和實驗自己的模型。

我非常高興能和你一起開始這段旅程，希望你也一樣興奮！

其他學習資源

這本書自成一體，這意味著除了前面所述的要求之外，我們需要的每個概念都在書中介紹了。然而，本書包含了許多參考資料，如果你想更深入理解這些概念，或者你想探索更多主題，我建議你查看在附錄 C 和這個連結中的參考資料：http://serrano.academy/grokking-machine-learning。

特別值得一提的是，我自己還有一些資源伴隨著這本書的材料。在我的網頁 http://serrano.academy 中你可以找到很多影片、文章和程式碼等形式的材料。這些影片也在我的 YouTube 頻道 www.youtube.com/c/LuisSerrano 中，建議你看看它們。事實上，本書的大多數章節都有相對應的影片，我建議你在閱讀該章時觀看。

我們會要寫程式

在本書中，我們將用 Python 編寫程式碼；然而，如果你的計畫是在沒有程式碼的情況下學習概念，你仍然可以在忽略程式碼的情況下學習本書。儘管如此，我建議你至少看一看程式碼，如此你就能熟悉它了。

本書附帶一個程式碼儲存庫（repository），大多數章節會給你機會從頭開始編寫演算法，或者使用一些非常熱門的 Python 套件來建立適合給定資料集的模型。GitHub repository 在 www.github.com/luisguiserrano/manning，我在整本書中連結了相應的 notebook。在 repository 的 README 中，你可以找到安裝套件的說明，以便成功運行程式碼。

我們在本書中主要使用的 Python 套件如下：

- **NumPy**：用於儲存陣列和執行複雜的數學計算
- **Pandas**：用於儲存、處理和分析大型資料集
- **Matplotlib**：用於繪製資料
- **Turi Create**：用於儲存和處理資料以及訓練機器學習模型
- **Scikit-Learn**：用於訓練機器學習模型
- **Keras (TensorFlow)**：用於訓練神經網路

關於程式碼

本書在一般文字中包含了許多原始碼範例，對於這兩種情況，原始碼的格式會以定寬字體（fixed-width font）來與一般文字有所區別；有時也會用**粗體字**來突顯出與本章的前面步驟相比有變化的程式碼，例如當一個新功能增加到現有的一行程式碼時。

在許多情況下，原始的原始碼被重新格式化了；我們增加了分行符號，並重新設計了縮排，以適應書中可用的頁面空間。此外，當文字敘述中提到程式碼時，原始碼中的注釋通常已經從中刪除，而程式碼註解會留著以強調重要的概念。

本書中範例的程式碼可以在 Manning 的網站（https://www.manning.com/books/grokking-machine-learning）下載，也可以從 GitHub（www.github.com/luisguiserrano/manning）下載。

線上論壇

你所購買的《白話機器學習》還包括免費訪問由 Manning Publications 所管理的私人網路論壇，在這裡你可以對本書發表評論，提出技術問題，並從作者和其他使用者那裡獲得幫助。請由此連結訪問該論壇：https://livebook.manning.com/#!/book/grokking-machine-learning/discussion。你也可以在 https://livebook.manning.com/#!/discussion，了解更多關於 Manning 的論壇及其規則。

Manning 對讀者的承諾是提供一個場所，讓讀者之間以及讀者與作者之間能進行有意義的對話。這不是對作者的任何具體參與量的承諾，作者對論壇的貢獻仍是自願的（且無償的）。我們建議你嘗試向作者提出一些具有挑戰性的問題，以免他的興趣偏離了方向！只要這本書還在印刷，就可以從出版商的網站上訪問論壇和以前討論的檔案。

關於作者

Luis G. Serrano 是 Zapata Computing 的量子人工智慧領域的研究科學家,他之前曾在 Google 擔任機器學習工程師,以及在 Apple 擔任人工智慧主任教育專家,並在 Udacity 擔任人工智慧和資料科學的內容負責人。Luis 擁有美國密西根大學的數學博士學位、滑鐵盧大學的數學學士和碩士學位,在蒙特利爾魁北克大學的 Laboratoire de Combinatoire et d'Informatique Mathématique 擔任博士後研究員。Luis 有一個關於機器學習的熱門 YouTube 頻道,擁有超過 10 萬的訂閱者和超過 400 萬次觀看,並且他經常在人工智慧和資料科學相關會議上發表演講。

本章包含

- 什麼是機器學習

- 機器學習很難嗎（劇透：一點也不難）

- 我們可以從本書學到什麼

- 什麼是人工智慧，以及它和機器學習有何不同

- 人們是如何思考的，以及我們如何將這些想法加諸於機器

- 一些現實生活中基本的機器學習範例

我超級高興能加入你的學習旅程！

歡迎你來到本書！我超級高興能和你一起參加這趟了解機器學習的旅程。縱觀來看，機器學習是一個電腦用和人類差不多的方式來解決問題、並做出決策的過程。

在本書中，我想告訴你的是，機器學習其實很簡單！你不需要有深厚的數理和程式背景來了解機器學習。的確，你會需要一些基本的數理知識，但主要是要有常識、好的直覺、及一顆好學的心，並且期望將學習到的方法應用於你所熱衷的事物，以及用來改善世上任何事情。

我在寫這本書的過程是很愉快的，因為能加深我對這個主題的了解，我也希望你在閱讀本書並深入了解機器學習的同時也能快樂盡興！

機器學習無所不在！

「機器學習無所不在！」這句話是一天比一天更真實。我很難想到生活中有哪個方面是不能透過機器學習以某種方式來改善的，對於任何重複的或需要查看資料並收集結論的工作，機器學習都可以提供協助。過去幾年來，由於計算能力的進步和資料收集的普遍，機器學習有巨大的進展。舉幾個機器學習應用的例子：推薦系統、圖像辨識、文字處理、自駕車、垃圾郵件辨識、醫療診斷⋯這清單持續增加中。或許你有一個目標或是有一個想要產生影響的領域（或者你可能已經在實現它了），機器學習很可能可以應用於該領域，這也許就是你閱讀本書的原因。讓我們一起來了解一下吧！

我需要有深厚的數理和程式背景才能了解機器學習嗎？

不需要！機器學習需要的是想像力、創造力、和視覺思維。機器學習是關於從世界上出現的現象中找出模式，並應用這些模式來對未來進行預測。如果你喜歡尋找模式和發現事物之間的關聯性，那麼你就可以進行機器學習。如果我告訴你，我停止抽菸、吃了很多的蔬菜還有開始運動，那麼你預測在未來一年內我的健康會如何呢？或許我的身體健康會有改善。那如果我跟你說，我原本穿紅色毛衣現在改穿綠色毛衣，你預測我的健康在未來一年內會發生什麼變化？（可能會有改變，但不是基於我所提供的資訊）。找出這些關聯性和模式就是機器學習的目的；唯一的不同是，在機器學習中，我們需要將公式和數字加進這些模式之中，讓機器來找出其中的關聯。

雖然你需要具備一些數學和程式語言的知識，但你並不需要成為專家；如果你是其中一方面的專家，或者兩個方面都是專家，那你肯定會發現你的技能非常有用；但倘若你不是，你仍可以學習機器學習，並在過程中學會數學和程式語言。在本書中，我們會在需要的時候介紹所有的數學概念。而關於程式語言，你想在機器學習中寫多少程式碼完全取決於你。有的人整天都在寫程式，有的人根本不寫；有很多現成的套件、API 和工具可以幫助我們用最少的程式碼來進行機器學習。每一天，這世上的每個人都有更多機會使用機器學習，我很高興你已經在這行列中了！

當公式和程式碼被視為一種語言時，它們是很有趣的

在大部分的機器學習書籍中，演算法是以公式、導數等數學方式來解釋。雖然這些精確的說明方式在實務上的效果很好，但一個單獨的公式可能會更令人困惑。然而，就像樂譜一樣，一個公式可能在混亂的背後隱藏著美妙的旋律。例如，讓我們看一下這個公式：$\sum_{i=1}^{4} i$，乍看之下很醜，但它表示一個非常簡單的加總，就是 $1 + 2 + 3 + 4$。那麼 $\sum_{i=1}^{n} w_i$ 呢？這只是許多（n）個數字的總和。但是當我想到許多數字的總和時，我寧願想像是 $3 + 2 + 4 + 27$ 這樣的東西，而不是 $\sum_{i=1}^{n} w_i$。每當我看到一個公式的時候，我馬上要想像一個小例子，然後腦海中的畫面就會更加清晰了。而當我看到像 $P(A|B)$ 這樣的東西時，會想到什麼呢？那是一個條件機率，所以我會想到一些類似「在一個事件 B 已經發生的情況下，事件 A 發生的機率」的句子。例如，如果 A 代表今天下雨，B 代表生活在 Amazon 雨林中，那麼公式 $P(A|B) = 0.8$ ，表示「假設我們生活在 Amazon 雨林中，今天下雨的機率是 80%」。

如果你真的喜歡公式，別擔心——這本書還是有這些公式，但它們會出現在說明的例子之後。

程式碼也是如此。當我們從遠處看程式碼，它看起來可能很複雜，我們可能很難想像有人能把所有的程式碼放進他們的腦袋中。但是，程式碼其實只是一系列的步驟，通常每個步驟都很簡單。在本書中，我們將會寫程式，但程式會被分解成簡單的步驟，並且每一步都會透過範例和插圖來仔細地說明。在前面幾章中，我們將從頭開始編寫模型，來了解它們是如何運作的；而在後面的章節中，模型會變得更加複雜，我們將使用 Scikit-Learn、Turi Create 或 Keras 等套件，它們能以非常清楚且強大的方式來實現大部分的機器學習演算法。

好的，所以機器學習到底是什麼？

要定義機器學習，首先讓我們定義一個更通用的術語：人工智慧。

什麼是人工智慧？

人工智慧（*artificial intelligence*，AI）是一個通用術語，其定義如下：

> **人工智慧（artificial intelligence，**AI）　電腦用來做決策的所有任務之組合。

在許多情況下，電腦透過模仿人類做決定的方式來做出這些決策；在某些情況下，它們可會模仿進化過程、遺傳過程、或物理過程。但總括來說，當我們看到電腦自行解決問題時，不論是駕駛汽車、尋找兩地點之間的路線、診斷病患還是推薦電影，我們都在關注人工智慧。

什麼是機器學習？

機器學習和人工智慧很相似，而且它們的定義經常被混淆。機器學習（*machine learning*，ML）是人工智慧的一部分，我們將其定義如下：

> **機器學習（machine learning，**ML）　電腦可以根據資料來做決策的所有任務之組合。

這是什麼意思？讓我用圖 1.1 的圖表來說明。

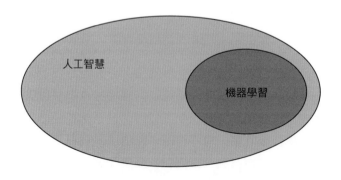

圖 1.1 機器學習是人工智慧的一部分。

讓我們回過頭來看看人類是如何做出決策的。一般而言，我們透過以下兩種方式做出決策：

- 透過使用邏輯和推理
- 透過利用我們的經驗

例如，假設我們正試圖決定購買什麼汽車，我們可以仔細查看汽車的特性，例如價格、油耗和導航，並嘗試找出適合我們預算的最佳組合。這就是使用邏輯和推理。相反地，如果我們問我們所有的朋友他們擁有什麼汽車，以及他們喜歡和不喜歡什麼，我們形成一個資訊清單並使用該清單來決定，那麼我們正在使用經驗（在本例中，是我們朋友的經驗）。

機器學習代表第二種方法：使用我們的經驗做出決策。在電腦術語中，經驗就是資料，因此，在機器學習中，電腦根據資料做出決策。所以，每當我們讓電腦解決問題或僅使用資料做出決定時，我們就是在進行機器學習。通俗地說，我們可以用以下方式描述機器學習：

機器學習是常識，只是由電腦所完成。

從使用任何必要的手段解決問題到僅使用資料來解決問題，這對電腦來說可能是一小步，但對人類來說卻是一大步（圖 1.2）。曾幾何時，如果我們想讓一台電腦執行一項任務，我們必須編寫一個程式，即一整套指令供電腦執行。這個過程適用於簡單的任務，但有些任務對於這個框架來說太複雜了；例如，識別圖像是否包含蘋果的任務，如果我們開始編寫一個電腦程式來開發這個任務，我們很快就會發現它很難。

圖 1.2　機器學習涵蓋了電腦根據資料做出決策的所有任務。就像人類根據以前的經驗做決定一樣，電腦也可以根據以前的資料做出決策。

讓我們退後一步思考以下問題。作為人類，我們是如何了解蘋果的外觀的？我們學習大多數詞彙的方式，不是透過某人向我們解釋它們的意思，而是從不斷重複中學會這些詞彙。我們小時候見過很多東西，大人會告訴我們這些東西是什麼。為了了解蘋果是什麼，多年來我們在聽到蘋果這個詞時看到了很多蘋果，直到有一天我們才知道蘋果是什麼。在機器學習中，這就是我們讓電腦去做的事情。我們向電腦展示了許多圖像，並告訴它哪些包含一個蘋果（構成我們的資料）；我們重複這個過程，直到電腦捕捉到構成蘋果的正確模式和屬性。在這個過程結束時，當我們向電腦輸入新圖像時，它可以使用這些模式來確定圖像中是否包含蘋果。當然，我們仍然需要對電腦進行程式設計，使其能夠捕捉到這些模式，為此，我們有幾種技術將在本書中學習。

既然我們已經做到了，那什麼是深度學習呢？

就像機器學習是人工智慧的一部分一樣，深度學習也是機器學習的一部分。在上一段中，我們了解到我們有幾種技術可以讓電腦從資料中學習，其中一種技術表現非常出色，因此它有自己的研究領域，稱為深度學習（DL），我們將其定義如下，如圖 1.3 所示：

深度學習（deep learning，DL） 使用某些稱為神經網路（*neural networks*）之對象的機器學習領域。

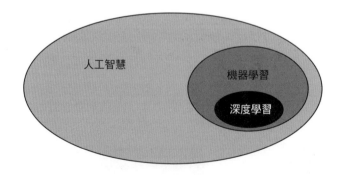

圖 1.3 深度學習是機器學習的一部分。

什麼是神經網路？我們將在第 10 章說明介紹。深度學習可以說是最常用的機器學習類型，因為它運行得非常好。如果我們正在研究任何尖端應用，例如圖像辨識、文字生成、下圍棋或自駕車等，我們很可能正在以某種方式研究深度學習。

換句話說，深度學習是機器學習的一部分，而機器學習又是人工智慧的一部分。如果這本書是關於交通工具，那麼 AI 就是車輛，ML 就是汽車，DL 就是法拉利。

我們如何讓機器根據資料做出決策？
記得 - 制定 - 預測框架

在上一節中，我們討論了機器學習由一組技術組成，我們使用這些技術讓電腦根據資料做出決策。在本節中，我們將了解以資料為基礎做出決策的含義，以及其中一些技術的工作原理。為此，讓我們再次分析人類根據經驗做出決策的過程。這就是所謂的記得 - 制定 - 預測框架，如圖 1.4 所示。機器學習的目標是教電腦如何以相同的方式思考，遵循相同的框架。

人類是怎麼思考的？

當我們作為人類需要根據我們的經驗做出決定時，我們通常使用以下框架：

1. 我們**記得**（remember）過去的類似情況。
2. 我們**制定**（formulate）一個一般規則。
3. 我們使用這個規則來**預測**（predict）未來可能發生的事情。

舉例說明，如果問題是「今天會下雨嗎？」，猜測的過程如下：

1. 我們**記得**上週大部分時間都在下雨。
2. 我們將其**制定**，在這個地方，大部分時間都在下雨。
3. 我們**預測**今天會下雨。

我們可能是對的，也可能是錯的，但至少我們正試圖根據我們所掌握的資訊做出最準確的預測。

圖 1.4 記得 - 制定 - 預測的框架是我們在本書中使用的主要框架。它包括三個步驟：(1) 我們記得以前的資料；(2) 我們制定一個通則；(3) 我們使用該規則來預測未來。

一些機器學習術語——模型和演算法

在我們深入研究更多說明機器學習中使用技術的案例之前，讓我們定義一些本書中使用的有用術語。我們知道，在機器學習中，我們讓電腦學習如何使用資料解決問題，電腦解決問題的方式是利用資料建構**模型**。什麼是模型？我們定義一個模型如下：

> **模型（ model ）** 一組代表我們的資料並可用於進行預測的規則。

我們可以將模型視為使用一組盡可能接近現有資料的模擬規則來表示現實。在上一節下雨的例子中，模型是我們對現實的表示，這是一個大部分時間都在下雨的世界。這是一個簡單的世界，有一個規則：大部分時間都在下雨。這種表示可能準確，也可能不準確，但根據我們的資料，它是我們所能制定出最準確的現實之表示方法。我們稍後會使用此規則對看不見的資料進行預測。

演算法是我們用來建構模型的過程。在同個下雨的例子中，過程很簡單：我們查看了下雨的天數並發現這是大多數。當然，機器學習演算法可能比這複雜得多，但最終，它們總是由一組步驟組成。我們對演算法的定義如下：

> **演算法（ algorithm ）** 是用於解決問題或執行計算的過程或一組步驟。在本書中，演算法的目標是建構模型。

簡而言之，模型是我們用來進行預測的東西，而演算法是我們用來建構模型的東西。這兩個定義很容易混淆並且經常互換，但為了使它們清晰，我們來看幾個案例。

人類所使用的一些模型案例

在本節中，我們關注機器學習的一個常見應用：垃圾郵件偵測。在下方的例子中，我們將檢測垃圾郵件（spam）和正常郵件。非垃圾郵件也稱為正常郵件（*ham*）。

> **spam 與 ham**　　*spam* 是垃圾郵件或不想要的電子郵件的常用術語，例如連鎖信、促銷等。該術語來自 1972 年的 Monty Python 草圖，其中餐廳菜單中的每個項目都包含垃圾郵件作為成分。在軟體開發人員中，*ham* 一詞用於指代正常郵件。

案例 1：煩人的電子郵件朋友

在此案例中，我們的朋友 Bob 喜歡向我們發送電子郵件。他寄的很多電子郵件都是以連鎖信形式的垃圾郵件，我們開始對他有點生氣。現在是星期六，我們剛收到 Bob 的電子郵件通知，我們可以不看信就猜出這封電子郵件是 spam 還是 ham 嗎？

為了解決這個問題，我們使用了記得 - 制定 - 預測。首先，讓我們**記得**，比如說，我們從 Bob 那裡收到的最後 10 封電子郵件，這是我們的資料。我們記得其中六個是垃圾郵件，另外四個是正常郵件。根據這些資訊，我們可以**制定**以下模型：

模型 1：Bob 發送給我們的每 10 封電子郵件中有 6 封是垃圾郵件。

這條規則將成為我們的模型。請注意，此規則不必為真；這也可能錯得很離譜，但有鑑於我們的資料，這是我們能想到最好的，所以我們會接受它。在本書的後面部分，我們將學習如何評估模型並在需要時改進它。

現在我們有了規則，我們可以使用它來**預測**電子郵件是否是垃圾郵件。如果 Bob 的 10 封電子郵件中有 6 封是垃圾郵件，那麼我們可以假設這封新郵件有 60% 的可能性是垃圾郵件，40% 的可能性是正常郵件。從這條規則來看，認為電子郵件是垃圾郵件更安全一些。因此，我們預測該電子郵件是垃圾郵件（圖 1.5）。

圖 1.5　一個非常簡單的機器學習模型。

同樣地，我們的預測可能有錯。我們可能會打開電子郵件之後才發現它其實是正常郵件，但我們已經盡可能在我們的知識範圍中做出了預測。這就是機器學習的全部意義所在。

你可能會想，我們能做得更好嗎？我們似乎以同樣的方式判斷來自 Bob 的每封電子郵件，但可能有更多資訊可以幫助我們區分垃圾郵件和正常郵件。讓我們嘗試更多地分析電子郵件。舉例來說，讓我們看看 Bob 發送電子郵件的時間，看看我們是否可以從中找到一些線索。

案例 2：一個週期性煩人的電子郵件朋友

讓我們更仔細地看看 Bob 在上個月發給我們的電子郵件，更具體地說，我們將看看他是哪一天寄出來的。以下是有關垃圾郵件或正常郵件的日期和資訊：

- 星期一：正常郵件
- 星期二：正常郵件
- 星期六：垃圾郵件
- 星期日：垃圾郵件
- 星期日：垃圾郵件
- 星期三：正常郵件

- 星期五：正常郵件
- 星期六：垃圾郵件
- 星期二：正常郵件
- 星期四：正常郵件

現在情況不同了。 你能看到一個模式嗎？ Bob 在週間發送的每封電子郵件都是正常的，而他在週末發送的每封電子郵件則都是垃圾郵件。這是有道理的，也許他在週間向我們發送的都是跟工作相關的郵件，而在週末，他有時間自由自在地發送垃圾郵件。因此，我們可以**制定**一個更有根據的規則或模型，如下所示：

模型 2：Bob 在週間發送的每封電子郵件都是正常的，而他在週末發送的都是垃圾郵件。

現在讓我們看看今天是星期幾。如果是星期天，那麼我們可以非常有把握地**預測**他發送的電子郵件是垃圾郵件（如圖 1.6）。我們可以不點開郵件查看就直接做出這個預測，接著繼續我們的一天。

圖 1.6 稍微複雜一點的機器學習模型。

案例 3：事情變複雜了！

現在，假設我們繼續這條規則，有一天我們在街上看到 Bob，他問：「你為什麼不來參加我的生日聚會？」我們完全不知道他在說什麼。原來上週日他給我們發了他生日聚會的邀請，而我們錯過了！為什麼我們會錯過？因為他是在週末發送的，而我們認為它是垃圾郵件。看來我們需要一個更好的模型。讓我們回過頭來看看 Bob 的電子郵件，回到我們**記得**的這個步驟。讓我們看看能不能找到新的模式：

- 1 KB：正常郵件

- 2 KB：正常郵件

- 16 KB：垃圾郵件

- 20 KB：垃圾郵件

- 18 KB：垃圾郵件

- 3 KB：正常郵件

- 5 KB：正常郵件

- 25 KB：垃圾郵件

- 1 KB：正常郵件

- 3 KB：正常郵件

我們發現了什麼？似乎較大的電子郵件往往是垃圾郵件，而小的電子郵件往往是正常郵件。這是有道理的，因為垃圾郵件經常夾帶檔案較大的附件。

因此，我們可以**制定**以下規則：

模型 3：任何大小為 10 KB 或更大的電子郵件都是垃圾郵件，任何小於 10 KB 的電子郵件都是正常郵件。

現在我們已經制定了規則，我們可以做出**預測**。我們查看今天收到 Bob 的電子郵件，大小為 19 KB。因此，我們斷定它是垃圾郵件（如圖 1.7）。

圖 1.7 另一個稍微複雜的機器學習模型。

這就是故事的結局了嗎？還差遠了呢！

但在我們繼續之前，請注意，為了做出預測，我們使用了星期時間和電子郵件的大小，而這些就是**特徵**（*feature*）的例子。特徵是本書中最重要的概念之一。

　　特徵（feature）　模型可以用來進行預測之資料的任何屬性或特性。

你可以想像還有許多特徵可以標示出一封電子郵件是垃圾郵件還是正常郵件。你還想得到更多特徵嗎？在接下來的內容中，我們將看到更多特徵。

案例 4：更多？

我們的兩個分類器都很好，因為它們能排除大型電子郵件和週末發送的電子郵件，兩個分類器剛好分別使用這兩個特徵。但是，如果我們想要一個適用於這兩個特徵的規則呢？像下面這樣的規則可能可用：

模型 4：如果電子郵件大於 10 KB 或在週末發送，則將其歸類為垃圾郵件。否則，它被歸類為正常郵件。

模型 5：如果電子郵件是在週間發送的，那麼它必須大於 15 KB 才被歸類為垃圾郵件；如果它是在週末發送的，那麼它必須大於 5 KB 才被歸類為垃圾郵件。反之，則被歸類為正常郵件。

或者我們可以變得更複雜。

模型 6：考慮到星期幾，其中星期一是 0，星期二是 1，星期三是 2，星期四是 3，星期五是 4，星期六是 5，星期日是 6。若我們把星期幾和郵件大小（以 KB 為單位）加起來，結果大於等於 12 的話，則該郵件被歸類為垃圾郵件（如圖 1.8）；反之，它被歸類為正常郵件。

圖 1.8 更複雜的機器學習模型。

所有這些都是有效的模型，我們可以透過增加複雜層級，或查看更多特徵來繼續建立越來越多的模型。現在的問題是，哪個是最好的模型？這是我們開始需要電腦協助的地方。

一些機器使用的模型案例

我們的目標是讓電腦按照我們的思考方式來思考，也就是使用記得 - 制定 - 預測的框架。簡單來說，這是電腦在每個步驟中所做的事情：

記得：查看一個巨大的資料表。

制定：透過許多規則和公式來建構模型，並檢查哪個模型最適合資料。

預測：使用模型對未來資料進行預測。

這個過程與我們在上一節中所做的沒有太大區別，這裡最大的進步是電腦可以透過許多公式和規則組合起來快速建構模型，直到找到一個與現有資料非常吻合的模型。例如，我們可以建構一個垃圾郵件分類器，其特徵包括寄件者、星期幾和時間、詞彙數、拼寫錯誤次數以及出現某些關鍵詞（例如購買或贏）。一個模型很容易看起來像下面的假設句：

模型 7：

- 如果電子郵件有兩個或多個拼寫錯誤，則將其歸類為垃圾郵件。
- 如果附件大於 10 KB，則將其歸類為垃圾郵件。
- 如果寄件者不在我們的聯絡人清單中，則將其歸類為垃圾郵件。
- 如果它有出現**購買**或**贏**的詞彙，則被歸類為垃圾郵件。
- 若皆不符合上述條件，則被歸類為正常郵件。

它也可能類似於以下公式：

模型 8：如果（大小）+10（拼寫錯誤次數）-（「媽媽」一詞的出現次數）+ 4（「購買」一詞的出現次數）> 10，那麼我們將郵件分類為垃圾郵件（圖 1.9），反之，我們則將其歸類為正常郵件。

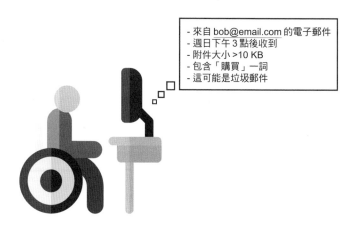

- 來自 bob@email.com 的電子郵件
- 週日下午 3 點後收到
- 附件大小 >10 KB
- 包含「購買」一詞
- 這可能是垃圾郵件

圖 1.9　由電腦所發現更複雜的機器學習模型。

現在的問題是，哪個才是最好的規則？快速答案是，最適合資料的規則就是最好的規則，儘管真正的答案應該是最適合新資料的規則。最終，我們可能會得到一個複雜的規則，但電腦可以制定它並使用它來快速做出預測。我們的下一個問題是，我們如何建構最好的模型？這正是本書所要說明的內容。

總結

- 機器學習很簡單！無論你的背景如何，任何人都可以學習和使用它。所需要的只是學習的意願和好的想法來實作！

- 機器學習非常有用，它被用於絕大多數的學科。從科學到技術再到社會問題和醫學，機器學習正在產生影響，並將持續產生影響。

- 機器學習是常識，由電腦所完成，它可以模仿人類快速準確地做出決策的思考方式。

- 就像人類根據經驗做出決策一樣，電腦也可以根據以前的資料做出決策，這就是機器學習的全部意義所在。

機器學習使用記得 - 制定 - 預測框架，如下：

- **記得**：查看以前的資料。
- **制定**：根據這些資料建構模型或規則。
- **預測**：使用模型對未來資料進行預測。

機器學習的類型 | 2

本章包含

- 三種不同類型的機器學習：監督式、非監督式和增強式學習

- 標記資料和未標記資料之間的差異

- 迴歸和分類之間的區別，以及它們的使用方式

正如我們在第 1 章中所了解的，機器學習是電腦的常識。機器學習大致模仿了人類根據經驗做出決策的過程，也就是根據先前的資料來做出決策。自然地，對電腦編寫程式以模仿人類的思考過程是具有挑戰性的，因為電腦的設計目的是儲存和處理數字，而不是做出決定，這是機器學習目標要完成的任務。機器學習分為幾個分支，具體取決於所要做出的決策類型。在本章中，我們將概述其中最重要的幾個分支。

機器學習在許多領域都有應用，例如：

- 根據房子的大小、房間數量和所在位置來預測房價
- 根據昨天的價格和其他市場因素來預測今天的股票市場價格
- 根據電子郵件中的文字和寄件者來檢測垃圾郵件和正常郵件
- 根據圖像中的像素將圖像辨識為人臉或動物
- 處理長文字檔案並輸出摘要
- 向使用者推薦影片或電影（例如，在 YouTube 或 Netflix 上）
- 建置能與人類互動並回答問題的聊天機器人
- 訓練自駕車在城市中自行導航
- 將病患診斷為生病或健康
- 根據位置、獲取能力和興趣將市場劃分為相似的組別
- 玩西洋棋或圍棋等遊戲

試著想像我們如何在這些領域中使用機器學習。請注意，其中一些應用程式是不同的，但可以類似的方式解決。例如，可以使用類似的技術來預測房價和預測股票價格。同樣地，也可以使用類似的技術來預測電子郵件是否為垃圾郵件，並預測信用卡交易是合法還是詐騙。那麼要如何根據相似度對應用程式的使用者進行分組？這聽起來與預測房價不同，但可以類似於按主題對報紙文章進行分組。那麼下棋呢？這聽起來與其他所有的應用程式不同，但它可能就像在玩圍棋。

機器學習模型根據它們的操作方式分為不同的類型，其中有三個主要家族是：

- 監督式學習（*supervised learning*）
- 非監督式學習（*unsupervised learning*）
- 增強式學習（*reinforcement learning*）

在本章中，我們將概述這三種模型。然而，在本書中我們只關注監督式學習，因為它最適合新手學習，並且可以說是目前最常使用的機器學習。你可以從文獻中查找其他的機器學習類型並了解它們，因為它們也都很有趣且很有用！在附錄 C 的資源中，你可以找到一些有趣的連結，包括作者所建立的一些影片。

標記資料和未標記資料有什麼區別？

什麼是資料？

我們在第 1 章中討論過資料，但在繼續深入之前，讓我們先明確定義本書中的資料：資料只是資訊。每當我們有一個包含資訊的表格時，我們就有資料。通常，我們表格中的每一列都是一個資料點。例如，假設我們有一個寵物資料集，其中，每一列代表不同的寵物，表格中的每隻寵物都由該寵物的某些特徵來描述。

什麼是特徵？

在第 1 章中，我們將特徵定義為資料的屬性或特性。如果我們的資料是在表格中，則特徵是表格中的欄位元。在我們的寵物案例中，特徵可能是大小、名稱、類型或重量，甚至可以是寵物圖像中像素的顏色，這就是我們資料的描述。不過，有些特徵很特別，我們稱它們為標籤（*labels*）。

標籤？

這個不那麼簡單了，因為它取決於我們試圖解決之問題的背景。通常，如果我們試圖根據其他特徵來預測特定特徵，那麼該特定特徵就是標籤。如果我們試圖根據寵物的資訊來預測寵物的類型（例如貓或狗），那麼標籤就是寵物的類型（貓／狗）；如果我們試圖根據症狀和其他資訊來預測寵物是生病還是健康，那麼標籤就是寵物的狀態（生病／健康）；如果我們試圖預測寵物的年齡，那麼標籤就是年齡（一個數字）。

預測

我們一直在使用自由預測的概念，但現在讓我們把它固定下來。預測機器學習模型的目標是猜測資料中的標籤，而模型所做的猜測稱為預測（*prediction*）。

現在我們知道了標籤是什麼，我們可以理解有兩種主要類型的資料：標記和未標記資料。

標記和未標記資料

標記的資料（labeled data）是指帶有標籤的資料。未標記資料（unlabeled data）是指沒有標籤的資料。標記資料的一個案例是電子郵件資料集，該資料集帶有一欄記錄電子郵件是垃圾郵件還是正常郵件，或者一欄記錄電子郵件是否與工作相關。未標記資料的一個例子是電子郵件資料集，其中沒有我們有興趣預測的特定欄位。

在圖 2.1 中，我們看到三個包含寵物圖像的資料集。第一個資料集有一欄記錄寵物的類型，第二個資料集有一欄指定寵物的重量，這兩個是標記資料的案例。而第三個資料集僅包含圖像，沒有標籤，所以是未標記資料。

圖 2.1 標記資料是帶有標註或標籤的資料。該標籤可以是類型或數字。未標記資料則是沒有標籤的資料。左側的資料集是有標籤的，標籤是寵物的類型（狗／貓）；中間的資料集也有標註，標註的是寵物的體重（磅）；而右側的資料集則未標記。

當然，這個定義包含一些分歧，因為取決於問題，我們決定一個特定的特徵是否有資格作為標籤。因此，確定資料是標記還是未標記，很多時候取決於我們所試圖解決的問題。

標記和未標記資料產生兩個不同的機器學習分支，稱為監督式學習和非監督式學習，我們將在接下來的三節中定義它們。

監督式學習：使用標記資料的機器學習分支

我們可以在當今一些最常見的應用中找到監督式學習，包括圖像辨識、各種形式的文字處理和推薦系統。監督式學習是一種使用標記資料的機器學習。簡單來說，監督式學習模型的目標就是預測（猜測）標籤。

在圖 2.1 的案例中，左側的資料集包含狗和貓的圖像，標籤為「狗」和「貓」。對於這個資料集，機器學習模型將使用以前的資料來預測新資料點的標籤，這意味著，如果我們匯入一個**沒有**標籤的新圖像，模型將猜測該圖像是狗還是貓，進而預測資料點的標籤（圖 2.2）。

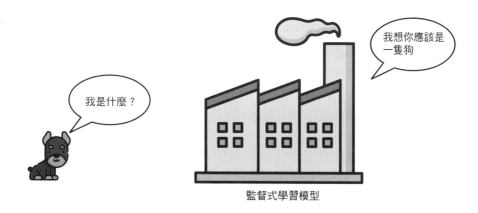

圖 2.2 監督式學習模型預測新資料點的標籤。在本例中，資料點對應於一隻狗，而監督式學習演算法被訓練來預測這個資料點確實對應於一隻狗。

如果你還記得第 1 章，我們學習到的決策框架是記得 - 制定 - 預測，這正是監督式學習的原理。該模型首先**記得**狗和貓的資料集，然後它為它所認為構成狗和貓的東西來**制定**一個模型或規則，最後，當新圖像出現時，模型會**預測**它認為圖像的標籤是什麼，也就是狗或是貓（圖 2.3）。

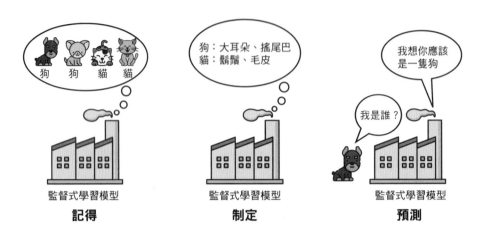

圖 2.3　監督式學習模型遵循第 1 章中的記得 - 制定 - 預測框架。首先，它記得資料集，然後，它為狗和貓的構成制定規則，最後，它預測新資料點是狗還是貓。

現在，請注意在圖 2.1 中，我們有兩種類型的標記資料集。在中間的資料集中，每個資料點都標有動物的體重，在這個資料集中，標籤是數字（numbers）；而在左側的資料集中，每個資料點都標有動物的類型（狗或貓），在這個資料集中，標籤是狀態（states）。數字和狀態是我們將在監督式學習模型中遇到的兩種資料，我們稱第一類為**數值型資料**，第二類為**類別型資料**。

　　數值型資料（numerical data）　是任何使用數字（例如 4、2.35 或 -199）類型的資料；數值型資料的例子是價格、尺寸或重量。

　　類別型資料（categorical data）　是任何使用類別或狀態類型的資料，例如男／女性或貓／狗／鳥，對於這種類型的資料，我們有一組有限的類別來關聯到每個資料點。

這產生了以下兩種監督式學習模型：

　　迴歸模型（regression models）　是預測**數值型資料**的模型；迴歸模型的輸出是一個數字，例如動物的體重。

　　分類模型（classification models）　是預測**類別型資料**的模型；分類模型的輸出是一個類別或狀態，例如動物的類型（貓或狗）。

讓我們看兩個監督式學習模型的例子，一個迴歸模型和一個分類模型。

模型 1：房價模型（迴歸）。 在這個模型中，每個資料點都是一間房子，每間房子的標籤是它的價格，我們的目標是，當新房子（資料點）上市時，我們想要預測它的標籤，也就是預測它的價格。

模型 2：垃圾郵件偵測模型（分類）。 在此模型中，每個資料點都是一封電子郵件，每封電子郵件的標籤是垃圾郵件，或是正常郵件，我們的目標是，當新電子郵件（資料點）進入我們的收件匣時，我們想要預測它的標籤，也就是預測它是垃圾郵件還是正常郵件。

請注意模型 1 和模型 2 之間的區別。

- 房價模型是一種可以從多種可能性中回傳一個數字的模型，例如 \$100、\$250,000 或 \$3,125,672.33，因此，它是一個迴歸模型。
- 另一方面，垃圾郵件偵測模型只能回傳兩種資訊：垃圾郵件或正常郵件，因此，它是一個分類模型。

在以下小節中，我們將詳細介紹迴歸模型和分類模型。

使用迴歸模型預測數字

正如我們之前所討論的，迴歸模型是那些我們想要預測的標籤是數字的模型，而這個數字是根據特徵預測的。在房屋範例中，特徵可以是描述房屋的任何內容，例如大小、房間數量、到最近學校的距離或附近的犯罪率。

其他可以使用迴歸模型的領域如下：

- **股票市場**：根據其他股票價格和其他市場信號預測某檔股票的價格
- **醫學**：根據病患的症狀和病史預測病患的預期壽命或預期恢復時間
- **銷售**：根據用戶的人口統計資料和過去的購買行為，預測用戶將花費的預期金額
- **影片推薦**：根據使用者的人口統計資料和他們觀看過的其他影片，預測使用者觀看影片的預期時間長短

迴歸最常使用的方法是線性迴歸，它使用線性函數（線或類似對象）根據特徵進行預測，我們將在第 3 章學習線性迴歸。其他熱門的迴歸方法有決策樹迴歸，我

們在第 9 章會介紹到，以及幾種集成方法，如隨機森林、AdaBoost、梯度提升樹和 XGBoost，這些我們在第 12 章說明。

使用分類模型預測狀態

分類模型是那些我們想要預測的標籤是屬於一組有限狀態的模型。最常見的分類模型預測是「是」或「否」，但許多其他模型使用更大的狀態集。我們在圖 2.3 中看到的案例是分類案例，因為它預測了寵物的類型是「貓」或「狗」。

在電子郵件垃圾郵件識別案例中，模型根據電子郵件的特徵預測電子郵件的狀態（即垃圾郵件或正常郵件）。在本例中，電子郵件的特徵可以是上面的文字、拼寫錯誤的數量、寄件者或任何其他描述電子郵件的內容。

分類模型的另一個常見應用是圖像辨識（image recognition）。最熱門的圖像辨識模型將圖像中的像素作為輸入，並輸出對圖像所描繪內容的預測，兩個最著名的圖像辨識資料集是 MNIST 和 CIFAR-10；MNIST 包含大約 60,000 個 28×28 像素的手寫數字黑白圖像，標記為 0 ～ 9，這些圖像來自多種來源，包括美國人口普查局和美國高中生手寫數字的儲存庫。MNIST 資料集可以在以下連結中找到：http://yann.lecun.com/exdb/mnist/。CIFAR-10 資料集包含 60,000 個 32×32 像素不同事物的彩色圖像，這些圖像標有 10 個不同的對象（因此名稱中有個 10），即飛機、汽車、鳥類、貓、鹿、狗、青蛙、馬、輪船和卡車。該資料庫由加拿大高級研究所（CIFAR）維護，可以在 https://www.cs.toronto.edu/~kriz/cifar.html 中找到。

分類模型的一些其他強大應用如下：

- **情感分析（Sentiment analysis）**：根據評論中的文字預測電影評論是正面還是負面
- **網站流量（Website traffic）**：根據使用者的人口統計資料和過去與網站的互動來預測使用者是否會點擊連結
- **社交媒體（Social media）**：根據使用者的人口統計資料、歷史紀錄和共同好友，預測使用者是否會與其他使用者交朋友或互動
- **影片推薦（Video recommendations）**：根據使用者的人口統計資料和他們觀看過的其他影片，預測使用者是否會觀看影片

本書的大部分內容（第 5、6、8、9、10、11 和 12 章）涵蓋了分類模型。在這些章節中，我們要學習感知器（perceptrons）（第 5 章）、邏輯分類器（logistic classifiers）（第 6 章）、單純貝氏分類演算法（第 8 章）、決策樹（第 9 章）、神經網路（第 10 章）、支援向量機（support vector machines）（第 11 章）和集成方法（第 12 章）。

非監督式學習：處理未標記資料的機器學習分支

非監督式學習也是一種常見的機器學習類型，它與監督式學習的不同之處在於資料是未標記的，換句話說，機器學習模型的目標是從沒有標籤或沒有要預測目標的資料集中盡可能提取最多的資訊。

這樣的資料集可能是什麼，我們可以用它做什麼？原則上，我們可以做的比標記資料集少一點，因為我們沒有要預測的標籤。但是，我們仍然可以從未標記資料集中提取大量資訊。例如，讓我們回到圖 2.1 中最右側資料集上的貓和狗案例。該資料集由貓和狗的圖像組成，但沒有標籤。因此，我們不知道每張圖像代表什麼類型的寵物，因此我們無法預測新圖像對應的是狗還是貓。但是，我們可以做其他事情，例如確定兩張圖片是否相似或不同，這就是非監督式學習演算法所做的事情。非監督式學習演算法可以根據相似性對圖像進行分組，即使不知道每個組代表什麼（圖 2.4）。如果處理得當，該演算法可以將狗圖像與貓圖像分開，甚至可以按品種對它們進行分組！

非監督式學習演算法

圖 2.4 非監督式學習演算法仍然可以從資料中提取資訊，例如，它可以將相似的元素組合在一起。

事實上，即使標籤在那裡，我們仍然可以對我們的資料使用非監督式學習技術對其進行前處理，並更有效地應用監督式學習方法。

非監督式學習的主要分支是分群、降維和生成學習。

分群演算法（clustering algorithms）　根據相似性將資料分組到分群中的演算法

降維演算法（dimensionality reduction algorithms）　簡化我們的資料並用更少的特徵忠實地描述它的演算法

生成演算法（generative algorithms）　可以生成類似於現有資料的新資料點之演算法

在以下三個小節中，我們將更詳細地研究這三個分支。

分群演算法將資料集分成相似的組別

如前所述，分群演算法（clustering algorithms）是將資料集分成相似組的演算法。為了說明這一點，讓我們回到「監督式學習」一節中的兩個資料集，也就是住房資料集和垃圾郵件資料集，但假設它們沒有標籤，這意味著住房資料集沒有價格，電子郵件資料集沒有關於垃圾郵件或正常郵件的資訊。

讓我們從住房資料集開始。我們可以用這個資料集做什麼？有一個想法：我們能以某種方式透過相似性對房屋進行分組，例如，我們可以按位置、價格、大小或這些因素的組合對它們進行分組。這個過程稱為*分群*（*clustering*）。分群是非監督式機器學習的一個分支，它由對資料集中的元素（elements）進行分組的任務所組成，使集群（clusters）中的所有資料點都相似。

現在讓我們看第二個例子，電子郵件資料集。由於資料集沒有標記，我們不知道每封電子郵件是垃圾郵件還是正常郵件，但是，我們仍然可以對資料集應用一些分群。分群演算法根據電子郵件的不同特徵將我們的圖像分成幾個不同的組。這些特徵可以是訊息中的文字、寄件者、附件的數量和大小，或者電子郵件中的連結類型。在對資料集進行分群後，人類（或人類和監督式學習演算法的組合）可以按類別標記這些分群，例如「個人」、「社交」和「促銷」。

舉例來說，讓我們看一下表 2.1 中的資料集，其中包含我們想要分群的九封電子郵件；資料集的特徵是電子郵件的大小和收件者的數量。

表 2.1 包含大小和收件者數量的電子郵件表

電子郵件	大小	收件者數量
1	8	1
2	12	1
3	43	1
4	10	2
5	40	2
6	25	5
7	23	6
8	28	6
9	26	7

肉眼看來，我們似乎可以按收件者數量對電子郵件進行分組，這將導致兩個集群：一個集群包含兩個或更少收件者的電子郵件，另一個包含五個或更多收件者的電子郵件。我們也可以嘗試按大小將它們分成三組。但是你可以想像，隨著表格越來越大，觀察分組變得越來越難。如果我們繪製資料呢？讓我們在圖表中繪製電子郵件，其中橫軸記錄大小，縱軸記錄收件者數量，繪製出來的就是圖 2.5。

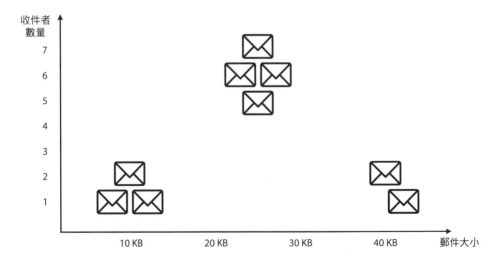

圖 2.5 電子郵件資料集的繪圖。橫軸對應於電子郵件的大小，縱軸對應於收件者的數量，我們可以在這個資料集中看到三個定義明確的集群。

在圖 2.6 中，我們將在圖 2.5 所看到三個定義明確的集群標示出來。

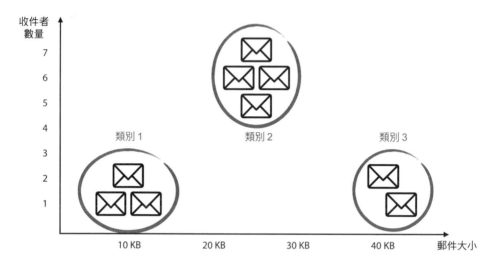

圖 2.6 我們可以根據收件者的大小和數量將電子郵件分為三類。

最後一步就是集群的全部內容。當然，對於我們人類來說，一旦有了情節，就很容易關注這三個組別，但對於一台電腦來說，這項任務並不容易。此外，想像一下我們的資料是否包含數百萬個點，具有成千上百個特徵，如果具有三個以上的特徵，人類就不可能看到這些集群，因為它們的維度是我們無法想像的。幸運的是，電腦可以對具有多列和多欄的大型資料集進行這種類型的分群。

集群的其他應用如下：

- **市場細分（Market segmentation）**：根據人口統計資料和以前的購買行為將用戶分組，為組別建立不同的行銷策略
- **遺傳學（Genetics）**：根據基因相似性將物種分組
- **醫學影像（Medical imaging）**：將圖像分割成不同的部分以研究不同類型的組織
- **影片推薦（Video recommendations）**：根據人口統計資料和以前觀看過的影片將使用者分組，並以此向使用者推薦他們組別中其他使用者觀看過的影片

更多有關非監督式學習模型

在本書的其餘部分，我們不涉及非監督式學習，但是，我強烈建議你可以自學，以下是一些最重要的分群演算法。附錄 C 列出了更多（包括我的一些影片），你可以在其中詳細了解這些演算法。

- ***K*-means 分群**（***K*-means clustering**）：該演算法對資料點進行分組，是透過選擇一些隨機的中心點並將其移動越來越靠近其他資料點，直到這些資料點都在正確的位置上。

- **階層式分群**（**Hierarchical clustering**）：該演算法首先將最近的資料點組合在一起，並以這種方式繼續組合相近的組別，直到我們有一些明確定義的組別。

- **DBSCAN 分群**（**Density-based spatial clustering**）：該演算法在高密度的地方開始將點分組在一起，同時將孤立的點標記為雜訊（noise）。

- **高斯混合模型**（**Gaussian mixture models，GMM**）：該演算法不將點分配給一個集群，而是將點的一部分分配給每個現有的集群。例如，如果有 A、B 和 C 三個集群，則演算法可以確定特定點的 60% 屬於 A 組，25% 屬於 B 組，15% 屬於 C 組。

降維可簡化資料而不會丟失太多資訊

降維（dimensionality reduction）是一個有用的前處理（preprocessing）步驟，我們可以在應用其他技術之前應用它來大大簡化我們的資料。以先前的住房資料集作為例子。想像一下，特徵如下：

- 房子大小
- 臥室數量
- 浴室數量
- 社區犯罪率
- 離最近學校的距離

該資料集有五欄資料。如果我們想把資料集變成一個更少欄、更簡單的資料集，又不會丟失很多資訊，那該怎麼進行？讓我們使用常識來做到這一點。仔細看看這五個特徵，你能看出任何簡化它們的方法嗎？也許將它們分成一些更小、更一般的類別？

仔細觀察之後，我們可以看到前三個特徵是相似的，因為它們都與房子的大小有關。同樣，第四和第五個特徵彼此相似，因為它們與社區的素質有關。我們可以將前三個特徵濃縮成一個大的「尺寸」特徵，第四和第五個濃縮成一個大的「社區素質」特徵。我們如何濃縮大小特徵？我們可以先忘記房間和臥室，只考慮大小，我們可以以增加臥室和浴室的數量，或者採取其他三種功能的組合。我們也可以用類似的方式壓縮社區素質的特徵。降維演算法將找到壓縮這些特徵的好方法，盡可能減少丟失資訊，並盡可能保持我們的資料完整，同時設法簡化資料以便於處理和儲存（圖 2.7）。

降維

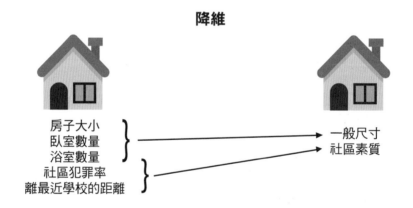

圖 2.7 降維演算法幫助我們簡化資料。在左側，我們有一個具有許多特徵的住房資料集，我們可以使用降維來減少資料集中的特徵數量，而不會丟失太多資訊，進而得到右側的資料集。

如果我們所做的只是減少資料中的欄位數量，為什麼要稱之為降維呢？資料集中的欄位有個花俏的名字就是**維度**（*dimension*）。想一想：如果我們的資料有一欄，那麼每個資料點就是一個數字。一組數字可以繪製成一組點構成一條線，這條直線只有一個維度。如果我們的資料有兩欄，那麼每個資料點由一對數字組成。我們可以把一對數字的集合想像成一個城市中點的集合，其中第一個數字是街道編號，第二個數字是大道，地圖上的地址是二維的，因為它們在一個平面上。當我

們的資料有三欄時會發生什麼？在本例中，每個資料點由三個數字組成，我們可以想像，如果我們城市的每個位址都是一座建築物，那麼第一個和第二個數字是街道和大道，第三個是建築物的樓層，這看起來更像是一個立體城市。我們可以繼續進行下去，那四個數字呢？好吧，現在我們無法真正將其視覺化，但如果可以的話，這組點看起來就像是四維城市中的地方，想像一個四維城市的最好方法是想像一個有四欄的表格。那麼 100 維城市呢？這將是一個有 100 個欄位的表，其中每個人都有一個由 100 個數字組成的地址。圖 2.8 顯示了我們在考慮更高維度時的心理圖像。因此，當我們從五個維度下降到兩個維度時，我們將我們的五維城市縮減為一個二維城市，這也就是為什麼稱之為降維。

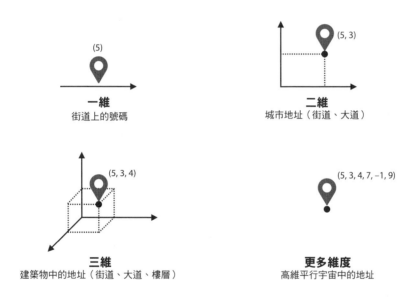

圖 2.8 如何想像更高維度的空間：一個維度就像一條街道，每棟房子只有一個數字。二維就像一個平坦的城市，每個地址都有兩個數字，一條街道和一條大道。三維就像一座有建築物的城市，其中每個位址都有三個數字：街道、大道和樓層。四個維度就像一個虛構的地方，其中每個位址都有四個數字。我們可以將更高維度想像為另一個虛構的城市，其中位址的座標我們需要多少就有多少。

其他簡化資料的方法：矩陣分解和奇異值分解

分群和降維看起來並不相像，但實際上它們並沒有太大的不同。如果我們有一個充滿資料的表，每一列（row）對應一個資料點，每一欄（column）對應一個特徵。

因此，我們可以使用分群來減少資料集中的列數，並使用降維來減少欄數，如圖 2.9 和圖 2.10 所示。

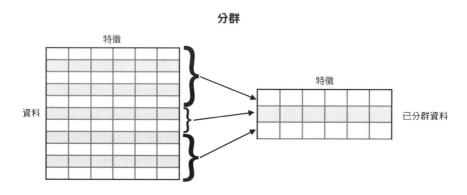

圖 2.9 分群可用於透過將多列組合為一，以減少資料集中的列數來簡化我們的資料。

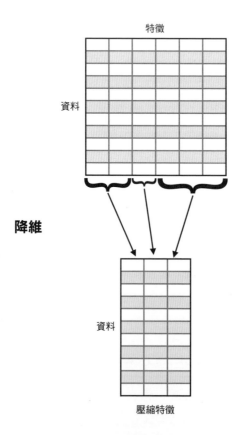

圖 2.10 降維可用於透過減少資料集中的欄數來簡化我們的資料。

你可能想知道，有沒有一種方法可以同時減少列和欄？答案是肯定的！有兩種常見方法是矩陣分解（*matrix factorization*）和奇異值分解（*singular value decomposition*，SVD）。這兩種演算法可以將一個大的資料矩陣表達為較小矩陣的乘積。

像 Netflix 這樣的公司廣泛使用矩陣分解來產生推薦。想像一個大表，其中每一列對應一個使用者，每一欄對應一部電影，矩陣中的每個元（entry）都是使用者對電影的評分。透過矩陣分解，可以提取某些特徵，例如電影類型、電影中出現的演員等，並能夠根據這些特徵預測使用者對電影的評分。

奇異值分解用於圖像壓縮（image compression）。例如，可以將黑白圖像視為一個大資料表，其中每個元都包含相對應像素的強度。奇異值分解使用線性代數技術來簡化這個資料表，進而使我們能夠簡化圖像，並使用更少的元來儲存更簡單的版本。

生成機器學習

生成機器學習（*generative machine learning*）是機器學習中最令人驚訝的領域之一，如果你看過由電腦建立的超逼真臉孔、圖像或影片，那麼你已經看到了生成機器學習的實際應用。

生成學習領域由模型組成，給定資料集，這些模型可以輸出看起來像原始資料集中樣本的新資料點。這些演算法被迫學習資料看起來如何，來生成相似的資料點。例如，如果資料集包含人臉圖像，那麼該演算法將生成逼真的人臉。生成演算法已經能夠建立極其逼真的圖像、繪畫等，他們還創作了影片、音樂、故事、詩歌和許多其他精彩的東西。最熱門的生成演算法是由 Ian Goodfellow 和他的共同作者所開發的 GAN（generative adversarial networks，生成對抗網路），其他有用且熱門的生成演算法是由 Kingma 和 Welling 所開發的 Variational Autoencoders（變分自動編碼器），以及由 Geoffrey Hinton 開發的 RBM（restricted Boltzmann machines，受限玻爾茲曼機）。

可以想像，生成學習非常困難。對於人類來說，確定圖像是否顯示狗，比畫一隻狗要容易得多。這項任務對電腦來說同等困難。因此，生成學習中的演算法很複雜，需要大量的資料和計算能力才能使其正常工作。而因為這本書是關於監督式學習，所以我們不會詳細介紹生成學習，但在第 10 章中，我們會了解其中一些生成演算法是如何運作，因為它們傾向於使用神經網路。如果你想進一步探索該主題，附錄 C 包含推薦的資源，包括作者的影片。

什麼是增強式學習？

增強式學習（reinforcement learning）是一種不同類型的機器學習，必須由電腦來執行任務，並且不是使用資料，而是由模型接收一個環境、和一個在此環境中導航的主體（agent），該主體有一個目標或一組目標。環境有獎勵和懲罰，引導主體做出正確的決定以實現其目標，這聽起來有點抽象，但讓我們來看一個例子。

案例：網格世界

在圖 2.11 中，我們看到了一個網格世界，左下角有一個機器人，那是我們的主體，目標是到達網格右上角的寶箱。在網格中，我們還可以看到一座山，這意味著我們無法穿過那一格，因為機器人不能爬山，我們還看到了一隻龍，如果機器人敢降落在它的格子上它會攻擊機器人，這表示我們的部分目標是不要降落在那裡。這就是遊戲。為了向機器人提供有關如何進行的資訊，我們會從零開始記錄分數，如果機器人到達寶箱，那麼我們獲得 100 分，倘若機器人碰到龍，我們會失去 50 分；而為了確保我們的機器人快速移動，我們可以說機器人每走一步，我們就會失去 1 分，因為機器人在行走時會消耗能量。

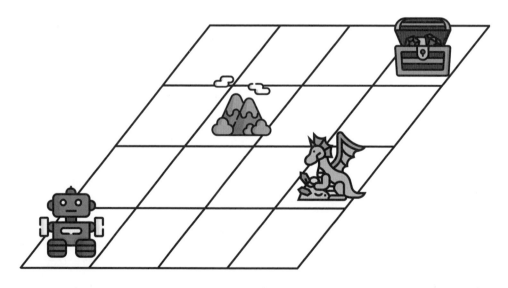

圖 2.11　這個網格世界，我們的主體是一個機器人，它的目標是找到寶箱，同時避開龍。山代表機器人無法通過的地方。

簡略來說，訓練這個演算法的方法如下：機器人開始四處走動，記錄它的分數並記住它在哪裡走過的步驟，過了一段時間，它可能會遇到龍而失去很多分，因此，它學會將龍的格子和附近的方格與低分關聯起來；而在某個時候，它也可能會撞到寶箱，然後就開始將那個格子和靠近它的方格與高分相關聯。在玩這個遊戲一段時間之後，機器人就會很清楚每個格子的好壞，可以沿著方格的路徑一直找到寶箱。圖 2.12 顯示了一條可能的路徑，儘管這條路徑並不理想，因為它距離龍太近了。你能想出一個更好的路徑嗎？

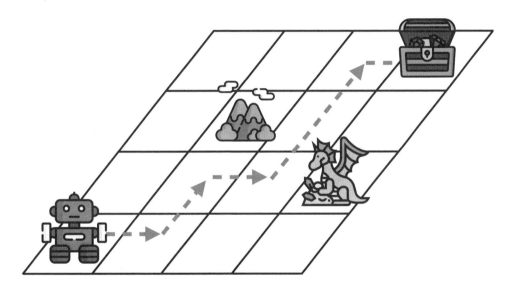

圖 2.12 這是機器人可以用來尋找寶箱的路徑。

當然，這是一個非常簡短的解釋，還有很多關於增強式學習的資訊。附錄 C 推薦了一些進一步研究的資源，包括深度增強式學習的影片。

增強式學習有許多尖端應用，包括：

- **遊戲比賽**：最新進展是使用增強式學習來教電腦如何在圍棋或西洋棋等比賽中取得勝利。此外，主體還被教導要在例如 *Breakout* 或 *Super Mario* 等 Atari 遊戲中獲勝。

- **機器人技術（Robotics）**：增強式學習廣泛用於幫助機器人執行任務，例如撿箱子、打掃房間，甚至跳舞！

- **自駕車（Self-driving cars）**：增強式學習技術用於幫助汽車執行許多任務，例如路徑規劃或在特定環境中的行為。

總結

- 有好幾種類型的機器學習，包括監督式學習、非監督式學習和增強式學習。
- 資料可以加標籤也可不加標籤。標記資料包含特殊特徵或標籤，目的是為了預測；未標記資料不包含特徵。
- 監督式學習用於標記資料，包括建構模型，預測未見資料的標籤。
- 非監督式學習用於未標記資料，由可簡化我們的資料而不會丟失大量資訊的演算法組成。非監督式學習通常用作前處理步驟。
- 兩種常見類型的監督式學習演算法稱為迴歸和分類。
  - 迴歸模型是答案為任意數字的模型。
  - 分類模型是答案屬於類型或類別的模型。
- 兩種常見類型的非監督式學習演算法是分群和降維。
  - 分群用於將資料分組到相似的集群中以提取資訊，或使其更容易處理。
  - 降維是一種簡化資料的方法，透過加入某些相似的特徵並盡可能減少丟失資訊。
  - 矩陣分解和奇異值分解是其他可以透過減少欄數和列數以簡化資料的演算法。
- 生成機器學習是一種創新類型的非監督式學習，包括生成與我們的資料集相似的資料。生成模型可以繪製逼真的臉孔、作曲和寫詩。
- 增強式學習是一種機器學習，其中主體必須在環境中導航並達到目標。它廣泛用於許多尖端應用。

練習

練習 2.1

對於以下每種情況，請說明它是監督式學習還是非監督式學習的案例，並解釋你的答案。如果有不明確的，請選擇一個，並解釋為什麼選擇它。

a. 社群網路上的推薦系統，向使用者推薦潛在朋友

b. 新聞網站中將新聞劃分為主題的系統

c. Google 自動完成句子的功能

d. 線上零售商的推薦系統，根據使用者過去的購買紀錄向使用者推薦產品

e. 信用卡公司中用來捕獲詐騙交易的系統

練習 2.2

對於以下機器學習的每一個應用，你會使用迴歸還是分類來解決它？解釋你的答案。如果有不明確的，請選擇一個，並解釋為什麼選擇它。

a. 預測使用者將在其網站上消費金額的線上商店

b. 語音助手解碼語音並轉換為文字

c. 從特定公司出售或購買股票

d. YouTube 向使用者推薦影片

練習 2.3

你的任務是製造一輛自駕車。請至少給出三個你必須解決的機器學習問題例子來建構它。在每個例子中，說明你使用的是監督式學習還是非監督式學習，如果是監督式學習，說明你使用的是迴歸還是分類；如果你正在使用其他類型的機器學習，請解釋是哪些類型以及使用原因。

在資料點附近畫一條線：線性迴歸 | 3

本章包含

- 什麼是線性迴歸

- 配適一條通過一組資料點的線

- 用 Python 編寫線性迴歸演算法

- 使用 Turi Create 建構線性迴歸模型來預測真實資料集中的房價

- 什麼是多項式迴歸

- 將更複雜的曲線配適到非線性資料

- 討論現實世界中的線性迴歸範例，例如醫療應用和推薦系統

在本章中，我們將學習線性迴歸。線性迴歸（linear regression）是一種強大且廣泛使用的方法來估計價值，例如房屋價格、某種股票的價值、個人的預期壽命，或是使用者觀看影片或花在網站的時間。你之前可能已經將線性迴歸視為太多的複雜公式，包括導數（derivatives）、方程式和行列式（determinants）。但是，我們也可以用更圖像化和更少公式的方式看到線性迴歸。在本章中，要理解線性迴歸，你所需要的只是將點和線的移動視覺化的能力。

假設我們有一些點大致看起來像是在形成一條線，如圖 3.1 所示。

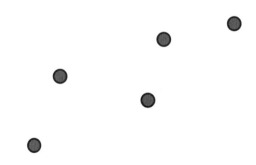

圖 3.1 一些大致看起來像是在形成一條線的點。

線性迴歸的目標是繪製盡可能靠近這些點的線。你會畫哪條線靠近這些點？圖 3.2 中的那條線怎麼樣？

將這些點想像成城鎮中的房屋，我們的目標是建造一條穿過城鎮的道路，我們希望這條線盡可能靠近點，因為鎮上的居民都希望住在靠近道路的地方，我們的目標是盡可能地取悅他們。

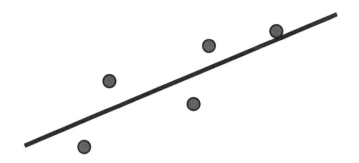

圖 3.2 靠近點的線。

我們還可以將這些點想像成用螺栓固定在地板上的磁鐵（因此它們不能移動），現在想像一下在它們上面扔一根直的金屬棒，金屬棒會四處移動，但由於磁鐵會牽引住它，它最終會處於平衡位置，盡可能靠近所有點。

當然，這會導致很多歧義，我們是否想要一條靠近所有房屋的道路，或者可能真的靠近其中一些房屋而遠離其他房屋？所出現的一些問題如下：

- 我們所說的「大致看起來像是在形成一條線的點」是什麼意思？
- 我們所說的「一條非常接近點的線」是什麼意思？
- 我們如何找到這一條線？
- 這為什麼在現實世界中有用？
- 為什麼是機器學習？

在本章中，我們會回答所有這些問題，並建立一個線性迴歸模型來預測真實資料集中的房價。

你可以在以下 GitHub 儲存庫中找到本章的所有程式碼：https://github.com/luisguiserrano/manning/tree/master/Chapter_3_Linear_Regression。

問題：我們需要預測房子的價格

假設我們是負責銷售新房屋的房地產仲介，我們不知道房屋價格，所以想透過與其他房子的比較來推斷，我們研究可能影響價格的房屋特徵，例如房屋大小、房

間數量、位置、犯罪率、學校素質和商業距離。最終，我們想要一個所有這些特徵的公式，它可以給我們房子的價格，或者至少是一個很好的估計。

解決方案：建立房價迴歸模型

讓我們舉一個盡可能簡單的例子，我們只關注其中一個特徵：房間數量。我們家有四間房，而附近有六間房屋，分別是一房、二房、三房、五房、六房、七房。它們的價格如表 3.1 所示。

表 3.1　帶有房間數量和價格的房屋表格。房屋 4 是我們試圖推斷價格的房屋。

房間數量	價格
1	150
2	200
3	250
4	?
5	350
6	400
7	450

僅根據這張表上的資訊，你會給 4 號房屋的價格是多少？如果你說 300 美元，那麼我們也做了同樣的猜測。你可能看到了一個模式並用它來推斷房子的價格。你腦袋裡做的正是線性迴歸。讓我們再多研究這種模式，你可能已經注意到，每增加一個房間，房子的價格就會增加 50 美元，更具體地說，我們可以將房屋的價格視為兩件事的組合：100 美元的基本價格，以及每個房間 50 美元的額外費用。這可以用一個簡單的公式來概括：

$$價格 = 100 + 50（房間數量）$$

我們在這裡所做的是提出一個用公式表示的模型，該公式可以根據特徵（即房間數量）預測房屋價格。每個房間的價格稱為相應特徵的權重（*weight*），基礎價格稱為模型的偏差（*bias*）。這些都是機器學習中的重要概念，我們在第 1 章和第 2 章中有學到了其中一些，但讓我們更新我們的記憶，從這個問題的角度來定義這些概念。

特徵（feature） 資料點的特徵是我們用來進行預測的那些屬性。在本例中，特徵是房子裡的房間數量、犯罪率、屋齡、大小等等。對於我們的案例，我們決定了一個特徵：房子裡的房間數量。

標籤（label） 我們試圖從特徵中預測的目標。在本例中，標籤是房子的價格。

模型（model） 機器學習模型是一個規則或公式，它根據特徵預測標籤。在本例中，模型是我們找到的價格方程式。

預測（prediction） 預測是模型的輸出，如果模型說「我認為有四個房間的房子要花 300 美元」，那麼預測是 300。

權重（weight） 在模型對應的公式中，每個特徵乘以對應的因子，這些因素就是權重。在前面的公式中，唯一的特徵是房間數，其對應的權重是 50。

偏差（bias） 如你所見，模型對應的公式有一個不附加到任何特徵的常數，這個常數稱為偏差。在這個模型中，偏差為 100，它對應於房屋的基本價格。

現在的問題是，我們是如何得出這個公式的？或者更具體地說，我們如何讓電腦得出這種權重和偏差？為了說明這一點，讓我們看一個稍微複雜一點的例子。因為這是一個機器學習問題，我們將使用我們在第 2 章中所學習的記得 - 制定 - 預測框架來處理它。更具體地說，我們將記得其他房屋的價格，**制定**價格模型，並使用這個模型來**預測**新房屋的價格。

記得（remember）步驟：查看現有房屋的價格

為了更清楚地看到這個過程，讓我們看一個稍微複雜的資料集，例如表 3.2 中的資料集。

表 3.2 一個稍微複雜的房屋資料集，包括房間數量和價格

房間數量	價格
1	155
2	197
3	244
4	?
5	356
6	407
7	448

這個資料集與前一個資料集相似，只是現在價格沒有遵循一個很好的模式，像前一個資料集中每個價格比前一個價格高出 50 美元；但是，它與原始資料集並沒有那麼不同，因此我們可以預期類似的模式應該很好地靠近這些值。

通常，當我們得到一個新資料集時，我們做的第一件事就把它繪製成點陣圖。在圖 3.3 中，我們可以看到座標系中的點圖，其中橫軸代表房間數量，縱軸代表房屋價格。

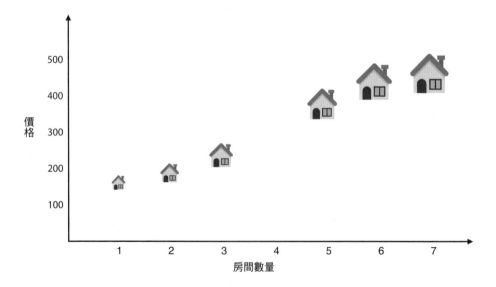

圖 3.3 表 3.2 資料集的繪圖。橫軸代表房間數量，縱軸代表房屋價格。

制定（formulate）步驟：制定估算房屋價格的規則

表 3.2 的資料集與表 3.1 的資料集非常接近，所以現在，我們可以放心地使用相同的價格公式，唯一的區別是現在的價格與公式所說的不完全一樣，而且我們有一個小誤差（error）。我們可以將方程式寫成如下：

$$價格 = 100 + 50（房間數量）+（小誤差）$$

如果我們想預測價格，我們可以使用這個方程式，即使我們不確定是否會獲得實際價格，但我們知道可能會很接近。現在的問題是，我們如何找到這個方程式？最重要的是，電腦如何找到這個方程式？

讓我們回到繪圖，看看方程式在圖中代表什麼。如果我們查看垂直（y）座標為 100 加上 50 倍的水平（x）座標的所有資料點會發生什麼事？這組資料點形成了一條斜率為 50 和 y 截距為 100 的線。在我們解開前面的敘述之前，這就是斜率、y 截距和線性方程式的定義。我們將在「斜率和 y 截距的速成班」一節中更詳細地研究這些內容。

斜率（slope）　線的斜率是衡量它有多陡的指標，是用 rise 除以 run 來計算的（即往上的單位數除以往右的單位數），這個比率在整條線上是恆定的。在機器學習模型中，這是對應特徵的權重，當我們將特徵值增加一個單位時，它告訴我們期望標籤的值上升多少。如果線是水平的，則斜率為零，如果線向下，則斜率為負。

y 截距（y-intercept）　直線的 y 截距是直線與垂直座標軸（y 軸）相交的高度。在機器學習模型中，它是偏差（bias），它告訴我們所有特徵都精確為零的資料點之標籤為何。

線性方程式（linear equation）　這是一條線的方程式，由兩個參數組成：斜率和 y 截距。如果斜率為 m，y 截距為 b，則直線的方程式為 $y = mx + b$，直線由滿足方程式的所有點 (x,y) 組成。在機器學習模型中，x 是特徵的值，y 是標籤的預測值。模型的權重和偏差分別為 m 和 b。

我們現在可以分析方程式了。當我們說這條線的斜率為 50 時，這代表我們每給房子增加一個房間，我們估計房子的價格會上漲 50 美元；當我們說直線的 y 截距為 100 時，這意味著對於（假設的）零房間房屋的價格估計是 100 美元的基本價格。這條線繪製在圖 3.4 中。

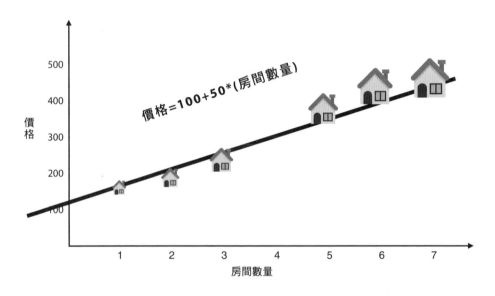

圖 3.4 我們制定的模型是盡可能接近所有房屋的線。

現在，在所有可能的線中（每條線都有自己的方程式），我們為什麼要特別選擇這條線？因為那個條比較靠近資料點。可能還有別條更好的線，但至少我們知道這條是好的，而不是一個離分數很遠的。現在我們回到最初的問題，我們有好多棟房屋，我們想建一條盡可能靠近它們的道路。

我們該如何找到這條線？我們將在本章後面討論這個主題。但是現在，假設我們有一個水晶球，給定一堆點，找到最接近它們的線。

預測（predict）步驟：當新房屋上市時我們該怎麼辦？

現在，繼續使用我們的模型來預測有四房的房屋之價格。為此，我們將數字 4 作為公式中的特徵帶入，以獲得以下結果：

$$價格 = 100 + 50 \cdot 4 = 300$$

因此，我們的模型預測房子的價格為 300 美元。這也可以透過使用直線以圖形方式呈現，如圖 3.5 所示。

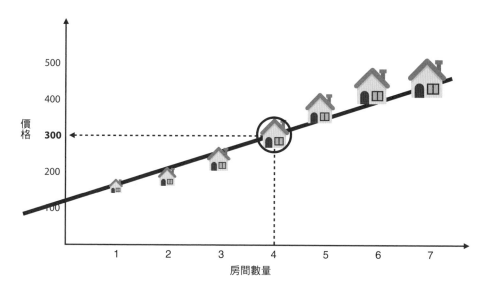

圖 3.5 我們現在的任務是預測有四個房間的房子之價格。使用模型（線），我們推斷這間房子的預測價格是 300 美元。

如果我們有更多的變數怎麼辦？多元線性迴歸

在前面的段落中，我們了解了一個基於一個特徵的模型，也就是使用房間數量來預測房子的價格。我們可以想像許多其他可以幫助我們預測房屋價格的特徵，例如房屋大小、附近學校的品質以及屋齡。我們的線性迴歸模型可以容納這些其他變數嗎？答案是絕對可以。當唯一的特徵是房間數量時，我們的模型將價格預測為特徵乘以相應權重的總和，再加上偏差。如果我們有更多特徵，我們需要做的就是將它們乘以它們相應的權重，然後將它們添加到預測價格中。因此，房屋價格模型可能如下所示：

價格 = 30（房間數量）+ 1.5（房屋大小）+ 10（學校品質）- 2（屋齡）+ 50

在這個方程式中，為什麼除了與房屋年齡對應的權重之外，所有權重都是正數？原因是其他三個特徵（房間數量、房屋大小和學校品質）與房價的關係為**正相關**（*positively correlated*）。換句話說，由於更大且位置優越的房屋成本更高，因此此

特徵越高，我們預計房屋的價格就越高；然而，因為我們會想像老房子往往更便宜，所以屋齡特徵與房子的價格呈負相關（*negatively correlated*）。

如果特徵的權重為零怎麼辦？當某個功能與價格無關時，就會發生這種情況。例如，假設有一個特徵是測量姓氏以字母 A 開頭鄰居的數量，這個特徵大多與房子的價格無關，所以我們期望在一個合理的模型中，這個特徵對應的權重是零或非常接近零。

同理，如果一個特徵具有非常高的權重（無論是負的還是正的），我們將其解釋為模型告訴我們該特徵在確定房屋價格時很重要。在之前的模型中，房間的數量似乎是一個重要的特徵，因為它的權重的絕對值是最大的。

在第 2 章的「降維可簡化資料而不會丟失太多資訊」一節中，我們將資料集中的欄位與資料集所在的維度相關聯，因此，具有兩欄的資料集可以表示為平面中的一組資料點；而具有三欄的資料集可以表示為三維空間中的一組資料點，在這樣的資料集中，線性迴歸模型對應的不是一條線，而是一個盡可能靠近點的平面。想像有許多蒼蠅在房間裡以靜止的姿勢飛來飛去，我們的任務是用一張巨大的紙板盡可能靠近所有的蒼蠅。這就是具有三個變數的多元線性迴歸（multivariate linear regression）。對於具有更多欄位的資料集，這個問題變得難以視覺化，但我們總是可以想像一個具有許多變數的線性方程式。

在本章中，我們主要處理只有一個特徵的線性迴歸模型，但如果是有更多特徵的模型，其過程也是相似的。我鼓勵你在閱讀過程中牢記這一事實，並想像你將如何將我們接下來的每個陳述概括為具有多個特徵的情況。

一些問題和一些答案

OK！現在你的腦子裡可能有很多問題，讓我們解決其中的一些（希望是全部）！

1. 如果模型出錯了怎麼辦？

2. 你是如何得出預測價格的公式的？如果我們有成千上萬棟房屋而不只六棟，我們該怎麼做呢？

3. 假設我們已經建立了這個預測模型，然後新房屋開始出現在市場上，有沒有辦法用新資訊更新模型？

我們在本章將回答所有這些問題，但這裡有一些簡易的答案：

1. 如果模型出錯了怎麼辦？

該模型正在估算房屋的價格，因此我們預計它幾乎總是會犯個小錯誤，因為很難估算出準確的價格。模型的訓練過程也包括要找到在我們資料點上產生最小錯誤的模型。

2. 你是如何得出預測價格的公式的？如果我們有成千上萬棟房屋而不只六棟，我們該怎麼做呢？

是的，這是我們本章要解決的主要問題！當我們有六棟房屋時，畫一條靠近它們的線很簡單，但如果我們有數千棟房屋，這項任務就變得困難多了。我們在本章中所做的是設計一種算法或程式，讓電腦找到一條好的線。

3. 假設我們已經建立了這個預測模型，然後新房屋開始出現在市場上，有沒有辦法用新資訊更新模型？

絕對可以！我們將以一種方式建構模型，在出現新資料的時候能輕鬆更新模型，這就是機器學習中要尋找的東西。如果我們建構一種模型每次有新資料進來時都需要重新計算整個模型，那麼它就沒什麼用。

如何讓電腦畫出這條線：線性迴歸演算法

現在我們來解決本章的主要問題：我們如何讓電腦畫出一條非常接近點的線？我們這樣做的方式與我們在機器學習中做許多事情的方式相同：一步一步來。從一條隨機線開始，然後想辦法透過將它移靠近點來稍微改進這條線。重複多次這個過程，然後你看！我們得到了想要的線！這個過程稱為線性迴歸演算法（linear regression algorithm）。

這個過程可能聽起來很愚蠢，但效果很好。從隨機的一條線開始，在資料集中選擇一個隨機點，並將線稍微靠近該點；在資料集中隨機選擇一個點，重複多次此過程。以幾何圖形的方式呈現線性迴歸演算法，如圖 3.6 所示。

線性迴歸演算法的虛擬碼（幾何圖形版）

輸入：平面中的資料集的資料點

輸出：靠近點的一條線

步驟：

- 選擇一條隨機線。
- 重複多次：
  - ― 選擇一個隨機資料點。
  - ― 將線移近一點。
- **回傳**你獲得的線路。

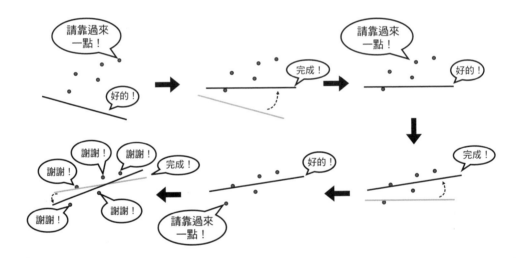

圖 3.6　線性迴歸演算法的圖示。我們從左上角用一條隨機線開始，在左下角用一條非常適合資料集的線作為結束。在每個階段，都會發生兩件事：（1）我們選擇一個隨機點，（2）該點要求直線靠近它。經過多次迭代，該線將處於良好位置。出於說明目的，本圖中只有三個迭代，但在現實生活中，還需要更多的迭代。

那是個很概略的觀點。為了更詳細地研究這個過程，我們需要深入研究數學細節，讓我們從定義一些變數開始。

- p：資料集中房屋的價格
- $\hat{p}$：房屋的預測價格
- r：房間數
- m：每間房間的價格
- b：房屋的底價

為什麼預期的價格上有加個帽子，也就是 $\hat{p}$？在本書中，帽子表示這是我們模型預測的變數。透過這種方式，我們可以從預測價格中判斷資料集中房屋的實際價格。

因此，預測價格為基本價格加上每間房間價格乘以房間數量，線性迴歸模型的方程式如下：

$$\hat{p} = mr + b$$

公式化一點的說法是：

預測價格 =（每間房間的價格）（房間數量）+ 房屋的基本價格

為了了解線性迴歸演算法，想像我們有一個模型，其中每個房間的價格是 40 美元，房子的基本價格是 50 美元。該模型使用以下公式預測房屋價格：

$$\hat{p} = 40 \cdot r + 50$$

為了說明線性迴歸演算法，想像在我們的資料集中，我們有一棟房子有兩個房間，價格為 150 美元。這個模型預測房屋的價格是 $50 + 40 \cdot 2 = 130$。這個預測不錯，但低於房子的實際價格。那我們該如何改進模型？模型的錯誤似乎是認為房子太便宜了，也許該模型的基本價格較低，或者每個房間的價格較低，或者兩者價格都太低。如果我們將兩者都增加一點，我們可能會得到更好的估計價格。讓我們將每間房間的價格提高 0.50 美元，將基本價格提高 1 美元（我隨機選擇這個數字）。新的方程式如下：

$$\hat{p} = 40.5 \cdot r + 51$$

房屋的新預測價格是 $40.5 \cdot r + 51 = 132$。因為 132 美元更接近 150 美元，我們的新模型對這間房子做出了更好的預測。因此，它是更適合該資料點的模型。我們不知道它是否適合其他資料點，但我們暫時先不擔心。線性迴歸演算法的思考是需要重複多次前面的過程。線性迴歸演算法的虛擬碼如下：

線性迴歸演算法的虛擬碼（幾何）

輸入：一個資料集的點

輸出：適合該資料集的線性迴歸模型

步驟：

- 選擇具有隨機權重和隨機偏差的模型。
- 重複多次：
  - 選擇一個隨機資料點。
  - 稍微調整權重和偏差以改進對該特定資料點的預測。
- **回傳**你獲得的模型。

你可能有幾個問題，例如：

- 我應該調整多少權重？
- 我應該重複幾次該算法？換句話說，我怎麼知道我什麼時候完成了？
- 我怎麼知道這個算法有效？

我們在本章中會回答全部的這些問題。在「平方技巧」和「絕對技巧」章節中，我們會學習一些有趣的技巧以找到合適的值來調整權重。在「絕對誤差」和「平方誤差」章節中，我們會看到誤差函數（error function），這將幫助我們決定何時停止算法。最後，在「梯度下降」章節，我們介紹了一種稱為梯度下降（gradient descent）的強大方法，它證明了該算法為何有效。但首先，讓我們從在平面上移動線開始。

斜率和 *y* 截距的速成班

在「制定（formulate）步驟」一節中，我們討論了線性方程式。在本節，我們將學習如何操作這個方程式來移動我們的線。回想一下，線性方程式具有以下兩個部分：

- 斜率
- *y* 截距

斜率告訴我們線有多陡，*y* 截距告訴我們線的位置。斜率定義為 rise 除以 run，*y* 截距告訴我們直線與 *y* 軸（垂直軸）相交的位置。在圖 3.7 中，我們可以在一範例中看到這兩者。這條線的方程式如下：

$$y = 0.5x + 2$$

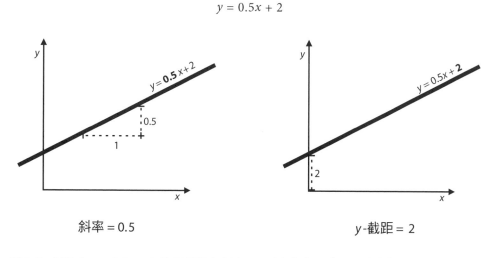

圖 **3.7**　方程式 **y** = 0.5**x** + 2 的直線具有斜率 0.5（左）和 **y** 截距 2（右）。

這個方程式是什麼意思？這意味著斜率為 0.5，*y* 截距為 2。

當我們說斜率為 0.5 時，代表當我們沿著這條線走時，每向右移動一個單位，我們就向上移動 0.5 個單位。如果我們根本不向上移動，斜率可以為零，若我們向下移動，則斜率為負的。一條垂直線有一個未定義的斜率，但幸運的是，這些往往不會出現在線性迴歸中。許多線可以具有相同的斜率，如果我畫一條平行於圖 3.7 中線的線，這條線每向右移動一個單位，它也會上升 0.5 個單位，這就是 *y* 截距有用的地方了。*y* 截距告訴我們直線與 *y* 軸相交的位置，而這條線在高度 2 的地方切割了 *y* 軸，也就是 *y* 截距。

換句話說，直線的斜率告訴我們直線指的**方向**（*direction*），而 *y* 截距告訴我們直線的**位置**（*location*）。請注意，透過指定斜率和 *y* 截距，可以完全指定直線。在圖 3.8 中，我們可以看到具有相同 *y* 截距的不同條線，以及具有相同斜率的不同條線。

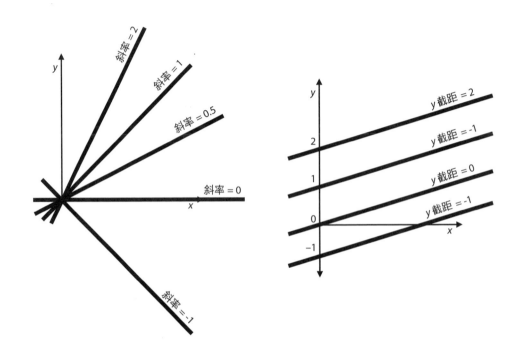

圖 3.8 斜率和 *y* 軸截距的例子。在左側，我們看到有幾條截距相同但斜率不同的線；請注意，斜率越高，線越陡。在右側，我們看到了幾條具有相同斜率和不同 *y* 截距的線。請注意，*y* 截距越高，線的位置就越高。

在我們先前的房屋範例中，斜率代表每個房間的價格，*y* 截距代表房屋的基本價格。讓我們牢記這一點，並且在我們操縱這些線的時候，想想這會對我們的房價模型有什麼影響。

根據斜率和 *y* 截距的定義，我們可以推導出以下內容：

改變斜率：

- 如果我們增加一條線的斜率，這條線將逆時針旋轉。
- 如果我們減少一條線的斜率，這條線將順時針旋轉。

這些旋轉位於圖 3.9 所表示的支點（pivot）上，即直線與 y 軸的交點。

改變 y 截距：

- 如果我們增加直線的 y 截距，這條線會向上平移。
- 如果我們減少直線的 y 截距，則直線向下平移。

圖 3.9 說明了這些旋轉和平移，當我們想要調整線性迴歸模型時，它們會派上用場。

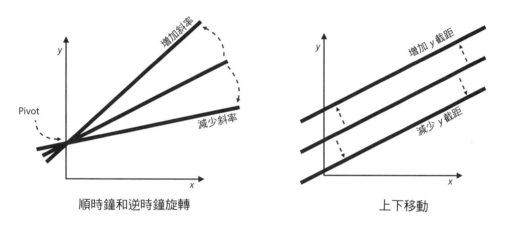

圖 3.9　左：增加斜率使線逆時針旋轉，而減少斜率則順時針旋轉。右：增加 y 截距將線向上平移，而減少 y 截距將其向下平移。

如前所述，一般來說，一條直線的方程式寫成 $y = mx + b$，其中 x 和 y 對應水平和垂直座標，m 對應斜率，b 對應 y 截距。在本章中，為了匹配符號，我們將等式寫成 $\hat{p} = mr + b$，其中 $\hat{p}$ 對應於預測價格，r 對應於房間數量，m（斜率）對應於每個房間的價格，b（y 截距）對應於房屋的基本價格。

一個簡單技巧，移動一條線更靠近一組點，一次一個點

回想一下，線性迴歸演算法由重複一個步驟組成，在該步驟中，我們將一條線移近一個點。我們可以使用旋轉以及平移來做到這一點。在本節中，我們學習一種稱為**簡單技巧**（*simple trick*）的方式，它包括沿著點的方向稍微旋轉，以及平移直線以使其更靠近點（圖 3.10）。

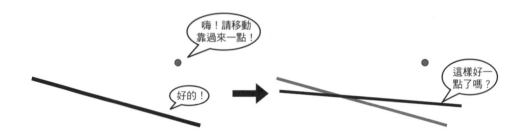

圖 3.10 我們的目標是稍微旋轉和平移直線以更接近點。

將線正確地移向一個點的技巧是確定該點相對於該線的位置。如果點在線的上方，我們需要將線向上平移，如果在線的下方，我們需要向下平移。旋轉有點困難，但是因為支點是直線和 y 軸的交點，所以我們可以看到，如果該點在直線上方並且在 y 軸的右側，或者在直線下方且在 y 軸的左側，我們需要逆時針旋轉這條線；在其他兩種情況下，我們需要順時針旋轉這條線。以下為四種情況的總結，如圖 3.11 所示：

情況 1：如果該點位於直線上方且位於 y 軸右側，我們逆時針旋轉直線並將其向上平移。

情況 2：如果該點位於直線上方且位於 y 軸左側，我們順時針旋轉直線並將其向上平移。

情況 3：如果該點位於直線下方且位於 y 軸右側，我們順時針旋轉直線並將其向下平移。

情況 4：如果該點位於直線下方且位於 y 軸左側，我們逆時針旋轉直線並將其向下平移。

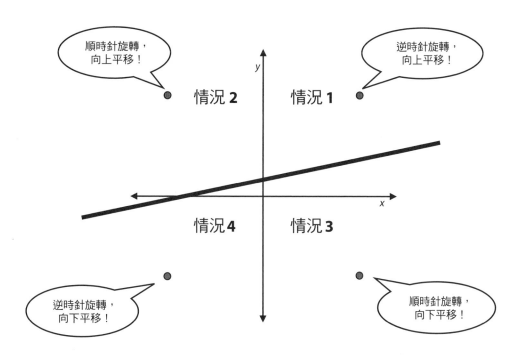

圖 3.11 四種情況，其中每一個我們都必須旋轉直線並以不同的方式平移它，使線更靠近相應的點。

現在我們有了這四種情況，我們可以編寫簡單技巧的虛擬碼。但首先，讓我們澄清一些符號。在本節中，我們一直在討論方程式 $y = mx + b$ 的線，其中 m 是斜率，b 是 y 截距。在房屋範例中，我們使用以下類似的符號：

- 座標為 (r,p) 的點對應於具有 r 個房間且價格為 p 的房子。
- 斜率 m 對應於每間房間的價格。
- y 截距 b 對應於房屋的基本價格。
- 預測 $\hat{p} = mr + b$ 對應於房屋的預測價格。

簡單技巧的虛擬碼

輸入：

- 一條斜率為 m、y 截距為 b 且方程式為 $\hat{p} = mr + b$ 的直線
- 座標為 (r,p) 的點

輸出：

- 一條具有方程式 $\hat{p} = m'r + b$ 更接近該點的線

步驟：

選擇兩個非常小的隨機數，稱它們為 η_1 和 η_2（希臘字母 *eta*）。

情況 1：如果該點位於直線上方且位於 y 軸的右側，我們逆時針旋轉直線並將其向上平移：

- 將 η_1 添加到斜率 m，獲得 $m' = m + \eta_1$
- 將 η_2 添加到 y 截距 b，獲得 $b' = b + \eta_2$

情況 2：如果該點位於直線上方且位於 y 軸的左側，我們順時針旋轉直線並將其向上平移：

- 從斜率 m 中減去 η_1，獲得 $m' = m - \eta_1$
- 將 η_2 添加到 y 截距 b，獲得 $b' = b + \eta_2$

情況 3：如果該點位於直線下方且位於 y 軸的右側，我們順時針旋轉直線並將其向下平移：

- 從斜率 m 中減去 η_1，獲得 $m' = m - \eta_1$
- 從 y 截距 b 中減去 η_2，獲得 $b' = b - \eta_2$

情況 4：如果該點位於直線下方且位於 y 軸的左側，我們逆時針旋轉直線並將其向下平移：

- 將 η_1 添加到斜率 m，獲得 $m' = m + \eta_1$
- 從 y 截距 b 中減去 η_2，獲得 $b' = b - \eta_2$

回傳：方程式 $\hat{p} = m'r + b'$ 的直線。

請注意，對於我們的範例，在斜率上增加或減少一個小數字代表增加或減少每個房間的價格。同樣地，在 y 截距上增加或減少一個小數字代表增加或減少房屋的基本價格。此外，因為 x 座標是房間數，所以這個數字永遠不會是負數。因此，在我們的案例中，只有情況 1 和情況 3 很重要，這意味著我們可以用口語的話來總結這個簡單技巧，如下：

簡單技巧

- 如果模型給我們的房屋價格低於實際價格，則在每間房間的價格和房屋的基本價格中加上一個小的隨機數。
- 如果模型給我們的房屋價格高於實際價格，則從每間房間的價格和房屋的基本價格中減去一個小的隨機數。

這個技巧在實踐中取得了一點成功，但它其實並不是移動線條的最佳方式，可能還會出現一些問題，例如：

- 我們可以為 η_1 和 η_2 選擇更好的值嗎？
- 我們可以將四個情境壓縮成兩種？或是一種嗎？

這兩個問題的答案都是肯定的，我們將在接下來的兩節中看到。

平方技巧：一種更聰明的方法，使我們的線更靠近某個點

在本節中，我將向你展示一種有效方法將直線移近一個點，我稱之為平方技巧（*square trick*）。回想一下，簡單技巧由四種情況組成，這些情況是基於點相對於線的位置。而平方技巧將透過找到具有正確符號（ + 或 - ）的值來添加到斜率和 y 截距上，進而使這四種情況歸結為一種，以使直線一直靠近該點。

我們從 y 截距開始。請注意以下兩個觀察結果：

- **觀察結果 1**：在簡單技巧中，當點在線上方時，我們在 y 截距上添加一點數字；當它低於該線時，我們減去一點數字。
- **觀察結果 2**：如果一個點在線之上，值 $p - \hat{p}$（價格和預測價格之間的差異）是正的；如果它低於該線，則該值為負。這一觀察結果如圖 3.12 所示。

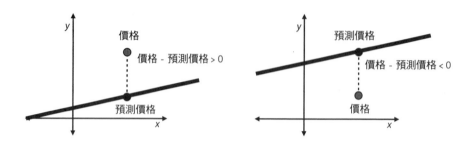

圖 3.12　左：當點在線的上方時，價格大於預測價格，因此差值為正。右：當點在線的下方時，價格小於預測價格，因此差值為負。

將觀察結果 1 和觀察結果 2 放在一起，我們得出結論，如果我們將差值 $p - \hat{p}$ 添加到 y 截距，則線將始終朝向該點移動，因為當該點高於線時差值為正，而當該點低於該線下方時該值為負。然而，在機器學習中，我們總是希望邁出一小步。為了幫助我們解決這個問題，我們引入了機器學習中的一個重要概念：學習率（learning rate）。

學習率（learning rate）　我們在訓練模型之前選擇的一個非常小的數字，這個數字有助於我們確保我們的模型透過訓練進行非常少量的更改。在本書中，學習率將用希臘字母 *eta* 表示，也就是 η。

因為學習率很小，所以它的值是 $\eta(p - \hat{p})$。這是我們添加到 y 截距的值，將線往點的方向移動。

而我們需要添加到斜率的值是相似的，但有點複雜。請注意以下兩個觀察結果：

- **觀察結果 3**：在簡單技巧中，當點在情況 1 或情況 4 中時（在線上方和垂直軸的右側，或在線下方和垂直軸的左側），我們逆時針旋轉線；反之（情況 2 或情況 3），我們順時針旋轉它。
- **觀察結果 4**：如果一個點 (r, p) 在垂直軸的右側，則 r 為正。如果該點位於垂直軸的左側，則 r 為負。這一觀察結果如圖 3.13 所示。請注意，在此範例中，r 永遠不會是負數，因為它是房間數。但是，在一般其他的例子中，特徵可能是負的。

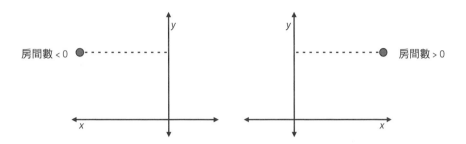

圖 3.13 左：當點在 y 軸的左側時，房間數為負數；右：當點在 y 軸的右側時，房間數為正數。

考慮值 $r(p - \hat{p})$。當 r 和 $p - \hat{p}$ 都為正數或都為負數時，此值為正。這正是情況 1 和情況 4 中發生的情況；同樣地，$r(p - \hat{p})$ 在情況 2 和情況 3 中為負值。因此，由於觀察結果 4，這是我們需要添加到斜率的數量。我們希望這個值很小，所以再一次，我們將它乘以學習率並得出結論，將 $\eta r(p - \hat{p})$ 添加到斜率，並一直往點的方向移動直線。

我們現在可以編寫平方技巧的虛擬碼，如下所示：

平方技巧的虛擬碼

輸入：

- 一條斜率為 m、y 截距為 b 且方程式為 $\hat{p} = mr + b$ 的直線
- 座標為 (r, p) 的點
- 一個小的正數 η（學習率）

輸出：

- 一條具有方程式 $\hat{p} = m'r + b'$ 更接近該點的直線

步驟：

- 將 $\eta r(p - \hat{p})$ 添加到斜率 m，獲得 $m' = m + \eta r(p - \hat{p})$（這會旋轉直線）。
- 將 $\eta(p - \hat{p})$ 添加到 y 截距 b，獲得 $b' = b + \eta(p - \hat{p})$（這會平移直線）。

回傳：方程式 $\hat{p} = m'r + b'$ 的直線

現在我們準備好要用 Python 編寫這個算法了！本節的程式碼如下：

- **Notebook：** Coding_linear_regression.ipynb
  - https://github.com/luisguiserrano/manning/blob/master/Chapter_3_Linear_Regression/Coding_linear_regression.ipynb

現在我們準備好要用 Python 編寫這個算法了！本節的程式碼如下：

```
def square_trick(base_price, price_per_room, num_rooms, price, learning_rate):
    predicted_price = base_price + price_per_roomnum_rooms
    base_price += learning_rate(price-predicted_price)
    price_per_room += learning_rate*num_rooms*(price-predicted_price)
    return price_per_room, base_price
```

平移直線

計算預測

旋轉直線

絕對技巧：將線移近點的另一個有用技巧

平方技巧是有效的，但還有另一個有用的技巧，我們稱之為 *絕對技巧*（*absolute trick*），是簡單技巧和平方技巧之間的折衷方法。在平方技巧中，我們使用了兩個數量 $p - \hat{p}$（價格 – 預測價格）和 r（房間數量）來幫助我們將四個情境歸結為一個。在絕對技巧中，我們只使用 r 來幫助我們將四個情境減少到兩個；換句話說，這就是絕對的技巧：

絕對技巧的虛擬碼

輸入：

- 一條斜率為 m、y 截距為 b 且方程式為 $\hat{p} = mr + b$ 的直線
- 座標為 (r, p) 的點
- 一個小的正值 η（學習率）

輸出：

- 一條具有方程式 $\hat{p} = m'r + b'$ 更接近該點的直線

步驟：

情況 1：如果該點在線的上方（即，如果 $p > \hat{p}$）：

- 將 ηr 添加到斜率 m，獲得 $m' = m + \eta r$（如果點在 y 軸的右側，將線逆時針旋轉，如果在 y 軸的左側，則順時針旋轉）。
- 將 η 添加到 y 截距 b，獲得 $b' = b + \eta$（這會將直線向上平移）。

情況 2：如果該點在線的下方（即，如果 $p < \hat{p}$）：

- 從斜率 m 減掉 ηr，獲得 $m' = m - \eta r$（如果點在 y 軸的右側，將線順時針旋轉，如果在 y 軸的左側，則逆時針旋轉）。
- 從 y 截距 b 減掉 η，獲得 $b' = b - \eta$（這會將直線向下平移）。

回傳：方程式 $\hat{p} = m'r + b'$ 的直線

這是絕對技巧的程式碼：

```
def absolute_trick(base_price, price_per_room, num_rooms, price,
    learning_rate):
    predicted_price = base_price + price_per_room*num_rooms
    if price > predicted_price:
        price_per_room += learning_rate*num_rooms
        base_price += learning_rate
    else:
        price_per_room -= learning_rate*num_rooms
        base_price -= learning_rate

    return price_per_room, base_price
```

我鼓勵你驗證每個要加到權重的數量是否真的有正確的符號，就像我們使用平方技巧時所做的那樣。

線性迴歸演算法：
重複多次絕對技巧或平方技巧來使直線更靠近點

現在我們已經完成了所有艱苦的工作，我們已經準備好開發線性迴歸演算法了！這個算法將一堆點作為輸入，並回傳一條非常適合它們的線；這是一個從斜率和 y 截距的隨機值開始，然後使用絕對技巧或平方技巧重複多次更新它們的過程。以下是算法的虛擬碼：

線性迴歸演算法的虛擬碼

輸入：

- 包含房間數量和價格的房屋資料集

輸出：

- 模型權重：每間房間的價格和基本價格

步驟：

- 從斜率和 y 截距的隨機值開始。

- 重複以下步驟多次：
  - 選擇一個隨機資料點。
  - 使用絕對技巧或平方技巧更新斜率和 y 截距。

每一次步驟循環的迭代稱為一個**迭代週期**（*epoch*），我們在算法開始時要設定迭代週期的數字。簡單技巧主要用於說明，但如前所述，它的效果並不太好。在現實生活中，我們使用絕對技巧或平方技巧有更好的效果，雖然兩者都常用，但事實上平方技巧更受歡迎。因此，我們將在我們的算法中使用它，但如果你願意的話，可以隨意使用絕對技巧。

這是線性迴歸演算法的程式碼。請注意，我們使用 Python random 套件為我們的初始值（斜率和 y 截距）生成隨機數，並在循環內選擇我們的資料點：

```python
import random
def linear_regression(features, labels, learning_rate=0.01, epochs = 1000):
    price_per_room = random.random()
    base_price = random.random()
    for epoch in range(epochs):
        i = random.randint(0, len(features)-1)
        num_rooms = features[i]
        price = labels[i]
        price_per_room, base_price = square_trick(base_price,
                                                  price_per_room,
                                                  num_rooms,
                                                  price,
                                                  learning_rate=learning_rate)

    return price_per_room, base_price
```

導入隨機套件來生成（偽）隨機數

生成斜率和 y 截距的隨機值

重複更新的步驟多次

在我們的資料集上選擇一個隨機點

應用平方技巧將直線移近我們的點

下一步是運行這個算法來建構一個適合我們資料集的模型。

載入並繪製我們的資料

在本章中，我們使用 Matplotlib 和 NumPy 這兩個非常有用的 Python 套件來載入和繪製我們的資料和模型。我們使用 NumPy 來儲存陣列（**array**）和執行數學運算，而我們使用 Matplotlib 來繪製圖表。

我們要做的第一件事是將表 3.2 中資料集的特徵和標籤編碼為 NumPy 陣列，如下：

```
import numpy as np
features = np.array([1,2,3,5,6,7])
labels = np.array([155, 197, 244, 356, 407, 448])
```

接下來我們繪製資料集。在儲存庫中，我們有一些函式用於繪製 utils.py 檔案中的程式碼。資料集的圖如圖 3.14 所示。請注意，這些點確實看起來接近於形成一條線。

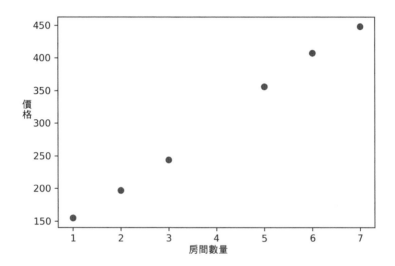

圖 3.14 表 3.2 中資料點的繪圖。

在我們的資料集中使用線性迴歸演算法

現在，讓我們應用算法來配適這些點的直線。以下程式碼運作的算法具有特徵、標籤、學習率是 0.01 和 epoch 等於 10,000。結果如圖 3.15 所示。

```
linear_regression(features, labels, learning_rate = 0.01, epochs = 10000)
```

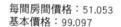

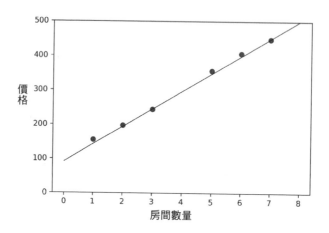

圖 3.15 表 3.2 中的點和我們用線性迴歸演算法得到的直線之繪圖。

圖 3.15 顯示了每間房間（四捨五入）價格為 51.05 美元，基本價格為 99.10 美元的線，這與我們在本章前面觀察到的 50 美元和 100 美元相差不遠。

為了視覺化這個過程，讓我們再看一下這個過程的進展情況。在圖 3.16 中，你可以看到幾條中間線，請注意，這些線的起點離點很遠；隨著算法的進展，它會慢慢移動，每次都能適應得越來越好。請注意，一開始（在前 10 個 epochs 中），這條線迅速地朝著一個好的解決方案移動；在 epochs 50 之後，這條線很好，但仍然不能完美地配適這些點；如果我們讓它運行全部 10,000 個 epochs，我們會得到一個很好的配適。

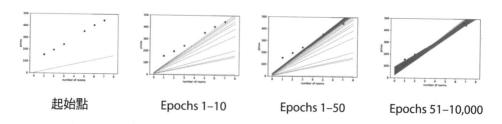

圖 3.16 當我們接近更好的解決方案時，在我們的算法中畫出幾條線條。第一個圖形顯示了起始點；第二張圖顯示了線性迴歸演算法的前 10 個 epochs，請注意線是如何接近配適點的；第三張圖顯示了前 50 個 epochs；第四張圖顯示了 51 到 10,000 個 epochs（最後一個）。

使用模型進行預測

現在我們有了一個閃亮的線性迴歸模型，我們可以用來進行預測！回想一下本章開頭，我們的目標是預測一間有四個房間的房屋價格。在上一節中，我們運行了算法並獲得了 51.05 的斜率（每間房間的價格）和 99.10 的 y 截距（房屋的基本價格）；因此，方程式如下：

$$\hat{p} = 51.05r + 99.10$$

該模型對 $r = 4$ 個房間的房屋之預測是：

$$\hat{p} = 51.05 \cdot 4 + 99.10 = 303.30$$

請注意，303.30 美元與我們在本章開頭看到的 300 美元相差不遠了！

廣義線性迴歸演算法（選讀）

本節為選讀的章節，因其中主要關注用於一般資料集的更抽象算法之數學細節，但我鼓勵你閱讀本節以習慣大多數機器學習文獻中使用的符號。

在前面的章節中，我們為我們的資料集概述了只有一個特徵的線性迴歸演算法，但正如你可以想像的那樣，在現實生活中，我們將使用具有許多特徵的資料集。為此，我們需要一個廣義算法。好消息是廣義算法與我們在本章中學習的特定算法其實並沒有太大區別，唯一的區別是每個特徵的更新方式與斜率的更新方式相同。在房屋範例中，我們有一個斜率和一個 y 截距；在廣義算法下，我們考慮許多個斜率和一個 y 截距。

廣義算法的情況將由 m 個點和 n 個特徵的資料集組成，因此，該模型具有 m 個權重（將它們視為廣義的斜率）和一個偏差。符號如下：

- 資料點是 $x^{(1)}, x^{(2)}, \ldots, x^{(m)}$，每個點的形式為 $x^{(i)} = (x_1^{(i)}, x_2^{(i)}, \ldots, x_n^{(i)})$。
- 對應的標籤是 $y_1, y_2, \ldots, y_m$。
- 模型的權重為 $w_1, w_2, \ldots, w_n$。
- 模型的偏差是 b。

廣義平方技巧的虛擬碼

輸入：

- 具有方程式 $\hat{y} = w_1 x_1 + w_2 x_2 + \cdots + w_n x_n + b$
- 座標為 (x, y) 的點
- 一個小的正值 η（學習率）

輸出：

- 具有方程式 $\hat{y} = w_1' x_1 + w_2' x_2 + \cdots + w_n' x_n + b'$ 更靠近點的模型

步驟：

- 將 $\eta(y - \hat{y})$ 添加到 y 截距 b，獲得 $b' = b + \eta(y - \hat{y})$。
- $i = 1, 2, ..., n$：
  - 將 $\eta x_i(y - \hat{y})$ 添加到權重 w_i，獲得 $wi' = wi + \eta x_i(y - \hat{y})$。

回傳：模型方程式為 $\hat{y} = w_1' x_1 + w_2' x_2 + \cdots + w_n' x_n + b'$

廣義線性迴歸演算法的虛擬碼與「線性迴歸演算法」一節中的虛擬碼相同，因為它由對廣義平方技巧的迭代組成，因此我們將其省略。

我們如何衡量我們的結果？使用誤差函數

在前面的章節中，我們開發了一種直接的方法來找到最佳配適線，然而，很多時候使用直接的方法很難解決機器學習中的問題。有一種較間接但更機械式的方法是使用**誤差函數**（*error functions*）。誤差函數是一個指標，它告訴我們模型的表現如何。例如，看一下圖 3.17 中的兩個模型，左側的模型不好，而右側的模型很好。誤差函數衡量這一點，是透過給左側的壞模型分配一個大的數值，給右側的好模型一個小的數值。誤差函數有時也稱為**損失函數**（*loss functions*）或**成本函數**（*cost functions*）。在本書中，我們稱它們為誤差函數，除非在某些特殊情況下，我們才會使用更常用的名稱。

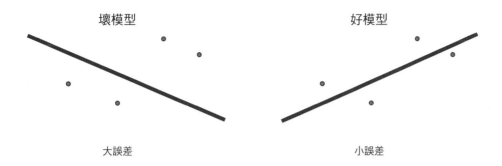

圖 **3.17** 兩個模型，一個壞的（左側）和一個好的（右側）。壞的被分配一個大的誤差，好的被分配一個小誤差。

現在的問題是，我們如何為線性迴歸模型定義一個好的誤差函數呢？我們有兩種常見的方法來做到這一點，稱為*絕對誤差*（*absolute error*）和*平方誤差*（*square error*）。簡而言之，絕對誤差是直線到資料集中各點的垂直距離之和，平方誤差是這些距離的平方和（sum of squares）。

在接下來的幾節中，我們將更詳細地了解這兩個誤差函數，接下來，我們看看如何使用一種叫做梯度下降的方法來減少它們。最後，我們在現有範例中繪製了其中一個誤差函數，看看梯度下降法幫助我們減少它的速度有多快。

絕對誤差：透過增加距離來告訴我們模型有多好的指標

在本節中，我們看看絕對誤差（absolute error），這是一個可以告訴我們這個模型有多好的指標。絕對誤差是資料點與直線之間距離的總和。為什麼叫絕對誤差？為了計算每個距離，我們取標籤和預測標籤之間的差異，這差異可以是正的或負的，具體取決於該點是在線上方還是下方。為了將這個差異轉化為一個始終為正的數字，我們取其絕對值。

根據定義，一個好的線性迴歸模型是線靠近點的模型。這裡的靠近是什麼意思呢？這是一個主觀的問題，因為靠近某些點的線可能遠離其他的點。在那種情況下，我們是否寧願選擇一條非常接近某些點而遠離其他點的線？或者我們是否嘗試選擇一個有點接近所有點的線？絕對誤差有助於我們做出這個決定。我們要選擇的線是絕對誤差最小的線，也就是從每個點到線的垂直距離之和最小的線。在圖 3.18

中，你可以看到兩條線，它們的絕對誤差表示為垂直線段的總和。左側的線的絕對誤差較大，而右側的線有較小的絕對誤差，因此，在這兩者之間，我們會選擇右側的那個。

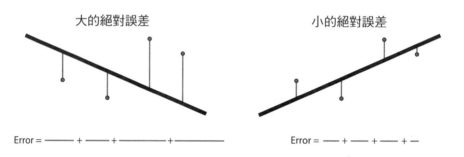

圖 3.18 絕對誤差是從點到線的垂直距離之總和。請注意，左側的壞模型其絕對誤差較大，右側的好模型其絕對誤差較小。

平方誤差：
透過添加距離的平方來告訴我們模型有多好的指標

平方誤差（square error）與絕對誤差非常相似，只是我們不取標籤和預測標籤之差異的絕對值，而是取平方。這總會把數字變成一個正數，因為對一個數字求平方會使它成為正數。該過程如圖 3.19 所示，其中平方誤差表示為從點到線之間長度的平方的面積之總和。你可以看到左側的壞模型有一個很大的平方誤差，而右側的好模型有一個小的平方誤差。

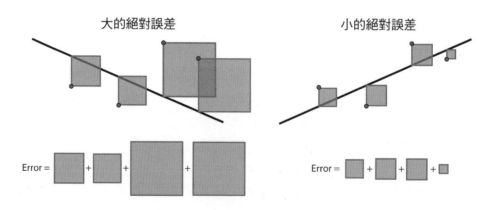

圖 3.19 平方誤差是從點到線的垂直距離之平方和。請注意，左側的壞模型其平方誤差較大，右側的好模型其平方誤差較小。

如前所述，平方誤差在實踐中比絕對誤差更常用。為什麼呢？平方的導數比絕對值好得多，這在訓練過程中會派上用場。

平均絕對誤差和均方（根）誤差在現實生活中更為常見

在本章中，我們使用絕對誤差和平方誤差來進行說明；然而，在實踐中，平均絕對誤差（*mean absolute error*）和均方誤差（*mean square error*）的使用更為普遍。這些都是以類似的方式所定義，只是我們不是計算總和，而是計算平均，因此，平均絕對誤差是從點到線的垂直距離的平均值，而均方誤差是這些垂直距離平方的平均值。為什麼它們更常見呢？想像一下，如果我們想使用兩個資料集比較誤差或模型，一個有 10 個點，一個有 100 萬個點。如果誤差是這些數量的總和，每個點一個，那麼在 100 萬個點的資料集上誤差可能要高很多，因為我們有更多的數字；因此。如果我們想正確地比較它們，我們反而會在計算誤差時使用平均值來衡量直線與每個點的平均距離。

出於說明目的，另一個常用的誤差是均方根誤差（*root mean square error*，RMSE），顧名思義，這被定義為均方誤差的根。它能符合問題中的單位，也可以讓我們更好地了解模型在預測中產生了多少錯誤。怎麼說呢？想像以下場景：如果我們試圖預測房價，那麼價格和預測價格的單位假設是美元，平方誤差和均方誤差的單位是美元平方，這不是通用單位；如果我們取平方根，那麼我們不僅可以得到正確的單位，而且還可以更準確地大致了解模型每間房子的價格。舉例來說，如果均方根誤差是 10,000 美元，那麼我們可以預期模型對我們所做的任何預測都會產生大約 10,000 美元的誤差。

梯度下降：如何透過緩慢下山來減少誤差函數

在本節中，我將向你展示如何使用類似我們緩慢下山的方法來減少之前的任何錯誤。這個過程使用導數，但好消息是：你不需要導數來理解它。我們已經在前面的「平方技巧」和「絕對技巧」小節中的訓練過程使用了它們。每次我們「向這個方向少量移動」時，我們都會在背後計算誤差函數的導數，並使用它為我們提供移動線的方向。如果你喜歡微積分並想了解該算法使用導數和梯度的整個推導過程，你可以參閱附錄 B。

讓我們後退一步，從遠處看一下線性迴歸。我們想要做什麼？我們想找到最適合我們資料的線。我們有一個指標稱為誤差函數，它告訴我們一條線與資料的距離，因此，如果我們可以盡可能地減少這個數字，我們會找到最佳的配適線。這個過程在數學的許多領域中很常見，稱為**最小化函數**（*minimizing functions*），也就是找到函數可以回傳的最小可能值。這就是梯度下降（gradient descent）可以發揮作用的地方：它是最小化函數的好方法。

在本例中，我們試圖最小化的函數是我們模型的誤差（絕對誤差或平方誤差）。一個小警告是，梯度下降並不總是能找到函數的確切最小值，但它可能會找到非常接近它的東西。好消息是，在實踐中，梯度下降可以快速有效地找到函數較低的資料點。

梯度下降如何工作的？梯度下降相當於從山上下來。假設我們發現自己在一座名為 Mount Errorest 的高山上。我們想下山，但是霧很大，我們只能看到一公尺左右的距離，我們可以做什麼呢？一個好的方法是環顧四周，弄清楚我們可以朝哪個方向，以一種我們下降最多的方式，邁出一步。這個過程如圖 3.20 所示。

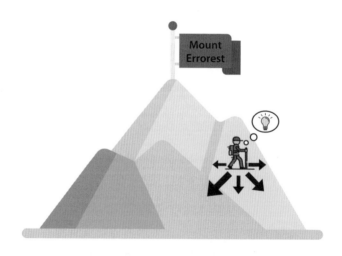

圖 3.20　我們在 Mount Errorest 的山頂，希望能走到山腳下，但我們看不到太遠的地方。一種下山的方式是查看我們可以前進的所有方向，並找出哪個方向最能幫助我們下山，然後我們就會離山腳下更近了一步。

當我們找到這個方向時，我們會邁出一小步，因為那一步是朝著下降幅度最大的方向邁出的，所以很可能我們已經下降了一小步。我們所要做的就是重複多次這個過程，直到我們（有希望）抵達山腳下。這個過程如圖 3.21 所示。

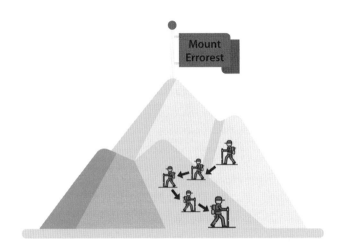

圖 3.21 下山的方法，就是朝著我們最可能下山的方向邁出一小步，並一直這樣做下去。

為什麼我說**有希望**呢？好吧，這個過程有很多警告。我們有可能順利到達山腳下，或者我們也可能到達一個山谷，然後無處可去。我們現在不會處理這個問題，但我們有幾種技術可以降低這種情況發生的可能性。在附錄 B 的「使用梯度下降訓練神經網路」一節中，簡述了其中一些技術。

附錄 B 中更詳細地解釋了我們在地毯下掃過的許多數學。但我們在本章中所做的正是梯度下降。為何如此？梯度下降的工作原理如下：

1. 從山上的某個地方開始。
2. 找到邁出一小步的最佳方向。
3. 邁出這小步。
4. 重複多次步驟 2 和 3。

這可能看起來很熟悉，因為在「線性迴歸演算法」一節中，在定義了絕對技巧和平方技巧之後，我們也用以下方式定義了線性迴歸演算法：

1. 從任意一條線開始。

2. 使用絕對技巧或平方技巧找到移動線一點點的最佳方向。

3. 將線往這個方向移動一點。

4. 重複多次步驟 2 和 3。

圖 3.22 說明了這種情況的心理圖像。唯一不同的是，這個誤差函數看起來不像是一座山，更像是一個山谷，我們的目標是下降到最低點。這個山谷中的每個點都對應於一些試圖配適我們資料的模型（線）。

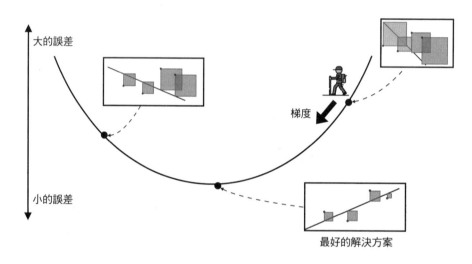

圖 3.22 這座山上的每個點都對應一個不同的模型。下面的點是誤差小的好模型，上面的點是誤差大的壞模型。我們的目標是從這座山上下來，而下降的方法是從某個地方開始，不斷地邁出讓我們下降的一步。梯度將幫助我們決定朝哪個方向邁出最能幫助我們下降的一步。

點的高度是該模型給出的誤差。因此，不好的模型在上面，好的模型在下面。我們正試圖盡可能低。每一步都將我們從一個模型帶到一個更好的模型。如果我們採取這樣的步驟多次，我們最終會得到最好的模型（或至少，一個非常好的模型！）。

繪製誤差函數並知道何時停止運行算法

在本節中，我們將看到我們之前在「在我們的資料集中使用線性迴歸演算法」一節中執行訓練的誤差函數繪圖。該圖提供我們有關訓練此模型的有用資訊。在儲存庫中，我們還繪製了「平均絕對誤差和均方（根）誤差…」一節中定義的均方根誤差函數（RMSE）。計算 RMSE 的程式碼如下：

```
def rmse(labels, predictions):
    n = len(labels)
    differences = np.subtract(labels, predictions)
    return np.sqrt(1.0/n * (np.dot(differences, differences)))
```

點積（dot product） 為了編寫 RMSE 函數，我們使用了點積，這是一種將兩個向量中對應項的乘積相加的簡單方法。例如，向量 (1, 2, 3) 和 (4, 5, 6) 的點積是 $1 \cdot 4 + 2 \cdot 5 + 3 \cdot 6 = 32$。如果我們計算一個向量和它自己的點積，我們就會得到向量中所有元的平方和。

我們的誤差曲線如圖 3.23 所示。請注意，它在大約 1,000 次迭代後迅速下降，之後並沒有太大變化。該圖為我們提供了有用的資訊：它告訴我們，對於這個模型，我們可以不用 10,000 次迭代訓練算法，只要運行 1,000 或 2,000 次迭代，仍然可以獲得相似的結果。

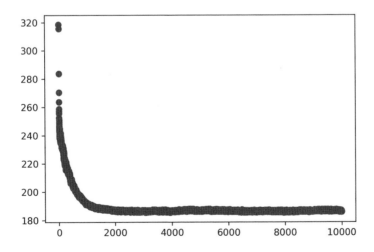

圖 3.23 我們範例的均方根誤差圖。注意到該算法是如何在 1,000 多次迭代後成功減少這個誤差的，這意味著我們不需要繼續運行這個算法 10,000 次迭代，因為其中大概 2,000 次左右就能完成任務。

一般來說，誤差函數為我們提供了很好的資訊來決定何時停止運行算法，通常，這個決定是基於我們可用的時間和計算能力，但在實踐中通常使用其他有用的基準，例如：

- 當損失函數達到我們預定的某個值時
- 當損失函數在幾個 ephoch 內沒有顯著減少時

我們是一次使用一個點還是多個點進行訓練？ 隨機和批量梯度下降

在「如何讓電腦畫出這條線」一節中，我們透過重複多次一個步驟來訓練線性迴歸模型，包括選擇一個點並將線移向該點；在「我們如何衡量我們的結果」一節中，我們透過計算誤差（絕對或平方）、並使用梯度下降以減少誤差來訓練線性迴歸模型。然而，這個誤差是在整個資料集上計算的，而不是一次計算的。這是為什麼呢？

現實情況是，我們可以透過一次迭代一個點或是迭代整個資料集來訓練模型。但是，當資料集非常大的時候，這兩種選擇都可能很昂貴。我們可以練習一種有用的方法，稱為小批梯度下降學習（*mini-batch learning*），它包括將我們的資料分成許多小批量。在線性迴歸演算法的每次迭代中，我們選擇一個小批量並繼續調整模型的權重以減少該小批量中的誤差。在每次迭代中使用一個點、一小批的點或整個資料集，這三種決定產生了三種一般類型的梯度下降算法。當我們一次使用一個點時，它被稱為隨機梯度下降（*stochastic gradient descent*）；當我們使用小批量時，它被稱為小批梯度下降（*mini-batch gradient descent*）；而當我們使用整個資料集時，它被稱為批量梯度下降（*batch gradient descent*）。這個過程在附錄 B 的「使用梯度下降訓練模型」一節中有更詳細的說明。

實際應用：使用 **Turi Create** 預測印度房價

在本節中，我將向你展示一個真實世界中的應用，我們將使用線性迴歸來預測印度 Hyderabad 的房價。我們使用的資料集來自機器學習競賽的熱門網站 Kaggle。本節的程式碼如下：

- **Notebook**：House_price_predictions.ipynb
  - https://github.com/luisguiserrano/manning/blob/master/Chapter_3_Linear_Regression/House_price_predictions.ipynb
- **資料集**：Hyderabad.csv

該資料集有 6,207 列（每間房一筆）和 39 欄（特徵）。如你所想，我們將不會動手編寫算法；相反地，我們使用 Turi Create 一個流行且有用的套件，其中實現了許多機器學習算法。在 Turi Create 中儲存資料的主要物件是 SFrame。我們首先使用以下指令將資料下載到 SFrame 中：

```
data = tc.SFrame('Hyderabad.csv')
```

表格太大了，但是我們可以看到表 3.3 的前幾欄和前幾列。

表 3.3 Hyderabad 房價資料集的前七欄和前五列

價格	面積	臥房數	轉售	維護人員	健身房	游泳池
30000000	3340	4	0	1	1	1
7888000	1045	2	0	0	1	1
4866000	1179	2	0	0	1	1
8358000	1675	3	0	0	0	0
6845000	1670	3	0	1	1	1

在 Turi Create 中訓練線性迴歸模型只需要一行程式碼。我們使用 linear_regression 套件中的函式 create。在這個函式中，我們只需要指定目標（標籤），也就是 Price，如下：

```
model = tc.linear_regression.create(data, target='Price')
```

訓練可能需要一些時間，但訓練之後，它會輸出一些資訊，其中一個它輸出的資料欄位是均方根誤差。對於此模型，RMSE 約為 3,000,000，這是一個很大的 RMSE，但這並不代表著該模型做出了錯誤的預測，這也可能意味著資料集有很多異常值。可以想像，房屋的價格可能取決於許多資料集中沒有的其他特徵。

我們可以使用該模型來預測一棟面積 1000，三間臥房的房屋之價格如下：

```
house = tc.SFrame({'Area': [1000], 'No. of Bedrooms':[3]})
model.predict(house)
Output: 2594841
```

該模型輸出面積 1,000 和三間臥室的房屋之價格是 2,594,841。

我們還可以使用更少的特徵來訓練模型。create 函式允許我們以陣列的形式輸入我們想要使用的特徵。以下程式碼訓練了一個名為 simple_model 的模型，該模型使用面積（Area）來預測價格：

```
simple_model = tc.linear_regression.create(data, features=['Area'],
    target='Price')
```

我們可以使用以下程式碼來探索這個模型的權重：

```
simple_model.coefficients
```

輸出為我們提供了以下權重：

- 斜率：9664.97
- y 截距：–6,105,981.01

當我們繪製面積和價格時，截距是偏差，面積的係數是線的斜率。對應模型資料點的圖如圖 3.24 所示。

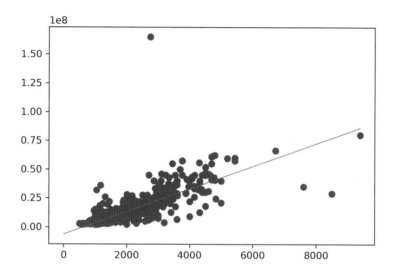

圖 3.24 Hyderabad 房價資料集僅限於面積和價格。這條線是我們僅使用面積特徵來預測價格的模型。

我們可以在這個資料集中做更多的事情，我邀請你繼續探索，例如，嘗試透過查看模型的權重來探索哪些特徵比其他特徵更重要，也鼓勵你閱讀 Turi Create 的文件（https://apple.github.io/turicreate/docs/api/），了解其他功能和技巧可以用來改進此模型。

如果資料不在一條線上怎麼辦？多項式迴歸

在前面的章節中，我們要學習如何找到最適合我們資料的線，假設我們的資料非常類似於一條線。但是，如果我們的資料不像一條線的話，會發生什麼事呢？在本節中，我們要學習一個強大的線性迴歸擴展，稱為**多項式迴歸**（*polynomial regression*），它可以幫助我們處理資料更複雜的情況。

一種特殊的曲線函數：多項式迴歸

要學習多項式迴歸，首先我們需要了解多項式是什麼。多項式（*polynomials*）是一類在對非線性資料建模時很有幫助的函數。

我們已經看過多項式了，因為每條線都是一個 1 次多項式，而拋物線則是 2 次多項式的例子。形式上，多項式是一個變數的函數，可以表示為該變數冪次（power）的倍數之和。變數 x 的冪次是 $1, x, x^2, x^3, ...$。注意前兩個是 $x^0 = 1$，$x^1 = x$。因此，下方是一些多項式的例子：

- $y = 4$
- $y = 3x + 2$
- $y = x^2 - 2x + 5$
- $y = 2x^3 + 8x^2 - 40$

我們將多項式的**次數**（*degree*）定義為多項式表達式中最高冪的指數；例如，多項式 $y = 2x^3 + 8x^2 - 40$ 的次數為 3，因為 3 是變數 x 的最高指數。請注意，在這個例子中，多項式的次數為 0、1、2 和 3，次數為 0 的多項式始終是一個常數，而次數為 1 的多項式是一個線性方程式，就像我們在本章前面看到的那樣。

多項式的圖形看起來很像一條多次振盪的曲線，它振盪的次數與多項式的次數（degree）有關。如果多項式的次數為 d，則該多項式的圖形是一條最多振盪 $d-1$ 次的曲線（對於 $d > 1$）。在圖 3.25 中，我們可以看到一些多項式例子的圖。

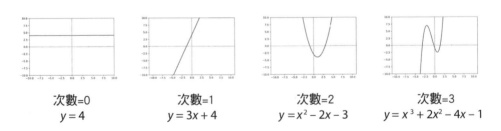

次數=0　　　次數=1　　　次數=2　　　次數=3
$y = 4$　　$y = 3x + 4$　　$y = x^2 - 2x - 3$　　$y = x^3 + 2x^2 - 4x - 1$

圖 3.25 多項式是幫助我們更好地建模資料的函數。這裡有四個 0 到 3 次多項式的圖。注意 0 次多項式是一條水平線，1 次多項式是任意直線，2 次多項式是拋物線，3 次多項式是振盪兩次的曲線。

從圖中可以看出，0 次多項式是水平線、1 次多項式是斜率不同於 0 的直線、2 次多項式是二次曲線（拋物線）、3 次多項式看起來像一條振盪兩次的曲線（儘管它們振盪的次數可能更少）。那麼 100 次多項式的圖會是什麼樣子？例如 $y = x^{100} - 8x^{62} + 73x^{27} - 4x + 38$ 的圖？我們必須繪製它來找出答案，但可以肯定的是，我們知道它是一條最多振盪 99 次的曲線。

非線性資料？沒問題！讓我們嘗試用多項式曲線配適它

在本節中，我們將看到如果我們的資料不是線性的（就是看起來不像是一條線）、並且我們想要對其配適多項式曲線，會發生什麼情形。假設我們的資料看起來像圖 3.26 的左側，無論我們如何嘗試，我們都無法真正找到適合該資料的直線。不過沒問題！如果我們決定配適一個 3 次多項式（也稱為三次曲線，cubic），那麼我們會得到圖 3.26 右側所示的曲線，它更適合資料。

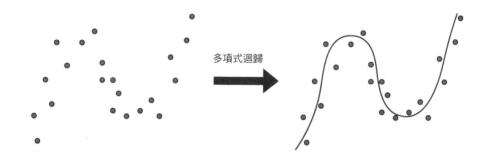

多項式迴歸

圖 3.26 多項式迴歸在建模非線性資料時很有用。如果我們的資料看起來像圖的左側部分，那麼很難找到一條適合它的直線；但是，曲線能很好地配適資料，如圖右側所示。多項式迴歸可以幫助我們找到這條曲線。

訓練多項式迴歸模型的過程類似於訓練線性迴歸模型的過程，唯一的區別是在應用線性迴歸之前，我們需要在資料集中加入更多欄。例如，如果我們決定將 3 次多項式配適到圖 3.26 中的資料，我們需要添加兩欄：一欄對應到特徵的平方，另一欄對應特徵的立方。如果你想更詳細地研究這一部分，請查看第 4 章中的「使用 Turi Create 進行多項式迴歸、測試和正規化」章節，其中我們將會學習拋物線資料集中多項式迴歸的例子。

訓練多項式迴歸模型有個要注意的事，我們必須在訓練過程之前確定多項式的次數。我們如何決定次數呢？我們想要一條直線（1 次）、一條拋物線（2 次）、一個三次曲線（3 次），或是某個 50 次的曲線？這個問題很重要，我們將在第 4 章學習過度配適、配適不足和正規化時，處理這個問題！

參數和超參數

參數和超參數是機器學習中最重要的概念之一，在本節中，我們將了解它們是什麼以及如何區分它們。

正如我們在本章中看到的，迴歸模型是由它們的權重和偏差，也就是模型的**參數**（*parameters*）所定義。然而，我們可以在訓練模型之前調整許多其他旋鈕（knobs），例如學習率、epoch、次數（如果考慮多項式迴歸模型）等等，這些都被稱為**超參數**（*hyperparameters*）。

我們在本書中學習的每個機器學習模型都有一些定義明確的參數和超參數，但它們往往很容易混淆，因此有個經驗法則能區分它們，如下：

- 你在訓練過程**之前**設置的任何數量都是超參數。
- 在訓練過程**之中**模型建立或修改的任何數量都是參數。

迴歸的應用

機器學習的影響不僅取決於算法的能力，還取決於它所擁有的應用廣度。在本節中，我們將看到線性迴歸在現實生活中的一些應用。在每個範例中，我們概述問題，學習一些特徵來解決它，然後讓線性迴歸發揮它的魔法。

推薦系統

在一些最熱門的應用程式中，機器學習被廣泛用來產生好的推薦，包括 YouTube、Netflix、Facebook、Spotify 和 Amazon，而迴歸在這些推薦系統中扮演至關重要的角色；因為迴歸預測的是一個數量，所以要產生好的推薦，我們所要做的就是找出最能表明使用者互動或使用者滿意度的數量。以下是一些更具體的例子。

影片和音樂推薦

用於產生影片和音樂推薦的方法之一，是預測使用者觀看影片或聽歌曲的時間長短，為此，我們可以建立一個線性迴歸模型，其中資料上的標籤是每個使用者觀看每首歌曲的分鐘數。這些特徵可以是使用者的人口統計資料，例如他們的年齡、所在區域和職業，也可以是行為，例如他們點擊或與他們互動過的其他影片或歌曲。

產品推薦

商店和電子商務網站也使用線性迴歸來預測他們的銷售額，做到這點的一種方法是預測用戶將在商店中花多少錢。我們可以使用線性迴歸來做到這一點，要預測的標籤可以是使用者花費的金額，特徵可以是人口統計和行為，類似於影片和音樂推薦。

醫療保健

迴歸在醫療保健中有許多應用。根據我們要解決的問題，預測正確的標籤是關鍵，這裡有幾個例子：

- 根據病患當前的健康狀況預測病患的壽命
- 根據當前症狀預測病患住院時間

總結

- 迴歸是機器學習重要的組成部分，它包括使用標記資料訓練演算法，並使用它對未來（未標記）資料進行預測。
- 標記資料是帶有標籤的資料，在迴歸的情況下是數字；例如，這些數字可能是房價。
- 在資料集中，特徵是我們用來預測標籤的屬性；例如，如果我們想預測房價，那麼特徵就是描述房子並且可以決定價格的任何東西，例如大小、房間數量、學校素質、犯罪率、屋齡以及到高速公路的距離。
- 用於預測的線性迴歸方法包括為每個特徵分配一個權重，並將相應的權重與特徵相乘，再加上一個偏差。

- 從圖形上看，我們可以看到線性迴歸演算法試圖讓一條線盡可能靠近一組點。
- 線性迴歸演算法的工作方式是從一條隨機線開始，然後慢慢將其移近每個被錯誤分類的點，以嘗試對其進行正確的分類。
- 多項式迴歸是線性迴歸的一種泛化（generalization），我們使用曲線而不是直線來對資料建模；當我們的資料集是非線性的時候，這特別有用。
- 迴歸有許多應用，包括推薦系統、電子商務和醫療保健。

練習

練習 3.1

有個網站已經訓練了一個線性迴歸模型來預測使用者將在網站上花費的分鐘數。他們所得到的公式是：

$$\hat{t} = 0.8d + 0.5m + 0.5y + 0.2a + 1.5$$

其中，$\hat{t}$ 為預測時間，單位為分鐘，d、m、y、a 為指標變數（indicator variables）（即它們只取值 0 或 1），定義如下：

- d 是一個變數，指示使用者是否使用桌上型電腦。
- m 是一個變數，指示使用者是否使用行動裝置。
- y 是一個變數，指示使用者是否為年輕人（21 歲以下）。
- a 是一個變數，指示使用者是否為成年人（21 歲或以上）。

舉例：如果使用者是 30 歲並且使用桌上型電腦，則 $d = 1$、$m = 0$、$y = 0$ 和 $a = 1$。

如果一個 45 歲的使用者透過手機查看網站，他們預計會在網站上花費多少時間？

練習 3.2

想像一下，我們在醫療資料集中訓練了一個線性迴歸模型，該模型預測病患的預期壽命。對於我們資料集中的每個特徵，模型都會分配一個權重。

a) 對於以下數量，請說明你認為附加在該數量上的權重是正數、負數還是零。注意：如果你認為權重是一個很小的數字，無論是正數還是負數，你都可以說零。

1. 病患每週運動的小時數

2. 病患每週吸煙的數量

3. 有心臟問題的家庭成員人數

4. 病患的兄弟姐妹數量

5. 病患是否住院

b) 模型也有偏差，你認為偏差是正的、負的還是零？

練習 3.3

以下是房屋大小（以平方英尺為單位）和價格（以美元為單位）的資料集。

	房屋大小 (s)	售價 (p)
房屋 1	100	200
房屋 2	200	475
房屋 3	200	400
房屋 4	250	520
房屋 5	325	735

假設我們已經訓練了模型，其中基於面積大小的房屋價格預測如下：

$$\hat{p} = 2s + 50$$

a. 計算該模型對資料集所做的預測。

b. 計算該模型的平均絕對誤差。

c. 計算該模型的均方根誤差。

練習 3.4

我們的目標是使用我們在本章中學到的技巧，將方程式 $\hat{y} = 2x + 3$ 的線更靠近點 $(x, y) = (5, 15)$。對於以下兩個問題，使用學習率 $\eta = 0.01$。

a. 應用絕對技巧將上述的線修改為更接近點。

b. 應用平方技巧將上述的線修改為更接近點。

本章包含

- 什麼是配適不足和過度配適

- 一些避免過度配適的解決方案：測試、模型複雜度圖和正規化

- 使用 L1 和 L2 範數計算模型的複雜度

- 在效能和複雜度方面選擇最佳模型

USER FRIENDLY by J.D. "Illiad" Frazer

我去吃午飯了，當我回來的時候，我的模型已經過度配適了！

太糟了！那你現在要怎麼做？

我再也不出去吃午餐了！

你真是太天才了！

本章與本書中大部分的其他章節不同，因為本章不包含特定的機器學習算法，反之描述了機器學習模型可能面臨的一些潛在問題，以及解決這些問題的有效實用方法。

想像一下，你已經要學習一些很棒的機器學習算法，並且準備好應用它們。你以資料科學家的身分工作，你的首要任務是為用戶資料集建構機器學習模型，你建構夠好模型並將發布上線；然而，一切都出錯了，模型在預測方面做得不好。到底是發生了什麼事呢？

事實證明，這樣的故事很常見，因為我們的模型可能會出現很多問題，但幸運的是，我們有幾種技術可以改進它們。在本章中，我將向你展示訓練模型時經常出現的兩個問題：配適不足（underfitting）和過度配適（overfitting），然後，我將向你說明幾種問題的解決方案：測試與驗證、模型複雜度圖與正規化。

讓我們用下面的比喻來解釋配適不足和過度配適。假設我們必須為考試而學習，在我們的學習過程中，有幾件事可能會出錯。可能我們學得不夠，導致沒有辦法解決這個問題，而且可能會在考試中表現不佳。如果我們要學習很多但方法不對呢？例如，我們決定要逐字背誦整本教科書，而非專注於學習重點，我們會在測試中表現得很好嗎？很可能不會，因為我們只是簡單地背誦了所有內容，而沒有學習。當然，最好的選擇是正確地準備考試，使我們能夠回答我們以前從未見過的新問題。

在機器學習中，*配適不足*（*underfitting*）看起來很像是沒有為考試做足夠的學習，當我們嘗試訓練一個過於簡單的模型並且無法學習資料時，就會發生這種情況。*過度配適*（*overfitting*）很像是記住整本教科書，而不是為考試而學習。當我們試圖訓練一個過於複雜的模型時，就會發生這種情況，它會記住資料而不是很好地學習資料。一個好的模型，也就是一個既沒有配適不足也不過度配適的模型，是一個看起來已經為考試做好了準備的模型；這對應於一個很好的模型，它可以正確地學習資料，並且可以對它沒有看過的新資料做出很好的預測。

另一種思考配適不足和過度配適的方法是當我們進行任務的時候。我們可能會犯兩個錯誤，可能會將問題過度簡化，而提出一個過於簡單的解決方案；或是我們也可能使問題複雜化，並提出一個太複雜的解決方案。

想像一下，如果我們的任務是殺死酷斯拉，如圖 4.1 所示，但我們只帶著蒼蠅拍來戰鬥，這是**過度簡化**（*oversimplification*）的一個例子。這種方法對我們來說並不好，因為我們低估了問題且沒有做好準備，這就是配適不足；我們的資料集很複雜，我們只用一個簡單的模型來對資料進行建模，這個模型將無法捕捉資料集的複雜度。

相反地，如果我們的任務是殺死一隻小蒼蠅，但我們使用火箭筒來完成這項任務，那麼這就是一個**過度複雜化**（*overcomplication*）的例子。是的，我們可能會殺死蒼蠅，但我們也摧毀手上的一切，讓自己處於危險之中。我們的解決方案並不好，我們高估了這個問題，這是過度配適。我們的資料很簡單，但我們試圖將其配適到過於複雜的模型中。該模型將能夠配適我們的資料，但它會記住它而不是學習它。當我第一次學習過度配適時，我的反應是「嗯，沒問題。如果我使用一個過於複雜的模型，我仍然可以對我的資料進行建模，對吧？」。這是對的，但過度配適的真正問題是試圖讓模型對看不見的資料進行預測。正如我們在本章後面看到的那樣，預測結果可能看起來很糟糕。

配適不足　　　　　　　　　　　　**過度配適**

圖 4.1　配適不足和過度配適是訓練我們的機器學習模型時可能出現的兩個問題。左：當我們過度簡化手上的問題時會發生配適不足，我們嘗試使用簡單的解決方案來解決它，例如嘗試使用蒼蠅拍殺死酷斯拉。右：當我們將問題的解決方案過度複雜化並嘗試使用極為複雜的解決方案來處理時，就會發生過度配適，例如嘗試使用火箭筒殺死蒼蠅。

正如我們在第 3 章的「參數和超參數」一節中看到的，每個機器學習模型都有超參數，它們是我們在訓練模型之前旋轉和轉動的旋鈕。為我們的模型設置正確的超參數非常重要，如果我們將其中一些設置錯誤，我們很容易出現配適不足或過度配適。我們在本章中介紹的技術將有助於我們正確調整超參數。

為了使這些概念更清晰，我們將看一個包含資料集和幾個不同模型的範例，這些模型的建立是透過更改一個特定的超參數，就是多項式的次數。

你可以在以下 GitHub 儲存庫中找到本章的所有程式碼：https://github.com/luisguiserrano/manning/tree/master/Chapter_4_Testing_Overfitting_Underfitting。

使用多項式迴歸的配適不足和過度配適案例

在本節中，我們將看到同一資料集中過度配適和配適不足的例子。仔細查看圖 4.2 中的資料集，並嘗試配適多項式迴歸模型（參閱第 3 章「如果資料不在一條線上怎麼辦？」一節）。讓我們想一想什麼樣的多項式適合這個資料集？它會是一條直線、一條拋物線、一個三次曲線，還是一個 100 次多項式？回想一下，多項式的次數是目前的最高指數。例如，多項式 $2x^{14} + 9x^6 - 3x + 2$ 的次數為 14。

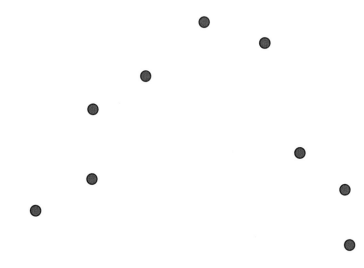

圖 4.2　在這個資料集中，我們訓練了一些模型並展示了訓練問題，例如配適不足和過度配適。如果你要為這個資料集配適一個多項式迴歸模型，你會使用什麼類型的多項式：一條直線、一條拋物線，還是其他？

我認為該資料集看起來很像是向下打開的拋物線（一張哭臉），這是一個 2 次多項式；然而，因為我們是人類，我們可以看出來，但電腦無法做到這一點。電腦需要為多項式的次數嘗試許多值，並以某種方式選擇一個最好的。假設電腦將嘗試用 1、2 和 10 次多項式配適它。當我們配適 1 次（一條線）、2（二次）和 10（一條最多振盪 9 次的曲線）的多項式時，對這個資料集，我們得到如圖 4.3 所示的結果。

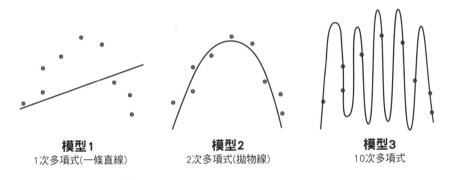

模型1
1次多項式(一條直線)

模型2
2次多項式(拋物線)

模型3
10次多項式

圖 4.3 將三個模型配適到同一個資料集。模型 1 是一個 1 次多項式，它是一條線。模型 2 是 2 次多項式。模型 3 是 10 次多項式。哪一個看起來最合適？

在圖 4.3 中，我們看到三個模型：模型 1、模型 2 和模型 3。請注意模型 1 過於簡單，因為它是一條試圖配適二次資料集的線，我們無法找出到很適合這個資料集的線，因為資料集根本不像一條線；因此，模型 1 是一個配適不足的明顯範例。相較之下，模型 2 非常適合資料，它模型既不過度配適也沒有配適不足。模型 3 非常適合資料，但它完全沒有抓住重點，因為資料看起來像一條帶有一點噪音的拋物線，模型 3 繪製了一個非常複雜的 10 次多項式，它設法通過每個點，但沒有捕捉到資料的本質，所以模型 3 是一個過度配適的明顯範例。

總結前面的推理，這是我們在本章以及本書的其他章節中使用的一個觀察結果：非常簡單的模型通常會配適不足，非常複雜的模型往往會過度配適。我們的目標是找到一個既不太簡單也不太複雜的模型，它可以很好地捕捉我們資料的本質。

我們即將進入具有挑戰性的部分。作為人類，我們知道模型 2 給出了最佳配適，但是電腦是怎麼看的呢？電腦只能計算誤差函數。你可能還記得在第 3 章中，我

們定義了兩個誤差函數：絕對誤差和平方誤差。為了視覺上的明確性，在這個例子中，我們將使用絕對誤差，它是各點到曲線距離絕對值之和的平均值，這同樣的論述也適用於平方誤差。對於模型 1，點離模型比較遠，所以這個誤差很大；對於模型 2，這些距離很小因此誤差很小。然而對於模型 3 來說，這些距離是零，因為這些點都落在實際曲線上！這意味著電腦會認為完美的模型是模型 3，這並不是一個好的結果，我們需要一種方法來告訴電腦最好的模型是模型 2，而模型 3 是過度配適的。我們應該怎麼做？我鼓勵你把這本書放下幾分鐘，自己想一些辦法，因為這個問題有幾種解決方案。

我們如何讓電腦選擇正確的模型？透過測試

確定模型是否過度配適的一種方法是對其進行測試，這就是我們在本節中所做的。測試模型包括在資料集中挑選一小組資料點，並選擇使用它們來測試模型的效能，而不是用於訓練模型，這組資料點稱為測試集（*testing set*）；剩餘佔大多數的資料點稱為訓練集（*training set*），我們用來訓練模型。一旦我們在訓練集上訓練好模型，我們就用測試集來評估模型。透過這種方式，我們確保能夠很好地歸納到未見過的資料，而不是只記得訓練集。回到考試的比喻，讓我們想像一下以這種方式的訓練和測試。假設我們在考試中學習的那本書最後有 100 個問題，我們挑選其中的 80 題進行訓練，我們仔細研究它們，查找答案並學習它們，然後我們用剩下的 20 個問題來測試自己，我們試著在不看書的情況下回答這些問題，就像在考試時一樣。

現在讓我們看看這個方法在我們的資料集和模型中的表現。請注意，模型 3 的真正問題不是它不適合資料，而是它不能很好地應用於新的資料；換句話說，如果你在該資料集上訓練了模型 3 並且出現了一些新資料點，你會相信該模型能夠對這些新點做出良好的預測？可能不會，因為模型只是記住了整個資料集，而沒有捕捉到它的本質，在本例中，資料集的本質是它看起來像一條向下開口的拋物線。

在圖 4.4 中，我們在資料集中繪製了兩個白色三角形，代表測試集，而訓練集對應於黑色圓形。現在讓我們詳細檢查這個圖，看看這三個模型在我們的訓練和測試集上的表現如何。換句話說，讓我們檢查模型在兩個資料集中產生的錯誤，這兩個錯誤稱為訓練錯誤（*training error*）和測試錯誤（*testing error*）。

圖 4.4 中的最上面一列對應於訓練集，最下面一列對應於測試集。為了說明錯誤，我們繪製了從點到模型的垂直線，平均絕對誤差正是這些線長度的平均值。在第一列中，我們可以看到模型 1 的訓練誤差很大，模型 2 的訓練誤差小，而模型 3 的訓練誤差很小（實際上為零）。因此，模型 3 在訓練集上做得最好。

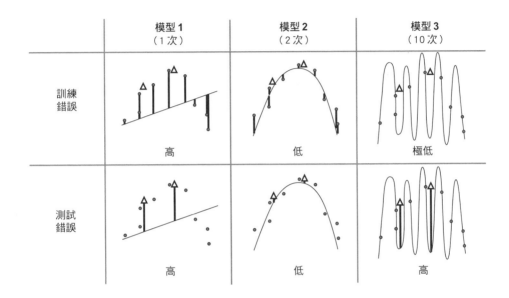

圖 4.4　我們可以使用這張表來決定我們想要的模型有多複雜。直欄代表 1 次、2 次 和 10 次三個模型，橫列代表訓練和測試誤差，實心圓形是訓練集，白色三角形是測試集。每個點的誤差可以看作是從該點到曲線的垂直線，每個模型的誤差是這些垂直長度的平均值給出的平均絕對誤差。請注意，隨著模型複雜度的增加，訓練誤差會下降。但是，隨著複雜度的增加，測試錯誤會下降，然後又會恢復。從這張表中，我們得出結論，在這三個模型中，最好的一個是模型 2，因為它給我們的測試誤差最低。

然而，當我們進到測試集時，情況發生了變化。模型 1 仍然有很大的測試誤差，這意味著這只是一個糟糕的模型，在訓練和測試集上都表現不佳：因為它配適不足。模型 2 的測試誤差很小，這意味著它是一個很好的模型，因為它很好地配適了訓練集和測試集。然而，模型 3 會產生很大的測試誤差，因為它在配適測試集上表現很糟，但對訓練集的配適表現卻很好，所以我們得出結論，模型 3 過度配適。

讓我們總結一下到目前為止我們學到的東西。

模型可以

- 配適不足：使用對我們的資料集來說過於簡單的模型。
- 很好地配適資料：使用對我們的資料集具有適當複雜度的模型。
- 過度配適：使用對我們的資料集來說過於複雜的模型。

在訓練集中

- 配適不足模型表現不佳（訓練誤差大）。
- 好的模型會做得很好（訓練誤差小）。
- 過度配適模型會做得非常好（訓練誤差非常小）。

在測試集中

- 配適不足模型表現不佳（測試誤差大）。
- 好的模型會做得很好（測試誤差小）。
- 過度配適模型表現不佳（測試誤差大）。

因此，判斷模型是否配適不足、過度配適還是表現良好的方法是查看訓練和測試錯誤。如果兩個錯誤都很高，那麼它就是配適不足；如果兩個錯誤都很低，那麼它是一個很好的模型；如果訓練誤差低而測試誤差高，那麼它就是過度配適。

我們如何選擇測試集，它應該有多大？

這裡有一個問題，我從哪裡得出這兩個新觀點？如果我們在正式環境中訓練一個資料始終流動的模型，那麼我們可以選擇一些新點作為我們的測試資料。但是，如果我們沒有辦法獲得新的點，而我們只有原來的 10 個資料集的資料點怎麼辦？發生這種情況時，我們就犧牲一些資料將其用作測試集。那麼需要多少資料呢？這取決於我們擁有多少資料以及我們希望模型做得如何，但在實踐中，從 10% 到 20% 的任何數值似乎都很有效。

我們可以使用我們的測試資料來訓練模型嗎？不行。

在機器學習中，我們總是需要遵循一個重要的規則：當我們將資料分割為訓練和測試時，我們應該使用訓練資料來訓練模型，並且在訓練模型時或對模型的超參數做出決策時，我們絕對不應該碰觸測試資料。若不這樣做很可能會導致過度配適，即使它不會被人類發現。在許多機器學習競賽中，團隊提交了他們認為很棒的模型，但在祕密資料集上進行測試時卻慘遭失敗，這可能是因為資料科學家以某種方式（可能是無意的）使用了測試資料來訓練模型。事實上，這條規則非常重要，我們將把它作為本書的黃金法則。

黃金法則　永遠不要使用你的測試資料進行訓練。

現在看起來，這似乎是一個容易遵循的規則，但正如我們將會看到的，這是一個非常容易意外打破的規則。

事實上，我們在本章中已經打破了黃金法則。你能告訴我是在什麼地方嗎？我鼓勵你回去找找看到我們在哪裡打破了法則。而我們將在下一節中看到。

我們在哪裡打破了黃金法則，如何解決它？
驗證集

在本節中，我們將了解我們在哪裡打破了黃金法則，並要學習一種稱為驗證（validation）的技術，它將會拯救我們。

我們在「我們如何讓電腦選擇正確的模型」一節中打破了黃金法則。回想一下，我們有三個多項式迴歸模型：一個 1 次、一個 2 次和一個 10 次，我們不知道該選擇哪一個。我們使用我們的訓練資料來訓練這三個模型，然後我們使用測試資料來決定選擇哪個模型。我們不應該使用測試資料來訓練我們的模型或是對模型或其超參數做出任何決定。一旦我們這樣做，我們可能會過度配適！每次我們建構一個過於迎合我們資料集的模型時，我們都可能會過度配適。

那我們可以做什麼呢？辦法很簡單：就是我們進一步破壞我們的資料集。我們引入了一個新的資料集，即驗證集（*validation set*），然後用它來對我們的資料集做出決策。總之，我們將資料集分為以下三組：

- **訓練集**（Training set）：用於訓練我們所有的模型
- **驗證集**（Validation set）：用於決定使用哪個模型
- **測試集**（Testing set）：用於檢查我們的模型表現如何

因此，在我們的案例中，我們將有兩個點用於驗證，並且查看驗證錯誤應該有助於我們決定要使用的最佳模型是模型 2。我們應該在最後使用測試集，看看我們的模型做得如何。如果模型不好，我們應該扔掉所有東西，從頭開始。

就測試集和驗證集的大小而言，通常使用 60-20-20 分割或 80-10-10 分割，換句話說，60% 訓練、20% 驗證、20% 測試，或 80% 訓練、10% 驗證、10% 測試。這些數字是任意的，但它們往往效果很好，因為它們將大部分的資料留給訓練，但仍然允許我們在足夠大的資料集中測試模型。

決定模型應該多複雜的數值方法：模型複雜度圖

在前面的章節，我們學習如何使用驗證集來幫助我們確定三個不同模型中哪個模型最好。在本節中，我們將學習一個稱為**模型複雜度**（*model complexity graph*）的圖，它可以幫助我們在更多模型中做出決定。想像一下，我們有一個不同的、更複雜的資料集，我們正在嘗試建立一個多項式迴歸模型來配適它。我們想在 0 到 10 之間（包含 10）的數字中來確定模型的程度。正如我們在上一節中看到的，決定使用哪個模型的方法是選擇驗證錯誤最小的模型。

但是，將訓練錯誤和測試錯誤繪圖，可以為我們提供一些有價值的資訊，並幫助我們檢查趨勢。在圖 4.5 中，你可以看到一個繪圖，其中橫軸表示模型中多項式的次數，縱軸表示誤差值。菱形代表訓練錯誤，圓形代表驗證錯誤。這就是模型複雜度圖。

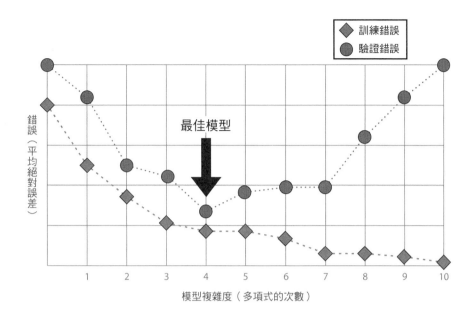

圖 4.5　模型複雜度圖是個有效工具，能幫助我們確定模型的理想複雜度，以避免配適不足和過度配適。在這個模型複雜度圖中，橫軸表示幾個多項式迴歸模型的次數，從 0 到 10（即模型的複雜度）。垂直軸表示誤差，在本例中是平均絕對誤差。請注意，隨著我們向右移動，訓練誤差開始變大並減少。這是因為我們的模型越複雜，它就越能配適訓練資料。然而，驗證誤差開始變大，然後減少，然後再次增加，非常簡單的模型不能很好地配適我們的資料（它們配適不足），而非常複雜的模型適合我們的訓練資料，但不適合我們的驗證資料，因為它們過度配適。中間的一個快樂點是我們的模型既沒有配適不足也不會過度配適，我們可以使用模型複雜度圖找到它。

請注意，在圖 4.5 的模型複雜度圖中，驗證誤差的最小值出現在 4 次，這意味著對於該資料集，最佳配適模型（在我們正在考慮的模型中）是次數的多項式迴歸模型 4。在圖的左側，我們可以看到當多項式的次數較小時，訓練和驗證誤差都很大，這意味著模型配適不足；圖的右側，我們可以看到訓練誤差越來越小，但驗證誤差越來越大，這意味著模型過度配適。最佳位置發生在 4 點左右，這是我們選擇的模型。

模型複雜度圖的一個好處是，無論我們的資料集有多大或我們嘗試了多少不同的模型，它總是看起來像兩條曲線：一條總是下降（訓練錯誤），另一條下降然後又上升（驗證錯誤）。當然，在一個龐大而複雜的資料集中，這些曲線可能會振盪，

並且行為可能更難被發現。然而，模型複雜度圖對於資料科學家來說始終是一個有用的工具，可以在該圖中找到一個好的位置，並決定他們的模型應該有多複雜以避免配適不足和過度配適。

如果我們只需要選擇驗證錯誤最小的模型，為什麼還需要這樣的圖？這種方法在理論上是正確的，但在實踐中，作為一名資料科學家，你可能對你正在解決的問題、約束條件和基準有更好的了解。例如，如果你看到驗證誤差最小的模型仍然相當複雜，並且存在一個更簡單的模型，它的驗證誤差僅略高，你可能更傾向於選擇那個模型。一位偉大的資料科學家可以將這些理論工具與他們對案例的知識結合起來，建構最佳和最有效的模型。

避免過度配適的另一種方法：正規化

在本節中，我們將討論另一種有用的技術：正規化（*regularization*），以避免在不需要測試集的模型中過度配適。正規化依賴於我們在「使用多項式迴歸的配適不足和過度配適案例」一節中所做的相同觀察，我們在該節得出了結論，簡單模型傾向於配適不足，而複雜模型傾向於過度配適。然而，在之前的方法中，我們測試了幾個模型，並選擇了最能平衡效能和複雜度的模型。相較之下，當我們使用正規化時，我們不需要訓練幾個模型，我們只是簡單地訓練模型一次，但在訓練過程中，我們不僅要提高模型的效能，還要降低其複雜度，而這樣做的關鍵是同時測量效能和複雜度。

在我們進入細節之前，讓我們討論一個關於衡量模型效能和複雜度的比喻。想像一下，我們有三棟房子，它們都有同樣的問題：屋頂破損（圖 4.6）。三個屋頂工人來了，每個人修理一間房子。第一位屋頂工人使用繃帶，第二位使用屋頂瓦片，第三位使用鈦金屬。從我們的直覺來看，最好的是 2 號屋頂工人，因為 1 號屋頂工人過度簡化了問題（配適不足），而 3 號屋頂工人過度複雜化了問題（過度配適）。

問題：屋頂破損

1 號屋頂工人
解決方案：繃帶（配適不足）

2 號屋頂工人
解決方案：屋頂瓦片（正確）

3 號屋頂工人
解決方案：鈦金屬（過度配適）

圖 4.6　配適不足和過度配適的比喻。我們的問題是屋頂破損，我們有三個屋頂工可以修理它。1 號屋頂工人配有繃帶，2 號屋頂工人配有屋頂瓦，3 號屋頂工人配有一塊鈦。1 號屋頂工人過度簡化了問題，因此表示配適不足，2 號屋頂工人使用了一個很好的解決方案，3 號屋頂工人使解決方案過於複雜，因此表示過度配適。

但是，我們需要使用數字做出決定，所以讓我們進行一些測量。衡量屋頂工人效能的方法是用他們修復後屋頂仍漏水的水量，分別有以下分數：

效能（漏水量之毫升數）

1 號屋頂工人：1000 毫升水

2 號屋頂工人：1 毫升水

3 號屋頂工人：0 毫升水

看來 1 號屋頂工人的表現很糟糕，因為屋頂還在漏水。但是，在 2 號屋頂工人和 3 號屋頂工人之間，我們選擇哪一個？也許 3 號屋頂工人表現更好？效能指標不夠好，因為它雖然正確地從等式中排除了 1 號工人，卻錯誤地告訴我們要選擇 3 號工人，而非 2 號工人。我們需要衡量它們的複雜度以幫助我們做出正確的決定。有一個衡量複雜度的好方法，是用工人收取的維修費用，其美元價格如下：

複雜度（收費之價格）

1 號屋頂工人：1 美元

2 號屋頂工人：100 美元

3 號屋頂工人：100,000 美元

現在我們可以看出，2 號屋頂工人比 3 號屋頂工人更好，因為它們具有相同的效能，但屋頂工 2 收費更低。然而，1 號屋頂工人是最便宜的，那我們為什麼不選擇這個呢？看來我們需要的是將效能和複雜度的衡量標準結合起來。我們可以將屋頂漏水量和價格相加，得到以下結果：

效能 + 複雜度

1 號屋頂工人 : 1001

2 號屋頂工人 : 101

3 號屋頂工人 : 100,000

現在很明顯，2 號屋頂工人是最好的，這意味著同時最佳化效能和複雜度會產生盡可能簡單的良好結果，而這就是正規化的意義：用兩個不同的誤差函數測量效能和複雜度，並將它們相加以獲得更穩健的誤差函數。這個新的誤差函數確保我們的模型表現良好並且不是很複雜。在以下小節中，我們將詳細介紹如何定義這兩個誤差函數。但在此之前，讓我們看另一個過度配適的例子。

另一個過度配適的例子：電影推薦

在本節中，我們了解到一種模型可能過度配適的微妙方式，這次與多項式的次數無關，而是與特徵的數量和係數的大小有關。想像一下，我們有一個電影串流網站，而我們正在嘗試建構一個推薦系統。為簡單起見，假設我們只有 10 部電影：M1、M2、…、M10，有一部新電影 M11 推出了，我們想建立一個線性迴歸模型，根據之前 10 部電影來推薦第 11 部電影。我們有一個 100 位使用者的資料集，對於每位使用者，我們有 10 個特徵，也就是使用者觀看原始 10 部電影中每一部的時間（以秒為單位），如果使用者沒有看過電影，那麼這個數字就是 0。每位使用

者的標籤是使用者觀看電影 M11 的時間量，我們想要建立一個適合這個資料集的模型。鑑於該模型是線性迴歸模型，使用者觀看電影 11 的預測時間等式是線性的，如下所示：

$$\hat{y} = w_1 x_1 + w_2 x_2 + w_3 x_3 + w_4 x_4 + w_5 x_5 + w_6 x_6 + w_7 x_7 + w_8 x_8 ++ w_9 x_9 + w_{10} x_{10} + b$$

其中

- $\hat{y}$ 是模型預測使用者將觀看電影 11 的時間長
- x_i 是使用者觀看電影 i 的時間量，因為 $i = 1, 2, ..., 10$
- w_i 是與電影 i 相關的權重
- b 是偏差

現在讓我們測試一下我們的直覺。在以下兩個模型（方程式）中，哪一個（或哪幾個）看起來可能過度配適？

模型 1：$\hat{y} = 2x_3 + 1.4x_7 - 0.5x_9 + 4$

模型 2：$\hat{y} = 22x_1 - 103x_2 - 14x_3 + 109x_4 - 93x_5 + 203x_6 + 87x_7 - 55x_8 + 378x_9 - 25x_{10} + 8$

如果你和我想得一樣，模型 2 似乎有點複雜，可能是過度配適。這裡的直覺是，使用者觀看電影 2 的時間不太可能需要乘以 –103，然後添加到其他數字來獲得預測。這可能很適合資料，但看起來它肯定是在記住資料而不是學習資料。

相較之下，模型 1 看起來要簡單得多，它為我們提供了一些有趣的資訊。除了電影 3、7 和 9 的係數之外，大多數係數為零，這告訴我們與電影 11 相關的僅是這三部電影。此外，從電影 3 和電影 7 的係數為正的事實來看，模型告訴我們，如果使用者觀看了電影 3 或電影 7，那麼他們很可能會觀看電影 11；而由於電影 9 的係數為負，所以如果使用者觀看了電影 9，則他們不太可能觀看電影 11。

我們的目標是有一個像模型 1 但避免像模型 2 一樣的模型；但不幸的是，如果模型 2 產生的誤差小於模型 1，那麼運行的線性迴歸演算法將會改為選擇模型 2。那我們可以怎麼做呢？這就是正規化派上用場的地方了。我們需要的第一件事是要有一個度量（measure）告訴我們模型 2 比模型 1 複雜得多。

衡量模型的複雜程度：**L1** 範數和 **L2** 範數

在本節我們要學習兩種衡量模型複雜度的方法，但在此之前，讓我們看一下上一節中的模型 1 和模型 2，並嘗試提出一些模型 1 低而模型 2 高的公式。

請注意，具有更多係數的模型，或是係數值更高的模型往往更複雜，因此，任何與此相符的公式都會發揮作用，例如以下公式：

- 係數絕對值之總和

- 係數的平方和

第一個稱為 L1 範數（*L1 norm*），第二個稱為 L2 範數（*L2 norm*），它們來自一個更普遍的 L^P 空間理論，這以法國數學家 Henri Lebesgue 命名。我們使用絕對值和平方來擺脫負的係數，否則，對於一個非常複雜的模型，大的負數會被大的正數抵消，可能會導致我們最終得到一個小的值。

但在我們開始計算範數之前，有一個小技巧：模型中的偏差不包括在 L1 和 L2 範數中。為什麼？好吧，模型中的偏差正是我們希望使用者在沒有看過前 10 部電影的情況下觀看第 11 部電影的秒數。這個數字與模型的複雜度無關；因此，我們不理會它。模型 1 和模型 2 的 L1 範數計算如下。

回想一下模型的方程式如下：

模型 1：$\hat{y} = 2x_3 + 1.4x_7 - 0.5x_9 + 8$

模型 2：$\hat{y} = 22x_1 - 103x_2 - 14x_3 + 109x_4 - 93x_5 + 203x_6 + 87x_7 - 55x_8 + 378x_9 - 25x_{10} + 8$

L1 範數：

- **模型 1**：$|2| + |1.4| + |-0.5| = 3.9$
- **模型 2**：$|22| + |-103| + |-14| + |109| + |-93| + |203| + |87| + |-55| + |378| + |-25|$
  $= 1{,}089$

L2 範數：

- **模型 1**：$2^2 + 1.4^2 + (-0.5)^2 = 6.21$
- **模型 2**：$22^2 + (-103)^2 + (-14)^2 + 109^2 + (-93)^2 + 203^2 + 87^2 + (-55)^2 + 378^2 + (-25)^2$
  $= 227{,}131$

正如預期的那樣，模型 2 的 L1 和 L2 範數都遠大於模型 1 的範數。

L1 範數和 L2 範數也可以透過取絕對值之總和或係數的平方和來計算多項式，但常數係數除外。讓我們回到本章開頭的例子，我們的三個模型是 1 次（一條線）、2 次（拋物線）和 10 次（振盪 9 次的曲線）的多項式。想像一下它們的公式如下：

- **模型 1**：$\hat{y} = 2x + 3$
- **模型 2**：$\hat{y} = -x^2 + 6x - 2$
- **模型 3**：$\hat{y} = x^9 + 4x^8 - 9x^7 + 3x^6 - 14x^5 - 2x^4 - 9x^3 + x^2 + 6x + 10$

L1 和 L2 範數計算如下：

L1 範數：

- **模型 1**：$|2| = 2$
- **模型 2**：$|-1| + |6| = 7$
- **模型 3**：$|1| + |4| + |-9| + |3| + |-14| + |-2| + |-9| + |1| + |6| = 49$

L2 範數：

- **模型 1**：$2^2 = 4$
- **模型 2**：$(-1)^2 + 6^2 = 37$
- **模型 3**：$1^2 + 4^2 + (-9)^2 + 3^2 + (-14)^2 + (-2)^2 + (-9)^2 + 1^2 + 6^2 = 425$

現在我們已經擁有兩種方法來衡量模型的複雜度，讓我們開始訓練過程吧。

修改誤差函數來解決我們的問題：Lasso 迴歸和脊迴歸

現在我們已經完成了大部分繁重的工作，我們將使用正規化訓練一個線性迴歸模型。我們的模型有兩個度量：效能度量（誤差函數）和複雜度度量（L1 和 L2 範數）。

回想一下，在屋頂工人的比喻中，我們的目標是找到一個既能提供良好品質又能提供低複雜性的屋頂工人。我們透過最小化兩個數字的總和來做到這一點：品質度量和複雜度度量。正規化包括將相同的原理應用於我們的機器學習模型。為此，我們有兩個數量：迴歸誤差和正規化項（term）。

迴歸誤差（regression error） 模型品質的度量。在本例中，它可以是我們在第 3 章中學到的絕對誤差或平方誤差。

正規化項（regularization term） 模型複雜度的度量。它可以是模型的 L1 或 L2 範數。

為了找到一個良好且不太複雜的模型，我們想要最小化的數量是修改後的誤差，其定義為以下兩者的總和：

$$誤差 = 迴歸誤差 + 正規化項$$

正規化是如此普遍，以致於模型本身根據使用的範數而有不同的名稱。如果我們使用 L1 範數訓練我們的迴歸模型，則該模型稱為 *lasso* 迴歸（*lasso regression*）。lasso 是最小絕對壓縮挑選機制（least absolute shrinkage and selection operator）的縮寫。其誤差函數如下：

$$Lasso 迴歸誤差 = 迴歸誤差 + L1 範數$$

相反，如果我們使用 L2 範數訓練模型，則稱為脊迴歸（*ridge regression*）。*ridge* 這一詞來自於誤差函數的形狀，因為在我們繪製迴歸誤差函數時，在迴歸誤差函數中加入 L2 範數項，會將一個尖角變成一個平滑的谷。其誤差函數如下：

$$脊迴歸誤差 = 迴歸誤差 + L2 範數$$

Lasso 迴歸和脊迴歸在實踐中都能很好地工作。決定使用哪一個，取決於一些偏好，我們將在接下來的小節了解。但在我們開始之前，我們需要制定一些細節以確保我們的正規化模型運作良好。

在我們的模型中調節效能和複雜度的數量：正規化參數

由於訓練模型的過程提到盡可能降低成本函數（cost function），因此使用正規化訓練的模型原則上應該具有高效能和低複雜度。然而，有一些拉鋸戰：試圖讓模型表現更好可能會使它更複雜，而試圖降低模型的複雜度可能會使它表現更差。幸運的是，大多數機器學習技術都帶有旋鈕（knobs），就是超參數，讓資料科學家可以轉動並建構最好的模型，正規化也不例外。在本節中，我們將了解如何使用超參數在效能和複雜度之間進行調節。

這個超參數稱為**正規化參數**（*regularization parameter*），它的目標是確定模型訓練過程是否應該強調效能或簡單性。正規化參數用 λ 表示，希臘字母 *lambda*。我們將正規化項乘以 λ，將其添加到迴歸誤差中，並使用該結果來訓練我們的模型。新的誤差如下：

$$誤差 = 迴歸誤差 + \lambda\,正規化項$$

為 λ 選擇 0 值會抵消正規化項，因此我們最終會得到與第 3 章中相同的迴歸模型。為 λ 選擇較大的值會導致一個簡單的模型，可能次數較低，並不一定非常適合我們的資料集。為 λ 選擇一個好的值是非常重要的，為此，驗證會是一種有用的技術。典型的做法是選擇 10 的冪次，例如 10、1、0.1、0.01，但這種選擇有點隨意。在這些值之中，我們選擇能使我們的模型在驗證集中表現最好的一個值。

L1 和 L2 正規化對模型係數的影響

在本節中，我們將看到 L1 和 L2 正規化之間的關鍵區別，並獲得一些關於在不同情況下使用哪種正規化的想法。乍看之下，它們看起來很相似，但它們對係數的影響很有趣，並且根據我們想要的模型類型，在使用 L1 和 L2 正則化之間做出決定可能是非常重要。

讓我們回到我們的電影推薦案例，我們假設同一使用者觀看了 10 部不同的電影，來建構一個迴歸模型以預測使用者觀看電影的時間量（以秒為單位）。假設我們已經訓練了模型，我們得到的方程式如下：

模型：$\hat{y} = 22x_1 - 103x_2 - 14x_3 + 109x_4 - 93x_5 + 203x_6 + 87x_7 - 55x_8 + 378x_9 - 25x_{10} + 8$

如果我們添加正規化並再次訓練模型，我們最終會得到一個更簡單的模型。以下兩個性質可以用數學方式來表示：

- 如果我們使用 L1 正規化（lasso 迴歸），最終會得到一個係數較少的模型。換句話說，L1 正規化將一些係數變為零，因此，我們可能會得到一個像 $\hat{y} = 2x_3 + 1.4x_7 - 0.5x_9 + 8$ 的方程式。

- 如果我們使用 L2 正規化（脊迴歸），我們最終會得到一個係數較小的模型。換句話說，L2 正規化縮小了所有的係數，但很少將它們變成零，因此，我們可能會得到一個像 $\hat{y} = 0.2x_1 - 0.8x_2 - 1.1x_3 + 2.4x_4 - 0.03x_5 + 1.02x_6 + 3.1x_7 - 2x_8 + 2.9x_9 - 0.04x_{10} + 8$ 的方程式。

因此，根據我們想要得到什麼樣的方程式，我們可以決定使用 L1 還是 L2 正規化。

在決定我們是否要使用 L1 或 L2 正規化之前，可以使用一個快速的經驗法則：如果我們有太多的特徵並且我們想擺脫其中的大部分特徵，L1 正規化就是完美的選擇。如果我們只有很少的特徵並且認為它們都是相關的，那麼 L2 正規化就是我們需要的，因為它會保留所有有用的特徵。

我們在「另一個過度配適的例子：電影推薦」一節中研究的電影推薦系統，是有很多特徵且 L1 正規化可以幫助我們問題的一個例子。在這個模型中，每個特徵對應一部電影，而我們的目標是找到與我們感興趣電影相關的少數幾部電影。因此我們需要一個模型，其中除了少數的係數之外，大多數係數都為零。

一個我們應該使用 L2 正規化的案例是在「使用多項式迴歸的配適不足範例」一節開頭的多項式範例。對於這個模型，我們只有一個特徵：x。L2 正規化將為我們提供一個具有小係數的良好多項式模型，該模型不會劇烈振盪，因此不太容易過度配適。在「使用 Turi Create 進行多項式迴歸、測試和正規化」一節中，我們將看到一個多項式的例子，其中 L2 正規化是正確的選擇。

在附錄 C 中有本章對應的資源，你可以深入研究為什麼 L1 正規化將係數變為零，而 L2 正規化將係數變為小數的數學原因。在下一節中，我們將學習如何獲得關於這點的直覺。

查看正規化的直覺方法

在本節中，我們將了解 L1 和 L2 規範在懲罰複雜度的方式上有何不同。本節主要是很直觀的，並且在一個例子中展開，但是如果你想了解它們背後的正式數學知識，請查看附錄 B 的「使用梯度下降進行正規化」一節。

當我們試圖理解機器學習模型如何運作時，我們的目光應該要超越誤差函數。誤差函數說：「這就是誤差，如果你減少它，你最終會得到一個好的模型」。但這就

像在說：「人生成功的秘訣是可能地減少犯錯」。相反地，例如「這些是你可以做的事情，以改善你的生活」的正向資訊，不是比起「這些是你應該避免的事情」更好嗎？讓我們以這種方式查看正規化。

在第 3 章中，我們要學習絕對和平方技巧，這讓我們更清楚地了解迴歸。在訓練過程的每個階段，我們只需選擇一個點（或幾個點）並將線移近這些點。重複多次此過程最終將產生良好的配適直線。我們可以更具體地重複我們在第 3 章中定義線性迴歸演算法的方式。

線性迴歸演算法的虛擬碼

輸入：資料集的資料點

輸出：適合該資料集的線性迴歸模型

步驟：

- 選擇具有隨機權重和隨機偏差的模型。
- 重複多次：
  - 選擇一個隨機資料點。
  - 稍微調整權重和偏差以改進對該資料點的預測。
- 享受你的模型！

我們可以用同樣的推理來理解正規化嗎？當然可以。

為了簡化事情，假設我們正在進行訓練，我們想讓模型更簡單，我們可以透過減少係數的數值來做到這一點。為簡單起見，假設我們的模型具有三個係數：3、10 和 18，我們可以採取一小步來將這三個係數減少一點嗎？當然可以，這裡有兩種方法可以做到，兩者都需要一個小數字 λ，我們現在將其設置為 0.01。

方法 1：每個正參數減去 λ，每個負參數加上 λ。如果它們為零，請不要理會它們。

方法 2：將它們全部乘以 $1-\lambda$。請注意，這個數字接近 1，因為 λ 很小。

使用方法 1，我們得到數字 2.99、9.99 和 17.99。

使用方法 2，我們得到數字 2.97、9.9 和 17.82。

在本例中，λ 的行為非常類似於學習率。事實上，它與正規化率密切相關（詳見附錄 B 中的「使用梯度下降進行正規化」）。請注意，在這兩種方法中，我們都在縮小係數的大小。現在，我們所要做的就是在算法的每個階段反覆縮小係數。換句話說，這是我們現在訓練模型的方式：

輸入：資料集的資料點

輸出：適合該資料集的線性迴歸模型

步驟：

- 選擇具有隨機權重和隨機偏差的模型。
- 重複多次：
    - 選擇一個隨機資料點。
    - 稍微調整權重和偏差以改進對該資料點的預測。
    - **使用方法 1 或方法 2 稍微縮小係數。**
- 享受你的模型！

如果我們使用方法 1，我們將使用 L1 正規化或 lasso 迴歸來訓練模型；如果我們使用方法 2，我們將使用 L2 正規化或脊迴歸對其進行訓練。這有一個數學上的理由，我們在附錄 B「使用梯度下降進行正規化」中進行了描述。

在上一節中，我們了解到 L1 正規化傾向將許多係數變為 0，而 L2 正規化傾向減少它們但不會將它們變為零，這種現象現在更容易看到。假設我們的係數為 2，正規化參數為 $\lambda = 0.01$。注意如果我們使用方法 1 來縮小係數並重複這個過程 200 次。我們得到以下的值，依序為：

$$2 \rightarrow 1.99 \rightarrow 1.98 \rightarrow ... \rightarrow 0.02 \rightarrow 0.01 \rightarrow 0$$

在我們訓練 200 個 epoch 後，係數將變為 0，並且不再變化。現在讓我們看看如果我們再次應用方法 2，使用相同的 $\eta = 0.01$ 學習率並重複 200 次，我們得到以下的值，依序為：

$$2 \rightarrow 1.98 \rightarrow 1.9602 \rightarrow ... \rightarrow 0.2734 \rightarrow 0.2707 \rightarrow 0.2680$$

請注意，係數急劇下降，但並沒有變為零。事實上，無論我們運行多少個 epoch，係數都不會變為零。這是因為將一個非負數乘以 0.99 多次時，這個數永遠不會變為零。如圖 4.7 所示。

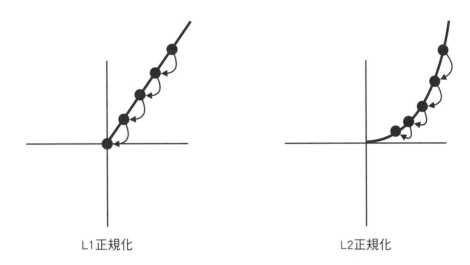

L1正規化　　　　　　　　　　　　　　L2正規化

圖 4.7　L1 和 L2 都縮小了係數的大小。L1 正規化（左）的速度要快得多，因為它減去了一個固定的量，所以它很可能最終變為零。L2 正規化需要更長的時間，因為它將係數乘以一個小因子，所以它永遠不會達到零。

使用 Turi Create 進行多項式迴歸、測試和正規化

在本節中，我們將看到一個在 Turi Create 中使用正規化多項式迴歸的例子。

以下是本節的程式碼：

- **Notebook：**
    - https://github.com/luisguiserrano/manning/blob/master/Chapter_4_Testing_Overfitting_Underfitting/Polynomial_regression_regularization.ipynb

我們從資料集開始，如圖 4.8 所示。我們可以看到最適合該資料的曲線是向下開口的拋物線（一個哭臉）。因此，這不是我們可以用線性迴歸解決的問題，我們必須使用多項式迴歸。資料集儲存在稱為 data 的 **SFrame** 中，資料的前幾列顯示在表 4.1 中。

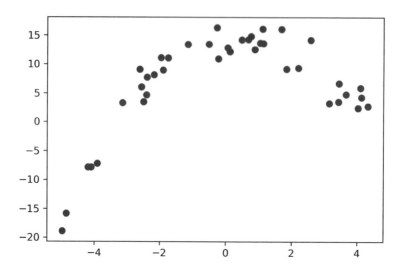

圖 4.8 資料集。請注意，它的形狀是向下開口的拋物線，因此使用線性迴歸效果不佳，我們將使用多項式迴歸來配適這個資料集，並使用正規化來調整我們的模型。

表 4.1 我們資料集的前四列

x	y
3.4442185152504816	6.685961311021467
-2.4108324970703663	4.690236225597948
0.11274721368608542	12.205789026637378
-1.9668727392107255	11.133217991032268

在 Turi Create 中進行多項式迴歸的方法是在我們的資料集中添加許多欄，與主要特徵的冪次對應，並將線性迴歸應用於這個擴展的資料集。如果主要特徵是 x，那麼我們添加具有 x^2, x^3, x^4, ... 等值的欄位。因此，我們的模型正在尋找 x 之冪次的線性組合，它們恰好是 x 的多項式。如果包含我們資料的 SFrame 稱為 data，我們使用以下程式碼添加最高 x^{199} 之冪的欄，結果資料集的前幾列和前幾欄呈現於表 4.2 中。

```
for i in range(2,200):
    string = 'x^'+str(i)
    data[string] = data['x'].apply(lambda x:x**i)
```

表 4.2 我們資料集的前四列和最左側的五欄。標記為 x^k 的欄對應於變數 x^k，k = 2、3 和 4，資料集共有 200 欄。

x	y	x^2	x^3	x^4
3.445	6.686	11.863	40.858	140.722
−2.411	4.690	5.812	−14.012	33.781
0.113	12.206	0.013	0.001	0.000
−1.967	11.133	3.869	-7.609	14.966

現在，我們對這個有 200 欄的大型資料集應用線性迴歸。請注意，此資料集中的線性迴歸模型看起來像是各欄變數的線性組合，但是由於每一欄都對應一個單項式，所以得到的模型看起來像是變數 x 上的多項式。

在我們訓練任何模型之前，我們需要使用以下程式碼將資料分割為訓練資料集和測試資料集：

```
train, test = data.random_split(.8)
```

現在我們的資料集被分成兩個資料集，訓練集稱為 *train* 和測試集稱為 *test*。在儲存庫中，指定了一個隨機種子（random seed），因此我們總是得到相同的結果，儘管這在實踐中非必需的。

在 Turi Create 中使用正規化的方法很簡單：我們只需在訓練模型時在 create 方法中指定參數 l1_penalty 和 l2_penalty。這個懲罰正是我們在「在我們的模型中調節效能和複雜度的數量」一節中介紹的正規化參數。0 的懲罰意味著我們沒有使用正規化。因此，我們將使用以下參數訓練三個不同的模型：

- 無正規化模型：
  - l1_penalty=0
  - l2_penalty=0
- L1 正規化模型：
  - l1_penalty=0.1
  - l2_penalty=0

- L2 正規化模型：
  - l1_penalty=0
  - l2_penalty=0.1

我們使用以下三行程式碼訓練模型：

```
model_no_reg = tc.linear_regression.create(train, target='y', l1_penalty=0.0,
    l2_penalty=0.0)
model_L1_reg = tc.linear_regression.create(train, target='y', l1_penalty=0.1,
    l2_penalty=0.0)
model_L2_reg = tc.linear_regression.create(train, target='y', l1_penalty=0.0,
    l2_penalty=0.1)
```

第一個模型不使用正規化，第二個使用參數為 0.1 的 L1 正規化，第三個使用參數為 0.1 的 L2 正規化。結果函數的繪圖如圖 4.9 所示。請注意，在此圖中，訓練集中的資料點是圓形，而測試集中的資料點是三角形。

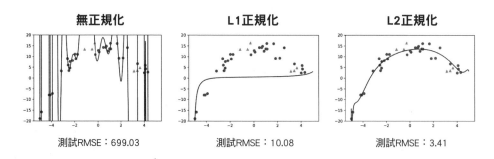

圖 4.9　我們資料集的三個多項式迴歸模型。左側的模型沒有正規化，中間的模型有參數為 0.1 的 L1 正規化，右側的模型有參數為 0.1 的 L2 正規化。

請注意，沒有正規化的模型非常適合訓練資料點，但它很混亂，無法很好地配適測試資料點。具有 L1 正規化的模型在訓練集和測試集上都表現得還可以，但是具有 L2 正規化的模型在訓練集和測試集上都做得很好，而且似乎也是真正捕捉資料形狀的模型。

還要注意的是，對於三個模型，邊界曲線在端點上有點瘋狂。這是完全可以理解的，因為端點的資料較少，沒有資料時模型自然會不知道該怎麼做。我們應該總是透過模型在資料集邊界內的表現來評估模型，並且我們永遠不應該期望模型在這些邊界之外表現良好，即使是我們人類也可能無法在模型邊界之外做出良好的預測。例如，你認為這條曲線在資料集之外看起來如何？它會繼續作為向下開口的拋物線嗎？它會像正弦函數一樣永遠振盪嗎？如果我們不知道這一點，我們就不應該期望模型會知道。因此，盡量忽略圖 4.9 中端點處的奇怪行為，而專注於模型在資料所在區間之內的行為。

為了找到測試錯誤，我們使用以下程式碼，並帶有相應的模型名稱。這行程式碼回傳最大誤差和均方根誤差（RMSE）。

```
model.predict(test)
```

模型的測試 RMSE（均方根誤差）如下：

- 沒有正規化的模型：699.03
- L1 正規化模型：10.08
- L2 正規化模型：3.41

沒有正規化的模型有一個非常大的 RMSE！在其他兩個模型中，具有 L2 正規化的模型表現得更好。這裡有兩個問題需要思考：

1. 為什麼 L2 正規化的模型比 L1 正規化的模型表現更好？

2. 為什麼 L1 正規化的模型看起來很平坦，而 L2 正規化的模型卻能捕捉到資料的形狀？

這兩個問題的答案相似，要找到答案，我們可以查看多項式的係數。這些可以透過以下程式碼獲得：

```
model.coefficients
```

每個多項式有 200 個係數，因此我們不會在此處顯示所有係數，但在表 4.3 中你可以看到三個模型的前五個係數。你有注意到了什麼嗎？

表 4.3 我們三個模型中多項式的前五個係數。注意沒有正規化的模型係數大，L1 正規化的模型係數非常接近 0，而 L2 正規化的模型係數小。

係數	沒有正規化之模型	L1 正規化之模型	L2 正規化之模型
$x^0 = 1$	8.41	0.57	13.24
x^1	15.87	0.07	0.87
x^2	108.87	−0.004	−0.52
x^3	−212.89	0.0002	0.006
x^4	−97.13	−0.0002	−0.02

為了解釋表 4.3，我們看到三個模型的預測都是 200 次多項式。第一項（terms）如下所示：

- 沒有正規化的模型：$\hat{y} = 8.41 + 15.87x + 108.87x^2 - 212.89x^3 - 97.13x^4 + \ldots$
- L1 正規化模型：$\hat{y} = 0.57 + 0.07x - 0.004x^2 + 0.0002x^3 - 0.0002x^4 + \ldots$
- L2 正規化模型：$\hat{y} = 13.24 + 0.87x - 0.52x^2 + 0.006x^3 - 0.02x^4 + \ldots$

從這些多項式中，我們看到以下內容：

- 對於沒有正規化的模型，所有的係數都很大，這意味著多項式是混亂的，不利於進行預測。
- 對於具有 L1 正規化的模型，除了常數項（第一個）之外，所有係數都很小，且幾乎為 0，這意味著對於接近零的值，多項式看起來很像帶有等式的水平線 $\hat{y} = 0.57$。這比以前的模型要好，但仍然不能很好地進行預測。
- 對於具有 L2 正規化的模型，係數隨著次數的增加而變小，但仍然沒有那麼小。這為我們提供了一個相當不錯的多項式來進行預測。

總結

- 當提到訓練模型時，會出現許多問題。經常出現的兩個問題是配適不足和過度配適。
- 當我們使用一個非常簡單的模型來配適我們的資料集時，就會出現配適不足。當我們使用過於複雜的模型來配適我們的資料集時，就會發生過度配適。
- 區分過度配適和配適不足的有效方法是使用測試資料集。

- 為了測試模型，我們將資料分成兩組：訓練集和測試集。訓練集用於訓練模型，測試集用於評估模型。
- 機器學習的黃金法則是，永遠不要在我們的模型進行訓練或決策時使用測試資料。
- 驗證集是我們資料集的另一部分，用來對模型中的超參數做出決策。
- 配適不足的模型在訓練集和驗證集中表現不佳。過度配適的模型在訓練集中表現良好，但在驗證集中表現不佳。一個好的模型將在訓練集和驗證集上表現良好。
- 模型複雜度圖用來確定模型的正確複雜度，使其不會配適不足或過度配適。
- 正規化是減少機器學習模型過度配適的一項非常重要的技術。它包括在訓練過程中向誤差函數添加複雜度度量（正規化項）。
- L1 和 L2 範數是正規化中最常用的兩種複雜度度量。
- 使用 L1 範數會導致 L1 正規化或 lasso 迴歸，使用 L2 範數會導致 L2 正規化或脊迴歸。
- 當我們的資料集具有大量特徵並且希望將其中的許多特徵變為零時，建議使用 L1 正規化。當我們的資料集具有很少的特徵，並且我們想讓它們變小但不為零時，建議使用 L2 正規化。

練習

練習 4.1

我們在同一個資料集中用不同的超參數訓練了四個模型。在下表中，我們記錄了每個模型的訓練誤差和測試誤差。

模型	訓練誤差	測試誤差
1	0.1	1.8
2	0.4	1.2
3	0.6	0.8
4	1.9	2.3

a. 你會為此資料集選擇哪種模型？

b. 哪個模型看起來配適不足？

c. 哪個模型看起來過度配適？

練習 4.2

我們得到以下資料集：

x	y
1	2
2	2.5
3	6
4	14.5
5	34

我們訓練多項式迴歸模型，將 y 的值預測為 $\hat{y}$，其中：

$$\hat{y} = 2x^2 - 5x + 4$$

假設正規化參數是 $\lambda = 0.1$，並且我們用來訓練這個資料集的誤差函數是平均絕對值（MAE），請列出以下內容：

a. 我們模型的 lasso 迴歸誤差（使用 L1 範數）

b. 我們模型的脊迴歸誤差（使用 L2 範數）

本章包含

- 什麼是分類
- 情緒分析：如何使用機器學習來判斷一個句子是快樂還是悲傷
- 如何畫一條分隔兩種顏色點的線
- 什麼是感知器，我們如何訓練它
- 在 Python 和 Turi Create 中編寫感知器算法

在本章中，我們要學習機器學習的一個分支，稱為**分類**（*classification*）。分類模型類似於迴歸模型，因為它們的目的是根據特徵預測資料集的標籤。不同之處在於迴歸模型旨在預測數字，而分類模型旨在預測狀態或類別。分類模型通常稱為**分類器**（*classifiers*），我們將交替使用這些術語。儘管可以建構預測更多可能狀態的分類器，許多分類器是用來預測兩種可能狀態（通常為是 / 否）。以下是分類器的流行例子：

- 預測使用者是否會觀看某部電影的推薦模型
- 預測電子郵件是垃圾郵件還是正常郵件的電子郵件模型
- 預測病患是否生病或健康的醫學模型
- 預測圖像中是否包含汽車、鳥、貓或狗的圖像辨識模型
- 預測使用者是否說出特定指令的語音識別模型

分類是機器學習中的一個熱門領域，本書的大部分章節（第 5、6、8、9、10、11 和 12 章）都在討論不同的分類模型。我們在本章要學習**感知器**（*perceptron*）模型，也稱為**感知器分類器**（*perceptron classifier*），或簡稱**感知器**（*perceptron*）。感知器類似於線性迴歸模型，因為它使用特徵的線性組合來進行預測，而且它也是建構神經網路的模塊（我們將在第 10 章中學習）。此外，訓練感知器的過程與訓練線性迴歸模型類似，正如我們在第 3 章中使用線性迴歸演算法所做的那樣，我們以兩種方式開發感知器算法：使用可以迭代多次的技巧，並定義一個可以使用梯度下降來最小化的誤差函數。

我們在本章中學習的分類模型的主要案例是**情感分析**（*sentiment analysis*），其中模型的目標是預測一個句子的情感；換句話說，該模型是在預測一個句子是快樂還是悲傷的。例如，一個好的情感分析模型可以預測「我感覺很棒！」是一個快樂的句子，而「多麼糟糕的一天！」是一個悲傷的句子。

情感分析在許多實際應用中都有使用，例如：

- 公司分析用戶和技術支援之間的對話，評估對話的品質
- 分析品牌數位形象的調性，例如社交媒體上的評論或與其產品相關的評論
- Twitter 等社交平台在事件發生後分析特定人群的整體情緒
- 投資者利用大眾對公司的情緒來預測其股價

我們如何建構情感分析分類器呢？換句話說，我們如何建構一個機器學習模型，將句子作為輸入，而輸出告訴我們這個句子是快樂的還是悲傷的。當然，這個模型可能會出錯，但我們的想法是建構它時盡量減少出錯。讓我們放下這本書幾分鐘，想一下我們將如何建構這種類型的模型。

這有一個想法，快樂的句子往往包含快樂的詞，例如**美妙、快樂**或**愉悅**，而悲傷的句子往往包含悲傷的詞，例如**可怕、悲傷**或**絕望**。分類器可以由字典中每個單詞的「快樂」分數所組成，快樂的詞可以得到正分，悲傷的話可以得負分，像是 the 之類的中性詞會被打成零分。當我們將一個句子輸入分類器時，分類器只是簡單地將句子中所有單詞的分數相加。如果結果是正的，那麼分類器會得出結論該句子是快樂的，如果結果是負的，則分類器得出結論該句子是悲傷的。現在我們的目標是找到字典中所有單詞的分數，為此，我們使用機器學習。

我們剛剛建立的模型類型稱為**感知器模型**。在本章中，我們要學習感知器的正式定義、以及如何透過找到所有單詞的完美分數來進行訓練，使我們的分類器盡可能減少出錯。

訓練感知器的過程稱為**感知器算法**（perceptron algorithm），它與我們在第 3 章中學習的線性迴歸演算法沒有太大區別。感知器算法的想法是：為了訓練模型，我們首先需要一個包含許多句子及其標籤（快樂／悲傷）的資料集。我們透過為所有單詞分配隨機分數來開始建構分類器，然後我們多次檢查資料集中的所有句子，對於每個句子，我們稍微調整分數，使分類器改善對該句子的預測。那我們如何調整分數呢？我們是使用一種稱為**感知器技巧**（perceptron trick）的方法來做到這一點，我們在「感知器技巧」一節中將會學習。訓練感知器模型的一個等效方法是使用誤差函數，就像我們在第 3 章中所做的那樣，然後我們使用梯度下降來最小化這個函數。

然而，語言是很複雜的，它有細微的差別、雙關語和諷刺。如果我們將一個單詞簡化為一個簡單的分數，我們會不會丟失太多資訊？答案是肯定的，我們確實丟失了很多資訊，而且我們無法透過這種方式建立一個完美的分類器。但好消息是，使用這種方法，我們仍然可以建立一個**大部分**時間都是正確的分類器。這裡有一個例子證明，我們所使用的方法不可能一直都是正確的。「我不難過，我很快樂」和「我不快樂，我很悲傷」這兩個句子有相同的詞，但含義完全不同，因

此，無論我們給單詞打多少分，這兩個句子都將獲得完全相同的分數，因此分類器將回傳相同的預測。它們有不同的標籤，所以分類器一定是對其中的標籤犯了錯誤。

這個問題的一個解決方案是建構一個分類器，它考慮到單詞的順序，甚至是其他的東西，比如標點符號或成語。有些模型，如隱馬爾可夫模型（HMM，*hidden Markov models*）、遞迴神經網路（RNN，*recurrent neural networks*）或長短期記憶網路（LSTM，*long short-term memory networks*），在序列資料方面非常有效果，但本書將不會包含這些模型。然而，如果你想探索這些模型，可以在附錄 C 中找到一些非常有用的參考資料。

你可以在以下 GitHub 儲存庫中找到本章的所有程式碼：https://github.com/luisguiserrano/manning/tree/master/Chapter_5_Perceptron_Algorithm。

問題：
我們在一個外星球上，我們不懂外星人的語言！

想像以下場景：我們是太空人，剛剛降落在一個遙遠的星球上，那裡居住著一群未知的外星人。我們希望能夠與外星人交流，但他們會說一種我們聽不懂的奇怪語言。我們注意到外星人有兩種情緒，快樂和悲傷，而我們與他們交流的第一步是根據他們所說的話來判斷他們是快樂還是悲傷。換句話說，我們想要建構一個情感分析分類器。

我們設法與四個外星人做朋友，我們開始觀察他們的情緒並研究他們所說的話。我們觀察到其中兩個是快樂的，兩個是悲傷的，而且他們還會一遍又一遍地重複同一句話。他們的語言似乎只有兩個詞：*aack* 和 *beep*。我們用他們所說的句子和他們的情緒組成以下資料集：

資料集：

- 1 號外星人：
  - 情緒：快樂
  - 句子：「*Aack, aack, aack!*」

- 2 號外星人：
  - 情緒：悲傷
  - 句子：「*Beep beep!*」
- 3 號外星人：
  - 情緒：快樂
  - 句子：「*Aack beep aack!*」
- 4 號外星人：
  - 情緒：悲傷
  - 句子：「*Aack beep beep beep!*」

突然，第五位外星人走進來，他說：「*Aack beep aack aack!*」，我們無法真的看出這個外星人的情緒。根據我們的了解，我們應該如何預測外星人的情緒呢（圖5.1）？

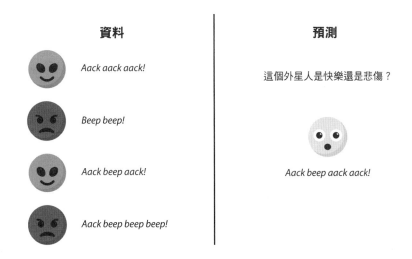

圖 5.1 我們的外星人資料集。我們記錄了他們的情緒（快樂或悲傷）、和他們不斷重複説的話。現在第五位外星人進來了，説了一個不同的句子。我們預測這個外星人是快樂還是悲傷？

我們預測這個外星人是快樂的，因為 *aack* 這個詞似乎比較常出現在快樂的句子中，而 *beep* 這個詞似乎比較常出現在悲傷的句子中，即使我們不懂他們的語言。也許 *aack* 表示正面的東西，例如「愉悦」或「快樂」，而 *beep* 可能表示悲傷的東西，例如「絕望」或「悲傷」。

這一觀察產生了我們的第一個情感分析分類器。該分類器透過以下方式進行預測：它計算單詞 *aack* 和 *beep* 的出現次數。如果 *aack* 的出現次數大於 *beep* 的出現次數，則分類器預測該句子是快樂的，反之，則分類器預測該句子是悲傷的。當兩個詞出現相同的次數時會發生什麼？我們沒有依據來判斷，所以假設該句子預測為快樂的。在實踐中，這類的邊緣案例並不常發生，因此它們不會給我們造成太大的問題。

我們剛剛建構的分類器是一個感知器（也稱為線性分類器）。我們可以用分數或權重來編寫它，如下：

情感分析分類器

給定一個句子，為單詞分配以下分數：

分數：

- *aack*：1 分
- *beep*：−1 分

規則：

透過將句子上所有單詞的分數相加來計算句子的分數，如下所示：

- 如果分數是正數或零，預測句子是快樂的。
- 如果分數是負數，預測句子是悲傷的。

在大多數情況下，繪製我們的資料很有用，因為有時可以看到漂亮的模式。在表 5.1 中，我們有四個外星人，包含了每個人說 *aack* 和 *beep* 的次數，以及他們的情緒。

表 5.1 我們的外星人資料集、他們說的句子和他們的情緒。 我們將每個句子分解為 *aack* 和 *beep* 出現的次數。

句子	*Aack*	*Beep*	情緒
Aack aack aack!	3	0	快樂
Beep beep!	0	2	悲傷
Aack beep aack!	2	1	快樂
Aack beep beep beep!	1	3	悲傷

該繪圖由兩個軸所組成，水平 (x) 軸和垂直 (y) 軸。水平座標軸記錄 aack 的出現次數，垂直座標軸記錄 beep 的出現次數。該圖如圖 5.2 所示。

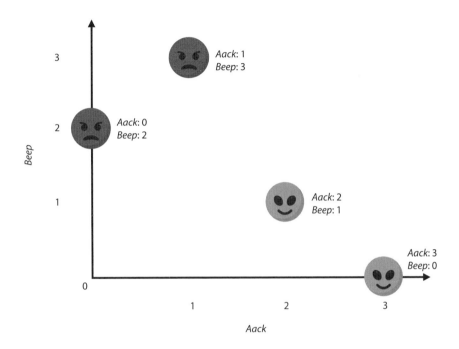

圖 5.2 外星人資料集的繪圖。在水平軸上，我們繪製了單詞 aack 的出現次數，在垂直軸上，繪製了單詞 beep 的出現次數。

請注意，在圖 5.2 中，快樂的外星人位於右下角，而悲傷的外星人位於左上角，這是因為右下角是句子出現 aack 多於 beep 的區域，而左上角則相反。實際上，所有 aack 和 beep 出現次數相同的句子會形成一條線將這兩個區域分開，如圖 5.3 所示。這條線的等式如下：

$$\#aack = \#beep$$

或等於這個等式：

$$\#aack - \#beep = 0$$

在本章中，我們將使用帶有不同下標的變數來表示一個單詞在句子中出現的次數。在本例中，是單詞 x_{aack} 出現的次數，是單詞 x_{beep} 出現的次數。

使用這種表示法，分類器的方程式變成 $x_{aack} - x_{beep} = 0$，或者等於 $x_{aack} = x_{beep}$，這是在平面中一條直線的方程式；如果看起來不是這樣，想一下直線 $y=x$ 的方程式，只不過我們用 x_{aack} 取代 x，用 x_{beep} 代替 y。為什麼不使用 x 和 y，就像我們從高中就開始做的那樣呢？我是很想這麼做，但不幸的是，我們稍後需要用 y 做其他事情（預測）；因此，讓我們將 x_{aack} 軸視為水平軸，將 x_{beep} 軸視為垂直軸。和這個方程式一起的，我們有兩個重要的區域，我們稱為正區域（*positive zone*）和負區域（*negative zone*）。定義如下：

正區域（positive zone）：平面上的區域 $x_{aack} - x_{beep} \geq 0$；這對應於單詞 *aack* 出現次數至少與單詞 *beep* 一樣多的句子。

負區域（negative zone）：平面上的區域 $x_{aack} - x_{beep} < 0$；這對應於單詞 *aack* 出現次數少於單詞 *beep* 的句子。

我們建立的分類器預測正區域中的每個句子都是快樂的，而負區域中的每個句子都是悲傷的。因此，我們的目標是找到能夠將盡可能多的快樂句子放在正區域，將盡可能多的悲傷句子放在負區域的分類器。對於這個小例子，我們的分類器完美地完成了這項工作。但情況並非總是如此，感知器算法將幫助我們找到一個能夠很好地執行這項工作的分類器。

在圖 5.3 中，我們可以看到對應於分類器和正負區域的線。如果你比較圖 5.2 和 5.3，你可以看到當前的分類器是好的，因為所有快樂的句子都在正區域，而所有悲傷的句子都在負區域。

現在我們已經建構了一個簡單的情感分析感知分類器，接著讓我們看一個稍微複雜一點的例子。

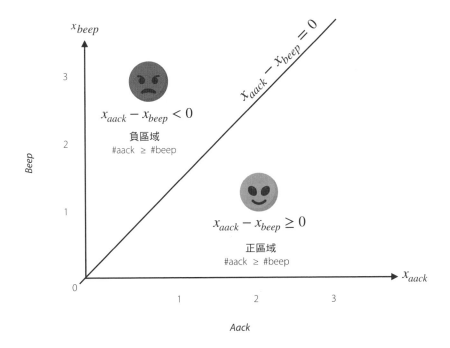

圖 5.3　分類器是區分快樂點和悲傷點的對角線。這條線的方程式是 $x_{aack} = x_{beep}$（或等同於 $x_{aack} - x_{beep} = 0$），因為這條線對應於水平和垂直座標相等的所有點。快樂區域是 *aack* 出現次數大於等於 *beep* 出現次數的區域，悲傷區域是 *aack* 出現次數小於 *beep* 出現次數的區域。

稍微複雜一點的星球

在本節中，我們將看到一個更複雜的例子，它介紹了感知器的一個新方面：偏差。在我們可以與第一個星球上的外星人交流後，我們被派往第二個星球執行任務，在那裡外星人的語言稍微複雜一些。我們的目標仍然是一樣的：用他們的語言建立一個情感分析分類器。新星球的語言有兩個詞：*crack* 和 *doink*。資料集如表 5.2 所示。

為這個資料集建構一個分類器似乎比之前的資料集更難一些。首先，我們應該給 *crack* 和 *doink* 這兩個詞打正分還是負分呢？讓我們先拿起筆和紙，試著想出一個分類器，可以正確區分這個資料集中快樂和悲傷的句子。查看圖 5.4 中該資料集的圖可能會有所幫助。

表 5.2 新的外星詞資料集。同樣地，我們記錄了每個句子，每個單詞在該句子中出現的次數，以及外星人的情緒。

句子	*Crack*	*Doink*	情緒
Crack!	1	0	悲傷
Doink doink!	0	2	悲傷
Crack doink!	1	1	悲傷
Crack doink crack!	2	1	悲傷
Doink crack doink doink!	1	3	快樂
Crack doink doink crack!	2	2	快樂
Doink doink crack crack crack!	3	2	快樂
Crack doink doink crack doink!	2	3	快樂

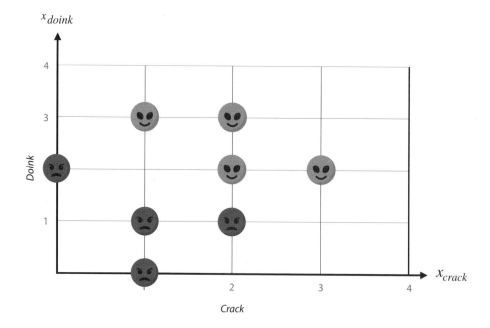

圖 5.4 新的外星人資料集的繪圖。請注意，快樂的句子通常在右上方，而悲傷的往往在左下方。

這個分類器的想法是計算一個句子中的單詞數。請注意，帶有一個、兩個或三個單詞的句子都是悲傷的，而帶有四個和五個單詞的句子是快樂的，這就是我們的分類器！它將三個詞或更少的句子分類為悲傷的，將四個詞或更多詞的句子分類為快樂的。我們可以再次用更數學的方式來表示。

情感分析分類器

給定一個句子，為單詞分配以下分數：

分數：

- *Crack*：1 分
- *Doink*：1 分

規則：

透過將句子上所有單詞的分數相加來計算句子的分數。

- 如果分數是 4 分或更多，預測句子是快樂的。
- 如果分數是 3 分或更少，預測句子是悲傷的。

為了簡單起見，讓我們稍微改變一下規則，改成使用 3.5 的截止值（cutoff）。

規則：

透過將句子上所有單詞的分數相加來計算句子的分數。

- 如果分數為 3.5 或更高，則預測句子是快樂的。
- 如果分數低於 3.5 分，則預測句子是悲傷的。

這個分類器又對應於一條線，如圖 5.5 所示。

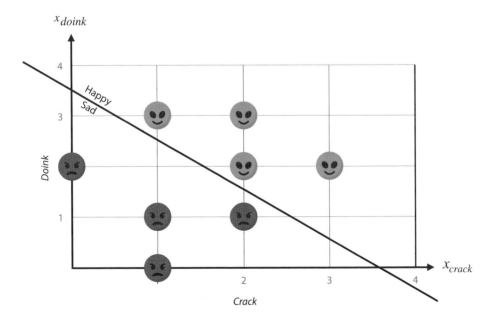

圖 5.5 新外星人資料集的分類器，這又是一條區分快樂和悲傷的外星人的線。

在前面的例子中，我們得出的結論是 *aack* 這個單詞是一個快樂的詞，而 *beep* 這個單詞是一個悲傷的詞。在這個例子中會發生什麼？似乎 *crack* 和 *doink* 這兩個詞都很高興，因為它們的分數都是正的。那麼為什麼「*Crack doink*」這個句子是一個悲傷的句子呢？因為它沒有足夠多的詞。這個星球上的外星人有著獨特的個性，話不多的外星人是悲傷的，話多的人是快樂的。我們可以解讀成，這個星球上的外星人本來就是悲傷的，但他們可以透過說很多話來擺脫悲傷。

此分類器中的另一個重要元素是 3.5 分的截止值或閾值（threshold），分類器使用這個閾值進行預測，因為得分高於或等於閾值的句子被歸類為快樂，而得分低於閾值的句子被歸類為悲傷。然而閾值並不常見，相反地，我們使用偏差的概念。**偏差**（*bias*）是閾值的負數，我們將偏差添加到分數中。這樣分類器可以計算得分，如果得分非負數，則回傳快樂的預測；如果得分為負數，則回傳悲傷的預測。作為符號的最後一個變化，我們將把單詞的分數稱為**權重**（*weights*）。我們的分類器可以表示如下：

情感分析分類器

給定一個句子，為單詞分配以下權重和偏差：

重量：

- *Crack*：1 分
- *Doink*：1 分

偏差：–3.5 分

規則：

透過將所有單詞的權重和偏差相加來計算句子的分數。

- 如果分數大於或等於零，則預測句子是快樂的。
- 如果分數小於零，則預測句子是悲傷的。

分類器的分數方程式以及圖 5.5 中線的方程式如下：

$$\#crack + \#doink - 3.5 = 0$$

請注意，定義閾值為 3.5 且偏差為 –3.5 的感知器分類器是相同的，因為以下兩個等式是相等的：

- #crack + #doink ≥ 3.5

- #crack + #doink – 3.5 ≥ 0

我們可以使用與上一節類似的符號，其中 x_{crack} 是單詞 *crack* 的出現次數，x_{doink} 是單詞 *doink* 的出現次數。因此，圖 3.5 中的直線方程式可以寫為

$$x_{crack} + x_{doink} - 3.5 = 0。$$

這條線還能將平面分為正負區域，定義如下：

正區域：$x_{crack} + x_{doink} - 3.5 \geq 0$ 的平面區域

負區域：$x_{crack} + x_{doink} - 3.5 < 0$ 的平面區域

我們的分類器是否需要總是正確的？不用

在前面的兩個範例中，我們建構了一個始終正確的分類器。換句話說，分類器將兩個快樂的句子分類為快樂，將兩個悲傷的句子分類為悲傷，但這在實踐中，尤其是在具有很多點的資料集中並不常見。然而，分類器的目標是盡可能地對點進行分類。在圖 5.6 中，我們可以看到一個包含 17 個點（8 個快樂和 9 個悲傷）的資料集，這不可能用一條線完美地分成兩個部分；然而，圖中的線條做得很好，只是錯誤地分類了三個點。

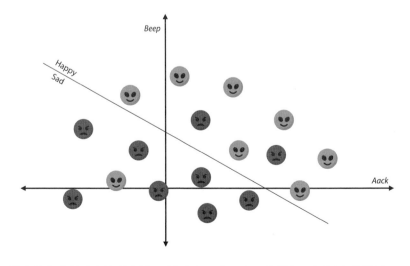

圖 5.6 這條線很好地分割了資料集。請注意，它只有三個錯誤：兩個在快樂區，一個在悲傷區。

更通用的分類器與稍微不同的直線定義方式

在本節中，我們將更全面地了解感知器分類器。我們暫且稱我們的詞為單詞 1 和單詞 2，以及記錄它們出現情況的變數 x_1 和 x_2。前兩個分類器的方程式如下：

- $x_1 - x_2 = 0$
- $x_1 + x_2 - 3.5 = 0$

感知器分類器方程式的一般形式是 $ax_1 + bx_2 + c = 0$，其中 a 是單詞 1 的得分，b 是單詞 2 的得分，c 是偏差。該等式對應於將平面分成兩個區域的線，如下所示：

正區域：$ax_1 + bx_2 + c \geq 0$ 的平面區域

負區域：$ax_1 + bx_2 + c < 0$ 的平面區域

舉例來說，如果單詞 1 的得分為 4，單詞 2 的得分為 –2.5，偏差為 1.8，那麼這個分類器的方程式為

$$4x_1 - 2.5x_2 + 1.8 = 0$$

正負區域分別為是 $4x_1 - 2.5x_2 + 1.8 \geq 0$ 的平面區域，和 $4x_1 - 2.5x_2 + 1.8 < 0$ 的平面區域。

> **題外話：平面上直線和區域的方程式**　在第 3 章中，我們使用方程式 $y = mx + b$ 在軸為 x 和 y 的平面上定義了線。在本章中，我們用方程式 $ax_1 + bx_2 + c = 0$ 在軸為 x_1 和 x_2 的平面上定義它們。它們有何不同？它們都是定義直線的完全有效方法；然而，雖然第一個方程式對線性迴歸模型很有用，而第二個方程式對感知器模型很有用（一般來說，對於其他分類算法也有用，例如邏輯迴歸、神經網路和支援向量機，我們將分別在第 6、10 和 11 章中看到）。為什麼這個方程式更適合感知器模型？有一些優點如下：
>
> - 方程式 $ax_1 + bx_2 + c = 0$ 不僅定義了一條直線，而且還清楚地定義了正負兩個區域。假若我們想要擁有同一條線將正負區域反轉，我們會考慮方程式 $-ax_1 - bx_2 - c = 0$。

- 使用方程式 $ax_1 + bx_2 + c = 0$，我們可以畫出垂直線，因為垂直線的方程式是 $x = c$ 或 $1x_1 + 0x_2 - c = 0$。雖然垂直線在線性迴歸模型中並不經常出現，它們確實會出現在分類模型中。

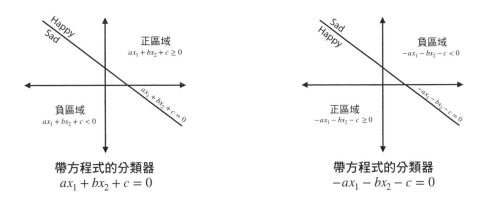

圖 5.7 分類器由方程式 $ax_1 + bx_2 + c = 0$ 的直線和正、負區域定義而成。如果我們想翻轉正負區域，我們需要做的就是將權重和偏差加上負號。左側的是方程式為 $ax_1 + bx_2 + c = 0$ 的分類器；而右側是翻轉區域的分類器，其方程式為 $-ax_1 - bx_2 - c = 0$。

階梯函數和激勵函數：獲得預測的一種壓縮方式

在本節中，我們要學習一種數學捷徑來獲得預測結果。然而，在學習這一點之前，我們需要將所有資料轉化成數字。請注意，我們資料集中的標籤是「快樂」和「悲傷」，我們將它們分別記錄為 1 和 0。

我們在本章中建構的兩個感知器分類器都是使用 if 語句定義的，即分類器根據句子的總分預測「快樂」或「悲傷」；如果該分數為正或為零，則分類器預測為「快樂」，如果為負，則分類器預測為「悲傷」。我們有一種更直接的方法可以將分數轉化為預測：使用階梯函數（*step function*）。

階梯函數（step function）　如果輸出非負數則回傳 1，如果輸出為負數則回傳 0。換句話說，如果輸入是 x，那麼可用以下方式說明：

- 如果 $x \geq 0$，則 $step(x) = 1$
- 如果 $x < 0$，則 $step(x) = 0$

圖 5.8 顯示了階梯函數的圖表。

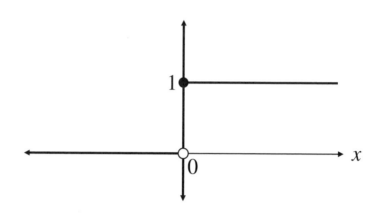

圖 5.8　階梯函數在感知器模型的研究中相當有用。當輸入為負時，階梯函數的輸出為 0，否則為 1。

透過階梯函數，我們可以很容易地表示感知器分類器的輸出。在我們的資料集中，我們使用變數 y 來指代標籤，就如我們在第 3 章中所做的那樣。模型對標籤所做的預測表示為 $\hat{y}$。感知器模型的輸出以壓縮的形式寫成如下：

$$\hat{y} = step(ax_1 + bx_2 + c)$$

階梯函數是**激勵函數**（*activation function*）的一種特殊情況。激勵函數是機器學習中的一個重要概念，尤其是在深度學習中，將會在第 6 章和第 10 章中再次出現。激勵函數的正式定義將在後面介紹，因為它的全部功能都用於建構神經網路，但就目前而言，我們可以將激勵函數視為可以用來將分數轉化為預測的函數。

如果我有兩個以上的單詞會怎麼樣？感知器分類器的一般定義

在本節開頭的兩個外星人範例中，我們為帶有兩個單詞的語言建構了感知器分類器，但是我們可以根據我們所需要的單詞數量來建構分類器。例如，如果我們的語言包含三個單詞，比如說 *aack*、*beep* 和 *crack*，分類器將根據以下公式進行預測：

$$\hat{y} = step(ax_{aack} + bx_{beep} + cx_{crack} + d)$$

其中 *a*、*b* 和 *c* 分別是單詞 *aack*、*beep* 和 *crack* 的權重，*d* 是偏差。

正如我們所看到的，帶有兩個單詞語言的情感分析感知器分類器可以表示為平面上的一條線，它分割了快樂的點和悲傷的點。具有三個單詞的語言的情感分析分類器也可以用幾何方式表示，我們可以將這些點想像成生活在三度空間中；在本例中，每個軸對應到 *aack*、*beep* 和 *crack*，一個句子對應空間中的一個點，它的三個座標是三個詞的出現次數。圖 5.9 說明了一個例子，其中包含一個句子中有 5 次 *aack*、8 次 *beep* 和 3 次 *crack*，對應於座標為 (5, 8, 3) 的點。

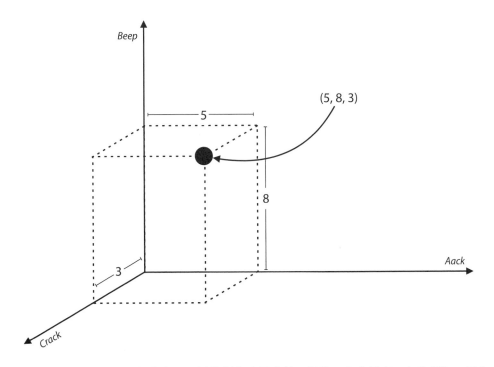

圖 5.9　一個包含三個單詞的句子可以繪製為空間中的一個點。在本例中，在座標為一個有 5 次 *aack*、8 次 *beep* 和 3 次 *crack* 的句子繪製為 (5, 8, 3) 座標。

要區分這些點的方法是使用平面，這個平面的方程式正好是 $ax_{aack} + bx_{beep} + cx_{crack}$ $+ d$，這個平面如圖 5.10 所示。

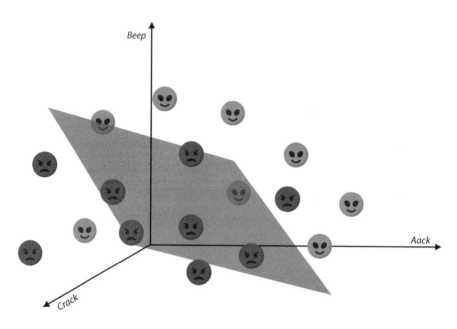

圖 5.10　在三個維度中繪製一個由三個單詞的句子組成的資料集，其分類器由將空間分成兩個區域的平面所表示。

我們可以為具有盡可能多單詞的語言建構情感分析的感知器分類器。假設我們的語言有 n 個單詞，我們稱之為 1, 2, ... , n。我們的資料集由 m 個句子所組成，我們稱為 $x^{(1)}, x^{(2)}, ... , x^{(m)}$，而每個句子 $x^{(1)}$ 都有一個標籤 y_i，如果句子是快樂的，則為 1，如果句子是悲傷的，則為 0。我們記錄每個句子的方式是使用 n 個單詞中每個單詞的出現次數，因此，每個句子對應於我們資料集中的一列，可以看作為一個向量，或一個 n 元組（tuple）的數字 $x^{(i)} = (x_1^{(i)}, x_2^{(i)}, ... , x_n^{(i)})$，其中 $x_j^{(i)}$ 是單詞 j 在第 i 個句子中出現的次數。

感知器分類器由 n 個權重（分數）和一個偏差所組成，我們語言中的 n 個單詞每個都有一個權重。權重表示為 w_i，偏差表示為 b。因此，分類器對句子 $x^{(i)}$ 的預測是

$$\hat{y}_i = step(w_1x_1^{(i)} + w_2x_2^{(i)} + \cdots + w_nx_n^{(i)} + b)$$

同理，兩個詞的分類器在幾何上可以表示為一條將平面分成兩個區域的直線，三個詞的分類器可以表示為一個將三度空間分成兩個區域的平面。具有 n 個單詞也可以用幾何表示，但不幸的是，我們需要維才能看到它們。人類只能看到三個維度，因此我們可能必須想像一個（n-1）維的平面（稱為**超平面**（*hyperplane*）），將 n 維空間分成兩個區域。

然而，雖然我們無法以幾何的方式想像它，但並不表示著我們無法很好地了解它們的工作原理。想像一下，如果我們的分類器是建立在英語之上，其中每個單詞都有一個權重，相當於我們要翻閱字典並為每個單詞分配一個快樂分數。結果可能如下所示：

權重（分數）：

- A：0.1
- Aardvark：0.2
- Aargh：–4
- …
- Joy：10
- …
- Suffering：–8.5
- …
- Zygote：0.4

偏差：

- –2.3

假設這些是分類器的權重和偏差，為了預測一個句子是快樂還是悲傷的，我們將所有單詞的分數相加（有重複）。如果結果高於或等於 2.3（偏差的負數），則句子被預測為快樂的；否則，它被預測為悲傷的。

此外，這些符號適用於任何例子，而不僅僅是情感分析。如果我們對不同的資料點、特徵和標籤有不同的問題，我們可以使用相同的變數對其編寫程式碼。例如，假設我們有一個醫療應用，我們試圖使用 n 個權重和一個偏差來預測病患是生病還是健康，我們仍然可以將標籤稱為 y、特徵 x_i、權重 w_i 和偏差 b。

安靜外星人的偏差、y 截距和內在情緒

到目前為止，我們對分類器權重的含義有了很好的了解，帶有正面權重的詞是快樂的，帶有負面權重的詞是悲傷的。權重很小的詞（無論是正面的還是負面的）都是比較中性的詞。然而，偏差是什麼意思呢？

在第 3 章中，我們指定房價迴歸模型中的偏差是房屋的基本價格。換句話說，它是對有零間房間之假設房屋（可能是工作室？）的預測價格。在感知器模型中，偏差可以解釋為空的句子之分數。換句話說，如果一個外星人甚麼都不說，這個外星人是高興還是悲傷？如果一個句子沒有單詞，它的分數就是偏差。因此，如果偏差是正的，那麼什麼話都不說的外星人是快樂的，如果偏差是負的，那個外星人就是悲傷的。

在幾何上，正偏差和負偏差之間的差異在於原點（座標為 (0, 0) 的點）相對於分類器的位置，這是因為座標為 (0, 0) 的點對應於沒有單詞的句子。在具有正偏差的分類器中，原點位於正區域，而在具有負偏差的分類器中，原點位於負區域，如圖 5.11 所示。

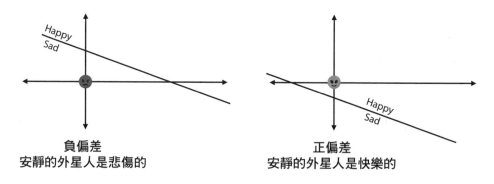

圖 5.11　左：分類器具有負偏差，或正閾值（y 截距），這代表什麼都不說的外星人落在悲傷區域，被歸類為悲傷。右：分類器具有正偏差或負閾值，這意味著什麼都不說的外星人落在快樂區域，被歸類為快樂。

我們可以想到什麼樣的情緒分析資料集，其偏差為正面的或是偏差為負面的？下面有兩個例子：

案例 1(正偏差)：線上產品評論的資料集

想像一個資料集，我們在其中記錄 Amazon 上特定產品的所有評論，根據他們獲得的星數，有些是正面的，有些是負面的。你認為空評論的分數是多少呢？根據我的經驗，差評往往包含很多詞，因為用戶很不高興，他們描述了他們的負面體驗；然而，許多正面評價都是空洞的，用戶只是給出了一個好分數，而無須解釋他們為什麼喜歡該產品。因此，該分類器可能具有正偏差。

案例 2(負偏差)：與朋友對話的資料集

想像一下，我們記錄了與朋友的所有對話，並分類為快樂或悲傷的對話。如果有一天我們碰到一個朋友，而我們的朋友什麼也沒說，我們會想像他們在生我們的氣或者是非常沮喪。因此，空句被歸類為難過的，這代表該分類器可能具有負偏差。

我們如何確定分類器的好壞？誤差函數

既然我們已經定義了感知器分類器是什麼，我們的下一個目標是了解如何訓練它。換句話說，我們如何找到最適合我們資料的感知器分類器？但在學習如何訓練感知器之前，我們需要學習一個重要的概念：如何評估它們。更具體地說，在本節中，我們要學習一個有用的誤差函數，它將告訴我們感知器分類器是否適合我們的資料。就像第 3 章中線性迴歸的絕對誤差和平方誤差一樣，對於不能很好地配適資料的分類器來說，這個新的誤差函數會很大，而對於那些能很好地配適資料的分類器來說會很小。

如何比較分類器？誤差函數

在本節中，我們將學習如何建構一個有效的誤差函數，來幫助我們確定特定感知器分類器的效能。首先，讓我們測試一下我們的直覺。圖 5.12 顯示了同一資料集上的兩個不同的感知器分類器。分類器被表示為一條直線，其兩邊為明確定義的區域：快樂和悲傷。很明顯地，左側的分類器不好，右側的分類器較好。我們能想出一個衡量它們好壞的標準嗎？也就是說，我們是否可以給它們兩個都各分配一個數字，讓左側的一個被分配一個高的數字，而右側的一個被分配一個低的數字？

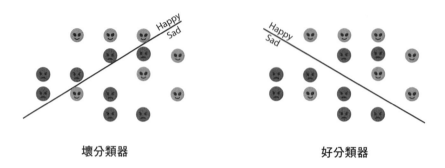

圖 **5.12**　左：壞分類器，它並沒有很好地區分資料點。右：好分類器。我們能想出一個誤差函數，將高數分配給壞分類器，將低數分配給好分類器嗎？

接下來，我們看到這個問題的不同答案，各有一些優點和缺點，其中之一（劇透：第三個）是我們用來訓練感知器的方法。

誤差函數 1：錯誤數

評估分類器最簡單的方法是計算它所犯的錯誤數，換句話說，就是計算它錯誤分類點的數量。

在本例中，左側的分類器的誤差為 8，因為它錯誤地將四個快樂點預測為悲傷，將四個悲傷點預測為快樂。好分類器的誤差為 3，因為它錯誤地將一個快樂點預測為悲傷，將兩個悲傷點預測為快樂。如圖 5.13 所示。

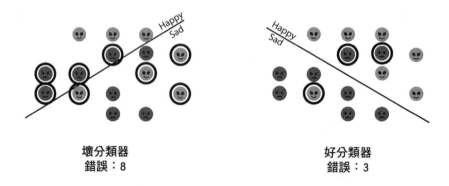

圖 **5.13**　我們透過計算每個分類器錯誤分類的點數來評估這兩個分類器。左側的分類器錯誤分類了 8 個點，而右側的分類器錯誤分類了 3 個點。因此，我們得出結論，右側的分類器對於我們的資料集來說是一個更好的分類器。

這是一個很好的誤差函數，但它也不是一個很好的誤差函數。為什麼？它會告訴我們何時出現錯誤，但不會衡量錯誤的嚴重程度。例如，如果一個句子是悲傷的，而分類器給它的分數為 1，那麼分類器就出錯了。但是，如果另一個分類器給它打了 100 分，那麼這個分類器就犯了更大的錯誤。從幾何上看這個的方法如圖 5.14 所示。在這張圖中，兩個分類器都錯誤地分類了一個悲傷的點，預測它是快樂的，但是，左側的分類器將線定位在靠近該點的位置，這意味著悲傷點離悲傷區不太遠。相較之下，右側的分類器將點定位在離它的悲傷區域很遠的地方。

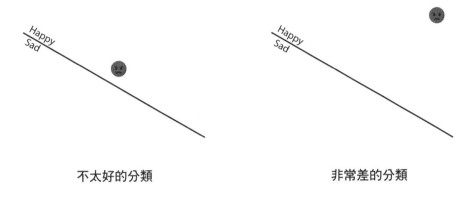

不太好的分類　　　　　　　　　　　　　　　非常差的分類

圖 5.14　這兩個分類器錯誤地分類了該點。然而，右側的分類器比左側的分類器犯了更大的錯誤。左側的點離邊界不遠，因此離悲傷區也不是很遠；然而，右側的點離悲傷區很遠。理想情況下，我們想要一個誤差函數，它為右側的分類器分配比左側分類器更高的誤差。

為什麼我們要關心衡量誤差的嚴重程度？難道數一數還不夠嗎？回想一下我們在第 3 章中使用線性迴歸演算法所做的事情，更具體地說，回想一下「梯度下降」一節中，我們使用梯度下降來減少這個錯誤。減少誤差的方法是透過少量減少誤差，直到達到誤差變得很小的程度。在線性迴歸演算法中，我們稍微擺動直線並選擇誤差減少最多的方向。如果我們的誤差是透過計算有多少個點被錯誤分類，那麼這個誤差將只取整數值；如果我們稍微擺動一下線，誤差可能根本不會減少，我們就不曉得要朝哪個方向移動。梯度下降的目標是透過朝著函數減少最多的方向小步前進來最小化函數，如果函數只接受整數值，這相當於試圖從阿茲特克人的樓梯上下來，當我們處於平坦的一步時，我們會不知道該往哪走，因為函數不會在任何方向上減少。說明如圖 5.15 所示。

圖 5.15 執行梯度下降以最小化誤差函數就像從山上走一小步。但是，要做到這一點，誤差函數不能是平坦的（如右圖），因為在平坦的誤差函數中，邁出一小步並不會減少誤差。一個好的誤差函數會如同左側的圖，我們可以很容易地看到我們必須使用的方向來稍微減少誤差函數。

我們需要一個函數來測量誤差的大小，並為遠離邊界的錯誤分類點分配比靠近邊界的錯誤分類點更高的誤差。

誤差函數 2：距離

在圖 5.16 中區分這兩個分類器的一種方法是考慮從點到線的垂直距離，請注意，左側的分類器垂直距離很小，而右側的分類器距離很大。

這個誤差函數更為有效，其作用如下：

- 正確分類的點產生的誤差為 0。
- 錯誤分類的點產生的誤差等於從該點到線的距離。

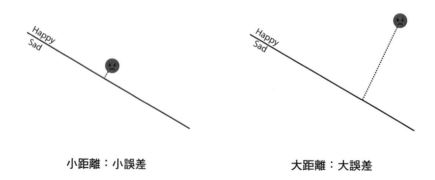

圖 5.16 衡量分類器對點的錯誤分類程度的有效方法，是測量從點到線的垂直距離。對於左側的分類器，這個距離很小，而對於右側的分類器，距離很大。

讓我們回到本節開頭的兩個分類器。我們計算總誤差的方法是將所有資料點對應的誤差相加，如圖 5.17 所示，這意味著我們只查看錯誤分類的點，並將這些點與線的垂直距離相加。請注意，壞分類器的誤差很大，而好的分類器的誤差很小。

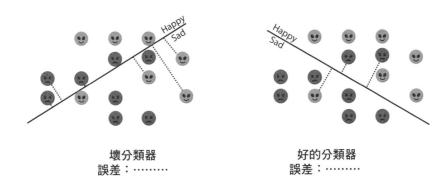

圖 **5.17**　為了計算分類器的總誤差，我們將所有誤差相加，即與錯誤分類點的垂直距離。左側的分類器誤差大，右側的分類器誤差小。因此，我們得出結論，右側的分類器更好。

這幾乎就是我們將要使用的誤差函數，那為什麼我們不用這個呢？原因是由於這個點到線的距離是一個複雜的公式，因著我們使用畢氏定理（Pythagorean theorem）來計算，它包含一個平方根。平方根有複雜的導數，這在我們應用梯度下降算法時增加了不必要的複雜度。我們不需要承擔這種複雜度，因為我們可以建立一個更容易計算的誤差函數，但仍然能夠捕捉到誤差函數的本質：為錯誤分類的點回傳一個誤差，並根據錯誤分類的點與邊界的距離來改變誤差大小。

誤差函數 3：分數

在本節中，我們將了解如何為感知器建構標準誤差函數，我們稱之為*感知器誤差函數*（*perceptron error function*）。首先，讓我們總結一下我們所想要的誤差函數之屬性，如下所示：

- 正確分類點的誤差函數為 0。
- 錯誤分類點的誤差函數是正數。
  - 對於靠近邊界的錯誤分類點，誤差函數很小。
  - 對於遠離邊界的錯誤分類點，誤差函數很大。
- 由一個簡單的公式所給出。

回想一下，分類器預測正區域中點的標籤為 1，而負區域中點的標籤為 0。 因此，誤分類點要麼是正區域中標籤為 0 的點，不然就是負區域中標籤為 1 的點。

為了建構感知器誤差函數，我們使用分數（score）。特別是，我們使用分數的以下屬性：

分數的屬性：

1. 邊界內的點分數為 0。

2. 正區域的點分數為正。

3. 負區域的點分數為負。

4. 靠近邊界的點分數較低（即絕對值低的正分或負分）。

5. 遠離邊界的點分數較高（即絕對值高的正分或負分）。

對於錯誤分類的點，感知器誤差希望分配一個與其到邊界的距離成比例的值。因此，離邊界較遠的錯誤分類點其誤差必須高，而靠近邊界的錯誤分類點的誤差必須低。看一下屬性 4 和屬性 5，我們可以看到分數的絕對值對於遠離邊界的點總是很高，對於靠近邊界的點總是很低，因此，我們將誤差定義為錯誤分類點的分數之絕對值。

更具體地說，考慮一個分類器，它將 a 和 b 的權重分配給單詞 $aack$ 和 $beep$，並且有 c 的偏差。該分類器對出現 x_{aack} 次單詞 $aack$ 和出現 x_{beep} 次單詞 $beep$ 的句子進行預測 $\hat{y} = step(ax_{aack} + bx_{beep} + c)$。感知器誤差的定義如下：

句子的感知器誤差

- 如果句子被正確分類，則誤差為 0。
- 如果句子被錯誤分類，則誤差為 $|x_{aack} + bx_{beep} + c|$。

在一般情況下，符號在「如果我有兩個以上的單詞會怎麼樣？」一節中定義，以下是感知器錯誤的定義：

一個點的感知器誤差（一般）

- 如果點被正確分類，則誤差為 0。
- 如果點被錯誤分類，則錯誤為 $|w_1 x_1 + w_2 x_2 + \cdots + w_n x_n + b|$。

平均感知器誤差：一種計算整個資料集誤差的方法

為了計算整個資料集的感知器誤差，我們取所有的點對應的所有誤差之平均；儘管在本章中我們選擇平均值，並將其稱為平均感知器誤差（*mean perceptron error*），但如果讓我們選擇，我們也可以選擇使用總和。

為了說明平均感知器誤差，讓我們看一個例子。

範例

考慮由四個句子組成的資料集，兩個標記為快樂，兩個標記為悲傷，如表5.3所示。

表 5.3　新的外星人資料集。同樣，我們記錄了每個句子，每個單詞在該句子中出現的次數，以及外星人的情緒。

句子	*Aack*	*Beep*	情緒
Aack	1	0	悲傷
Beep	0	1	快樂
Aack beep beep beep	1	3	快樂
Aack beep beep aack aack	3	2	悲傷

我們將在這個資料集上比較以下兩個分類器：

1 號分類器

權重：

- *Aack*：$a = 1$
- *Beep*：$b = 2$

偏差：$c = -4$

句子的分數：$1x_{aack} + 2x_{beep} - 4$

預測：$\hat{y} = step(1x_{aack} + 2x_{beep} - 4)$

2 號分類器

權重：

- *Aack*：$a = -1$
- *Beep*：$b = 1$

偏差：$c = 0$

句子的分數：$-x_{aack} + x_{beep}$

預測：$\hat{y} = step(-x_{aack} + x_{beep})$

點和分類器如圖 5.18 所示。乍看之下，哪個分類器看起來更好呢？看起來 2 號分類器更好，因為它正確分類了每個點，而 1 號分類器犯了兩個錯誤。現在讓我們計算一下誤差，並確保 1 號分類器的誤差高於 2 號分類器的誤差。

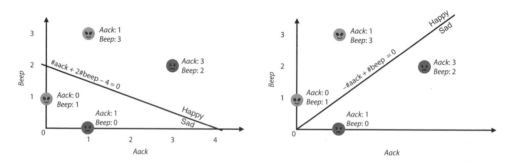

圖 5.18 左側是 1 號分類器，右側是 2 號分類器。

兩個分類器的預測在表 5.4 中計算。

表 5.4 我們的四個句子及其標籤的資料集。對於兩個分類器中的每一個，我們都有分數和預測。

句子 (x_{aack}, x_{beep})	標籤 y	1 號分類器分數 $1x_{aack} + 2x_{beep} - 4$	1 號分類器預測 $step$ $(1x_{aack} + 2x_{beep} - 4)$	1 號分類器誤差	2 號分類器分數 $-x_{aack} + 2x_{beep}$	2 號分類器預測 $step$ $(-x_{aack} + 2x_{beep})$	2 號分類器誤差
(1,0)	悲傷 (0)	-3	0(正確)	0	-1	0(正確)	0
(0, 1)	快樂 (1)	-2	0(正確)	2	1	1(正確)	0
(1,3)	快樂 (1)	3	1(正確)	3	2	1(正確)	0
(3,2)	悲傷 (0)	3	1(正確)	0	-1	0(正確)	0
平均感知器誤差				1.25			0

現在我們開始計算誤差。請注意，1 號分類器只有把句子 2 和句子 4 錯誤分類；句子 2 是快樂的，但被錯誤分類為悲傷的，句子 4 是悲傷的，但被錯誤分類為快樂的。句子 2 的誤差是分數的絕對值，或 |–2| = 2；句子 4 的誤差也是分數的絕對值，即 |3| = 3。其他兩個句子的誤差為 0，因為它們被正確分類。因此，1 號分類器的平均感知器誤差為

$$\frac{1}{4}(0 + 2 + 0 + 3) = 1.25$$

2 號分類器沒有錯誤，因為它正確地分類了所有的點，因此，2 號分類器的平均感知器誤差為 0。然後我們得出結論：2 號分類器優於 1 號分類器。這些計算的總結如表 5.4 和圖 5.19 所示。

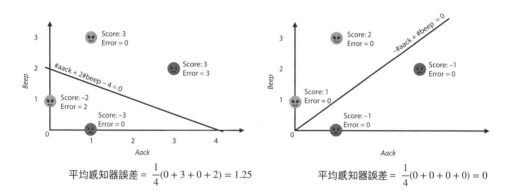

平均感知器誤差 = $\frac{1}{4}(0 + 3 + 0 + 2) = 1.25$　　　平均感知器誤差 = $\frac{1}{4}(0 + 0 + 0 + 0) = 0$

圖 5.19 1 號分類器的誤差為 1.25，而 2 號分類器的誤差為 0。因此，我們得出結論，2 號分類器優於 1 號分類器。

現在我們知道如何比較分類器，讓我們繼續尋找其中最好的一個，或者至少是一個相當好的分類器。

如何找到一個好的分類器？感知器算法

為了建構一個好的感知器分類器，我們將採用與第 3 章中線性迴歸類似的方法。這個過程稱為*感知器算法*（*perceptron algorithm*），它包括從一個隨機感知器分類器開始，然後慢慢改進它，直到我們得到一個好分類器的為止。感知器算法的主要步驟如下：

1. 從隨機感知器分類器開始。

2. 稍微改進分類器（重複多次）。

3. 測量感知器誤差以決定何時停止這個重複循環。

我們先從循環內的步驟開始，這是一種用於稍微改進感知器分類器的技術，稱為感知器技巧（*the perceptron trick*）。它類似於我們在第 3 章的「平方技巧」和「絕對技巧」小節中學習的平方技巧和絕對技巧。

感知器技巧：一種稍微改進感知器的方法

感知器技巧是一個小步驟，能幫助我們從一個感知器分類器變成一個稍微更好的感知器分類器；然而，我們將從描述一個稍微不那麼野心勃勃的步驟開始。就像我們在第 3 章中所做的那樣，我們將首先關注一個點並嘗試針對該點改進分類器。

有兩種方法可以查看感知器步驟，儘管兩者是相等的。第一種方式是幾何方式，我們將分類器視為一條線。

感知器技巧的虛擬碼（幾何）

- **情況 1**：如果點被正確分類，則保持線不變。
- **情況 2**：如果點被錯誤分類，將線移近一點。

為什麼這樣可行呢？讓我們考慮一下：如果該點被錯誤分類，則意味著它位於錯誤的一側，那麼將線移近，雖然可能不會將點放在右側，但至少會更靠近線，因而更靠近線的正確那一側。我們會重複多次這個過程，因此可以想像有一天我們可以將線移過該點，進而對其進行正確分類。這個過程如圖 5.20 所示。

我們還有一種代數方式來查看感知器技巧。

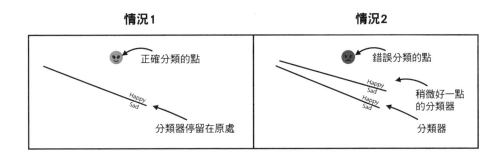

圖 5.20 情況 1（左）：正確分類的點告訴線停留在原處。情況 2（右）：一個被錯誤分類的點告訴線向它靠攏。

感知器技巧的虛擬碼（代數）

- **情況 1**：如果點被正確分類，則保持分類器不變。
- **情況 2**：如果點被錯誤分類，則意味著它會產生正錯誤。稍微調整權重和偏差，使該誤差略微減少。

幾何方法是一種更簡單視覺化的方式，但代數方法是一種更容易開發它的方式，所以我們將用代數方式來研究它。首先，讓我們運用我們的直覺，想像一下，我們有一個針對整個英語的分類器。我們在「I am sad」這個句子上嘗試這個分類器，而它預測這個句子是快樂的。這顯然是錯誤的。我們會在哪裡出錯呢？如果預測的結果是這個句子是快樂的，那麼該句子一定獲得了正的分數。這句話不應該得到正分，它應該得到負分才能被歸類為悲傷。這個分數計算的方法為其單詞 I、am 和 sad 的分數之和，再加上偏差。我們需要降低這個分數，使句子略顯悲傷。如果我們只減少一點點，分數仍然是正的，那也是可以的。我們的希望是，多次運行這個過程，有朝一日會將分數變為負數並正確分類我們的句子。降低分數的方法是降低其所有部分，即 I、am、sad 和 bias 的權重。我們應該減少多少呢？我們將它們減少的數量等於我們在第 3 章「平方技巧」一節中學到的學習率（learning rate）。

同樣地，如果我們的分類器將句子「I am happy」誤分類為悲傷的句子，那麼我們的過程是稍微增加單詞 I、am 和 happy 的權重，並以相當於學習率的數量來增加偏差。

讓我們用一個數值例子來說明這一點。在這個例子中，我們使用的學習率。想像一下，我們有和上一節相同的分類器，具有以下權重和偏差。我們將稱它為壞分類器，因為我們的目標是改進它。

壞分類器

權重：

- *Aack*：$a = 1$
- *Beep*：$b = 2$

偏差：$c = -4$

預測：$= \hat{y} = step(x_{aack} + 2x_{beep} - 4)$

以下句子被模型錯誤分類，我們將使用它來改進權重：

句子 1：「*Beep aack aack beep beep beep beep.*」

標籤：悲傷 (0)

對於這句話，*aack* 的出現次數為 $x_{aack} = 2$，*beep* 的出現次數為 $x_{beep} = 5$，因此，得分為 $1 \cdot x_{aack} + 2 \cdot x_{beep} - 4 = 1 \cdot 2 + 2 \cdot 5 - 4 = 8$，預測為 $= \hat{y} = step(8) = 1$。

這句話應該要得到一個負分，被歸類為悲傷，但分類器給了它 8 分，這是正面的。我們需要降低這個分數，降低它的一種方法是將學習率減去 *aack* 的權重、*beep* 的權重和偏差，進而獲得新的權重，我們稱之為 $a' = 0.99$、$b' = 1.99$，以及一個新的偏差 c'=4.01。然而，想一想：*beep* 這個詞比 *aack* 這個詞出現的次數更多，在某種程度上，*beep* 對句子的得分比 *aack* 更重要。我們或許應該減少 *beep* 的權重，而不是減少 *aack* 的分數。讓我們透過學習率乘以單詞在句子中出現的次數，來減少每個單詞的權重。換句話說：

- *aack* 一詞出現兩次，因此我們將其權重減少兩倍的學習率，即 0.02。我們得到一個新的權重 $a'=1 - 2 \cdot 0.01=0.98$。
- *beep* 一詞出現五次，因此我們將其權重減少五倍的學習率，即 0.05。我們得到一個新的權重 $b'=2 - 5 \cdot 0.01=1.95$。

- 分數中只被加上一次偏差，因此我們透過學習率（即 0.01），來減少偏差 $c' = -4 - 0.01 = -4.01$。我們得到一個新的偏差。

題外話　我們沒有從每個權重中減去學習率，而是減去學習率乘以單詞在句子中出現的次數，這樣做的真正原因是微積分；換句話說，當我們開發梯度下降法時，誤差函數的導數迫使我們這樣做。這個過程在附錄 B 的「使用梯度下降訓練分類模型」一節中有詳細說明。

改進的新分類器如下：

改進後的 1 號分類器

權重：

- $Aack：a' = 0.98$
- $Beep：b' = 1.95$

偏差： $c' = -4.01$

預測： $\hat{y} = step(0.98x_{aack} + 1.95x_{beep} - 4.01)$

讓我們驗證兩個分類器的錯誤。回想一下，誤差是分數的絕對值。因此，壞分類器會產生 $|1 \cdot x_{aack} + 2 \cdot x_{beep} - 4|$ 的誤差為 $|1 \cdot 2 + 2 \cdot 5 - 4| = 8$，改進後的分類器產生的誤差為 $|0.98 \cdot x_{aack} + 1.95 \cdot x_{beep} - 4.01| = |0.98 \cdot 2 + 1.95 \cdot 5 - 4.01| = 7.7$。這是個較小的誤差，所以我們確實針對這點改進了分類器！

我們剛剛開發的案例包含一個帶有負標籤的錯誤分類點。那如果錯誤分類點具有正標籤會發生什麼事呢？過程是相同的，只是我們不是從權重中減去一個數量，而是加上一個數量。讓我們回到壞分類器並考慮以下句子：

句子 2：「Aack aack。」

標籤： 快樂

這句話的預測是 $\hat{y} = step(x_{aack} + 2x_{beep} - 4) = step(2 + 2 \cdot 0 - 4) = step(-2) = 0$，因為預測是悲傷的，所以句子被錯誤分類。這句話的得分是 -2，要將這句話分類為快樂，我們需要分類器給它一個正分。感知器技巧將透過增加單詞的權重和偏差來增加 -2 的分數，如下所示：

- *aack* 這個詞出現了兩次，所以我們將其權重增加兩倍的學習率，即 0.02。我們得到一個新的權重 $a' = 1 + 2 \cdot 0.01 = 1.02$。

- *beep* 這個詞出現 0 次，所以我們不會增加它的權重，因為這個詞與句子無關。

- 分數中只被加上一次偏差，因此我們透過學習率（即 0.01）增加偏差。我們得到一個新的偏差 $c' = -4 + 0.01 = -3.99$。

因此，我們改進的新分類器如下：

改進後的 2 號分類器

權重：

- *Aack*：$a'=1.02$
- *Beep*：$b'=2$

偏差： $c' = -3.99$

預測： $\hat{y} = step(1.02x_{aack} + 2x_{beep} - 3.99)$

現在讓我們驗證誤差。因為壞分類器給句子打了 –2 分，那麼誤差是 |–2| = 2。第二個分類器給句子的分數為 $1.02x_{aack} + 2x_{beep} - 3.99 = 1.02 \cdot 2 + 2 \cdot 0 - 3.99 = -1.95$，誤差為 1.95。因此，改進的分類器在這一點上的誤差比壞的分類器要小，這正是我們所期望的。

讓我們總結這兩種情況，並取得感知器技巧的虛擬碼。

感知器技巧的虛擬碼

輸入：

- 具有權重 a、b 和偏差 c 的感知器
- 具有座標 (x_1, x_2) 和標籤 y 的點
- 一個小的正值 η（學習率）

輸出：

- 具有新權重 a'、b' 和偏差 c' 的感知器

步驟：

- 感知器在該點做出的預測為 $\hat{y} = step(ax_1 + bx_2 + c)$。

- **情況 1**：如果 $\hat{y} = y$
  - **回傳**具有權重 a、b 和偏差 c 的原始感知器。

- **情況 2**：如果 $\hat{y} = 1$ 且 $y = 0$
  - **回傳**具有以下權重和偏差的感知器：
    - $a' = a - \eta x_1$
    - $b' = b - \eta x_2$
    - $c' = c - \eta x_1$

- **情況 3**：如果 $\hat{y} = 0$ 且 $y = 1$
  - **回傳**具有以下權重和偏差的感知器：
    - $a' = a + \eta x_1$
    - $b' = b - \eta x_2$
    - $c' = c + \eta x_1$

如果感知器對點進行正確分類，則輸出的感知器與輸入的相同，兩者產生的誤差均為 0。如果感知器對點進行錯誤分類，則輸出的感知器所產生的誤差會小於輸入的感知器。

以下是壓縮虛擬碼的巧妙技巧。請注意，對於感知器技巧中的三種情況，數量 $y - \hat{y}$ 為 0、−1 和 +1。因此，我們可以總結如下：

感知器技巧的虛擬碼

輸入：

- 具有權重 a、b 和偏差 c 的感知器
- 具有座標 (x_1, x_2) 和標籤 y 的點
- 一個小的正值 η（學習率）

輸出：

- 具有新權重 a'、b' 和偏差 c' 的感知器

步驟：

- 感知器在該點做出的預測為 $\hat{y} = step(ax_1 + bx_2 + c)$。
- **回傳**具有以下權重和偏差的感知器：
    - $a' = a + \eta(y - \hat{y})x_1$
    - $b' = b + \eta(y - \hat{y})x_2$
    - $c' = c + \eta(y - \hat{y})$

重複多次感知器技巧：感知器算法

在本節中，我們要學習感知器算法（*perceptron algorithm*），該算法用來在資料集上訓練感知器分類器。回想一下，感知器技巧允許我們稍微改進感知器，以便對某一點做出更好的預測。感知器算法包括從一個隨機分類器開始，並多次使用感知器技巧，以不斷改進分類器。

正如我們在本章中所看到的，我們可以透過兩種方式來研究這個問題：幾何和代數。在幾何方法上，資料集是由平面上用兩種顏色標示的點所組成，而分類器是一條試圖分割這些點的線。圖 5.21 包含一個由快樂和悲傷句子組成的資料集，就像我們在本章開頭看到的那樣。該算法的第一步是繪製一條隨機的線。很明顯，圖 5.21 中的線並不代表一個很好的感知器分類器，因為它無法很好地分割快樂和悲傷的句子。

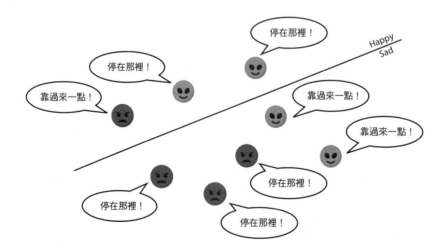

圖 5.21 每個點都告訴分類器如何使它自己的生活變得更好。正確分類的點告訴線保持不動，錯誤分類的點告訴線稍微向它們移動。

感知器算法的下一步是隨機選擇一個點，如圖 5.22 中選的那點。如果該點被正確分類，則該線將保持不動；如果被錯誤分類，則線會稍微靠近該點，進而使這條線更適合該點。它可能會變得較不適合其他點，但這對現在來說並不重要。

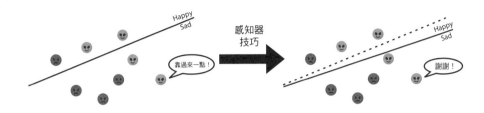

圖 5.22 如果我們將感知器技巧應用在分類器和錯誤分類的點，分類器會稍微向該點移動。

可以想像，如果重複多次這個過程，最終我們會得到一個好的解決方案。這個過程並不總是讓我們找到最佳的解決方案，但在實踐中，這種方法往往能達到很好的解決方案，如圖 5.23 所示，我們稱之為**感知器算法**（*perceptron algorithm*）。

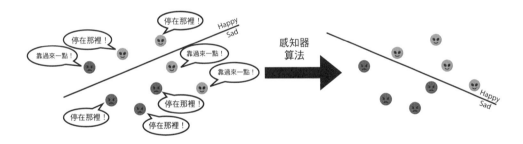

圖 5.23 如果我們多次應用感知器技巧，每次選擇一個隨機點，可以想像我們將獲得一個可以對大多數的點正確分類的分類器。

我們運行算法的次數就是 epoch 的數量，因此，該算法有兩個超參數：epoch 數和學習率。感知器算法的虛擬碼如下：

感知器算法的虛擬碼

輸入：

- 資料集的資料點，標記為 1 和 0
- epoch 數 n
- 學習率 η

輸出：

- 由一組權重和適合資料集的偏差組成的感知器分類器

步驟：

- 從感知器分類器中權重和偏差的隨機值開始。
- 重複多次：
  - 選擇一個隨機資料點。
  - 使用感知器技巧更新權重和偏差。

回傳：具有更新的權重和偏差之感知器分類器。

我們應該運行多長時間呢？換句話說，我們應該使用多少個 epoch ？有幾個能幫助我們做出這個決定的標準如下：

- 運行固定次數的循環，這可能取決於我們的計算能力或我們有多少時間。
- 運行這個循環，直到誤差低於我們預先設定的某個閾值。
- 運行這個循環，直到誤差在一定數量的 epoch 內沒有顯著變化。

通常，如果我們有計算能力，運行它比需要的次數多是可以的，因為一旦我們有一個合適的感知器分類器，它往往不會有太大的變化。在「編寫感知器算法」一節中，我們會編寫感知器算法的程式碼，並透過測量每個步驟的誤差來分析它，這樣我們就能更清楚知道何時應停止運行該算法。

請注意，某些情況下，例如圖 5.24 所示的情況，不可能找到一條線來分開資料集中的兩個類別。但這沒關係，我們的目標是要找到一條能將資料集分開且誤差盡可能少的直線（如圖中的那條），而感知器算法在這方面很擅長。

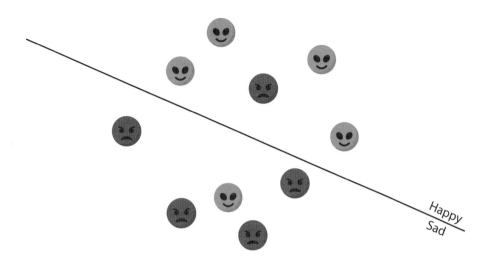

圖 5.24　具有兩個類別的資料集，不可能用一條線來分開，然後感知器算法被訓練來找到一條盡可能將它們分開的線。

梯度下降

你可能會注意到，訓練此模型的過程看起來非常熟悉。事實上，它類似於我們在第 3 章中使用線性迴歸所做的。回顧一下，線性迴歸的目的是使一條線盡可能配適一組點。在第 3 章中，我們從一條隨機線開始訓練我們的線性迴歸模型，並採取小步驟越來越靠近這些點。然後，我們使用了一個比喻，從一座山（Mount Errorest）上，朝著山腳下邁出一小步，慢慢下山。山上每個點的高度是平均感知器誤差函數，我們將其定義為絕對誤差，或平方誤差。因此，從山頂下山，相當於把誤差減到最小，相當於找到了最佳的線配適。我們把這個過程稱為梯度下降（gradient descent），因為梯度恰好是指向最大增長方向的向量（所以它的負點指向最大的下降方向），並且朝著這個方向上邁出一步將使我們下降得最多。

在本章中，同樣的事情也會發生，但我們的問題有點不同，因為我們不想讓一條線盡可能靠近一組點；相反地，我們想畫一條線，以最好的方式分隔兩組點。感知器算法就是這樣一個過程，是從隨機線開始，慢慢地逐步移動它，以建構一個更好的分離器（separator）。從山頂下山的比喻在這裡也適用；唯一不同的是，在這座山上，每個點的高度都是我們已經在「如何比較分類器？誤差函數」一節中所學習到的平均感知器誤差。

隨機和批量梯度下降

我們在本節中開發感知器算法的方式，是重複地一次取一個點，並調整感知器（線）使其更適合該點。這稱為一個 epoch（迭代週期）。然而，正如我們在第 3 章的「我們是一次使用一個點還是多個點進行訓練？」一節中對線性迴歸所做的那樣，更好的方法是一次取一批點，然後一步一步調整感知器，以更好配適這些點。極端情況是一次獲取所有的點，並調整感知器以一步更好地配適所有點。在「我們是一次使用一個點還是多個點進行訓練？」中，我們將這些方法稱為隨機、小批以及批量梯度下降。在本節中，我們使用小批梯度下降的正式感知器算法。算法的數學細節收錄在附錄 B 中的「使用梯度下降訓練分類模型」一節，其中使用小批梯度下降法對感知器算法進行了完整的一般性描述。

編寫感知器算法

現在我們已經為我們的情感分析應用程式開發了感知器算法，在本節中我們要為算法編寫程式碼。首先，我們將從頭開始編寫程式碼以適應我們的原始資料集，然後我們將使用 Turi Create 套件。在現實生活中，我們總是使用套件，幾乎不需要編寫自己的算法；但是，最好能對某些算法至少編寫一次程式碼，將其視為進行長除法，雖然我們通常不使用計算器就不會計算長除法，但好在我們高中時期不得不這樣做，因為當我們現在使用計算器進行計算時，我們知道這背後發生了什麼。本節程式碼如下，我們使用的資料集如表 5.5 所示：

- **Notebook**：Coding_perceptron_algorithm.ipynb
  - https://github.com/luisguiserrano/manning/blob/master/Chapter_5_Perceptron_Algorithm/Coding_perceptron_algorithm.ipynb

表 5.5 外星人的資料集，他們說每個單詞的次數，以及他們的情緒。

Aack	*Beep*	情緒
1	0	0
0	2	0
1	1	0
1	2	0
1	3	1
2	2	1
2	3	1
3	2	1

首先將我們的資料集定義為一個 NumPy 陣列。這些特徵對應於與 *aack* 和 *beep* 的出現次數相對應的兩個數字。快樂句子的標籤為 1，悲傷的句子為 0。

```
import numpy as np
features = np.array([[1,0],[0,2],[1,1],[1,2],[1,3],[2,2],[2,3],[3,2]])
labels = np.array([0,0,0,0,1,1,1,1])
```

這給了我們圖 5.25，在這個圖中，快樂的句子是三角形，悲傷的句子是正方形。

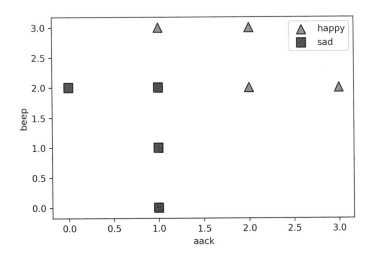

圖 5.25 我們資料集的繪圖。三角形是快樂的外星人，正方形是悲傷的外星人。

編寫感知器技巧

在本節中，我們要編寫感知器技巧。我們將使用隨機梯度下降（一次一個點）來
編寫程式碼，但我們也可以使用小批或批量梯度下降。我們首先編寫分數函式和
預測，兩個函式接收相同的輸入，即模型的權重、偏差和一個資料點的特徵。分
數函式回傳模型給該資料點的分數，如果分數大於或等於 0，則預測函式回傳 1；
如果分數小於零，則回傳 0。對於這個函式，我們使用第 3 章「繪製誤差函式並
知道何時停止運行算法」一節中定義的點積（dot product）。

計算權重和特徵之間的點積，加
上偏差，並應用階梯函數

```python
def score(weights, bias, features):
    return np.dot(features, weights) + bias
```

要編寫預測函式，我們首先要編寫階梯函數；預測就是分數的階梯函數。

```python
def step(x):
    if x >= 0:
        return 1
    else:
        return 0

def prediction(weights, bias, features):
    return step(score(weights, bias, features))
```

查看分數，如果是正數或是零，
則回傳 1；如果為負，則回傳 0

接下來，我們要編寫某一點的誤差函式。回想一下，如果該點被正確分類，則誤
差為零，如果該點被錯誤分類，則誤差為該得分的絕對值。這個函式將模型的權
重和偏差以及資料點的特徵和標籤作為輸入。

```python
def error(weights, bias, features, label):
    pred = prediction(weights, bias, features)
    if pred == label:
        return 0
    else:
        return np.abs(score(weights, bias, features))
```

如果預測等於標籤，則該點被
良好分類，這表示誤差為零

如果預測與標籤不同，則該點被
錯誤分類，這表示誤差等於分數
的絕對值

現在我們要為平均感知器誤差編寫一個函式。這個函式計算資料集中所有資料點之誤差的平均值。

對我們的資料進行迴圈，並為每個點添加該點的誤差，然後回傳此誤差

```
def mean_perceptron_error(weights, bias, features, labels):
    total_error = 0
    for i in range(len(features)):
        total_error += error(weights, bias, features[i], labels[i])
    return total_error/len(features)
```

誤差總和除以點的數量，得到平均感知器誤差

現在我們有了誤差函數，我們可以繼續編寫感知器技巧。我們將對在「感知器技巧」一節最後的算法，編寫壓縮版本的程式碼。但是，在 notebook 中，你可以發現有兩種編寫方式，第一種使用 if 語句來檢查該點是否被良好分類。

```
def perceptron_trick(weights, bias, features, label, learning_rate = 0.01):
    pred = prediction(weights, bias, features)
    for i in range(len(weights)):
        weights[i] += (label-pred)*features[i]*learning_rate
    bias += (label-pred)*learning_rate
    return weights, bias
```

使用感知器技巧更新權重和偏差

編寫感知器算法

現在我們有了感知器技巧，我們可以編寫感知器算法。回顧一下，感知器算法包括從一個隨機感知器分類器開始，並重複多次感知器技巧（與 epoch 的數量一樣多）。為了追蹤算法的效能，我們還將追蹤每個 epoch 的平均感知器誤差。作為輸入，我們有資料（特徵和標籤）、學習率（預設為 0.01）和 epoch 數（預設為 200）。感知器算法的程式碼如下：

重複該過程的次數與
epoch 的數量一樣多

將權重初始化為 *1*，將偏差初始化為 *0*。如果
你願意，可以隨意將它們初始化為小的隨機數

```python
def perceptron_algorithm(features, labels, learning_rate = 0.01,
    epochs = 200):
    weights = [1.0 for i in range(len(features[0]))]
    bias = 0.0
    errors = []
    for epoch in range(epochs):
        error = mean_perceptron_error(weights, bias, features, labels)
        errors.append(error)
        i = random.randint(0, len(features)-1)
        weights, bias = perceptron_trick(weights, bias, features[i], labels[i])
    return weights, bias, errors
```

儲存誤差的陣列

計算平均感知器誤差
並將其儲存

在我們的資料集中選擇一個隨機點

應用感知器算法根
據該點更新模型的
權重和偏差

現在讓我們在我們的資料集上運行算法！

```
perceptron_algorithm(features, labels)
```
Output: ([0.6299999999999997, 0.17999999999999938], -1.0400000000000007)

輸出顯示我們得到的權重和偏差如下：

- *Aack* 的權重：0.63

- *Beep* 的權重：0.18

- 偏差：–1.04

由於我們在算法中選擇的點是隨機的，我們可能會有不同的答案。為了使儲存庫中的程式碼始終回傳相同的答案，將隨機種子（random seed）設為零。

圖 5.26 顯示了兩個圖：左側是線配適，右側是誤差函數。左圖中，粗線對應於結果的感知器，它正確地分類了每個點；較細的線則是對應於每 200 個 epoch 之後獲得感知器的線。請注意，在每個 epoch，這條線是如何變得更適合這些點，隨著我們增加 epoch 的數量，誤差（大部分會）減少，直到它在 epoch 140 左右達到零，這意味著每個點都被正確分類。

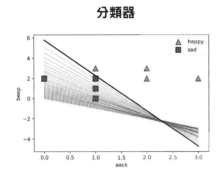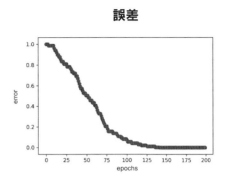

圖 5.26 左：我們所得到的分類器之繪圖。請注意，它正確地分類了每個點。右：誤差圖。請注意，我們運行感知器算法的 epoch 越多，誤差就越低。

那就是感知器算法的程式碼！正如我之前提到的，在實踐中，我們通常不會手動編寫算法程式碼，而是使用套件，例如 Turi Create 或 Scikit-Learn。這就是我們將在下一節介紹的內容。

使用 Turi Create 編寫感知器算法

在本節中，我們學習在 Turi Create 套件中編寫感知器算法。該程式碼與上一個練習在同一個 notebook 中。我們的第一個任務是導入 Turi Create 並使用我們從字典中的資料來建立一個 SFrame，如下所示：

```
import turicreate as tc

datadict = {'aack': features[:,0], 'beep':features[:,1], 'prediction': labels}
data = tc.SFrame(datadict)
```

接著，我們使用 logistic_classifier 物件和 create 方法建立和訓練我們的感知器分類器，如以下程式碼所示。輸入是資料集和包含標籤（目標）的欄位名稱。

```
perceptron = tc.logistic_classifier.create(data, target='prediction')
```

輸出：

```
+-----------+----------+--------------+-------------------+
| Iteration | Passes   | Elapsed Time | Training Accuracy |
+-----------+----------+--------------+-------------------+
| 1         | 2        | 1.003120     | 1.000000          |
| 2         | 3        | 1.004235     | 1.000000          |
| 3         | 4        | 1.004840     | 1.000000          |
| 4         | 5        | 1.005574     | 1.000000          |
+-----------+----------+--------------+-------------------+
SUCCESS: Optimal solution found.
```

請注意，感知器算法運行了四個 epochs，在最後一個 epochs（事實上在所有 epochs 中），它的訓練準確率（accuracy）為 1，這表示資料集中的每個點都被正確分類。

最後，我們可以使用以下指令查看模型的權重和偏差：

```
perceptron.coefficients
```

此函式的輸出顯示結果感知器的以下權重和偏差：

- *Aack* 的權重：2.70
- *Beep* 的權重：2.46
- 偏差：−8.96

這些與我們手動獲得的結果不同，但兩個感知器在資料集中都能良好運行。

感知器算法的應用

感知器算法在現實生活中有很多應用。幾乎每次我們需要用「是」或「否」來回答問題時，如果答案是從以前的資料中能預測出來的，感知器算法就可以幫助我們。以下是感知器算法在實際應用中的一些例子。

垃圾郵件過濾器

與我們根據句子中的單詞預測句子是快樂還是悲傷的方式類似，我們可以根據電子郵件中的單詞預測電子郵件是垃圾郵件還是正常郵件。我們還可以使用其他功能，例如：

- 電子郵件的長度
- 附件大小
- 寄件者數量
- 寄件者是否為我們的聯絡人

目前，感知器算法（及其更高級的對應算法，如邏輯迴歸和神經網路）和其他分類模型，被大多數最大的電子郵件供應商用作垃圾郵件分類管道的一部分，並獲得很好的效果。

我們還可以使用感知器算法等分類算法對電子郵件進行分類。將電子郵件分類為個人、訂閱和促銷活動，這些是完全相同的問題。甚至是想出對電子郵件的潛在回覆也是一個分類問題，只不過現在我們使用的標籤是對電子郵件的回覆。

推薦系統

在許多推薦系統中，向使用者推薦影片、電影、歌曲或產品歸結為是或否的答案。在這些情況下，問題可以是以下任何一種：

- 使用者會點擊我們推薦的影片／電影嗎？
- 使用者會完整觀看我們推薦的影片／電影嗎？
- 使用者會聽我們推薦的歌曲嗎？
- 使用者會購買我們推薦的產品嗎？

這裡的特徵可以是任何東西，從人口統計（年齡、性別、使用者所在位置）到行為（使用者觀看了哪些影片，他們聽到了哪些歌曲，他們購買了哪些產品？）。你可以想像使用者向量會很長！為此，需要強大的計算能力和非常聰明的算法來實現。

Netflix、YouTube 和 Amazon 等公司在其推薦系統中使用感知器算法或類似的更高級分類模型。

醫療保健

許多醫學模型也使用分類算法（例如感知器算法）來回答以下問題：

- 病患是否患有特定疾病？
- 某種治療對病患有效嗎？

這些模型的特徵通常是病患的症狀和他們的病史。對於這些類型的算法，需要非常高的效能水準。

為病患推薦錯誤的治療比推薦使用者不會觀看的影片嚴重得多。對於這種類型的分析，請參閱第 7 章，其中我們討論了評估分類模型的準確率和其他方法。

電腦視覺

諸如感知器算法之類的分類算法廣泛用於電腦視覺，更明確地說，是用在圖像辨識中。想像一下，我們有一張圖片，我們想教電腦判斷圖片中是否包含狗，這就是一個分類模型，其中特徵是圖像的像素。

感知器算法在精選圖像資料集（例如 MNIST 是手寫數字資料集）中具有不錯的效能。但是，對於更複雜的圖像，它做得不是很好。對於這些問題，使用由許多感知器組合而成的模型，這些模型被恰當地稱為多層感知器（multilayer perceptrons）或神經網路（neural networks），我們將在第 10 章詳細了解它們。

總結

- 分類是機器學習的一個重要組成部分。它與迴歸類似，因為它包括使用標記資料訓練算法，並使用它對未來（未標記）資料進行預測。與迴歸的區別在於，在分類中預測是類別，例如是／否、垃圾郵件／正常郵件等等。
- 感知器分類器的工作方式，是透過為每個特徵和偏差分配權重。一個資料點的分數計算為權重和特徵的乘積之和，再加上偏差。如果分數大於或等於零，分類器預測為是；否則，預測為否。
- 對於情感分析，感知器由字典中每個單詞的分數以及偏差所組成。快樂的詞通常以正分結束，而悲傷的詞則以負分結束。中性詞，例如「*the*」，可能最終分數接近於零。

- 偏差幫助我們判斷空句子是快樂還是悲傷。如果偏差是正的，那麼空句子是快樂的；如果是負的，則空句是悲傷的。

- 從圖形上看，我們可以將感知器視為一條線，試圖將兩種類別的點分開，這些點可被視為兩種不同的顏色。在更高維度上，感知器是一個分離點的超平面（hyperplane）。

- 感知器算法的工作原理是從一條隨機線開始，然後緩慢移動它，使它能很好地將點分開。在每次迭代中，它都會選擇一個隨機點。如果該點被正確分類，則線不會移動；如果它被錯誤分類，則這條線會稍微靠近點並能對其正確分類。

- 感知器算法有許多應用，包括垃圾郵件偵測、推薦系統、電子商務和醫療保健。

練習

練習 5.1

以下是 COVID-19 檢測呈陽性或陰性的病患資料集。他們的症狀是咳嗽 (C)、發燒 (F)、呼吸困難 (B) 和疲倦 (T)。

	咳嗽 (C)	發燒 (F)	呼吸困難 (B)	疲倦 (T)	診斷 (D)
病患 1		X	X	X	確診
病患 2	X	X		X	確診
病患 3	X		X	X	確診
病患 4	X	X	X		確診
病患 5	X			X	健康
病患 6		X	X		健康
病患 7		X			健康
病患 8				X	健康

建構一個對該資料集進行分類的感知器模型。

提示 你可以使用感知器算法，但你或許可以用肉眼觀察一個有效的感知器模型。

練習 5.2

考慮將預測 $\hat{y} = step(2x_1 + 3x_2 - 4)$ 分配給點 (x_1, x_2) 的感知器模型。該模型以方程式 $2x_1 + 3x_2 - 4 = 0$ 作為邊界線。我們有一個點 $p = (1, 1)$，標籤為 0。

　a. 驗證點 p 是否被模型錯誤分類。

　b. 計算模型在點 p 產生的感知器誤差。

　c. 使用感知器技巧獲得一個新模型，該模型仍然對 p 進行錯誤分類，但產生的誤差較小。你可以使用 $\eta=0.01$ 作為學習率。

　d. 在點 p 找到新模型給出的預測，並驗證得到的感知器誤差小於原來的。

練習 5.3

感知器對於建構邏輯閘（logical gates）特別有用，例如 AND 和 OR。

　a. 建構一個對 AND 閘建模的感知器。換句話說，建構一個感知器以適應以下資料集（其中 x_1、x_2 是特徵，y 是標籤）：

x_1	x_2	y
0	0	0
0	1	0
1	0	0
1	1	1

　b. 同樣地，對以下資料集建構一個對 OR 閘建模的感知器：

x_1	x_2	y
0	0	0
0	1	1
1	0	1
1	1	1

　c. 證明以下資料集不存在對 XOR 閘建模的感知器：

x_1	x_2	y
0	0	0
0	1	1
1	0	1
1	1	0

用以分裂點的連續方法： 邏輯分類器 | 6

本章包含

- 分類模型中硬分配和軟分配的區別

- sigmoid 函數，一個連續的激勵函數

- 離散感知器與連續感知器，也稱為邏輯分類器

- 用於對資料進行分類的邏輯迴歸演算法

- 用 Python 編寫邏輯迴歸演算法

- 用 Turi Create 中的邏輯分類器來分析電影評論的情緒

- 用 softmax 函數為兩個以上的類別建構分類

在上一章中，我們建構了一個分類器來確定一個句子是快樂還是悲傷。但正如我們可以想像的那樣，有些句子比起其他句子更快樂。例如，句子「我很好」和句子「今天是我生命中最美好的一天！」都很快樂，但第二句比第一句更快樂。如果有一個分類器，它不僅可以預測句子是快樂還是悲傷，還可以對句子的快樂程度進行評分，例如分類器告訴我們第一句話是 60% 快樂，第二句有 95% 的快樂，這不是很好嗎？在本章中，我們將定義**邏輯分類器**（*logistic classifier*），它正是這樣做的。這個分類器為每個句子分配一個從 0 到 1 的分數，句子越快樂，它獲得的分數就越高。

簡而言之，邏輯分類器是一種工作原理類似於感知器分類器的模型，只是它回傳的答案並非「是」或「否」，而是回傳一個介於 0 和 1 之間的數字。在這種情況下，目標是將接近 0 的分數分配給最悲傷的句子，接近 1 的分數分配給最快樂的句子，接近 0.5 的數字分配給中性的句子。儘管這個 0.5 的閾值是任意的，但在實踐中是很常見的。在第 7 章中，我們將看到如何調整它以最佳化我們的模型，但本章我們使用 0.5。

本章承接第 5 章，因為我們在這裡開發的算法是相似的，除了一些技術上的差異。請確保你充分地理解了第 5 章，這將有助於你理解本章的內容。在第 5 章中，我們使用了一個誤差函數來描述感知器算法，該函數告訴我們感知器分類器有多好，以及一個迭代步驟將分類器變成更好。在本章中，我們學習邏輯迴歸演算法，它的工作方式類似。主要區別如下：

- 階梯函數被一個新的激勵函數取代，它回傳的值介於 0 和 1 之間。
- 感知器誤差函數被一個基於機率計算的新誤差函數所取代。
- 感知器技巧被一種新技巧取代，該技巧基於這個新的誤差函數來改進分類器。

題外話　在本章中，我們進行了大量的數值計算。如果你按照方程式計算，可能會發現你的計算結果與書中的計算略有不同。在本書中，數字不是在步驟之間，而是在方程式的最後進行了四捨五入，但這對最終結果的影響應該很小。

在本章的最後，我們將我們的知識應用在知名網站 IMDB（www.imdb.com）上現實生活中的電影評論資料集。我們使用邏輯分類器來預測電影評論是正面的還是負面的。

本章的程式碼可在以下 GitHub 儲存庫中找到：https://github.com/luisguiserrano/manning/tree/master/Chapter_6_Logistic_Regression。

邏輯分類器：連續版本的感知器分類器

在第 5 章中，我們介紹了感知器，它是一種使用資料特徵進行預測的分類器。預測可以是 1 或 0，這被稱為**離散感知器**（*discrete perceptron*），因為它從離散資料集（包含 0 和 1 的資料集）回傳答案。在本章中，我們要學習**連續感知器**（*continuous perceptrons*），它回傳的答案可以是 0 到 1 區間內的任意數字；連續感知器更常見的名稱是**邏輯分類器**（*logistic classifiers*）。邏輯分類器的輸出可以解釋為一個分數，邏輯分類器的目標是分配盡可能接近點的標籤的分數：標籤為 0 的點應該得到接近 0 的分數，而標籤為 1 的點應該得到接近 1 的分數。

我們可以將離散感知器和連續感知器用相似的視覺化呈現：一條線（或高維的平面）分隔兩類資料，唯一的區別是在離散感知器預測線的某一側，所有東西的標籤都為 1，而另一側的標籤是 0；而連續感知器根據它們所有點相對於線的位置，為所有點分配一個從 0 到 1 的值，其中在線上每個點的值都是 0.5，這個值意味著模型無法決定句子是快樂還是悲傷。例如，正在進行的情緒分析例子中，「今天是星期二」這句話既不快樂也不悲傷，因此模型會給它分配接近 0.5 的分數。正區域中的點得分大於 0.5，其中在正方向上離 0.5 線更遠的點得到的數值更接近 1；

處於負區域中的點得分小於 0.5，同樣，離這條線更遠的點得到的值更接近於 0。
沒有任何點的值是 1 或 0（除非我們考慮無窮遠處的點），如圖 6.1 所示。

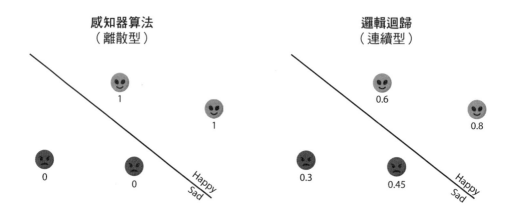

圖 **6.1**　左：感知器算法訓練一個離散感知器，其中預測為 0（快樂）和 1（悲傷）。
右：邏輯迴歸演算法訓練一個連續感知器，其中預測是 0 到 1 之間的數字，表示預測的快
樂程度。

既然邏輯分類器輸出的不是狀態本身，而是一個數字，那為什麼我們稱之為**分類**
（*classification*）而不是**迴歸**（*regression*）呢？原因是，在幫點打完分數後，我們
可以將這些點分為兩類，即分數大於或等於 0.5 的點，以及分數低於 0.5 的點。從
圖形上看，這兩個類別被邊界線分開，就像感知器分類器一樣；然而，我們用來
訓練邏輯分類器的算法稱為**邏輯迴歸演算法**（*logistic regression algorithm*）。這個
符號有點特別，但我們還是保持原樣以符合文獻。

分類的機率方法：sigmoid 函數

我們如何稍微修改上一節中的感知器模型，以獲得每個句子的分數，而不是簡單
的「快樂」或「悲傷」呢？回想一下我們是如何在感知器模型中做出預測的。我
們透過分別對每個單詞進行評分，加上分數和偏差。如果分數為正，我們預測句
子是快樂的，如果得分為負，則預測句子是悲傷的。換句話說，我們所做的是將
階梯函數應用於分數。如果分數非負數，則階梯函數回傳 1，如果為負數，則回
傳 0。

現在我們要做類似的事情。我們採用一個函式，它接收分數作為輸入，並輸出一個介於 0 和 1 之間的數字。如果分數為正，則該數字接近 1；如果分數為負，則該數字接近零；如果分數為零，則輸出為 0.5。想像一下，如果你可以把整個數線壓縮成 0 到 1 之間的區間，它會看起來像圖 6.2 中的函式。

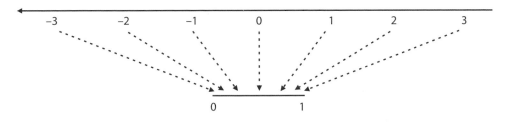

圖 6.2 sigmoid 函數將整個數線發送到區間 (0, 1)。

許多函數可以在這裡為我們提供幫助，在本例中，我們使用一個稱為 *sigmoid* 的函數，用希臘字母 *sigma(σ)* 表示。sigmoid 的公式如下：

$$\sigma(x) = \frac{1}{1+e^{-x}}$$

這裡真正重要的不是公式，而是函數的作用，它將真實數線壓縮到區間 (0, 1) 之中。在圖 6.3 中，我們可以看到 step 和 sigmoid 函數的圖表比較。

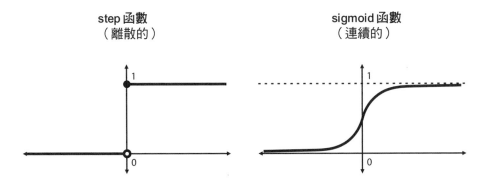

圖 6.3　左：用於建構離散感知器的階梯函數：對任何負的輸入它會輸出 0，對任何正或零的輸入它會輸出 1，它在 0 的地方具有不連續性。右：用來建構連續感知器的 sigmoid 函數：它為負輸入輸出小於 0.5 的值，為正輸入輸出大於 0.5 的值，而輸入為 0 的時候，它輸出 0.5；函數的每個地方都是連續且可微分的。

一般來說，sigmoid 函數優於階梯函數，原因有幾個。與離散預測相比，連續預測能為我們提供更多資訊。此外，當我們進入微積分時，sigmoid 函數的導數比階梯函數好得多。除了在未定義的原點之外，梯函數的導數為 0。在表 6.1 中，我們計算了一些 sigmoid 函數的值，以確保該函數執行我們想要的操作。

表 6.1　一些 sigmoid 函數的輸入及其輸出。請注意，對於較大的負輸入，輸出接近 0，而對於較大的正輸入，輸出接近 1。而對於輸入 0，輸出則為 0.5。

x	$\sigma(x)$
-5	0.007
-1	0.269
0	0.5
1	0.731
5	0.993

邏輯分類器的預測是透過將 sigmoid 函數應用於分數來獲得的，它回傳一個介於 0 和 1 之間的數字，如前所述，在我們的例子中可以將其解釋成句子為快樂的機率。

在第 5 章中，我們為感知器定義了一個誤差函數，稱為感知器誤差。我們使用這個感知器誤差來迭代地建構感知器分類器。在本章中，我們遵循相同的步驟，連續感知器的誤差與離散預測器的誤差略有不同，但它們仍有相似之處。

資料集和預測

在本章中，我們使用與第 5 章相同的案例，我們有一個外星語言句子的資料集，標籤為「快樂」和「悲傷」，分別用 1 和 0 表示。本章的資料集與第 5 章中的有一點不同；資料集如表 6.2 所示。

表 6.2 帶有快樂／悲傷標籤句子的資料集。座標是單詞 *aack* 和 *beep* 在句子中出現的次數。

	單詞	座標 (#aack, #beep)	標籤
句子 **1**	*Aack beep beep aack aack.*	(3, 2)	Sad (0)
句子 **2**	*Beep aack beep.*	(1, 2)	Happy (1)
句子 **3**	*Beep!*	（0, 1）	Happy (1)
句子 **4**	*Aack aack.*	(2, 0)	Sad (0)

我們使用的模型具有以下權重和偏差：

邏輯 1 號分類器

- *Aack* 的權重：$a = 1$
- *Beep* 的權重：$b = 2$
- 偏差：$c = -4$

我們使用與第 5 章相同的符號，其中變數 x_{aack} 和 x_{beep} 分別追蹤 *aack* 和 *beep* 的出現。感知器分類器會根據公式 $\hat{y} = step(ax_{aack} + bx_{beep} + c)$ 進行預測，但是因為這是一個邏輯分類器（logistic classifier），所以它使用 sigmoid 函數而不是階梯函數。因此，它的預測為 $\hat{y} = \sigma(ax_{aack} + bx_{beep} + c)$。在本例中，預測如下：

預測： $\hat{y} = \sigma(1 \cdot x_{aack} + 2 \cdot x_{beep} - 4)$

因此，分類器對我們的資料集做出以下預測：

- **句子 1**：$\hat{y} = \sigma(3 + 2 \cdot 2 - 4) = \sigma(3) = 0.953$。
- **句子 2**：$\hat{y} = \sigma(1 + 2 \cdot 2 - 4) = \sigma(1) = 0.731$。
- **句子 3**：$\hat{y} = \sigma(0 + 2 \cdot 1 - 4) = \sigma(-2) = 0.119$。
- **句子 4**：$\hat{y} = \sigma(2 + 2 \cdot 0 - 4) = \sigma(-2) = 0.119$。

「快樂」和「悲傷」類之間的界限是方程式 $x_{aack} + 2x_{beep} - 4 = 0$，如圖 6.4 所示。

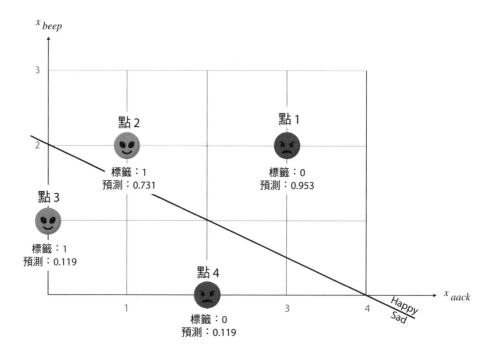

圖 6.4　表 6.2 中帶有預測的資料集之繪圖。請注意，點 2 和點 4 正確分類，但點 1 和點 3 錯誤分類。

這條線將平面分為正（快樂）的和負（悲傷）的區域。正區域由預測值大於等於 0.5 的點所形成，負區域由預測值小於 0.5 的點所形成。

誤差函數：絕對誤差、平方誤差和對數損失

在本節中，我們為邏輯分類器建構了三個誤差函數。你希望一個好的誤差函數具有哪些屬性？這裡有一些例子：

- 如果一個點被正確分類，則誤差很小。
- 如果一個點被錯誤分類，則誤差是一個很大的數字。
- 分類器對一組點的誤差是所有點的誤差之和（或平均值）。

許多函數都滿足這些性質，我們將看到其中的三個；絕對誤差、平方誤差和對數損失。在表 6.3 中，我們有對應於資料集中句子四個點的標籤和預測，具有以下特徵：

- 線上的點之預測值為 0.5。
- 正區域中的點之預測值高於 0.5，在這個方向上，一個點離線越遠，其預測值越接近 1。
- 負區中的點之預測值低於 0.5，在這個方向上，一個點離線越遠，其預測值越接近 0。

表 6.3　如圖 6.4 所示，有四個點：兩個點的預測是快樂，另外兩個是悲傷。請注意，點 1 和點 4 被正確分類，但點 2 和 3 沒有。一個好的誤差函數應該將小誤差分配給正確分類的點，將大誤差分配給錯誤分類的點。

點	標籤	預測	誤差？
1	0（悲傷）	0.953	應該很大
2	1（快樂）	0.731	應該很小
3	1（快樂）	0.119	應該很大
4	0（悲傷）	0.119	應該很小

請注意，在表 6.3 中，點 2 和點 4 得到了接近標籤的預測，因此它們應該有小誤差。相較之下，點 1 和點 3 得到的預測距離標籤很遠，因此它們應該有很大的誤差。具有此特定屬性的三個誤差函數如下：

誤差函數 1：絕對誤差

絕對誤差（*absolute error*）類似於我們在第 3 章中為線性迴歸定義的絕對誤差，它是預測與標籤之間差異的絕對值。正如我們所看到的，當預測遠離標籤時，誤差很大，當預測與標籤很靠近時它很小。

誤差函數 2：平方誤差

同樣，就像線性迴歸一樣，我們也有平方誤差（*square error*），這是預測和標籤之間差異的平方，它的工作原理與絕對誤差的工作原理相同。

在繼續之前，讓我們計算表 6.4 中點的絕對誤差和平方誤差。請注意，點 2 和點 4（正確分類）的誤差較小，而點 1 和點 3（錯誤分類）的誤差較大。

表 6.4 我們附上了表 6.3 中各點的絕對誤差和平方誤差。 請注意，如我們所願，點 2 和點 4 的誤差較小，而點 1 和點 3 的誤差較大。

點	標籤	預測	絕對誤差	平方誤差
1	0（悲傷）	0.953	0.953	0.908
2	1（快樂）	0.731	0.269	0.072
3	1（快樂）	0.119	0.881	0.776
4	0（悲傷）	0.119	0.119	0.014

絕對誤差和平方誤差可能會讓你想起迴歸中使用的誤差函數；然而，它們並沒有在分類中被廣泛使用。最受歡迎的是下一個。為什麼更受歡迎？數學（導數）與下一個函數一起工作得更好。而且這些誤差都非常小，事實上無論該點分類得多麼糟糕，它們都小於 1，其原因是介於 0 和 1 之間的兩個數字之差（或差的平方）最多為 1。為了正確訓練模型，我們需要取更大的誤差函數。值得慶幸的是，第三個誤差函數可以為我們做到這一點。

誤差函數 3：對數損失

對數損失（*log loss*）是連續感知器最廣泛使用的誤差函數。本書中的大多數誤差函數的名稱中都帶有 *error* 一詞，而這個名稱中卻是帶有 *loss* 一詞。名稱中的對數部分來自我們在公式中使用的自然對數，然而，對數損失的真正靈魂是機率。

連續感知器的輸出是介於 0 和 1 之間的數字，因此可以將它們視為機率。該模型為每個資料點分配一個機率，即該點為快樂的機率，由此，我們可以推斷出該點是悲傷的機率，即 1 減去快樂的機率。例如，如果預測為 0.75，這意味著模型認為該點快樂的機率為 0.75，而悲傷的機率為 0.25。

現在，這是主要的觀察結果。該模型的目標是將高的機率分配給快樂點（標籤為 1），將低的機率分配給悲傷點（標籤為 0）。請注意，一個點悲傷的機率是 1 減去該點快樂的機率。因此對於每個點，讓我們計算一下模型對其標籤所給的機率。對於我們資料集中的點，相應的機率如下：

- **點 1：**
  - 標籤 = 0（悲傷）
  - 預測（快樂的機率）= 0.953
  - 成為其標籤的機率：1−0.953 = **0.047**

- **點 2：**
  - 標籤 = 1（快樂）
  - 預測（快樂的機率）= 0.731
  - 成為其標籤的機率：**0.731**
- **點 3：**
  - 標籤 = 1（快樂）
  - 預測（快樂的機率）= 0.119
  - 成為其標籤的機率：**0.119**
- **點 4：**
  - 標籤 = 0（悲傷）
  - 預測（快樂的機率）= 0.119
  - 成為其標籤的機率：1–0.119 = **0.881**

請注意，點 2 和點 4 是分類良好的點，並且模型將它們分配為自己標籤的機率很高。相較之下，點 1 和點 3 的分類很差，因此模型將它們分配為自己標籤的機率很低。

與感知器分類器相比，邏輯分類器沒有給出明確的答案。感知器分類器會說，「我 100% 確定這一點是快樂的」，而邏輯分類器會說，「你的點有 73% 的機率為快樂的和 27% 的機率為悲傷」。儘管感知器分類器的目標是盡可能分類正確，但邏輯分類器的目標是對於每個點擁有正確標籤分配一個最高的可能機率。該分類器將機率 0.047、0.731、0.119 和 0.881 分配給四個標籤。在理想情況下，我們希望這些數字更高。那麼我們如何衡量這四個數字呢？一種方法是將它們相加或平均，但因為它們是機率，所以自然的方法是將它們相乘。當事件是獨立的時候，它們同時發生的機率是所有機率的乘積。如果我們假設四個預測是獨立的，那麼這個模型分配給標籤「悲傷、快樂、快樂、悲傷」的機率是四個數字的乘積，即 0.047 · 0.731 · 0.119 · 0.881=0.004。這是一個非常小的機率。我們所希望的是一個更好配適這個資料集的模型，能導致更高的機率。

剛剛計算的那個機率對於我們的模型來說似乎是一個很好的衡量標準，但它有一些問題。例如，它是許多小數的乘積。許多小數量的乘積往往很小，想像一下，如果我們的資料集有一百萬個點，那機率就是一百萬個數字的乘積，所有數字

都在 0 和 1 之間，相乘之後的數字可能很小，電腦可能無法表示它。此外，操作一百萬個數字的乘積是極其困難的。有什麼方法可以讓我們把它變成像是加總一樣更容易操作的東西呢？

幸運的是，我們有一種方便的方法可以將乘積轉化為總和：使用對數（logarithms）。對於整本書而言，我們需要了解關於對數的所有知識就是，它將乘積轉化為總和；更具體地說，兩個數字乘積的對數是這些數字的對數之和，如下所示：

$$ln(a \cdot b) = ln(a) + ln(b)$$

我們可以使用以 2、10 或 e 為底的對數。在本章中，我們使用以 e 為底的自然對數（natural logarithm）。但是，如果我們在任何其他基數中使用對數，也可以獲得相同的結果。如果我們將自然對數應用於我們的機率乘積，我們得到：

$$ln(0.047 \cdot 0.731 \cdot 0.119 \cdot 0.881) = ln(0.047) + ln(0.731) + ln(0.119) + ln(0.881) = -5.616$$

請注意有一個小細節，就是這個結果為負數。事實上，情況總是如此，因為 0 和 1 之間數字的對數總是負數，因此，如果我們取機率乘積的負對數，它就會是一個正數。

對數損失定義為機率乘積的負對數，也是機率的負對數之總和。此外，每個總和都是該點的對數損失。在表 6.5 中，你可以看到每個點的對數損失之計算，透過將所有點的對數損失相加，我們得到總對數損失 5.616。

表 6.5　計算我們資料集中點的對數損失。請注意，分類良好的點（2 和 4）具有較小的對數損失，而分類較差的點（1 和 3）具有較大的對數損失。

點	標籤	預測標籤	預測為其標籤的機率	對數損失
1	0（悲傷）	0.953	0.047	$-ln(0.047) = 3.049$
2	1（快樂）	0.731	0.731	$-ln(0.731) = 0.313$
3	1（快樂）	0.119	0.119	$-ln(0.119) = 2.127$
4	0（悲傷）	0.119	0.881	$-ln(0.881) = 0.127$

請注意，確實，分類良好的點（2 和 4）具有較小的對數損失，而分類不佳的點具有較大的對數損失。原因是如果一個數 x 接近 0，$-ln(x)$ 是一個大數，但如果 x 接近 1，那麼 $-ln(x)$ 是一個小數。

總而言之，計算對數損失的步驟如下：

- 對於每個點，我們計算分類器給出其標籤的機率。
  - 對於快樂點，這個機率就是分數。
  - 對於悲傷點，這個機率是 1 減去分數。
- 我們將所有這些機率相乘以獲得分類器賦予這些標籤的總機率。
- 我們對總機率應用自然對數。
- 乘積的對數是因子的對數之和，因此我們得到對數之和，每個點都有一個對數。
- 我們注意到所有項都是負數，因為小於 1 的數之對數為負數。因此，我們將每個項都乘以 –1 以獲得正數的總和。
- 這個總和是我們的對數損失。

對數損失與**交叉熵**（*cross-entropy*）的概念密切相關，交叉熵是衡量兩個機率分佈之間相似性的一種方法。更多有關交叉熵的詳細資訊，請參閱附錄 C 中的參考資料。

對數損失的公式

一個點的對數損失可以濃縮成一個很好的公式。回想一下，對數損失是該點為其標籤（快樂或悲傷）的機率之負對數。模型對每個點的預測為 $\hat{y}$，即該點為快樂的機率。因此，根據模型，該點悲傷的機率為 $1 - \hat{y}$。因此，我們可以將對數損失如下表示：

- 如果標籤為 0：$log\ loss = -ln(1 - \hat{y})$
- 如果標籤為 1：$log\ loss = -ln(\hat{y})$

因為標籤是 y，所以前面的 if 語句可以濃縮成下面的公式：

$$log\ loss = -y\ ln(\hat{y}) - (1 - y)\ ln(1 - \hat{y})$$

前面的公式之所以有效，是因為如果標籤為 0，則第一個和為 0，如果標籤為 1，則第二個和為 0。當我們提到一個點或整個資料集的對數損失時，我們使用術語對數損失（log loss）。資料集的對數損失是每個點的對數損失之總和。

使用對數損失比較分類器

現在我們已經確定了邏輯分類器的誤差函數－對數損失（log loss），我們可以使用它來比較兩個分類器。回顧一下，我們在本章中使用的分類器由以下權重和偏差所定義：

邏輯 1 號分類器

- *Aack* 的權重：$a = 1$
- *Beep* 的權重：$b = 2$
- 偏差：$c = -4$

在本節中，我們將其與以下邏輯分類器進行比較：

邏輯 2 號分類器

- *Aack* 的權重：$a = -1$
- *Beep* 的權重：$b = 1$
- 偏差：$c = 0$

各分類器做出的預測如下：

- **分類器 1**：$\hat{y} = \sigma(x_{aack} + 2x_{beep} - 4)$
- **分類器 2**：$\hat{y} = \sigma(-x_{aack} + x_{beep})$

兩個分類器的預測記錄在表 6.6 中，資料集和兩條邊界線的繪圖，如圖 6.5 所示。

表 6.6 計算我們資料集中點的對數損失。請注意，2 號分類器的預測比 1 號分類器的預測更接近點的標籤。因此，2 號分類器是更好的分類器。

點	標籤	1 號分類器的預測	2 號分類器的預測
1	0（悲傷）	0.953	0.269
2	1（快樂）	0.731	0.731
3	1（快樂）	0.119	0.731
4	0（悲傷）	0.881	0.119

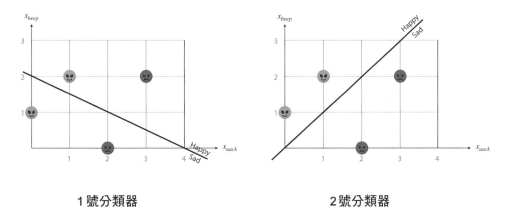

1 號分類器　　　　　　　　　　　　　　　**2 號分類器**

圖 6.5 左：壞分類器，犯了兩個錯誤。右：好分類器，可以正確分類所有四個點。

從表 6.6 和圖 6.5 的結果可以看出，2 號分類器明顯優於 1 號分類器。例如，在圖 6.5 中，我們可以看到 2 號分類器正確地將兩個快樂句子定位在正區域，兩個悲傷句子在負面區域。接著，我們要比較對數損失。回想一下，1 號分類器的對數損失為 5.616；2 號分類器應該獲得更小的對數損失，因為它是更好的分類器。

根據公式 $log\ loss = -y\ ln(\hat{y}) - (1 - y)\ ln(1 - \hat{y})$，2 號分類器在每個我們資料集中的點如下：

- **點 1**：$y = 0$, $\hat{y} = 0.269$
  - $log\ loss = ln(1 - 0.269) = 0.313$
- **點 2**：$y = 1$, $\hat{y} = 0.731$
  - $log\ loss = ln(0.731) = 0.313$
- **點 3**：$y = 1$, $\hat{y} = 0.731$
  - $log\ loss = ln(0.731) = 0.313$
- **點 4**：$y = 0$, $\hat{y} = 0.119$
  - $log\ loss = ln(1 - 0.119) = 0.127$

資料集的總對數損失是這四個的總和，即 1.067。請注意，這比 5.616 小很多，證明 2 號分類器確實比 1 號分類器好得多。

如何找到一個好的邏輯分類器？邏輯迴歸演算法

在本節中，我們學習如何訓練邏輯分類器，該過程類似於訓練線性迴歸模型或感知器分類器的過程，包含以下步驟：

- 從隨機邏輯分類器開始。
- 重複多次：
  - 稍微改進分類器。
- 測量對數損失以決定何時停止運行循環。

該算法的關鍵是循環內部的步驟，包含稍微改進邏輯分類器。此步驟使用的技巧稱為**邏輯技巧**（*logistic trick*）。邏輯技巧類似於感知器技巧，我們將在下一節中看到。

邏輯技巧：一種稍微改進連續感知器的方法

回想第 5 章，感知器技巧包含從一個隨機分類器開始，依次選擇一個隨機點，然後應用感知器技巧；它有以下兩種情況：

- **情況 1**：如果該點被正確分類，則保持線不變。
- **情況 2**：如果該點被錯誤分類，將線移近一點。

邏輯技巧（如圖 6.6 所示）類似於感知器技巧。唯一改變的是，當一個點被很好地分類時，我們將線從點移開；它有以下兩種情況：

- **情況 1**：如果該點被正確分類，將線稍微移離開該點。
- **情況 2**：如果該點被錯誤分類，將線稍微向該點移近。

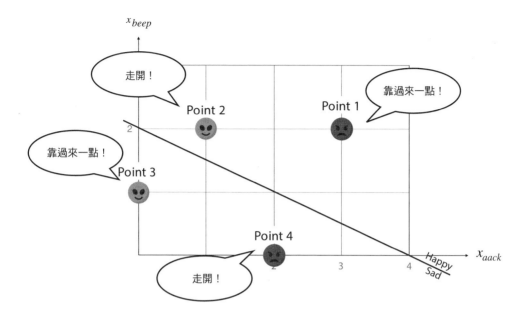

圖 6.6　在邏輯迴歸演算法中，每個點都有發言權。正確分類的點告訴線移動得更遠，以在正確區域更深遠的地方；被錯誤分類的點會告訴這條線靠近一點，希望有一天能在這條線正確的一側。

為什麼我們將線從正確分類的點上移開呢？如果該點被很好地分類，則意味著它相對於該線位於正確的區域中。如果我們把線移得更遠，我們就會把這個點移到更深的正確區域中。因為預測是基於點與邊界線的距離，所以對於正（快樂）區域中的點，如果點離邊界線越遠，預測會增加。同樣地，對於負（悲傷）區域中的點，如果該點離直線較遠，則預測會降低。因此，如果點的標籤為 1，我們正在增加預測（使其更接近 1），如果點的標籤為 0，我們正在減少預測（使其更接近 0）。

舉例說明，查看 1 號分類器和我們資料集中的第一句話。回想一下，分類器的權重 $a = 1$、$b = 2$ 和偏差 $c = -4$。句子對應一個座標點 $(x_{aack}, x_{beep}) = (3,2)$，標籤 $y = 0$。我們對這個點得到的預測是 $\hat{y} = \sigma(3 + 2 \cdot 2 - 4) = \sigma(3) = 0.953$，預測距離標籤很遠，所以誤差很大：事實上，在表 6.5 中，我們計算為 3.049。這個分類器犯的錯誤是認為這個句子比它的標籤更快樂。因此，為了調整權重以確保分類器減少對這個句子的預測，我們應該大幅降低權重 a、b 和偏差 c。

使用相同的邏輯，我們可以分析如何調整權重以改進其他點的分類。對於資料集中的第二個句子，標籤為 $y = 1$，預測值為 0.731。這是一個很好的預測，但如果我們想改進它，我們應該稍微增加權重和偏差。對於第三句，因為標籤是 $y = 1$ 並且預測為 $\hat{y} = 0.119$，我們應該大幅增加權重和偏差。最後，第四句的標籤是 $y = 0$，預測是 $\hat{y} = 0.119$，所以我們應該稍微降低權重和偏差。這些總結在表 6.7 中。

表 6.7 資料集中點的對數損失計算。請注意，分類良好的點（2 和 4）具有較小的對數損失，而分類較差的點（1 和 3）具有較大的對數損失。

點	標籤 y	1 號分類器的預測 y	如何調整權重 a、b 和偏差 c	$y - \hat{y}$
1	0（悲傷）	0.953	大幅減少	-0.953
2	1（快樂）	0.731	小幅增加	0.269
3	1（快樂）	0.119	大幅增加	0.881
4	0（悲傷）	0.119	小幅減少	-0.119

以下觀察可以幫助我們找出我們想要添加到權重和偏差中的完美數量，以改善預測結果：

- **觀察 1**：表 6.7 的最後一欄是標籤值減去預測值。請注意此表中最右側的兩欄之間的相似之處，這提示我們應該要更新權重，並且偏差應該是 $y - \hat{y}$ 的倍數。
- **觀察 2**：想像一個句子，其中單詞 *aack* 出現 10 次，*beep* 出現 1 次。如果我們要給這兩個詞的權重加（或減）一個值，那麼認為 *aack* 的權重應該被更新得更多是有道理的，因為這個詞對句子的整體得分更為關鍵。因此，我們應該更新的 *aack* 權重之數量應該乘以 x_{aack}，而應該更新的 *beep* 權重之數量應該乘以 x_{beep}。
- **觀察 3**：我們更新的權重和偏差之數量也應該乘以學習率 η，因為我們要確保這個數字很小。

將這三個觀察結果放在一起，我們得出結論，以下是一組很好的更新的權重：

- $a' = a + \eta(y - \hat{y})x_1$
- $b' = b + \eta(y - \hat{y})x_2$
- $c' = c + \eta(y - \hat{y})$

因此，邏輯技巧的虛擬碼如下。請注意，它與我們在第 5 章「感知器技巧」一節末段學到的感知器技巧的虛擬碼很相似。

邏輯技巧的虛擬碼

輸入：

- 具有權重 a、b 和偏差 c 的邏輯分類器
- 具有座標 (x_1, x_2) 和標籤的點 y
- 小值 η（學習率）

輸出：

- 新權重 a'、b' 和偏差 c' 的感知器至少與該點的輸入感知器一樣好

步驟：

- 感知器在該點做出的預測是 $\hat{y} = \sigma(ax_1 + bx_2 + c)$。

回傳：

- 具有以下權重和偏差的感知器：
  - $a' = a + \eta(y - \hat{y})x_1$
  - $b' = b + \eta(y - \hat{y})x_2$
  - $c' = c + \eta(y - \hat{y})$

我們在邏輯技巧中更新權重和偏差的方式並非巧合，它來自應用梯度下降算法來減少對數損失，其中的數學細節在附錄 B 的「使用梯度下降訓練分類模型」一節中有描述。

為了驗證邏輯技巧在我們的案例中是否有效，讓我們將其應用於當前的資料集上。事實上，我們將對四個點中的每個點應用於這個技巧，看看每個點會對模型的權重和偏差造成多大程度的修改。最後，我們將比較更新前後該點的對數損失，並驗證它確實減少了。對於以下計算，我們使用 $\eta = 0.05$ 的學習率。

使用每個句子進行分類器更新

使用第一個句子：

- 初始權重和偏差：$a = 1$、$b = 2$、$c = -4$
- 標籤：$y = 0$
- 預測：0.953

- 初始對數損失：$-0 \cdot ln(0.953) - 1\ ln(1 - 0.953) = 3.049$
- 點座標：$x_{aack} = 3$、$x_{beep} = 2$
- 學習率：$\eta = 0.01$
- 更新的權重和偏差：
  - $a' = 1 + 0.05 \cdot (0 - 0.953) \cdot 3 = 0.857$
  - $b' = 2 + 0.05 \cdot (0 - 0.953) \cdot 2 = 1.905$
  - $c' = -4 + 0.05 \cdot (0 - 0.953) = -4.048$
- 更新的預測：$\hat{y} = \sigma(0.857 \cdot 3 + 1.905 \cdot 2 - 4.048 = 0.912$（注意預測減少了，所以它現在更接近標籤 0）。
- 最終對數損失：$-0 \cdot ln(0.912) - 1\ ln(1 - 0.912) = 2.426$（請注意，誤差從 3.049 降低到 2.426）。

其他三點的計算見表 6.8。請注意，在表格中，更新後的預測總是比初始預測更接近標籤，並且最終的對數損失總是小於初始的，這意味著無論我們將哪個點用於邏輯技巧，我們都將針對該點改進模型並減少最終的對數損失。

表 6.8 計算所有點的預測、對數損失、更新的權重和更新的預測。

點	座標	標籤	初始預測	對數損失初始值	更新後的權重	更新後的預測	對數損失最終值
1	(3, 2)	0	0.953	3.049	$a' = 0.857$ $b' = 1.905$ $c' = -4.048$	0.912	2.426
2	(1, 2)	1	0.731	0.313	$a' = 1.013$ $b' = 2.027$ $c' = -3.987$	0.747	0.292
3	(0, 1)	1	0.119	2.127	$a' = 1$ $b' = 2.044$ $c' = -3.956$	0.129	2.050
4	(2, 0)	0	0.119	0.127	$a' = 0.988$ $b' = 2$ $c' = -4.006$	0.127	0.123

在本節的開頭，我們討論了邏輯技巧也可以將相對於點來移動邊界線的過程在幾何上視覺化。更具體地說，如果該點被錯誤分類，則該線將移近該點；如果該點被正確分類，則該線遠離該點。我們可以透過在表 6.8 中繪製四種情況下的原始分類器和修改後的分類器來驗證這一點。在圖 6.7 中，你可以看到四個圖，實線是原始分類器，虛線是透過應用邏輯技巧獲得的分類器，使用突出顯示的點。請注意，正確分類的點 2 和點 4 將線推開，而錯誤分類的點 1 和點 3 將線移近。

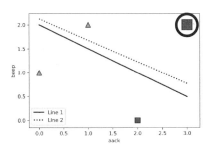

點：(3,2)（錯誤分類）
線 1：$1x_{aack} + 2x_{beep} - 4 = 0$
線 2：$0.857x_{aack} + 1.905x_{beep} - 4.048 = 0$

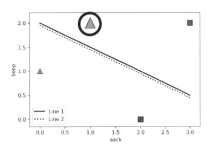

點：(1,2)（正確分類）
線 1：$1x_{aack} + 2x_{beep} - 4 = 0$
線 2：$1.013x_{aack} + 2.027x_{beep} - 3.987 = 0$

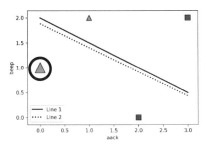

點：(0,1)（錯誤分類）
線 1：$1x_{aack} + 2x_{beep} - 4 = 0$
線 2：$1x_{aack} + 2.044x_{beep} - 3.956 = 0$

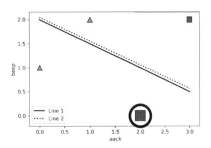

點：(2,0)（正確分類）
線 1：$1x_{aack} + 2x_{beep} - 4 = 0$
線 2：$0.988x_{aack} + 2x_{beep} - 4.006 = 0$

圖 6.7 邏輯技巧應用於四個資料點中的每一個。請注意，對於正確分類的點，線會遠離該點，而對於錯誤分類的點，線會更靠近該點。

重複多次邏輯技巧：邏輯迴歸演算法

邏輯迴歸演算法是我們用來訓練邏輯分類器的算法。與感知器算法中由重複多次
感知器技巧組成的方式相同，邏輯迴歸演算法由重複多次邏輯技巧組成。虛擬碼
如下：

邏輯迴歸演算法的虛擬碼

輸入：

- 資料集的資料點，標記為 1 和 0
- epoch 數量 n
- 學習率 η

輸出：

- 一個邏輯分類器，由配適資料集的一組權重和一個偏差所組成

步驟：

- 從邏輯分類器的權重和偏差的隨機值開始。
- 重複多次：
  - 選擇一個隨機資料點。
  - 使用邏輯技巧更新權重和偏差。

回傳

- 具有更新的權重和偏差的感知器分類器

正如我們之前看到的，邏輯技巧的每次迭代都會將線移近錯誤分類的點，或是遠
離正確分類的點。

隨機、小批量和批量梯度下降

邏輯迴歸演算法與線性迴歸和感知器一樣，是另一種基於梯度下降的算法。如果
我們使用梯度下降來減少對數損失，梯度下降的步驟就變成了邏輯技巧。

通用的邏輯迴歸演算法不僅適用於具有兩個特徵的資料集，而且也適用於有任意
多特徵的資料集。在本例中，就像感知器算法一樣，邊界不會看起來像一條線，
而是看起來像一個高維超平面在高維空間中分割點。但是，我們不需要視覺化這

個高維空間；我們只需要建構一個權重與我們資料中的特徵數量一樣多的邏輯迴歸分類器。邏輯技巧和邏輯算法更新權重的方式，與我們在前幾節所做的類似。

就像我們之前學習的算法一樣，在實踐中，我們不會透過一次選擇一個點來更新模型；相反地，我們使用小批梯度下降（mini-batch gradient descent），也就是我們獲取一批點並更新模型來更好地配適這些點。關於完全通用的邏輯迴歸演算法及使用梯度下降的邏輯技巧，全面的數學推導請參閱附錄 B 的「使用梯度下降訓練分類模型」一節。

編寫邏輯迴歸演算法

在本節中，我們將了解如何手動編寫邏輯迴歸演算法。程式碼部分如下：

- **Notebook**：Coding_logistic_regression.ipynb
  - https://github.com/luisguiserrano/manning/blob/master/Chapter_6_Logistic_Regression/Coding_logistic_regression.ipynb

我們將第 5 章中所使用的同一資料集用來測試我們的程式碼。資料集如表 6.9 所示。

表 6.9 我們將適合邏輯分類器的資料集。

Aack x_1	Beep x_2	標籤 y
1	0	0
0	2	0
1	1	0
1	2	0
1	3	1
2	2	1
2	3	1
3	2	1

載入我們的小資料集的程式碼如下，資料集的繪圖如圖 6.8 所示：

```
import numpy as np
features = np.array([[1,0],[0,2],[1,1],[1,2],[1,3],[2,2],[2,3],[3,2]])
labels = np.array([0,0,0,0,1,1,1,1])
```

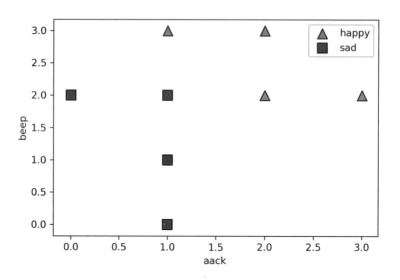

圖 6.8 我們資料集的繪圖，其中快樂的句子用三角形表示，悲傷的句子用正方形表示。

手動編寫邏輯迴歸演算法

在本節中，我們將了解如何手動編寫邏輯技巧和邏輯迴歸演算法。更一般來說，我們將為一個具有 n 個權重的資料集編寫邏輯迴歸演算法。

我們使用的符號如下：

- 特點：$x_1, x_2, ..., x_n$
- 標籤：y
- 權重：$w_1, w_2, ..., w_n$
- 偏差：b

特定句子的分數為每個單詞的權重 (w_i) 乘以出現次數 (x_i) 加上偏差 (b) 之總和的 sigmoid。請注意，我們使用總和符號：

$$\sum\nolimits_{i=1}^{n} a_i = a_1 + a_2 + \cdots + a_n$$

- 預測：$\hat{y} = \sigma(w_1 x_1 + w_2 x_2 + ... + w_n x_n + b) = \sigma(\sum\nolimits_{i=1}^{n} w_i x_i + b)$

對於我們當前的問題，我們將 x_{aack} 和 x_{beep} 分別稱為 x_1 和 x_2，它們對應的權重為 w_1 和 w_2，偏差為 b。

我們首先對 sigmoid 函數、分數和預測進行編碼。回顧一下，sigmoid 函數的公式是：

$$\sigma(x) = \frac{1}{1 + e^{-x}}$$

```
def sigmoid(x):
    return np.exp(x)/(1+np.exp(x))
```

對於分數函式，我們使用特徵和權重之間的點積。回顧一下，向量 $(x_1, x_2, \ldots, x_n)$ 和 $(w_1, w_2, \ldots, w_n)$ 之間的點積是 $w_1 x_1 + w_2 x_2 + \ldots + w_n x_n$。

```
def score(weights, bias, features):
    return np.dot(weights, features) + bias
```

最後，回想一下，預測是應用於分數的 sigmoid 激勵函數。

```
def prediction(weights, bias, features):
    return sigmoid(score(weights, bias, features))
```

現在我們有了預測，我們可以繼續進行對數損失。回顧一下，對數損失的公式是：

$$log\ loss = -y\ ln(\hat{y}) - (1 - y)\ ln(1 - y)$$

我們將該公式編寫程式碼如下：

```
def log_loss(weights, bias, features, label):
    pred = prediction(weights, bias, features)
    return -label*np.log(pred) - (1-label)*np.log(1-pred)
```

我們需要整個資料集的對數損失，因此我們可以添加所有資料點，如下所示：

```
def total_log_loss(weights, bias, features, labels):
    total_error = 0
```

```
    for i in range(len(features)):
        total_error += log_loss(weights, bias, features[i], labels[i])
    return total_error
```

現在我們準備編寫邏輯迴歸技巧和邏輯迴歸演算法。在兩個以上的變數中，回想一下第 i 個權重的邏輯迴歸步驟如下公式，其中 η 是學習率：

- $w_i \rightarrow w_i + \eta(y - \hat{y})x_i$, $i = 1, 2, \dots , n$
- $b \rightarrow b + \eta(y - \hat{y})$, $i = 1, 2, \dots , n$.

```
def logistic_trick(weights, bias, features, label, learning_rate = 0.01):
    pred = prediction(weights, bias, features)
    for i in range(len(weights)):
        weights[i] += (label-pred)*features[i]*learning_rate
        bias += (label-pred)*learning_rate
    return weights, bias

def logistic_regression_algorithm(features, labels, learning_rate = 0.01,
     epochs = 1000):
    utils.plot_points(features, labels)
    weights = [1.0 for i in range(len(features[0]))]
    bias = 0.0
    errors = []
    for i in range(epochs):
        errors.append(total_log_loss(weights, bias, features, labels))
        j = random.randint(0, len(features)-1)
        weights, bias = logistic_trick(weights, bias, features[j], labels[j])
    return weights, bias
```

現在我們可以運行邏輯迴歸演算法來建構適合我們資料集的邏輯分類器，如下所示：

```
logistic_regression_algorithm(features, labels)
([0.46999999999999953, 0.09999999999999937], -0.6800000000000004)
```

我們獲得的分類器具有以下權重和偏差：

- $w_1 = 0.47$
- $w_2 = 0.10$
- $b = -0.68$

圖 6.9 描繪了分類器的繪圖（連同在每個 epoch 中先前分類器的圖）。

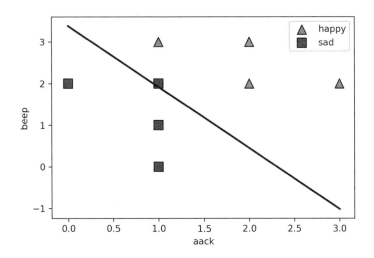

圖 6.9 結果邏輯分類器的邊界。

在圖 6.10 中，我們可以看到所有 epoch 對應的分類器圖（左）和對數損失圖（右）。在中間步驟分類器的圖上（圖 6-10 左），最後一個分類器對應於深色線。從對數損失圖中可以看出，隨著我們將算法運行更多 epoch，對數損失會急劇下降，這正是我們想要的。此外，即使所有點都被正確分類，對數損失也永遠不會為零。這是因為對於任何一點，無論分類得多麼好，對數損失永遠不會為零。相對於第 5 章中的圖 5.26，其中當每個點都被正確分類時，感知器損失確實達到了 0 值。

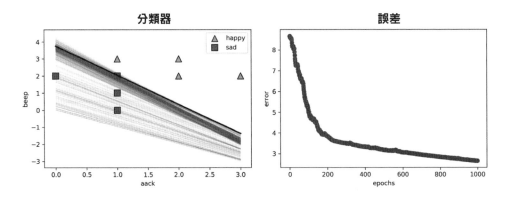

圖 6.10 左：邏輯迴歸演算法所有中間步驟分類器的圖。請注意，我們從一個壞分類器開始，然後慢慢地移向一個好的分類器（粗線）。右：誤差圖。請注意，我們運行邏輯迴歸演算法的 epoch 越多，誤差就越低。

實際應用：
使用 Turi Create 對 IMDB 評論進行分類

在本節中，我們將看到邏輯分類器在情感分析中的實際應用。我們使用 Turi Create 建構了一個模型，用於分析熱門的 IMDB 網站上的電影評論。本節的程式碼如下：

- **Notebook**：Sentiment_analysis_IMDB.ipynb
  - https://github.com/luisguiserrano/manning/blob/master/Chapter_6_Logistic_Regression/Sentiment_analysis_IMDB.ipynb
- **資料集**：IMDB_Dataset.csv

首先，我們導入 Turi Create，下載資料集，並將其轉換成一個 SFrame，我們稱之為 movies，如下：

```
import turicreate as tc
movies = tc.SFrame('IMDB Dataset.csv')
```

資料集的前五列顯示於表 6.10 中。

表 6.10 IMDB 資料集的前五列。評論欄位有評論的文字，情緒欄位有評論的情緒，可以是正面的，也可以是負面的。

評論	情緒
其他評論家之一提到…	正面
一個精彩的小製作…	正面
我認為這是度過美好的一天…	正面
基本上，有一個家庭有點…	負面
Petter Mattei 的「金錢時代的愛情」是一個…	正面

資料集有兩欄，一欄帶有評論，作為字串，一欄帶有情緒，作為正面或負面。首先，我們需要處理字串，因為每個單詞都需要有不同的特徵。text_analytics 套件中的 Turi Create 內建函式 count_words 對這項任務很有用，因為它將一個句子變成了帶有字數統計的字典。例如，句子「to be or not to be」變成了字典 {'to':2, 'be':2, 'or':1, 'not':1}。我們添加一個名為 words 的新欄位，其中包含該字典，如下所示：

```
movies['words'] = tc.text_analytics.count_words(movies['review'])
```

表 6.11 顯示了我們資料集中新欄位的前幾列。

表 6.11 單詞欄位是一個字典，其中記錄了評論中的每個單詞及其出現次數，這是我們的邏輯分類器的特徵欄位。

評論	情緒	單詞
其他評論家之一提到…	正面	{'if': 1.0, 'viewing': 1.0, 'comfortable': 1.0, …
一個精彩的小製作…	正面	{'done': 1.0, 'every': 1.0, 'decorating': 1.0, …
我認為這是度過美好的一天…	正面	{'see': 1.0, 'go': 1.0, 'great': 1.0, 'superm …
基本上，有一個家庭有點…	負面	{'them': 1.0, 'ignore': 1.0, 'dialogs': 1.0, …
Petter Mattei 的「金錢時代的愛情」是一個…	正面	{'work': 1.0, 'his': 1.0, 'for': 1.0, 'anxiously': …

我們準備好訓練我們的模型了！為此，我們使用 logistic_classifier 套件中的 create 函式，在其中我們指定目標（標籤）為 sentiment 欄，特徵為 words 欄。請注意，目標為帶有包含標籤的欄位名稱之字串所表示，但特徵為帶有包含每個特徵的欄位名稱之字串的陣列（如果我們需要指定多欄）所表示，如下所示：

```
model = tc.logistic_classifier.create(movies, features=['words'],
    target='sentiment')
```

現在我們已經訓練了我們的模型，我們可以使用 coefficients 指令查看單詞的權重。 我們得到的表有許多欄，但我們關心的是 index 和 value 欄，它們顯示了單詞及其權重。前五名如下：

- （截距）：0.065
- if：–0.018
- viewing：0.089
- comfortable：0.517
- become：0.106

第一個稱為截距，是偏差，因為模型的偏差是正的，所以空評論是正的，正如我們在第 5 章的「安靜外星人的偏差、y 截距和內在情緒」一節中所學到的。這是有

道理的，因為對電影給予負面評價的使用者往往會留下評論，而許多對電影給予正面評價的使用者則不會留下任何評論。其他的詞是中性的，所以它們的權重意義不大，但是讓我們來探索一些詞的權重，比如 *wonderful*、*horrible* 和 *the*，如下所示：

- wonderful：1.043

- horrible：-1.075

- the：0.0005

正如我們所見，*wonderful* 一詞的權重為正，*horrible* 一詞的權重為負，而單詞 *the* 的權重很小。這是有道理的：*wonderful* 是一個積極的詞，*horrible* 的是一個消極的詞，而 *the* 是一個中性的詞。

作為最後一步，讓我們找到最正面和最負面的評論。為此，我們使用該模型對所有電影進行預測，這些預測將儲存在一個名為 predictions 的新欄位中，使用以下指令：

```
movies['prediction'] = model.predict(movies, output_type='probability')
```

讓我們根據模型找到最正面和最負面的電影。我們透過對陣列進行排序來做到這一點，如下所示：

最正面的評論：

```
movies.sort('predictions')[-1]
```

輸出：「在我看來，很多人不知道 *Blade* 實際上是一部與 *X* 戰警不相上下的超級英雄電影……」

最負面的評論：

```
movies.sort('predictions')[0]
```

輸出：「如果可能的話，甚至比原著還要枯燥…」

我們可以做很多事情來改進這個模型。例如，一些文字處理技術，如刪除標點符號和大寫字母，或刪除停頓詞（如 *the*、*and*、*of*、*it*），往往會給我們帶來更好的結果。但是很高興看到透過幾行程式碼，我們可以建構自己的情感分析分類器！

分類為多個類別：softmax 函數

到目前為止，我們已經看到連續感知器將快樂和悲傷分為兩類。但是如果我們有更多的類呢？在第 5 章的最後，我們討論了在兩個以上的類之間進行分類對於離散感知器來說是很困難的。但是，使用邏輯分類器很容易做到這一點。

想像一個具有三個標籤的圖像資料集：「狗」、「貓」和「鳥」。建構一個分類器為每個圖像預測這三個標籤其中之一的一個方法，是建構三個分類器，每個標籤一個分類器。當新圖像出現時，我們使用這三個分類器中對其進行評估，每個動物對應的分類器回傳圖像為該動物的機率。然後，我們將圖像歸類成回傳最高機率之分類器中的動物。

然而，這並不是理想的方法，因為這個分類器回傳一個離散的答案，例如「狗」、「貓」或「鳥」。如果我們想要一個回傳三種動物機率的分類器怎麼辦？比如說，答案可能是「10% 的狗、85% 的貓和 5% 的鳥」的形式。我們這樣做的方式是使用 softmax 函數。

softmax 函數的工作原理如下：回顧一下，邏輯分類器使用兩步過程進行預測——首先它計算一個分數，然後將 sigmoid 函數應用於這個分數。讓我們忘記 sigmoid 函數並輸出分數。現在想像三個分類器回傳以下分數：

- 狗分類器：3
- 貓分類器：2
- 鳥類分類器：–1

我們如何將這些分數轉化為機率呢？好吧，這有一個想法：我們可以標準化（normalize），這意味著將所有這些數字除以它們的總和，也就是 5，使它們相加為 1。當我們這樣做時，我們得到狗的機率為 3/5，貓的機率為 2/5，鳥的機率為 –1/5。這可行，但並不理想，因為鳥圖像的機率是負數。機率必須始終為正，所以我們需要嘗試不同的東西。

我們需要的是一個總為正向且還在增加的函數。指數函數（exponential function）對此非常有用。任何指數函數，例如 2^x、3^x 或 10^x，都可以完成這項工作。預設情況下，我們使用函數，它具有很好的數學性質（例如 e^x 的導數也是 e^x）。我們將此函數應用於分數，以獲得以下值：

- 狗分類器：$e^3 = 20.085$
- 貓分類器：$e^2 = 7.389$
- 鳥分類器：$e^{-1} = 0.368$

現在，我們要做我們之前做過的事情：標準化，或者除以這些數字的總和，讓它們相加為 1。總和是 20.085 + 7.389 + 0.368 = 27.842，所以我們得到以下結果：

- 狗的機率：20.085/27.842 = 0.721
- 貓的機率：7.389/27.842 = 0.265
- 鳥的機率：0.368/27.842 = 0.013

這是我們三個分類器給出的三個機率。我們使用的函數是 softmax，通用的版本如下：如果我們有 n 個分類器輸出 n 個分數 $a_1, a_2, ..., a_n$，得到的機率是 $p_1, p_2, ..., p_n$，其中：

$$p_i = \frac{e^{a_i}}{e^{a_1} + e^{a_2} + \cdots + e^{a_n}}$$

這個公式被稱為 softmax 函數。

如果我們只對兩個類別使用 softmax 函數會發生什麼？我們會得到了 sigmoid 函數。為什麼不說服自己這是一種練習呢？

總結

- 連續感知器或邏輯分類器與感知器分類器類似，不同之處在於它們不進行離散預測，例如 0 或 1，而是預測 0 和 1 之間的任何數字。

- 邏輯分類器比離散感知器更有用，因為它們為我們提供了更多資訊。除了告訴我們分類器預測哪個類別之外，它們還給了我們一個機率。一個好的邏輯分類器會為標籤為 0 的點分配低機率，並替標籤為 1 的點分配高機率。

- 對數損失是邏輯分類器的誤差函數，它是針對每個點單獨計算的，作為分類器分配給其標籤機率的自然對數的負數。

- 資料集上分類器的總對數損失是每個點的對數損失之總和。

- 邏輯技巧採用標記資料點和邊界線。如果該點錯誤分類，則將線移近該點，如果正確分類，則將線移遠該點。這比感知器技巧更有用，因為如果點被正確分類，感知器技巧不會移動線。

- 邏輯迴歸演算法用來將邏輯分類器配適到標記資料集，它包含從具有隨機權重的邏輯分類器開始，不斷選擇一個隨機點，並應用邏輯技巧以獲得稍微更好的分類器。

- 當我們有幾個類別要預測時，我們可以建構幾個線性分類器，並使用 softmax 函數將它們組合起來。

練習

練習 6.1

一位牙醫在病患資料集上訓練了一個邏輯分類器，以預測他們是否有蛀牙。該模型已確定病患有蛀牙的機率為：

$$\sigma(d + 0.5c - 0.8)$$

其中：

- d 是一個變數，表示病患過去是否有另一顆蛀牙
- c 是一個變數，表示病患是否吃糖果

例如，如果病患吃糖果，則 $c=1$，如果不吃，則 $c=0$。去年吃糖果並接受蛀牙治療的病患今天有蛀牙的機率是多少？

練習 6.2

考慮將預測 $\hat{y} = \sigma(2x_1 + 3x_2 - 4)$ 分配給點 (x_1, x_2) 和標記為 0 的點 $p = (1, 1)$ 的邏輯分類器。

- a. 計算模型對點 p 的預測 $\hat{y}$。

- b. 計算模型在點 p 處產生的對數損失。

- c. 使用邏輯技巧來獲得一個產生較小對數損失的新模型。你可以使用 $\eta=0.1$ 作為學習率。

- d. 在點 p 處找到新模型給出的預測，驗證所得到的對數損失比原來的要小。

練習 6.3

使用練習 6.2 陳述中的模型，找到預測值為 0.8 的點。

> **提示**　首先找到預測為 0.8 的分數，並回憶預測為 $\hat{y} = \sigma(\text{score})$。

本章包含

- 模型可能犯的錯誤類型：偽陽性和偽陰性

- 將這些錯誤放在一個表格中：混淆矩陣

- 什麼是準確率、召回率、精確率、F 值、敏感性和特異性，以及它們如何用於評估模型

- 什麼是 ROC 曲線，它如何同時追蹤敏感性和特異性

USER FRIENDLY by J.D. "Illiad" Frazer

本章與前兩章略有不同，它不專注於建構分類模型；相反地，本章著重於評估它們。對於機器學習專家而言，能夠評估不同模型的效能與能夠訓練它們同等重要。我們很少在資料集上訓練單一模型；我們訓練了幾種不同的模型，並選擇表現最好的一種。我們還需要確保模型在上線之前具有良好的品質。一個模型的品質並不總是容易衡量的，在本章中，我們要學習幾種評估分類模型的技術。在第 4 章中，我們學習了如何評估迴歸模型，因此我們可以將本章視為它的類比，只是用於分類模型。

衡量分類模型效能的最簡單方法是計算其準確率（accuracy）；然而，我們將看到準確率並不能描繪出全部情況，因為有些模型表現出很高的準確率，但無論如何都不是好的模型。為了解決這個問題，我們將定義一些有用的指標，例如精確率（precision）和召回率（recall），然後我們將它們組合成一個新的、更強大的指標，稱為 F 分數。這些指標被資料科學家廣泛用來評估他們的模型；然而，在其他學科（例如醫學）中，則使用其他類似的指標，例如敏感性（sensitivity）和特異性（specificity）；使用這兩個指標，我們將能建構一條曲線，稱為接收者操作特徵曲線（ROC）。ROC 曲線是一個簡單的繪圖，可以讓我們深入了解我們的模型。

準確率：我的模型多久正確一次？

在這一節中，我們將討論準確率，這是分類模型最簡單和最常見的度量（measure）。模型的準確率是模型正確次數的百分比，換句話說，它是正確預測資料點的數量與資料點總數之間的比率。例如，如果我們在一個有 1,000 個樣本的測試資料集上評估一個模型，該模型正確預測了 875 次樣本的標籤，那麼該模型的準確率為 875/1,000 =0.875，即 87.5%。

準確率是評估分類模型最常用的方法，我們應該一直使用它。然而，我們很快就會看到，有時候準確率並不能完全描述模型的效能。讓我們先來看兩個我們將在本章中學習的例子。

模型的兩個案例：冠狀病毒和垃圾郵件

在本章中，我們要使用我們的指標在兩個資料集上來評估幾個模型。第一個資料集是病患的**醫療資料集**，其中一些病患被診斷出患有冠狀病毒。第二個資料集是

被標記為垃圾郵件或正常郵件的電子郵件資料集。正如我們在第 1 章中所了解的，
spam 是垃圾郵件的術語，而 *ham* 是正常郵件的術語。在第 8 章中，當我們學習單
純貝氏分類算法時，我們將更詳細地研究這樣的資料集。在本章中，我們並沒有
建構模型，相反地，我們把模型當作黑箱，並根據它們預測正確或錯誤的資料點
數量來評估它們。這兩個資料集都是完全虛構的。

醫療資料集：一組被診斷出患有冠狀病毒的病患

我們的第一個資料集是一個包含 1,000 名病患的醫療資料集，其中 10 人被診斷出
患有冠狀病毒，其餘 990 人被診斷為健康。因此，該資料集中的標籤是「生病」
或「健康」，與其診斷相對應。模型的目標是根據每個病患的特徵預測診斷。

電子郵件資料集：一組標記為垃圾郵件或正常的電子郵件

我們的第二個資料集是 100 封電子郵件的資料集，其中，40 封是垃圾郵件，其餘
60 封為正常郵件。該資料集中的標籤是「垃圾郵件」和「正常郵件」，模型的目
標是根據電子郵件的特徵預測標籤。

一個超級有效但超級沒用的模型

準確率是一個非常有用的指標，但它是否描繪了模型的全貌？其實並沒有，我們
將用一個例子來說明這一點。現在，讓我們看看冠狀病毒資料集。我們將在下一
節中回到電子郵件資料集。

假設一位資料科學家告訴我們以下內容：「我開發了一種冠狀病毒檢測，運行時間
為 10 秒，不需要任何檢查，準確率高達 99％！」。我們應該興奮還是懷疑呢？我
們可能會持懷疑態度。為什麼呢？我們很快就會發現，計算模型的準確率有時是
不夠的，我們的模型可能有 99％ 的準確率，但完全沒用。

我們能想出一個完全無用的模型來預測我們資料集中的冠狀病毒，但 99％ 都是正
確的嗎？回顧一下，我們的資料集包含 1,000 名病患，其中 10 名患有冠狀病毒。
請你暫時放下這本書，想一想如何建立一個檢測冠狀病毒的模型，並使模型對於
該資料集來說 99％ 的時間都是正確的。

它可能是這樣的模型：簡單地將每個病患都診斷為健康的。這是一個簡單的模型，
但它仍然是一個模型；它是將所有東西都預測為一個類別的模型。

這個模型的準確率如何？好吧，在 1,000 次嘗試中，錯誤 10 次，正確 990 次，正如我們承諾的那樣，這使得準確率高達 99%。然而，該模型等於告訴所有人，他們在新冠疫情中仍是健康的，這太可怕了！

那麼我們的模型有什麼問題呢？問題在於，錯誤並非平等的，有些錯誤比其他錯誤更加昂貴，我們將在下一節中看到這點。

如何解決準確率問題？
定義不同類型的錯誤以及如何衡量它們

在上一節中，我們建立了一個精準度很高的無用模型。在本節，我們要研究出了什麼問題，也就是說，我們研究在那個模型中計算準確率的問題是什麼，並引入了一些略有不同的指標，這些指標將使我們更好地評估該模型。

我們需要研究的第一件事是錯誤的類型。在下一節中，我們將看到一些錯誤比其他錯誤更嚴重。然後在「在表格中儲存正確和錯誤分類的點」到「召回率、精確率或 F-scores」小節中，我們要學習不同的指標，這些指標比準確率更能捕捉這些關鍵錯誤。

偽陽性和偽陰性，哪種更糟？

在許多情況下，錯誤的總數並不能告訴我們模型效能的所有資訊，我們需要更深入地挖掘，並以不同的方式識別某些類型的錯誤。在本節中，我們看到兩種類型的錯誤。冠狀病毒模型可能犯的兩種錯誤是什麼？它可能將健康的人診斷為生病的或將病患診斷為健康的。在我們的模型中，按照慣例，我們將患病的病患標記為陽性。這兩種錯誤類型稱為偽陽性和偽陰性，如下所示：

- **偽陽性**（False positive）：一名健康的人被錯誤診斷為病患
- **偽陰性**（False negative）：一名病患被錯誤診斷為健康的人

在一般情況下，偽陽性是具有負標籤的資料點，但模型錯誤地將其分類為陽性；偽陰性是具有正標籤的資料點，但模型錯誤地將其分類為陰性。自然地，被正確診斷的病例也有名字，如下所示：

- **真陽性（True positive）：** 一名病患被診斷為病患
- **真陰性（True negative）：** 一名健康的人被診斷為健康的

在一般情況下，真陽性是指一個具有正確分類為陽性的陽性標籤的資料點，而真陰性是具有正確分類為陰性的陰性標籤的資料點。

現在，讓我們看一下電子郵件資料集。假設我們有一個模型可以預測每封電子郵件是垃圾郵件還是正常郵件。我們認為陽性的是垃圾郵件。因此，我們的兩種錯誤如下：

- **偽陽性：** 被錯誤歸類為垃圾郵件的正常郵件
- **偽陰性：** 被錯誤歸類為正常郵件的垃圾郵件

正確分類的電子郵件如下：

- **真陽性：** 被正確歸類為垃圾郵件的垃圾郵件
- **真陰性：** 被正確歸類為正常郵件的正確郵件

圖 7.1 顯示了模型的圖形，其中垂直線是邊界，線左側的區域是負區域，右側的區域是正區域。三角形是帶有正標籤的點，圓圈是帶有負標籤的點。上面定義的四個量如下：

- 線右側的三角形：真陽性
- 線左側的三角形：偽陰性
- 圓圈右側：偽陽性
- 圓圈左側：真陰性

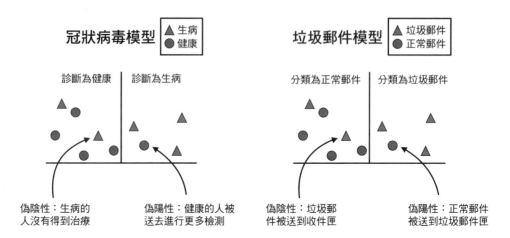

圖 7.1 兩個在現實生活中廣泛使用的模型案例，我們將在本章中使用它們。左側是冠狀病毒模型，人們被診斷為健康或生病的。右側是垃圾郵件偵測模型，將電子郵件分類為垃圾郵件或正常郵件。對於每個模型，我們都強調了一些它們的錯誤，並區分為偽陽性和偽陰性。

請注意，圖 7.1 中的兩個模型都產生以下量：

- 三個真陽性
- 四個真陰性
- 一個偽陽性
- 兩個偽陰性

要查看冠狀病毒模型和垃圾郵件模型之間的區別，我們需要分析一下偽陽性和偽陰性之間哪個更糟。讓我們分別對這兩個模型進行分析。

分析冠狀病毒模型中的偽陽性和偽陰性結果

讓我們停下來想一想。在冠狀病毒模型中，哪一個聽起來像是一個更嚴重的錯誤：偽陽性還是偽陰性？換句話說，哪種情形比較糟糕呢：錯誤地將健康的病患診斷為生病，還是將生病的病患錯誤地診斷為健康？假設當我們診斷出病患為健康時，我們將他們送回家而不進行任何治療，而當我們診斷出病患生病時，我們會送他們去進行更多檢查。錯誤地診斷出健康的人可能是一件小麻煩，因為這意味

著健康的人將不得不留下來進行額外的檢查；然而，錯誤地診斷病患意味著病患不會得到治療，他們的病情可能會惡化，而且可能會傳染給許多其他的人。因此，**在冠狀病毒模型中，偽陰性比偽陽性更糟糕**。

分析垃圾郵件模型中的偽陽性和偽陰性結果

現在我們將對垃圾郵件模型進行相同的分析。在本例中，假設我們的垃圾郵件分類器將電子郵件分類為垃圾郵件，那麼這封電子郵件將被自動刪除，如果被歸類為正常郵件，則電子郵件將發送到我們的收件匣。哪一個聽起來是更嚴重的錯誤：偽陽性還是偽陰性？換句話說，哪種情形比較糟糕呢：將正常郵件錯誤地分類為垃圾郵件並將其刪除，還是將垃圾郵件錯誤地分類為正常郵件並將其發送到收件匣？我想我們可以同意，刪除一封好的電子郵件比將垃圾郵件發送到收件匣要來得糟糕。我們收件匣中偶爾出現的垃圾郵件可能很煩人，但正常郵件被刪掉可能是一場徹底的災難！想像一下，如果我們的祖母發了一封非常親切的電子郵件，告訴我們她烤了餅乾，而我們的過濾器卻把它刪掉了，那麼我們會感到多麼難過啊。因此，**在垃圾郵件模型中，偽陽性比偽陰性更糟糕**。

這就是兩個模型不之處。在冠狀病毒模型中偽陰性更糟糕，而在垃圾郵件模型中偽陽性更糟糕。對這兩個模型中的任何一個模型測量準確率的問題在於，準確率認為這兩種類型的錯誤同樣嚴重，並且沒有將它們區分開來。

在「一個超級有效但超級沒用的模型」一節中，我們有一個模型案例，該模型將每個病患診斷為健康。該模型在 1,000 名病患中僅出現 10 個錯誤。然而，這 10 個都是偽陰性，這太可怕了；如果這 10 個是偽陽性，那麼模型會好得多。

在接下來的一節中，我們將設計兩個類似於準確率的新指標，第一個指標幫助我們處理偽陰性較嚴重的模型，而第二個指標幫助我們處理偽陽性較嚴重的模型。

在表格中儲存正確和錯誤分類的點：混淆矩陣

在上一小節中，我們了解了偽陽性、偽陰性、真陽性和真陰性。為了追蹤這四個實體，我們把它們放在一個表中，恰當地命名為*混淆矩陣*（*confusion matrix*）。對於二元分類模型（預測兩個類別的模型），混淆矩陣有兩列兩欄。在列中，我們寫下真實的標籤（在醫療案例中，列是病患的狀況是生病或健康的）；在欄中，我

們寫下預測的標籤（病患的診斷為生病或健康）。一般混淆矩陣如表 7.1 所示，這兩個資料集中模型的具體案例如表 7.2 至 7.5 所示，這被稱為混淆矩陣，因為它可以很容易地看出模型是否混淆了兩個類別，即陽性（生病）和陰性（健康）。

表 **7.1** 混淆矩陣幫助我們計算每個類被正確預測的次數、以及每個類別與不同類別混淆的次數。在這個矩陣中，列代表標籤，欄代表預測結果。對角線上的元素為正確分類，對角線以外的元素分類不正確。

病患情形	預測陽性	預測陰性
陽性	真陽性的數量	偽陰性的數量
陰性	偽陽性的數量	真陰性的數量

對於我們現有的模型（診斷每個病患為健康的模型），從現在開始我們稱之為冠狀病毒模型 1，其混淆矩陣如表 7.2 所示。

表 **7.2** 我們冠狀病毒模型的混淆矩陣幫助我們深入研究我們的模型，並將兩種類型的錯誤區分開來。該模型產生 10 個偽陰性錯誤（病患被診斷為健康的）和零個偽陽性錯誤（健康人被診斷為生病）。請注意，這個模型產生了太多的偽陰性，這是這種情況下最糟糕的錯誤類型，所以代表這個模型不是很好。

冠狀病毒模型 **1**	診斷生病（預測陽性）	診斷健康（預測陰性）
生病（陽性）	0（真陽性數量）	10（偽陰性數量）
健康（陰性）	0（偽陽性數量）	990（真陰性數量）

對於有更多類別的問題，我們會有一個更大的混淆矩陣。例如，如果我們的模型將圖像分類為水豚、鳥類、貓和狗，那麼我們的混淆矩陣是一個 4×4 的矩陣，其中沿著列我們有真正的標籤（動物的類型），沿著欄我們有預測的標籤（模型預測的動物類型）。這個混淆矩陣還有一個特性，就是正確分類的點被計算在對角線上，而錯誤分類的點被計算在對角線之外。

召回率：在陽性的例子中，我們正確分類了多少？

既然我們知道了這兩種類型的錯誤，在本節中，我們將學習一個指標，該指標將給冠狀病毒模型 1 一個較低的分數。我們已經確定，這個模型的問題在於它給了我們太多的偽陰性，也就是說，它把太多病患診斷為健康的。

讓我們暫時假設我們完全不介意偽陽性。假設如果模型診斷出一個健康的人生病了，這個人可能需要進行額外的檢測或隔離一段時間，但這完全沒有問題。當然，情況並非如此，偽陽性也很昂貴，但現在，讓我們假裝它們不貴。在本例中，我們需要一個指標來代替準確率，並且著重於要找到陽性案例，而不太關心錯誤地分類陰性案例。

為了找到這個指標，我們需要評估我們的目標是什麼。如果我們想治好冠狀病毒，那麼我們真正想要的是：找到這世界上所有的病患。如果不小心找到了其他沒生病的人也沒關係，只要找到所有生病的人，這才是關鍵。這個被稱為**召回率**（*recall*）的新指標正是為了精確測量這一點：在病患中，有多少人被我們的模型正確診斷？

用更一般的術語來說，召回率是在帶有陽性標籤的資料點中找到正確預測的比例，就是真陽性數除以陽性總數。冠狀病毒模型 1 在 10 個陽性中總共有 0 個真陽性，因此它的召回率為 0/10 = 0。另一種說法是真陽性的數量除以真陽性和偽陰性的總和，如下所示：

$$召回率 = \frac{真陽性}{真陽性 + 偽陰性}$$

相較之下，假設我們有第二個模型，稱為冠狀病毒模型 2，這個模型的混淆矩陣如表 7.3 所示。第二個模型比第一個模型犯了更多的錯誤：總共犯了 50 個錯誤，而不只有 10 個。第二個模型的準確率是 950/1,000 =0.95，或 95%。在準確率方面，第二個模型不如第一個模型。

然而，第二個模型正確診斷出 10 名病患中的 8 名，和 1,000 名病患中的 942 名；換句話說，它有 2 個偽陰性和 48 個偽陽性。

表 7.3　我們第二個冠狀病毒模型的混淆矩陣。

冠狀病毒模型 2	診斷生病	診斷健康
生病	8（真陽性數量）	2（偽陰性數量）
健康	48（偽陽性數量）	942(真陰性數量)

該模型的召回率是真陽性數（8 名病患正確診斷）除以陽性總數（10 名病患），8/10 = 0.8，即 80%。在召回率方面，第二個模型要好得多。為了清楚起見，讓我們將這些計算方法總結如下：

冠狀病毒模型 1：

真陽性（病患被診斷出生病並送去進行更多檢查）= 0

偽陰性（病患被診斷為健康並被送回家）= 10

召回率 = 0/10 = 0%

冠狀病毒模型 2：

真陽性（病患被診斷出生病並送去接受更多檢查）= 8

偽陰性（病患被診斷為健康並被送回家）= 2

召回率 = 8/10 = 80%

像冠狀病毒模型這樣的模型，偽陰性比偽陽性要昂貴得多，是高召回率模型（*high recall models*）。

現在我們有了一個更好的指標，我們可以像欺騙準確率一樣欺騙這個指標嗎？換句話說，我們可以建立一個具有全部召回率的模型嗎？好吧，準備好迎接驚喜：我們可以！如果我們建立一個模型來診斷每個病患都生病了，這個模型有 100% 的召回率；然而，這個模型也很糟糕，因為雖然它的偽陰性為零，但它有太多的偽陽性，不能使它成為一個好的模型。因此我們似乎仍需要更多指標才能正確評估我們的模型。

精確率：
在我們分類為陽性的樣本中，我們正確分類了多少？

在上一節中，我們要學習召回率，這是一個衡量我們的模型在處理偽陰性時表現的指標。該指標適用於冠狀病毒模型，但我們已經看到，該模型不能承受太多的偽陰性。在本節中，我們將學習一個類似的指標，精確率（*precision*），它衡量我們的模型在偽陽性方面的表現。我們將使用這個指標來評估垃圾郵件模型，因為這個模型不能承受太多的偽陽性。

就像我們對召回率所做的那樣，要提出一個指標，首先需要定義我們的目標。我們想要一個不會刪除任何正常郵件的垃圾郵件過濾器；它不會刪除郵件，而是將郵件發送到垃圾郵件匣，然後我們需要查看那個垃圾郵件匣，並且希望不會看到任何一封正常郵件。因此，我們的指標應該要精確測量：在我們的垃圾郵件匣中的郵件，實際上有多少是垃圾郵件？換句話說，在預測為垃圾郵件的電子郵件中，有多少實際上是垃圾郵件？這是我們的指標，我們稱之為**精確率**。

更正式地說，精確率只考慮被標記為陽性的資料點中，有多少是真正的陽性；由於預測為陽性的資料點是真陽性和偽陽性的聯集，所以公式如下：

$$精確率 = \frac{真陽性}{真陽性 + 偽陽性}$$

請記住，在我們的 100 封電子郵件資料集中，40 封是垃圾郵件，60 封是正常郵件。假設我們訓練了以下兩個模型，分別稱為垃圾郵件模型 1 和垃圾郵件模型 2。它們的混淆矩陣如表 7.4 和 7.5 所示。

表 7.4 第一個垃圾郵件模型的混淆矩陣。

垃圾郵件模型 1	預測為垃圾郵件	預測為正常郵件
垃圾郵件	30（真陽性數量）	10（偽陰性數量）
正常郵件	5（偽陽性數量）	55（真陰性數量）

表 7.5 第二個垃圾郵件模型的混淆矩陣。

垃圾郵件模型 2	預測為垃圾郵件	預測為正常郵件
垃圾郵件	35（真陽性數量）	5（偽陰性數量）
正常郵件	10（偽陽性數量）	50（真陰性數量）

就準確率而言，這兩種模型似乎一樣好，因為它們都能在 85% 的時間中做出了正確的預測（100 封電子郵件中有 85 封正確）。不過乍看之下，似乎第一個模型比第二個更好，因為第一個模型只刪除了 5 封正常郵件，而第二個刪除了 10 封。現在讓我們計算精確率如下：

垃圾郵件模型 1：

- 真陽性（垃圾郵件被刪除）= 30
- 偽陽性（正常郵件被刪除）= 5
- 精確率 = 30/35 = 85.7%

垃圾郵件模型 2：

- 真陽性（垃圾郵件被刪除）= 35
- 偽陽性（正常郵件被刪除）= 10
- 精確率 = 35/45 = 77.7%

正如我們所想的：精確率給第一個模型的分數高於第二個模型。我們得出的結論是，像垃圾郵件模型這類的模型，偽陽性比偽陰性要昂貴得多，是**高精確率模型**。為什麼第一個模型比第二個更好？第二個模型刪除了 10 封好的（正常）電子郵件，但第一個模型只刪除了其中的 5 個。第二個模型可能比第一個模型清理了更多的垃圾郵件，但這並不能彌補它刪除的五封正常郵件。

現在，就像我們欺騙準確率和召回率一樣，我們也可以欺騙精確率。考慮以下垃圾郵件過濾器：一個從未檢測任何垃圾郵件的垃圾郵件過濾器。這個模型的精確率是多少呢？這很複雜，因為它有 0 封垃圾郵件被刪除（0 真陽性）和 0 封正常郵件被刪除（0 偽陽性）。我們不會嘗試將 0 除以 0，因為這本書會被燒掉，但按照慣例，一個不犯偽陽性錯誤的模型擁有 100% 的精確率。但是，當然，一個什麼都不做的垃圾郵件過濾器並不是一個好的過濾器。

這說明，無論我們的指標有多好，它們總是可能無法反應現實。但這不意味著它們沒有用。準確率、精確率和召回率對資料科學家而言都是有用的工具。我們要確定哪些錯誤的代價比較高，並自己決定哪些工具適合我們的模型。小心不要在沒有使用不同的指標來評估模型之前，就認為它是好個模型。

結合召回率和精確率作為最佳化兩者的一種方式：F-score

在本節中，我們將討論 F-score，這是一個結合了召回率和精確率的指標。在前面的章節中，我們看到了兩個案例：冠狀病毒模型和垃圾郵件模型，其中偽陰性或

偽陽性更為重要；然而，在現實生活中，兩者都很重要，即使它們的重要程度不同。舉例來說，我們可能想要一個模型不會誤診任何病患但也不會誤診太多健康的人，因為誤診健康的人可能涉及不必要和痛苦的檢查，甚至是不必要的手術，這可能會影響他們的身體健康。同樣，我們可能想要一個模型不會刪除任何正常郵件，但能成為一個好的垃圾郵件過濾器，它仍然需要捕獲大量垃圾郵件，否則它是沒有用的。F-score 有一個參數 β 伴隨它，所以更常用的術語是 F_β-score。當 $\beta = 1$ 時，稱為 F_1-score。

計算 F-score

我們的目標是找到一個指標，讓我們在召回率和準確率之間給出一些數字。首先想到的是召回率和準確率之間的平均值。這行得通嗎？它可行，但不是我們選擇的那個，原因是：一個好的模型是具有良好召回率和良好精確率的模型。例如，如果一個模型的召回率為 50%，精確率為 100%，則平均值為 75%。這是一個不錯的分數，但模型可能不是，因為 50% 的召回率不是很好。我們需要一個表現得像平均值但更接近兩者最小值的指標。

類似於兩個數字平均值的數稱為調和平均值（*harmonic mean*）。兩個數 a 和 b 的平均值是 $(a + b)/2$，它們的調和平均值是 $2ab/(a + b)$。調和平均有個性質：它總是小於或等於平均值。如果數字 a 和 b 相等，則可以快速檢查它們的調和平均值是否等於它們兩者，就像平均值一樣；但在其他情況下，調和平均值會比較小。我們來看一個例子：如果 $a=1$ 和 $b=9$，它們的平均值是 5。調和平均值是 $\dfrac{2 \cdot 1 \cdot 9}{1 + 9} = 1.8$。

F_1-score 定義為精確率和召回率之間的調和平均值，如下所示：

$$F_1 = \frac{2PR}{P + R}$$

如果兩個數字都很高，則 F_1-score 很高，但如果其中一個較低，則 F_1-score 將較低。F_1-score 的目的是衡量召回率和精確率是否都很高，並在這兩個分數之一較低時發出警示。

計算 F$_\beta$-score

在上一小節中，我們了解了 F_1-score，這是一個結合了召回率和準確率的分數，用於評估模型。然而，有時我們想要召回率高於精確率，反之亦然。因此，當我們結合這兩個分數時，我們可能希望給其中一個更高的權重，這意味著有時我們可能想要一個模型既關心偽陽性又關心偽陰性，但對其中一個分配更多權重。例如，冠狀病毒模型更關心偽陰性，因為人們的生命可能取決於對病毒的正確識別，但它仍然不想造成太多偽陽性，因為我們可能不想花費過多的資源對健康的人進行重新檢查。而垃圾郵件模型更關心偽陽性，因為我們真的不想刪除好的電子郵件，但仍然不想建立太多偽陰性，因為我們不希望收件匣裡堆滿垃圾郵件。

這就是 F_β-score 發揮作用的地方。F_β-score 的公式起初可能看起來很複雜，但一旦我們仔細觀察它，它就會完全符合我們的要求。F_β-score 使用一個稱為 β（希臘字母 beta）的參數，它可以取任何正值。β 的意義在於充當一個旋鈕，我們轉動它來強調精確率或召回率。更具體地說，如果我們將旋鈕滑動到零，我們將獲得完全的精確率；如果我們把它滑到無窮大，我們就會得到完全的召回率。一般來說，β 值越低，我們越強調精確率；值越高，我們越強調召回率。F_β-score 定義如下（其中精確率為 P，召回率為 R）：

$$F_\beta = \frac{(1+\beta^2)PR}{\beta^2 P + R}$$

讓我們透過查看 β 的一些值來仔細分析這個公式。

案例 1：β=1

當 β=1 時，**F$_\beta$-score** 變為以下：

$$F_1 = \frac{\left(1+1^2\right)PR}{1^2 P + R}$$

這與同等考慮召回率和精確率的 F_1-score 相同。

案例 2：β=10

當 β=10 時，F_β-score 變為以下：

$$F_{10} = \frac{\left(1+10^2\right)PR}{10^2 P + R}$$

又可以寫成：

$$\frac{101\,PR}{100P+R}$$

這類似於 F_1-score，只是注意到它的重要性遠遠超過對 P 的重要性。要看到這一點，請注意，當 β 趨向於 F_β-score 的 ∞ 時，其極限是 R。因此，當我們想要一個介於召回率和精確率之間的分數，以給予召回率更多權重時，我們選擇一個大於 1 的 β 值，值越大，我們對召回率的重視程度越高，而對精確率的重視程度越低。

案例 3：β=0.1

當 β=0.1 時，F_β-score 變為以下：

$$F_{0.1} = \frac{\left(1+0.1^2\right)PR}{0.1^2 P + R}$$

又可以寫成：

$$\frac{1.01\,PR}{0.01P+R}$$

這類似於案例 2 中的公式，只是這個公式給予 P 更多的重要性。因此，當我們想要一個在召回率和精確率之間的分數時，我們會選擇一個小於 1 的 β 值，這個值越小，我們就越強調精確率而不重視召回率。在極限中，我們說 β=0 的值給了我們精確率，而 β=∞ 的值給了我們召回率。

召回率、精確率或 F-scores：我們應該使用哪一個？

現在，我們如何將召回率和精確率付諸實踐呢？當我們有一個模型時，它是一個高召回率模型還是一個高精確率模型？我們是否使用 F-scores？如果是的話，我們應該選擇哪個 β 值？這些問題的答案是由我們這些資料科學家來決定的。對我們來說，重要的是要很好地了解我們要解決的問題，以決定在偽陽性和偽陰性之間哪種錯誤更昂貴。

在前面的兩個例子中，我們可以看到，由於冠狀病毒模型需要更多關注召回率而非精確率，我們應該選擇一個較大的 β 值，比如 2。相較之下，垃圾郵件模型需要對精確率比對召回率有更多關注，所以我們應該選擇一個小的 β 值，比如 0.5。有關分析模型和估計要使用何種值的更多練習，請參閱本章最後面的練習 7.4。

評估我們模型的有用工具：
接收者操作特徵（ROC）曲線

在「如何解決準確率問題？」一節中，我們學習了如何使用精確率、召回率和 F-scores 等指標來評估模型。我們還了解到，評估模型的主要挑戰之一在於存在不止一種類型的錯誤，並且不同類型的錯誤具有不同的重要性層級。我們學習了兩種類型的錯誤：偽陽性和偽陰性。在某些模型中，偽陰性比偽陽性要昂貴得多，而在某些模型中，情況恰恰相反。

在本節中，我將教你一種有用的技術，可以同時根據模型在偽陽性和偽陰性上的表現來評估模型。此外，這種方法有一個重要的特點：一個旋鈕，使我們能夠在一個對偽陽性上表現良好的模型、和一個對偽陰性上表現良好的模型之間逐步切換。這種技術是基於一條曲線，稱為**接收者操作特徵曲線**（*ROC，receiver operating characteristic*）。

在我們學習 ROC 曲線之前，我們需要引入兩個新的指標，稱為特異性（specificity）和敏感性（sensitivity）。事實上，其中只有一個是新的，另一個，我們曾見過。

敏感性和特異性：評估我們模型的兩種新方法

在「如何解決準確率問題？」一節中，我們將召回率和精確率定義為我們的指標，並發現它們是衡量我們模型之偽陰性和偽陽性的有用工具。但是，在本節中，我們使用兩個不同但非常相似的指標：敏感性和特異性。這兩個指標和前面有類似的用途，但是當我們必須建構 ROC 曲線時，它們對我們更為有用。此外，儘管資料科學家較廣泛地使用精確率和召回率，但在醫學領域敏感性和特異性更為常見。敏感性和特異性定義如下：

敏感性（真陽性率）：能識別出標記為陽性資料點的測試能力，此為真陽性數與陽性總數之間的比率（注意：這與召回率相同）。

$$敏感性 = \frac{真陽性}{真陽性 + 偽陰性}$$

特異性（真陰性率）：能識別出標記為陰性資料點的測試能力，此為真陰性數與陰性總數之間的比率。

$$特異性 = \frac{真陰性}{真陰性 + 偽陽性}$$

正如我所提到的，敏感性與召回率相同。但是，特異性與精確率不同（每個術語在不同學科中都很流行，因此，我們在這裡都使用它們）。我們在「召回率是敏感性，但精確率和特異性是不同的」一節中更詳細地說明。

在冠狀病毒模型中，敏感性是模型正確診斷出的病患在所有病患中的比例，而特異性是模型在健康的人中正確診斷出健康的人之比例。我們更關心正確診斷病患，因此我們需要冠狀病毒模型具有高敏感性（*high sensitivity*）。

在垃圾郵件偵測模型中，敏感性是我們正確刪除的垃圾郵件在所有垃圾郵件中的比例，而特異性是我們正確發送到收件匣的正常郵件在所有正常郵件中的比例。因為我們更關心正確檢測正常郵件，所以我們需要垃圾郵件偵測模型具有高特異性（*high specificity*）。

為了澄清前面的概念，讓我們在我們正研究的圖形例子中看看這兩個指標，也就是說，讓我們在圖 7.2 中計算兩個模型的特異性和敏感性（與圖 7.1 相同）。

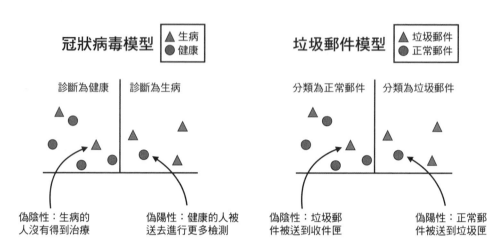

圖 7.2　左側為冠狀病毒模型，人們被診斷為健康或生病；右側為垃圾郵件偵測模型，其中電子郵件被分類為垃圾郵件或正常郵件。

正如我們之前看到的，這兩個模型產生以下數量：

- 三個真陽性
- 四個真陰性
- 一個偽陽性
- 兩個偽陰性

現在讓我們計算這些模型的敏感性和特異性。

計算敏感性

在本例中，我們計算敏感性如下：在陽性的點中，模型正確分類了多少？這相當於問：在三角形中，有多少個位於直線的右側？有五個三角形，模型將其中三個正確分類到直線的右側，因此敏感性為 3/5，等於 0.6，即 60%。

計算特異性

我們計算特異性如下：在陰性的點中，模型正確分類了多少？這相當於問：在圓形中，有多少個位於直線的左側？有五個圓形，模型將其中四個正確分類到線的左側，因此特異性為 4/5，等於 0.8，即 80%。

接收者操作特徵（ROC）曲線：
一種最佳化模型敏感性和特異性的方法

在本節中，我們將了解如何繪製接收者操作特徵（ROC）曲線，這將提供我們很多有關模型的資訊。簡而言之，我們要做的就是慢慢修改模型，並記錄模型在每個時間步驟的敏感性和特異性。

我們需要對模型做出的第一個也是唯一的假設是，它將預測結果作為一個連續值回傳，即作為一個機率回傳。對於像邏輯分類器這樣的模型來說，預測結果不是一個類別，像是正／負，而是一個介在 0 和 1 之間的值，如 0.7。我們通常對這個值做的事情是選擇一個閾值，例如 0.5，並將收到的預測值高於或等於閾值的預測的每個點分類為陽性，其他的點分類為陰性；然而，這個閾值可以是任何的值，不一定是 0.5。我們的步驟包括將此閾值從 0 一直更改到 1，並記錄在每個閾值下模型的敏感性和特異性。

讓我們來看一個例子。我們計算三個不同閾值（0.2、0.5 和 0.8）的敏感性和特異性。在圖 7.3 中，我們可以看到對於這些閾值中的每一個的線之左側和右側有多少個點。讓我們來詳細研究一下它們。請記住，敏感性是真陽性與所有陽性的比率，特異性是真陰性與所有陰性的比率；還要記住，不論哪一個閾值，都實際上有五個陽性和五個陰性。

閾值 =0.2

真陽性數：4

敏感性：4/5

真陰性數：3

特異性：3/5

閾值 =0.5

真陽性數：3

敏感性：3/5

真陰性數：4

特異性：4/5

閾值 =0.8

真陽性數：2

敏感性：2/5

真陰性數：5

特異性：5/5=1

請注意，低閾值會導致許多陽性的預測，因此，我們將有很少的偽陰性，這意味著高敏感性的分數，和許多偽陽性，意味著低特異性的分數。同樣地，高閾值意味著低敏感性分數和高特異性分數。隨著我們將閾值從低移到高，敏感性降低，而特異性增加。當我們要為我們的模型決定最佳閾值時，這是一個重要的問題，我們將在本章後面討論到。

現在我們準備好建構 ROC 曲線了。首先，我們考慮一個 0 的閾值，並以小的間隔慢慢地增加，直到它達到 1。對於閾值的每一次增量，我們恰好超過一個點；閾值是多少並不重要，重要的是在每一步中，我們恰好超過了一個點（這是可能的，因為所有點都給我們不同的分數，但一般來說這不是必需的）。因此，我們將步驟稱為 0、1、2、...、10。在你的腦海中，你應該想像圖 7.3 中的垂直線從 0 開始，從左到右緩慢移動一次掃過一個點，直到達到 1。表 7.6 記錄了這些步驟，以及每個步驟的真陽性和真陰性的數量數，和敏感性和特異性。

需要注意的一點是，在第一步（步驟 0）中，線處於閾值 0，這代表每個點都被模型分類為陽性，而所有陽性的點也都被歸類為陽性，所以每個陽性都是真陽性，這意味著在時間步驟為 0 時，敏感性為 $\frac{5}{5}=1$。但是因為每一個陰性的點都被歸類為陽性，沒有真陰性，所以特異性為 $\frac{0}{5}=0$。同樣地，在最後一步（步驟 10）閾值為 1，我們可以檢查，因為每個點都被歸類為陰性，所以敏感性現在是 0，特異性是 1。為了清楚起見，圖 7.3 中的三個模型在表 7.6 中分別強調為時間步驟 4、6 和 8。

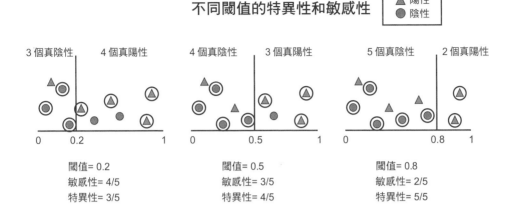

圖 7.3 移動閾值對敏感性和特異性的影響。在左側，我們有一個低閾值的模型，在中間我們有一個中閾值，而在右側我們有一個高閾值。對於每個模型，有五個陽性的點和五個陰性的點。每個模型由垂直線所表示，該模型預測線右側的點為陽性，左側的點為陰性。對於每個模型，我們都統計了真陽性和真陰性的數量，即正確預測的陽性和陰性點的數量。我們已使用這些來計算敏感性和特異性。請注意，當我們增加閾值時（即，當我們將垂直線從左向右移動時），敏感性會下降，特異性會上升。

表 7.6 增加閾值過程中的所有時間步驟，這是建構 ROC 曲線的重要一步。在每個時間步驟，我們記錄真陽性和真陰性的數量，然後，我們透過將真陽性數除以陽性總數來計算模型的特異性。而最後一步是，我們透過將真陰性數除以陰性總數來計算特異性。

步驟	真陽性	敏感性	真陰性	特異性
0	5	1	0	0
1	**5**	**1**	**1**	**0.2**
2	4	0.8	1	0.2
3	4	0.8	2	0.4
4	**4**	**0.8**	**3**	**0.6**
5	3	0.6	3	0.6
6	**3**	**0.6**	**4**	**0.8**
7	2	0.4	4	0.8
8	**2**	**0.4**	**5**	**1**
9	1	0.2	5	1
10	0	0	5	1

作為最後一步，我們要繪製敏感性和特異性的值，就是我們在圖 7.4 中看到的 ROC 曲線。在該圖中，每個黑點對應一個時間步驟（在點內表示），橫座標對應敏感性，縱座標對應特異性。

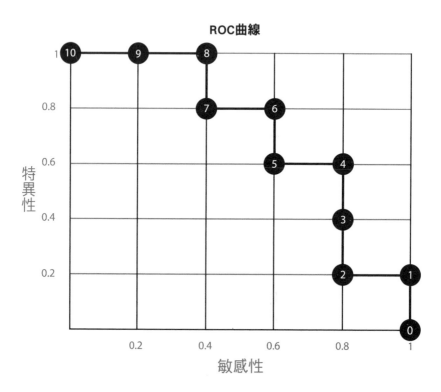

圖 7.4 這裡我們可以看到與我們正在進行的案例相對應的 ROC 曲線，它為我們提供了大量有關我們模型的資訊。突出顯示的點對應於透過將閾值從 0 移動到 1 所獲得的時間步驟，每個點都標記為時間步驟。在橫軸上我們記錄模型在每個時間步驟的敏感性，在縱軸上我們記錄特異性。

告訴我們模型有多好的指標：AUC（曲線下面積）

正如之前我們在本書中看到的，評估機器學習模型是一項非常重要的任務，在本節，我們將討論如何使用 ROC 曲線來評估模型。為此，我們已經完成了所有工作，剩下的就是計算曲線下的面積（或稱 AUC）。在圖 7.5 的上半部，我們可以看到三個模型，其中預測由水平軸（從 0 到 1）給出，而在下半部，你可以看到三

個對應的 ROC 曲線，每個正方形的大小都是 0.2 乘以 0.2。曲線下的正方形數量
分別為 13、18 和 25，即曲線下面積分別為 0.52、0.72 和 1。

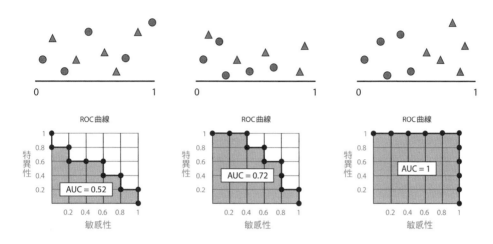

圖 7.5　在此圖中，我們可以看到 AUC 或曲線下面積是確定模型好壞的一個很好的指標。
AUC 越高，模型越好。在左側，我們有一個 AUC 為 0.52 的壞模型；在中間，我們有一個
AUC 為 0.72 的好模型；在右側，我們有一個 AUC 為 1 的出色模型。

請注意，模型所能做最好的是 AUC 為 1，這對應於右側的模型。模型可以做的
最壞情況是 AUC 為 0.5，因為這意味著模型與隨機猜測一樣好，對應於左側的模
型。中間的模型是我們的原始模型，AUC 為 0.72。

那麼 AUC 為零的模型呢？嗯，這有點棘手。一個 AUC 為零的模型對應於一個將
每個點都錯誤分類的模型。這是一個壞模型嗎？它實際上是一個非常好的模型，
因為我們所要做的就是將所有陽性和陰性的預測結果反過來，就得到一個完美的
模型。這就像一個人每次遇到一個對或錯的問題時都撒謊一樣，要讓他們說真
話，我們所要做的就是反轉他們所有的答案。這意味著我們在二元分類模型中可
能遇到的最差情況是 AUC 為 0.5，因為這對應於一個 50% 時間都在撒謊的人，
他們沒有給我們任何資訊，因為我們永遠不知道他們是在說真話還是謊話！順帶
一提，如果我們有一個 AUC 小於 0.5 的模型，我們可以翻轉正負預測，得到一個
AUC 大於 0.5 的模型。

如何使用 ROC 曲線做出決策

ROC 是一個強大的圖，它為我們提供了許多有關我們模型的資訊。在本節中，我們將學習如何使用它來改進我們的模型。簡而言之，我們使用 ROC 來調整模型中的閾值，並應用它來為我們的案例選擇最佳模型。

在本章開頭，我們介紹了兩種模型，冠狀病毒模型和垃圾郵件偵測模型。這兩個模型非常不同，因為正如我們所見，冠狀病毒模型需要高敏感性，而垃圾郵件偵測模型需要高特異性。根據我們要解決的問題，每個模型都需要有一定程度的敏感性和特異性。假設我們處於以下情況：我們正在訓練一個應該具有高敏感性的模型，而我們得到了一個低敏感性和高特異性的模型。有什麼方法可以讓我們權衡一些特異性並獲得一些敏感性呢？

答案是肯定的！我們可以透過移動閾值來權衡特異性和敏感性。回想一下，當我們第一次定義 ROC 曲線時，我們注意到閾值越低，模型中的敏感性越高而特異性越低；閾值越高，模型中的敏感性越低而特異性越高。當閾值對應的垂直線在最左側時，每個點都被預測為陽性，所以所有的陽性都是真陽性；而當垂直線在最右側時，每個點都被預測為陰性，所以所有的陰性都是真陰性。當我們將線向右移動時，我們會失去一些真陽性並獲得一些真陰性，因此敏感性降低而特異性增加。請注意，隨著閾值從 0 移動到 1，我們在 ROC 曲線中向上和向左移動，如圖 7.6 所示。

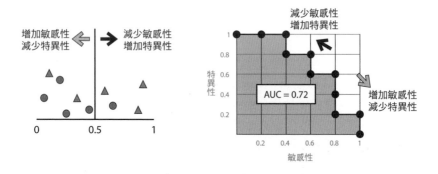

圖 7.6　模型的閾值與敏感性和特異性有很大關係，這種關係將幫助我們為模型選擇完美的閾值。左側是我們的模型，右側是相應的 ROC 曲線。當我們增加或減少閾值時，我們會改變模型的敏感性和特異性，這種變化可以透過 ROC 曲線的移動來說明。

為什麼會這樣呢？閾值告訴我們對一個點進行分類時，要在哪裡劃線。例如，在冠狀病毒模型中，閾值告訴我們劃定一個人是要被送去做更多檢查或被送回家的界限在哪裡。一個低閾值模型是如果人們表現出輕微症狀時，就會送他們去進行額外的檢查。而一個高閾值的模型需要人們有強烈的症狀才能送他們去做更多檢查。因為我們要抓到所有的病患，所以我們希望這個模型的閾值低，這意味著我們想要一個高敏感性的模型。為了清楚起見，在圖 7.7 中，我們可以看到之前使用的三個閾值，以及它們在曲線中對應的點。

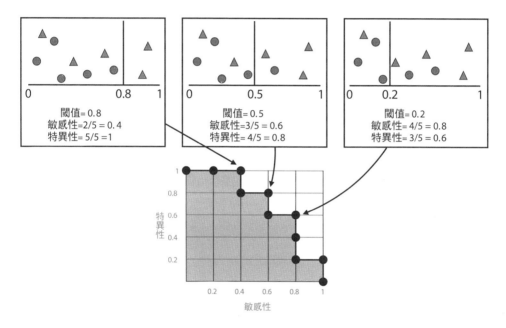

圖 7.7　模型的閾值與其 ROC 之間的平行關係。左側的模型具有高閾值、低敏感性和高特異性。中間的模型具有中等閾值、敏感性和特異性。右側的模型有低閾值，高敏感性，低特異性。

如果我們希望我們的模型有較高敏感性，我們只需將閾值向左推（即降低閾值），直到我們在曲線上得到一個我們想要之敏感性的點。請注意，該模型可能會失去一些特異性，這就是我們所付出的代價。相反地，如果我們想要更高的特異性，我們就把閾值向右推（即增加閾值），直到我們到達曲線中具有我們想要之特異性的點；同樣，我們在這個過程中也失去了一些敏感性。該曲線準確地告訴我們獲得和失去了多少，因此作為資料科學家，這是幫助我們確定模型最佳閾值的好工具。在圖 7.8 中，我們可以看到一個有更大資料集的通用案例。

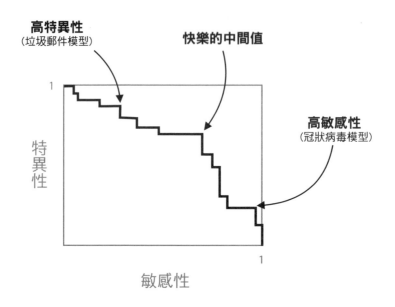

圖 7.8 在這個更通用的場景中，我們可以看到一條 ROC 曲線和三個點，對應於三個不同的閾值。如果我們想選擇一個給我們高特異性的閾值，我們選擇左側的那個。對於具有高敏感性的模型，我們則選擇右側的模型。如果我們想要一個敏感性和特異性都很好的模型，我們會選擇中間的那個。

如果我們需要一個高敏感性模型，例如冠狀病毒模型，我們會選擇右側的點。如果我們需要一個高特異性的模型，例如垃圾郵件偵測模型，我們可以選擇左側的點。但是，如果我們想要相對較高的敏感性和特異性，我們可能會選擇中間的那個點。作為資料科學家，我們有責任充分了解問題以做出正確的決定。

召回率是敏感性，但精確率和特異性是不同的

在這一點上，你可能想知道我們是如何才能記住所有這些術語。答案是，它們很難不被混淆。大多數資料科學家（包含筆者）經常需要在維基百科中快速查找這些術語，以確保沒有混淆它們。我們可以使用幫助記憶的小技巧來幫助我們記住哪個是哪個。

例如，當我們想到召回率時，會想到一家汽車公司製造的汽車存在致命的設計缺陷。他們需要找到所有故障的汽車並召回它們。如果他們不小心得到了很多沒有故障的汽車，他們只會退回車輛。然而，找不到一輛故障汽車的結果將會很可怕，

因此，召回率關心的是找到所有帶有陽性標記的例子。這代表了一個具有高**召回率**的模型。

另一方面，如果我們在這家汽車公司工作，而我們有點過分，開始召回*所有*的汽車，我們的老闆可能會過來說，「嘿，你送太多車來修理了，我們資源不夠，你能不能更有選擇性，**精確地**把那些有問題的車輛送來給我？」。然後我們需要增加模型的精確率並嘗試只找到那些有問題的車輛，即使我們不小心漏掉了一些有缺陷的（希望不會！）。這代表了一個高**精確率**的模型。

當談到特異性和敏感性時，想想一個地震感應器，每次發生地震時都會發出警報。該感應器非常**靈敏**（*sensitive*）。如果一隻蝴蝶在隔壁房子裡打噴嚏，感應器就會發出嗶嗶聲。這個感應器肯定會捕捉到所有的地震，但它也會捕捉到許多其他不是地震的事情。這代表了一個具有高**敏感性**的模型。

現在，讓我們假設這個感應器有一個旋鈕，我們把它的敏感性一直調低。現在感應器只有在有大量運動時才會發出嗶嗶聲。當那個感應器發出嗶嗶聲時，我們就知道是地震了。問題是它可能會錯過一些較小或中等地震。換句話說，這個感應器對地震是非常**特定**（*specific*）的，所以它很可能不會發出任何其他的嗶嗶聲。這代表了一個具有高**特異性**的模型。

如果我們回過頭來閱讀前四段，我們可能會注意到以下兩點：

- 召回率和敏感性非常相似。
- 精確率和特異性非常相似。

至少，召回率和敏感性有相同的目的，就是衡量有多少偽陰性。同樣，精確率和特異性也有相同的目的，即衡量有多少偽陽性。

事實證明，召回率和敏感性是**完全**一樣的。但是，精確率和特異性是不一樣的。儘管它們的測量方式不同，但它們都會懲罰具有大量偽陽性的模型。我們該如何記住所有這些指標？圖形啟發法可以幫助我們記得召回率、精確率、敏感性和特異性。在圖 7.9 中，我們看到一個包含四個數的混淆矩陣：真陽性、真陰性、偽陽性和偽陰性。如果我們關注第一列（標記為陽性的案例），我們可以透過將左欄的數字除以兩欄的數字之和來計算召回率。如果我們關注最左側的欄（預測為正的案例），我們可以透過將上面那列的數字除以兩列數字的總和來計算精確率。如

果我們關注下面那列（標記為陰性的案例），我們可以透過將右欄的數字除以兩欄數字的總和來計算特異性。換句話說：

- 召回率和敏感性對應於最上列。
- 精確率對應於左欄。
- 特異性對應於最下列。

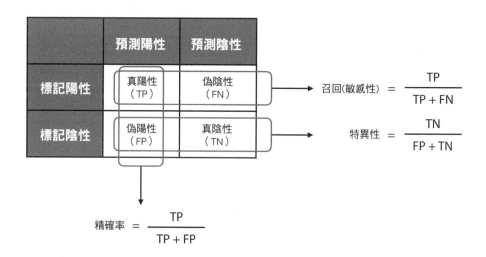

圖 7.9 混淆矩陣的第一列給出了召回率和敏感性：真陽性數與真陽性和偽陰性總和之間的比率。最左側的欄給了我們精確率：真陽性的數量與真陽性和偽陽性的總和之間的比率。最下面一列給出了特異性：偽陽性數與偽陽性和真陰性總和之間的比率。

總而言之，我們兩個模型中的這些數如下：

醫療模型：

- **召回率和敏感性：** 在病患（陽性）中，有多少人被正確診斷為生病的？
- **精確率：** 在被診斷為病患的人中，有多少人實際生病了？
- **特異性：** 在健康的人（陰性）中，有多少人被正確診斷為健康的？

電子郵件模型：

- **召回率和敏感性：** 在垃圾郵件（陽性）中，有多少被正確刪除？
- **精確率：** 在被刪除的電子郵件中，有多少實際上是垃圾郵件？
- **特異性：** 在正常郵件（陰性）中，有多少正確發送到收件匣？

總結

- 能夠評估模型與能夠訓練模型同樣重要。

- 我們可以使用幾個重要的指標來評估模型。我們在本章中學習的是準確率、召回率、精確率、F-score、特異性和敏感性。

- 準確率計算正確預測與總預測之間的比率。它很有用，但在某些情況下可能會失敗，尤其是當正負標籤不平衡時。

- 錯誤分為兩類：偽陽性和偽陰性。

    - 偽陽性是一個標記為陰性的點，模型錯誤地將其預測為陽性。

    - 偽陰性是一個標記為陽性的點，模型錯誤地將其預測為陰性。

- 對於某些模型，偽陰性和偽陽性被賦予不同的重要性層級。

- 召回率和精確率是評估模型的有用指標，尤其是當模型對偽陰性和偽陽性給予不同程度的重要性時。

    - 召回率衡量模型正確預測了多少陽性的點。當模型產生許多偽陰性時，召回率會很低。出於這個原因，召回率在我們不想要很多偽陰性的模型中是一個有用的指標，例如醫學診斷模型。

    - 精確率衡量模型預測為陽性的點中有多少實際上是陽性的。當模型產生許多偽陽性時，精確率會很低。出於這個原因，精確率在我們不希望出現很多偽陽性的模型中是一個有用的指標，例如垃圾郵件模型。

- F_1-score 是一個有用的指標，它結合了召回率和精確率。它回傳一個介於召回率和精確率之間的值，但更接近二者中較小者。

- F_β-score 是 F_1-score 的一種變型，其中可以調整參數 β 以給予精確率或召回率更高的重要性。β 值越高，召回率越重要；β 值越低，精確率越重要。F_β-score 對於評估精確率或召回率之中哪個更重要的模型特別有用，但我們仍然關心這兩個指標。

- 敏感性和特異性是幫助我們評估模型的兩個有用指標。它們在醫療領域獲得廣泛應用。

    - 敏感性或真陽性率，衡量模型正確預測了多少陽性的點。當模型產生許多偽陰性時，敏感性很低。由於這個原因，敏感性是醫學模型中的一個有用指標，當我們不希望意外地讓許多被認為健康的病患得不到治療。

－ 特異性或真陰性率，衡量模型正確預測了多少陰性點。當模型產生許多偽陽性時，特異性較低。由於這個原因，特異性是醫學模型中的一個有用指標，當我們不想意外地對被認為是病患的健康者進行治療或侵入性健康檢測。

- 召回率和敏感性是同樣的，然而，精確率和特異性是不一樣的。精確率確保大多數預測的陽性是真正的陽性，而特異性檢查大多數真陰性有被偵測到。

- 當我們增加模型中的閾值時，我們會降低其敏感性並增加其特異性。

- ROC 或接收者操作特徵曲線是一個有用的繪圖，可幫助我們追蹤模型對每個不同閾值的敏感性和特異性。

- ROC 還幫助我們使用曲線下面積（AUC）來確定模型的好壞。AUC 越接近 1，模型越好；AUC 越接近 0.5，模型越差。

- 透過觀察 ROC 曲線，我們可以根據我們的模型所期望的敏感性和特異性是多少，決定使用什麼閾值來為我們提供良好的敏感性和特異性。這使得 ROC 曲線成為評估和改進模型最流行和最有用的方法之一。

練習

練習 7.1

一個影片網站已經確定特定使用者喜歡動物的影片，而完全不喜歡其他的。在下圖中，我們可以看到該使用者在登入網站時所獲得的影片推薦。

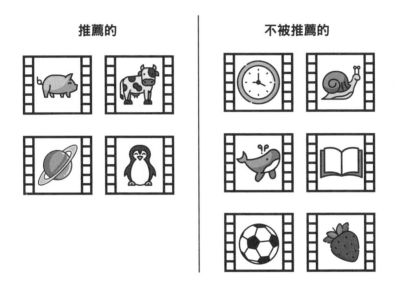

如果這是我們在模型上擁有的所有資料，請回答以下問題：

a. 模型的準確率是多少？

b. 模型的召回率是多少？

c. 模型的精確率是多少？

d. 模型的 F_1-score 是多少？

e. 你會說這是一個很好的推薦模型嗎？

練習 7.2

使用以下混淆矩陣找出醫學模型的敏感性和特異性：

	預測健康	預測生病
生病	120	22
健康	63	795

練習 7.3

對於以下模型，確定偽陽性或偽陰性哪個錯誤更糟糕？在此基礎上，在評估每個模型時，我們應該強調精確率和召回率這兩個指標中的哪一個？

1. 一個預測使用者是否會觀看一部電影的電影推薦系統

2. 一種用於自駕車的圖像檢測模型，用於檢測圖像中是否包含行人

3. 預測使用者是否下單的家庭語音助手

練習 7.4

我們得到了以下模型：

1. 一個以汽車鏡頭所拍的圖像來檢測行人的自駕車模型

2. 一個根據病患症狀診斷致命疾病的醫學模型

3. 一個以使用者以前看過的電影為基礎的電影推薦系統

4. 一個語音助手，可以根據語音指令確定使用者是否需要幫助

5. 一個垃圾郵件偵測模型，根據郵件中的單詞判斷郵件是否為垃圾郵件

我們的任務是使用 F_β-score 評估這些模型。但是，我們還沒有得到要使用的 β 值。你會使用什麼 β 值來評估每個模型呢？

本章包含

- 什麼是貝氏定理

- 依賴和獨立事件

- 先驗機率和後驗機率

- 根據事件計算條件機率

- 使用單純貝氏分類模型，根據電子郵件中的單詞來預測郵件是垃圾郵件還是正常郵件

- 用 Python 編寫單純貝氏分類算法

單純貝氏分類（Naive Bayes）是用於分類的重要機器學習模型。單純貝氏分類模型是一個純機率模型，這意味著預測結果是一個介於 0 和 1 之間的數字，表示標籤為正的機率。單純貝氏分類模型的主要組成部分是貝氏定理（Bayes' theorem）。

貝氏定理在機率和統計中有著基礎作用，因為它有助於計算機率，它所基於的前提是，當我們蒐集到有關事件的資訊越多，我們就能更好地估計機率。例如，假設我們要計算今天會下雪的機率，如果我們沒有關於我們的位置以及在一年中什麼時間的資訊，我們只能做出一個模糊的估計。但是，如果我們得到了資訊，我們可以更好地估計機率。想像一下，我告訴你，我在想一種動物並讓你猜猜看，你猜我所想的動物是狗的機率是多少？有鑑於你不知道任何資訊，所以猜中的機率很小。然而，如果我告訴你我想到的動物是家裡會養的寵物，那麼機率會增加很多。但如果我現在告訴你我想到的動物有翅膀，那麼機率現在為零。每次我告訴你一條新資訊，你對它是一隻狗的機率之估計就會變得越來越準確。貝氏定理是一種將這類的邏輯形式化並將其放入公式的方法。

更具體地說，貝氏定理回答了這樣一個問題：「假設 X 發生，Y 的機率是多少？」，這稱為條件機率（conditional probability）。你可以想像，回答這類問題在機器學習中很有用，因為如果我們能回答「給定特徵，標籤為陽性的機率是多少？」我們就有一個分類模型。例如，我們可以透過回答問題「給定它包含的單詞，這個句子是快樂的機率是多少？」，來建構情感分析模型（就像我們在第 6 章中所做的那樣）。然而，當我們有太多的特徵（在本例中是單詞）時，使用貝氏定理計算機率會變得非常複雜。這就是單純貝氏分類算法來拯救我們的地方。單純貝氏分類算法使用這種計算的巧妙簡化來幫助我們建立我們想要的分類模型，稱為**單純貝氏分類模型**。之所以稱為**單純貝氏分類**，是因為為了簡化計算，我們做了一個不一定正確、略顯單純的假設；然而，這個假設有助於我們對機率做出一個很好的估計。

在本章中，我們看到貝氏定理與一些現實生活中的例子一起使用。我們首先研究一個有趣且略微令人驚訝的醫學例子。然後我們深入研究單純貝氏分類模型，將其應用於機器學習中的一個常見問題：垃圾郵件分類。我們透過在 Python 中編寫算法，並使用它在真實的垃圾郵件資料集中進行預測來最終確定。

本章的所有程式碼都可以在這個 GitHub 儲存庫中找到：https://github.com/luisguiserrano/manning/tree/master/Chapter_8_Naive_Bayes。

生病還是健康？以貝氏定理為主角的故事

考慮以下場景。你那（有點憂鬱症的）朋友打電話給你，接下來的對話：

你：嗨！

朋友：嗨。我有一個可怕的消息！

你：哦不，是什麼消息？

朋友：我聽說了一種可怕的罕見病，然後去看了醫生。醫生說她會做一個非常準確的檢測。然後就在今天，醫生打電話給我，說我檢測呈陽性！我一定確診了！

不好了！你應該對你的朋友說什麼呢？首先，讓他冷靜下來，試著弄清楚他是否有可能得到這種疾病。

你：首先，讓我們先冷靜一下。醫學上的錯誤時有發生，讓我們先想看看你實際得到這種疾病的可能性有多大。醫生說檢測的準確如何？

朋友：她說 99% 準確，這代表我有 99% 的可能性患有這種疾病！

你：等等，讓我們看看所有的數字。無論檢測如何，患這種疾病的可能性有多大？有多少人患有這種疾病？

朋友：我在網路上查詢，上面說平均每 10,000 人中就有 1 人患有這種疾病。

你：好的，讓我拿一張紙（讓朋友先稍等一下）。

讓我們停下來做個測驗。

> **測驗**　有鑑於你朋友檢測呈陽性，你認為他患此疾病的機率在多少範圍內？
>
> a. 0–20%
>
> b. 20–40%
>
> c. 40–60%
>
> d. 60–80%
>
> e. 80–100%

讓我們計算一下這個機率。總而言之，我們有以下兩條線索：

- 這個檢測在 99% 的情況下是正確的。更準確地說（我們與醫生核實了這一點），平均而言，在每 100 名健康的人中，該檢測能正確診斷出其中 99 人，而在每 100 名病患中，該檢測能正確診斷其中 99 人。因此，無論是對健康的人還是病患，該檢測的準確率都是 99%。

- 平均每 10,000 人中就有 1 人患有這種疾病。

讓我們做一些粗略的計算，看看機率是多少。這些總結如圖 8.1 之混淆矩陣所示。作為參考，我們可以隨機選擇一百萬人。平均而言，每 10,000 人中就有 1 人生病，因此我們預計其中有 100 人得病及 999,900 名健康的人。

首先，讓我們對 100 名病患進行檢測。因為檢測在 99% 的情況下都是正確的，所以我們預計這 100 人中有 99 人會被正確診斷為生病，也就是 99 人檢測呈陽性。

現在，讓我們對 999,900 名健康的人進行檢測。在 100 次檢測中會出錯 1 次，因此我們預計這 999,900 名健康的人中有 1% 會被誤診為生病，也就是會有 9,999 名健康的人檢測呈陽性。

這意味著檢測呈陽性的總人數為 99 + 9,999 = 10,098。其中，只有 99 人真的得到這種病。因此，假設你的朋友檢測呈陽性，他生病的機率是 $\frac{99}{10,098} = 0.0098$，也就是 0.98%，根本還不到 1%！所以我們可以回消息給朋友了！

你：別擔心，根據你給我的數字，你檢測呈陽性的情況下，得病的機率不到 1%！

朋友：哦，天哪，真的嗎？這真是一種解脫，謝謝！

你：不用謝我，感謝數學（眨眼）。

讓我們總結一下我們的計算，這些是我們的事實：

- **事實 1**：每 10,000 人中就有 1 人患有這種疾病。
- **事實 2**：在每 100 名接受檢測的病患中，99 人檢測呈陽性，1 人檢測呈陰性。
- **事實 3**：在每 100 名接受檢測的健康者中，99 人檢測呈陰性，1 人檢測呈陽性。

我們選取了 100 萬人的樣本人口，在圖 8.1 中進行了細分，如下所示：

- 根據事實 1，我們預計樣本人群中有 100 人患有這種疾病，999,900 人健康。

- 根據事實 2，在 100 名病患中，99 人檢測呈陽性，1 人檢測呈陰性。

- 根據事實 3，在 999,900 名健康的人中，9,999 人檢測呈陽性，989,901 人檢測呈陰性。

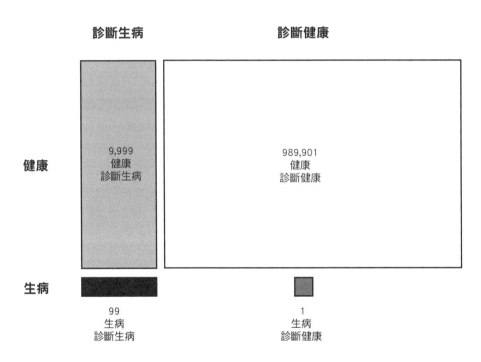

圖 8.1　在我們的 1,000,000 名病患中，只有 100 人患病（下排）。在被診斷為生病的 10,098 人中（左欄），其中只有 99 人實際患病，其餘 9,999 人是健康的，但被誤診為病患。因此，如果我們的朋友被診斷出生病了，他成為 9,999 名健康的人（左上）的機會比他成為 99 名病患（左下）的機會高得多。

因為我們的朋友檢測呈陽性，所以他一定在圖 8.1 的左欄中。本欄有 9,999 名健康的人被誤診為病患，99 名病患被正確診斷。因此你朋友生病的機率是

$$\frac{99}{99 + 9{,}999} = 0.0098，小於 1\%。$$

這有點令人驚訝，如果檢測在 99% 的情況下都是正確的，那麼究竟為什麼它會錯得那麼離譜？好吧，只有 1% 的情況出錯，這檢測其實還不錯。但是因為每 10,000 人中就有 1 個人患有這種疾病，這意味著 1 個人生病的機率為 0.01%。是成為被誤診的那 1% 人口，還是屬於 0.01% 的患病人口，哪個更有可能呢？1% 雖然是一個小群體，但比 0.01% 大得多。該檢測還有一個問題：它的錯誤率遠大於患病率。我們在第 7 章的「模型的兩個案例：冠狀病毒和垃圾郵件」一節中遇到了類似的問題，也就是我們不能依靠準確率來衡量這個模型。

有一種觀察這一點的方法是使用樹狀圖。在我們的圖表中，我們從左側的根開始，它分為兩種可能性：你的朋友生病或健康，這兩種可能性中的每一種都再分為另外兩種可能性：你的朋友被診斷為健康或生病。圖 8.2 顯示了該樹以及每個分支中的病患數量。

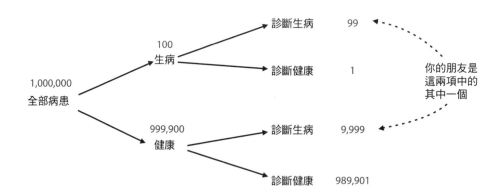

圖 8.2　可能性之樹。每個病患都可能是生病或健康的。對於每一種可能性，病患都可以被診斷為生病或健康，這給了我們四種可能性。我們從 100 萬名病患開始：其中 100 人患病，其餘 999,900 人健康。在 100 名生病病患中，有 1 名被誤診為健康的人，其餘 99 人被正確診斷為生病的。在 999,900 名健康病患中，有 9,999 人被誤診為生病，其餘 989,901 人被正確診斷為健康的。

從圖 8.2 中，我們可以再次看到，假設他只會在右側的第一組和第三組中，你的朋友檢測呈陽性，他生病的機率是 $\dfrac{99}{99+9,999}=0.0098$。

貝氏定理的前奏：先驗機率、事件和後驗機率

我們現在擁有陳述貝氏定理的所有工具。貝氏定理的主要目標是計算機率。在一開始，我們手中沒有任何資訊，只能計算一個初始機率，我們稱之為**先驗機率**（*prior*）。然後，發生了一個事件，它為我們提供了資訊。有了這些資訊，我們就可以更好地估計要計算的機率，我們稱這個更好的估計為**後驗機率**（*posterior*）。圖 8.3 說明了先驗機率、事件和後驗機率。

先驗機率（prior）　初始機率

事件（event）　發生的事情，為我們提供資訊

後驗機率（posterior）　我們使用先驗機率和事件計算的最終（更準確）機率

以下是一個例子。想像一下，我們想找出今天會下雨的機率。如果我們什麼都不知道，我們只能粗略估計機率，也就是先驗機率。如果我們環顧四周，發現我們在亞馬遜雨林（事件），那麼我們可以得出一個更準確的估計。事實上，如果我們在亞馬遜雨林，今天可能會下雨，這個新的估計就是後驗機率。

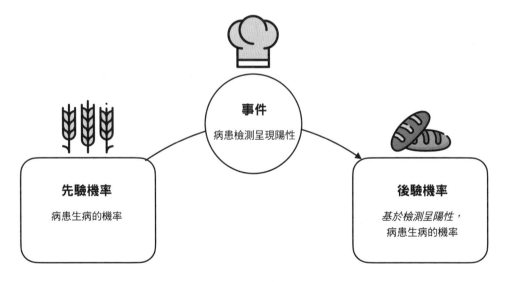

圖 8.3　先驗機率、事件和後驗機率。先驗機率是「原始」機率，即我們所知甚少時計算的機率。事件是我們所獲得的資訊，它將幫助我們改進機率的計算。後驗機率是「煮過」的機率，或者當我們有更多資訊時計算出更準確的機率。

在我們正在進行的醫學案例中，我們需要計算病患生病的機率。先驗機率、事件和後驗機率如下：

- **先驗機率**：最初，這個機率是 1/10,000，因為我們沒有任何其他資訊，除了每 10,000 名病患中有一名患病的事實。這個 1/10,000 或 0.0001 是先驗機率值。
- **事件**：突然間，新資訊浮出水面。在本例中，病患接受了檢測，結果呈陽性。
- **後驗機率**：結果呈陽性後，我們重新計算病患生病的機率，結果為 0.0098，這是後驗機率。

貝氏定理是機率和機器學習最重要的組成部分之一。它是如此重要，以致於有幾個領域以它命名，例如貝葉斯學習、貝葉斯統計和貝葉斯分析。在本章中，我們要學習貝氏定理和一個由其衍生的重要分類模型：單純貝氏分類模型。簡而言之，單純貝氏分類模型做了大多數分類模型所做的事情，即從一組特徵中預測一個標籤。此模型以機率的形式回傳答案，其機率是使用貝氏定理計算的。

使用案例：垃圾郵件偵測模型

我們在本章中研究的使用案例是垃圾郵件偵測模型。該模型幫助我們將垃圾郵件與正常郵件區分開來。正如我們在第 1 章和第 7 章中所討論的，spam 是垃圾郵件的名稱，而 ham 是正常郵件的名稱。

單純貝氏分類模型輸出電子郵件為垃圾郵件或正常郵件的機率，這樣，我們可以將有最高機率為垃圾郵件的電子郵件直接發送到垃圾郵件匣，並將其餘郵件保留在我們的收件匣中。這個機率應該取決於電子郵件的特徵，例如它的單詞、寄件者、郵件大小等等。在本章中，我們僅考慮將單詞作為特徵。這個例子和我們在第 5 章和第 6 章學習的情感分析例子沒有太大區別。這個情感分析分類器的關鍵是，每個詞都有一定的機率出現在垃圾郵件中。例如，單詞樂透比單詞會議更有可能出現在垃圾郵件中。這個機率就是我們計算的基礎。

尋找先驗機率：任何電子郵件都是垃圾郵件的機率

一封電子郵件是垃圾郵件的機率是多少？這是一個很難的問題，但讓我們試著做一個粗略的估計，我們稱之為先驗機率。我們查看當前的收件匣，數一數有多少電子郵件是垃圾郵件和正常郵件。想像一下，在 100 封電子郵件中，20 封是垃圾

郵件，80 封是正常郵件。因此，20% 的電子郵件是垃圾郵件。如果我們想要做出一個體面的估計，我們可以說，據我們所知，一封新電子郵件為垃圾郵件的機率是 0.2，這就是先驗機率。計算結果如圖 8.4 所示，其中垃圾郵件為深灰色，正常郵件為白色。

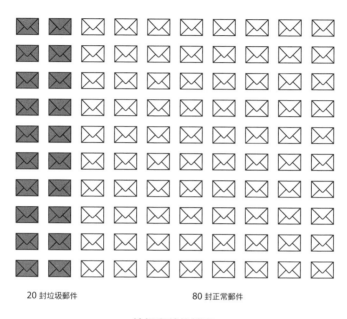

20 封垃圾郵件　　　　　　　80 封正常郵件

垃圾郵件的機率=0.2

圖 8.4　我們有一個包含 100 封電子郵件的資料集，其中 20 封是垃圾郵件。電子郵件為垃圾郵件的機率估計為 0.2，這是先驗機率。

尋找後驗機率：知道一封電子郵件包含一個特定的詞時，該郵件為垃圾郵件的機率

當然，並非所有電子郵件都是一樣的。我們想利用電子郵件的屬性，對機率做出更有根據的猜測。我們可以使用許多屬性，例如寄件者、郵件大小或單詞。在這個應用中，我們僅使用電子郵件中的單詞。但是，我鼓勵你透過這個案例來思考如何使用其他屬性。

比方說，我們找到了一個特定的詞，比如**樂透**這個詞，它在垃圾郵件中的出現頻率往往高於在正常郵件中的出現頻率，這個詞現在代表了我們的事件。在垃圾郵

件中，有 15 封中出現了*樂透*一詞，而在正常郵件中僅出現了 5 封。因此，在 20
封包含*樂透*一詞的郵件中，有 15 封是垃圾郵件，5 封是正常郵件，因而包含單詞
*樂透*的電子郵件為垃圾郵件的機率正好是 $\frac{15}{20} = 0.75$。

這就是後驗機率。計算這個機率的過程如圖 8.5 所示。

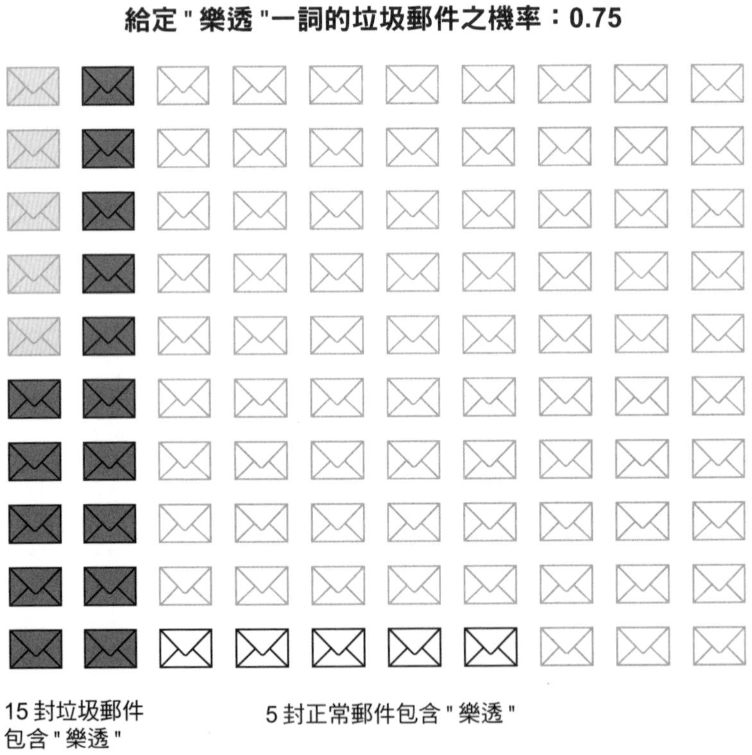

給定 " 樂透 " 一詞的垃圾郵件之機率：0.75

15 封垃圾郵件　　　　　　5 封正常郵件包含 " 樂透 "
包含 " 樂透 "

圖 8.5 我們已刪除（反灰）不包含*樂透*一詞的電子郵件。突然間，我們的機率發生了變
化，在包含*樂透*一詞的電子郵件中，有 15 封垃圾郵件和 5 封正常郵件，因此包含*樂透*一
詞的電子郵件為垃圾郵件的機率是 $\frac{15}{20} = 0.75$。

我們已經計算了在一封電子郵件包含單詞*樂透*的情況下，這封郵件為垃圾郵件的
機率。總結一下：

- **先驗機率**機率為 0.2。這是當我們對電子郵件一無所知時，電子郵件為垃圾郵
  件的機率。

- **事件**是電子郵件包含單詞樂透。這有助於我們更好地估計機率。
- **後驗機率**機率為 0.75。這是電子郵件包含單詞樂透的情況下，為垃圾郵件的機率。

在這個例子中，我們透過計算電子郵件和除法來計算機率。這主要是出於教學目的，但在現實生活中，我們可以用捷徑使用公式來計算此機率。這個公式被稱為貝氏定理，我們接下來會看到它。

剛剛發生了什麼數學問題？將比率轉化為機率

有一種方法可以將前面的例子視覺化，就是使用一棵樹來表示所有的四種可能性，就像我們對圖 8.2 中的醫學例子所做的那樣。這些可能性是指該郵件為垃圾郵件或正常郵件，以及它包含或不包含樂透一詞。我們按以下方式繪製它：我們從根開始，它分成兩個分支。上半部分支對應於垃圾郵件，下半部分支對應於正常郵件。每個分支又分成兩個分支，即郵件包含和不包含單詞樂透。該樹如圖 8.6 所示。請注意，在這棵樹中，我們還指出了在總共 100 封郵件中，有多少封屬於每個特定的組別。

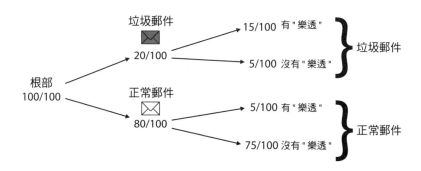

圖 8.6 可能性之樹。根分為兩個分支：垃圾郵件和正常郵件，然後每一個又都分成兩個分支：郵件包含及不包含單詞樂透的時候。

一旦我們有了這棵樹，並且我們想要計算一封包含單詞樂透的電子郵件為垃圾郵件的機率，我們只需刪除所有電子郵件不包含單詞樂透的分支。如圖 8.7 所示。

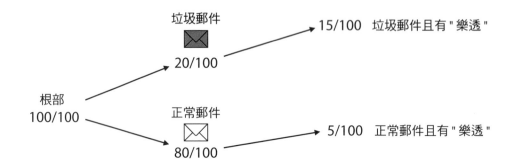

圖 8.7 從前一棵樹中，我們刪除了電子郵件不包含單詞樂透的兩個分支。在最初的 100 封電子郵件中，我們剩下 20 封包含樂透的郵件。由於這 20 封郵件中，有 15 封是垃圾郵件，因此我們得出結論，如果一封電子郵件包含 **樂透** 一詞，則其為垃圾郵件的機率是 0.75。

現在，我們有 20 封電子郵件，其中 15 封是垃圾郵件，5 封是正常郵件。因此，一封包含 **樂透** 一詞的電子郵件為垃圾郵件的機率是 $\frac{15}{20} = 0.75$。

但是我們已經這樣做了，那麼這個圖有什麼好處呢？除了讓事情變得更簡單之外，好處是通常我們所擁有的資訊是以機率為基礎的，而不是基於電子郵件的數量。很多時候，我們不知道有多少電子郵件是垃圾郵件或正常郵件。我們所知道的如下：

- 一封電子郵件是垃圾郵件的機率為 $\frac{1}{5} = 0.2$

- 一封垃圾郵件中包含 **樂透** 一詞的機率為 $\frac{3}{4} = 0.75$

- 一封正常郵件包含 **樂透** 這個詞的機率是 $\frac{1}{16} = 0.0625$

- **問題：** 包含單詞 **樂透** 的電子郵件是垃圾郵件的機率是多少？

首先，讓我們檢查一下這些資訊是否足夠。我們知道一封電子郵件是正常的機率嗎？

好吧，我們知道郵件為垃圾郵件的機率是 $\frac{1}{5} = 0.2$，唯一的另一種可能性是郵件為正常郵件，所以它必須是補集（complement），就是 $\frac{4}{5} = 0.8$。這是一條重要的規則：互補機率定律。

互補機率定律 對於事件 E，事件 E 的補集，記為 E^c，是與 E 相對的事件。E^c 的機率是 1 減去 E 的機率，即：

$$P\left(E^c\right)=1-P\left(E\right).$$

因此，我們有以下內容：

- $P($ 垃圾郵件 $)=\dfrac{1}{5}=0.2$：一封郵件為垃圾郵件的機率

- $P($ 正常郵件 $)=\dfrac{4}{5}=0.8$：一封郵件為正常郵件的機率

現在讓我們看看其他資訊。一封垃圾郵件包含樂透一詞的機率是 $\dfrac{3}{4}=0.75$。這可以理解為，一封電子郵件包含樂透（假設它是垃圾郵件）的機率是 0.75。這是一個條件機率，條件是郵件為垃圾郵件，我們用豎線表示條件，因此可以寫成 $P('樂透'｜垃圾郵件)$。對此的補集是 $P(沒有'樂透'｜垃圾郵件)$，即垃圾郵件不包含單詞樂透的機率，這個機率是 $1-P('樂透'｜垃圾郵件)$。這樣，我們可以計算其他機率如下：

- $P('樂透'｜垃圾郵件)=\dfrac{3}{4}=0.75$：垃圾郵件包含單詞樂透的機率。

- $P(沒有'樂透'｜垃圾郵件)=\dfrac{1}{4}=0.25$：垃圾郵件不包含單詞樂透的機率。

- $P('樂透'｜正常郵件)=\dfrac{1}{16}=0.0625$：正常郵件包含單詞樂透的機率。

- $P(沒有'樂透'｜正常郵件)=\dfrac{15}{16}=0.9375$：正常郵件不包含單詞樂透的機率。

接下來我們要做的是找出兩個事件同時發生的機率，更具體地說，我們想要以下四個機率：

- 一封電子郵件是垃圾郵件並且包含單詞樂透的機率
- 一封電子郵件是垃圾郵件且不包含單詞樂透的機率
- 一封電子郵件是正常郵件並且包含單詞樂透的機率
- 一封電子郵件是正常郵件且不包含單詞樂透的機率

這些事件稱為事件的交集，用符號∩表示。因此，我們需要找到以下機率：

- $P($'樂透'∩垃圾郵件$)$

- $P($沒有'樂透'∩垃圾郵件$)$

- $P($'樂透'∩正常郵件$)$

- $P($沒有'樂透'∩正常郵件$)$

讓我們看看一些數字。我們知道，100 封電子郵件中有 $\frac{1}{5}$ 或 20 封為垃圾郵件。在此 20 封中，$\frac{3}{4}$ 包含樂透一詞。最後，我們將這兩個數字相乘，$\frac{1}{5}$ 乘以 $\frac{3}{4}$，得到 $\frac{3}{20}$，這與 $\frac{15}{100}$ 相同，就是郵件為垃圾郵件並包含樂透一詞的比率。我們所做的是：我們將一封郵件是垃圾郵件的機率，乘以一封垃圾郵件包含單詞樂透的機率，以獲得一封郵件是垃圾郵件並包含單詞樂透的機率。垃圾郵件包含單詞樂透的機率恰好是條件機率，或者說，在郵件是一封垃圾郵件的情況下，包含單詞樂透的機率。這就產生了機率乘積法則。

機率乘積法則　對於事件 E 和 F，它們相交的機率是給定 E 時 F 的條件機率與 F 的機率之乘積，即 $P(E \cap F)=P(E \mid F) \cap P(F)$。

現在我們可以計算這些機率如下：

- $P($'樂透'∩垃圾郵件$)=P($'樂透'｜垃圾郵件$) \cap P($垃圾郵件$)$

  $=\frac{3}{4} \cdot \frac{1}{5}=\frac{3}{20}=0.15$

- $P($沒有'樂透'∩垃圾郵件$)=P($沒有'樂透'｜垃圾郵件$) \cap P($垃圾郵件$)$

  $=\frac{1}{4} \cdot \frac{1}{5}=\frac{1}{20}=0.05$

- $P($'樂透'∩正常郵件$)=P($'樂透'｜正常郵件$) \cap P($正常郵件$)$

  $=\frac{1}{16} \cdot \frac{4}{5}=\frac{1}{20}=0.05$

- $P($沒有'樂透'∩正常郵件$)=P($沒有'樂透'｜正常郵件$) \cap P($正常郵件$)$

  $=\frac{15}{16} \cdot \frac{4}{5}=\frac{15}{20}=0.75$

圖 8.8 總結了這些機率。請注意，邊緣上機率的乘積就是右側的機率。此外，請注意所有這四個機率的總和為 1，因為它們包含了所有可能的情形。

圖 8.8 圖 8.6 中的同一棵樹，但現在帶著機率。從根開始，出現了兩個分支，一個用於垃圾郵件，一個用於正常郵件。在每一個分支中，我們記錄相應的機率，每個分支再分成兩片葉子：一個用於包含單詞樂透的電子郵件，另一個用於不包含樂透的電子郵件。在每個分支中，我們同樣記錄相應的機率。請注意，這些機率的乘積是每個葉子右側的機率。例如，對於最上面的葉子，1/5 · 3/4=3/20=0.15。

我們快完成了。我們想要找到 $P(\,'樂透\,'\mid 垃圾郵件\,)$，即一封郵件在包含單詞樂透的情況下，它是垃圾郵件的機率。在我們剛才研究的四個事件中，只有兩個事件中出現了樂透一詞。因此，我們只需要考慮那兩種，即：

- $P(\,'樂透\,'\cap 垃圾郵件\,)= \dfrac{3}{20} =0.15$

- $P(\,'樂透\,'\cap 正常郵件\,)= \dfrac{1}{20} =0.05$

換句話說，我們只需要考慮圖 8.9 中所示的兩個分支：第一個和第三個，即郵件中包含單詞樂透的分支。

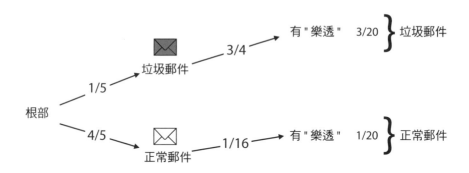

圖 8.9 從圖 8.8 的樹中，我們刪除了郵件中不包含單詞**樂透**的兩個分支。

第一個是郵件是垃圾郵件的機率，第二個是郵件是正常郵件的機率。這兩個機率相加不等於 1。然而，因為我們現在生活在一個電子郵件包含**樂透**一詞的世界中，所以這兩個是唯二可能的情形。因此，它們的機率應該加到 1。此外，它們之間的相對比率應該仍然相同。解決這個問題的方法是標準化（normalized），就是找到兩個相對比 $\dfrac{3}{20}$ 與 $\dfrac{1}{20}$ 和相同但相加為 1 的數字。

找到這些的方法是將兩者除以其總和。在本例中，數字變為 $\dfrac{3/20}{3/20+1/20}$ 和 $\dfrac{1/20}{3/20+1/20}$。這些簡化為 $\dfrac{3}{4}$ 和 $\dfrac{1}{4}$，這是所需的機率。因此，我們得出以下結論：

- $P($ 垃圾郵件 $\mid$ '樂透' $)=\dfrac{3}{4}=0.75$

- $P($ 正常郵件 $\mid$ '樂透' $)=\dfrac{1}{4}=0.25$

這正是我們在計算電子郵件時得出的結論。為了總結這些資訊，我們需要一個公式。我們有兩個機率：一封電子郵件是垃圾郵件**並且**包含單詞**樂透**的機率，以及一封電子郵件是垃圾郵件**並且**不包含單詞**樂透**的機率。為了讓它們相加等於 1，我們將它們標準化，這與將它們之中的每一個除以它們的總和是一樣的。用數學術語來說，我們做了以下事情：

$$P(\text{垃圾郵件} \mid \text{'樂透'}) = \frac{P(\text{'樂透'} \cap \text{垃圾郵件})}{P(\text{'樂透'} \cap \text{垃圾郵件})+P(\text{'樂透'} \cap \text{正常郵件})}$$

如果我們記得這兩個機率是什麼，使用乘積法則，我們會得到以下結果：

$$P(垃圾郵件 \mid '樂透') =$$

$$\frac{P('樂透' \mid 垃圾郵件) \cdot P(垃圾郵件)}{P('樂透' \mid 垃圾郵件) \cdot P(垃圾郵件) + P('樂透' \mid 正常郵件) \cdot P(正常郵件)}$$

為了驗證，我們插入數字以獲得：

$$P(垃圾郵件 \mid '樂透') = \frac{\dfrac{1}{5} \cdot \dfrac{3}{4}}{\dfrac{1}{5} \cdot \dfrac{3}{4} + \dfrac{4}{5} \cdot \dfrac{1}{16}} = \frac{\dfrac{3}{20}}{\dfrac{3}{20} + \dfrac{1}{20}} = \frac{\dfrac{3}{20}}{\dfrac{4}{20}} = \frac{3}{4} = 0.75$$

這就是貝氏定理的公式！更正式地說：

貝氏定理 對於事件 E 和 F，

$$P(E \mid F) = \frac{P(F \mid E) \cdot P(E)}{P(F)}$$

因為事件 F 可以分解為兩個不相交的事件 $F|E$ 和 $F|E^c$，那麼公式為：

$$P(E \mid F) = \frac{P(F \mid E) \cdot P(E)}{P(F \mid E) \cdot P(E) + P(F \mid E^c) \cdot P(E^c)}$$

那若是有兩個單詞呢？單純貝氏分類算法

在上一節中，我們計算了一封電子郵件是垃圾郵件的機率，因為它包含關鍵字樂透。但是，字典包含更多的單詞。我們想計算一封電子郵件在它包含多個單詞的情況下為垃圾郵件的機率。可以想像，計算變得更加複雜，但在本節中，我們要學習一個技巧來幫助我們估計這個機率。

一般來說，這個技巧可以幫助我們以兩個事件為基礎而不是一個事件，來計算後驗機率（而且它很容易推廣到兩個以上的事件）。它基於一個前提，就是當事件獨立時，兩者同時發生的機率是它們機率的乘積。事件並不總是獨立的，但假設

它們有時可以幫助我們做出很好的粗略估計。例如，想像以下的情境：有一個 1,000 人的島嶼。一半的居民（500 人）是女性，十分之一的居民（100 人）有棕色的眼睛。你認為有多少居民是有棕色眼睛的女性？如果我們只知道這些資訊，除非我們親自數一數，否則我們無法找到。但是，如果我們假設性別和眼睛顏色是獨立的，那麼我們可以估計十分之一的人口中有一半是棕色眼睛的女性。那是人口的 $\frac{1}{2} \cdot \frac{1}{10} = \frac{1}{20}$。由於總人口為 1,000 人，我們對棕色眼睛女性人數的估計為 $1000 \cdot \frac{1}{20} = 50$ 人。也許我們去島上發現情況並非如此，但據我們*所知*，50 是一個很好的估計。有人可能會說，我們關於性別和眼睛顏色獨立性的假設是太天真了，也許確實如此，但這是我們根據現有資訊所能得出的最佳估計。

我們在前面的例子中使用的規則是獨立機率的乘積法則，其聲明如下：

獨立機率的乘積法則　如果兩個事件和是獨立的，即一個事件的發生不會以任何方式影響另一個事件的發生，那麼這兩個事件發生的機率（事件的交集）就是每個事件機率的乘積。換句話說，

$$P(E \cap F) = P(E) \cdot P(F)$$

回到電子郵件的例子。在我們計算出一封包含**樂透**一詞的電子郵件是垃圾郵件的機率後，我們注意到另一個詞**促銷**，也往往很常出現在垃圾郵件中。我們想弄清楚一封電子郵件在同時包含**樂透**和**促銷**的情況下為垃圾郵件的機率。我們首先計算有多少垃圾郵件和正常郵件包含單詞**促銷**，並發現它出現在 20 封垃圾郵件中的 6 封和 80 封正常郵件中的 4 封中。因此，機率如下（如圖 8.10 所示）：

- $P(' 促銷 ' \mid 垃圾郵件) = \frac{6}{20} = 0.3$
- $P(' 促銷 ' \mid 正常郵件) = \frac{4}{80} = 0.05$

給定 " 促銷 " 一詞的垃圾郵件機率：0.6

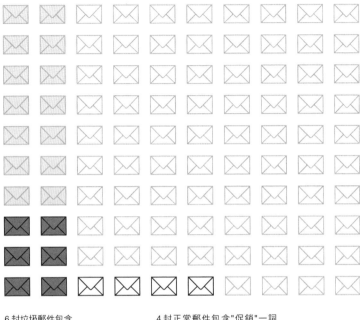

6 封垃圾郵件包含
"促銷"一詞

4 封正常郵件包含"促銷"一詞

圖 8.10 在與單詞樂透類似的計算中，我們查看包含單詞促銷的電子郵件。在這些（非灰色）電子郵件中，有 6 封垃圾郵件和 4 封正常郵件。

一種方法可以再次使用貝氏定理得出結論，如果一封電子郵件包含促銷一詞，則其為垃圾郵件的機率為 0.6，我鼓勵你自己進行計算。然而，更重要的問題是：如果一封電子郵件同時包含樂透和促銷這兩個詞，那麼它是垃圾郵件的機率是多少？在我們這樣做之前，讓我們找出一封電子郵件為垃圾郵件的情況下包含樂透和促銷一詞的機率。這應該很容易：我們瀏覽所有的電子郵件，找出有多少垃圾郵件包含樂透和促銷一詞。

但是，我們可能會遇到沒有包含樂透和促銷一詞的電子郵件。我們只有 100 封電子郵件，當我們試圖在其中找到兩個單詞時，我們可能沒有足夠的資料來正確估計機率。我們可以做什麼？一種可能的解決方案是蒐集更多資料，直到我們收到大量電子郵件，以致於這兩個詞很可能出現在其中一些電子郵件中。但是，現實情況可能是我們無法蒐集更多資料，因此我們必須使用現有的資料。這就是天真的假設將幫助我們的地方。

讓我們嘗試用與本節開頭估計島上棕色眼睛女性人數相同的方式來估計這個機率。從上一節我們知道，單詞樂透出現在垃圾郵件中的機率是 0.75。從本節前面部分中，垃圾郵件中出現促銷的機率為 0.3。因此，如果我們天真地假設這兩個詞的出現是獨立的，那麼這兩個詞出現在垃圾郵件中的機率是 $0.75 \cdot 0.3 = 0.225$。以類似的方式，因為我們計算出包含樂透一詞的正常郵件之機率為 0.0625，及含有促銷一次的正常郵件之機率是 0.05，所以包含這兩個單詞的正常郵件的機率是 $0.0625 \cdot 0.05 = 0.003125$。換句話說，我們做了以下估計：

- $P('樂透','促銷'│垃圾郵件) = P('樂透'│垃圾郵件)P('促銷'│垃圾郵件)$
  $= 0.75 \cdot 0.3 = 0.225$

- $P('樂透','促銷'│正常郵件) = P('樂透'│正常郵件)P('促銷'│正常郵件)$
  $= 0.0625 \cdot 0.05 = 0.003125$

我們做出天真（naive）的假設如下：

天真的假設　電子郵件中出現的單詞是完全相互獨立的。換句話說，電子郵件中特定單詞的出現絕不會影響另一個單詞的出現。

最有可能的是，天真的假設並不正確的。一個詞的出現有時會嚴重影響另一個詞的出現。例如，如果一封電子郵件包含鹽巴這個詞，那麼胡椒這個詞就更有可能出現在這封電子郵件中，因為它們很多時候是一起出現的。這就是為什麼我們的假設是天真的。然而，事實證明，這個假設在實踐中效果很好，並且大大簡化了我們的數學運算。它被稱為機率的乘積法則，如圖 8.11 所示。

現在我們已經對機率進行了估計，我們繼續查找包含單詞樂透和促銷的垃圾郵件和正常郵件的預期數量。

- 因為有 20 封垃圾郵件，並且一封垃圾郵件包含兩個詞的機率是 0.225，所以包含兩個詞的垃圾郵件之預期數量是 $20 \cdot 0.225 = 4.5$。

- 同樣，有 80 封正常郵件，一封正常郵件包含兩個詞的機率為 0.00325，因此包含兩個詞的正常郵件之預期數量為 $80 \cdot 0.00325 = 0.25$。

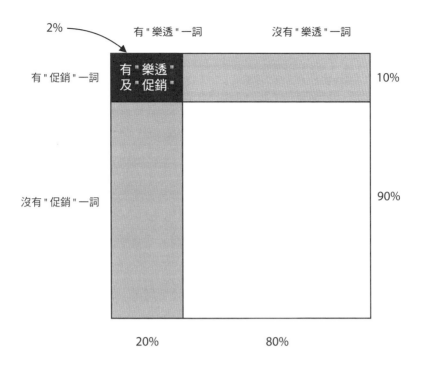

圖 8.11 假設 20% 的電子郵件包含單詞*樂透*，10% 的郵件包含單詞*促銷*。我們天真地假設這兩個詞是相互獨立的。在此假設下，包含兩個詞的電子郵件的百分比可以估計為 2%，即 20% 和 10% 的乘積。

之前的計算表明，如果我們將資料集限制為只包含單詞*樂透*和*促銷*的電子郵件，我們預計其中 4.5 是垃圾郵件，0.25 是正常郵件。因此，如果我們在其中隨機選擇一個，我們選擇垃圾郵件的機率是多少？使用非整數可能看起來比使用整數更難，但是如果我們看一下圖 8.12，這可能會更清楚。我們有 4.5 封垃圾郵件和 0.25 封垃圾郵件（這正好是一封電子郵件的四分之一）。如果我們扔飛鏢，它會落入其中一封電子郵件，它落入垃圾郵件的機率是多少呢？嗯，電子郵件的總數（或總面積，如果你希望用這樣想的話）是 4.5 + 0.25 = 4.75。因為 4.5 是垃圾郵件，所以飛鏢落在垃圾郵件上的機率是 4.5/4.75 = 0.9474，這意味著帶有*樂透*和*促銷*一詞的電子郵件有 94.74% 的機率是垃圾郵件。這是相當高的！

4.5 封垃圾郵件　　　　　　　　　　0.25 封正常郵件
同時包含 "樂透" 和 "促銷"　　　　　同時包含 "樂透" 和 "促銷"

圖 8.12　我們有 4.5 封垃圾郵件和 0.25 封正常郵件。我們扔飛鏢，它會擊中其中一封電子郵件。它擊中垃圾郵件的機率是多少？答案是 94.74%。

我們在這裡所做的使用機率，是採用貝氏定理，只是在事件中，

- E = 樂透 ∩ 促銷
- F = 垃圾郵件

會得到公式

$$P(\text{垃圾郵件} \mid \text{樂透} \cap \text{促銷}) =$$

$$\frac{P(\text{樂透} \cap \text{促銷} \mid \text{垃圾郵件}) \cdot P(\text{垃圾郵件})}{P(\text{樂透} \cap \text{促銷} \mid \text{垃圾郵件}) \cdot P(\text{垃圾郵件}) + P(\text{樂透} \cap \text{促銷} \mid \text{正常郵件}) \cdot P(\text{正常郵件})}$$

然後我們（天真地）假設樂透和促銷這兩個詞的出現在垃圾郵件（和正常）電子郵件中是獨立的，得到以下兩個公式：

$$P(\text{樂透} \cap \text{促銷} \mid \text{垃圾郵件}) = P(\text{樂透} \mid \text{垃圾郵件}) \cdot P(\text{促銷} \mid \text{垃圾郵件})$$

$$P(\text{樂透} \cap \text{促銷} \mid \text{正常郵件}) = P(\text{樂透} \mid \text{正常郵件}) \cdot P(\text{促銷} \mid \text{正常郵件})$$

將它們代入前面的公式，我們得到：

$$P(\text{垃圾郵件} \mid \text{樂透} \cap \text{促銷}) =$$

$$\frac{P(\text{樂透} \mid \text{垃圾郵件}) \cdot P(\text{促銷} \mid \text{垃圾郵件}) \cdot P(\text{垃圾郵件})}{P(\text{樂透} \mid \text{垃圾郵件}) \cdot P(\text{促銷} \mid \text{垃圾郵件}) \cdot P(\text{垃圾郵件}) + P(\text{樂透} \mid \text{正常郵件}) \cdot P(\text{促銷} \mid \text{正常郵件}) \cdot P(\text{正常郵件})}$$

最後，插入以下數值：

- $P(\text{樂透} \mid \text{垃圾郵件}) = \dfrac{3}{4}$

- $P($ 促銷 $\mid$ 垃圾郵件 $)=\dfrac{3}{10}$

- $P($ 垃圾郵件 $)=\dfrac{1}{5}$

- $P($ 樂透 $\mid$ 正常郵件 $)=\dfrac{1}{16}$

- $P($ 促銷 $\mid$ 正常郵件 $)=\dfrac{1}{20}$

- $P($ 正常郵件 $)=\dfrac{4}{5}$

我們得到：

$$P(\text{ 垃圾郵件 } \mid \text{ 樂透 } \cap \text{ 促銷 }) = \frac{\dfrac{3}{4} \cdot \dfrac{3}{10} \cdot \dfrac{1}{5}}{\dfrac{3}{4} \cdot \dfrac{3}{10} \cdot \dfrac{1}{5} + \dfrac{1}{16} \cdot \dfrac{1}{20} \cdot \dfrac{4}{5}} = 0.9474$$

那超過兩個單詞怎麼辦？

在一般情況下，電子郵件有個單詞。貝氏定理指出，如果一封電子郵件包含單詞，則其成為垃圾郵件的機率為：

$$P(\text{ 垃圾郵件 } \mid x_1, x_2, ..., x_n)$$

$$= \frac{P(x_1, x_2, ..., x_n \mid \text{ 垃圾郵件 })P(\text{ 垃圾郵件 })}{P(x_1, x_2, ..., x_n \mid \text{ 垃圾郵件 })P(\text{ 垃圾郵件 }) + P(x_1, x_2, ..., x_n \mid \text{ 正常郵件 })P(\text{ 正常郵件 })}$$

在前面的等式中，我們刪除了交集符號並替換為逗號。天真的假設是所有這些詞的出現都是獨立的。所以，

$$P(x_1, x_2, ..., x_n \mid \text{垃圾郵件}) = P(x_1 \mid \text{垃圾郵件}) \, P(x_2 \mid \text{垃圾郵件}) \cdots P(x_n \mid \text{垃圾郵件})$$

以及：

$$P(x_1, x_2, ..., x_n \mid \text{正常郵件}) = P(x_1 \mid \text{正常郵件}) \, P(x_2 \mid \text{正常郵件}) \cdots P(x_n \mid \text{正常郵件})$$

把最後三個方程式放在一起，我們得到：

$$P(\text{垃圾郵件} \mid x_1, x_2, ..., x_n)$$

$$= \frac{P(x_1 \mid \text{垃圾郵件})P(x_2 \mid \text{垃圾郵件})\cdots P(x_n \mid \text{垃圾郵件})P(\text{垃圾郵件})}{P(x_1 \mid \text{垃圾郵件})P(x_2 \mid \text{垃圾郵件})\cdots P(x_n \mid \text{垃圾郵件})P(\text{垃圾郵件})+P(x_1 \mid \text{正常郵件})P(x_2 \mid \text{正常郵件})\cdots P(x_n \mid \text{正常郵件})P(\text{正常郵件})}$$

右側這些數量中的每一個都很容易估計為電子郵件數量之間的比率。例如，$P(x_i \mid$ *垃圾郵件*) 是包含單詞 x_i 的垃圾郵件數量與垃圾郵件總數之間的比率。

舉個小例子，假設電子郵件包含單詞**樂透**、**促銷**和**媽媽**。我們檢查了**媽媽**這個詞，並注意到它只出現在 20 封垃圾郵件中的 1 封和 80 封正常郵件中的 10 封中。因此，$P('媽媽' \mid \text{垃圾郵件}) = \frac{1}{20}$ 和 $P('媽媽' \mid \text{正常郵件}) = \frac{1}{8}$。使用與上一節中相同的單詞樂透和促銷的機率，我們得到以下結果：

$$P(\text{垃圾郵件} \mid '樂透', '促銷', '媽媽')$$

$$= \frac{P('樂透' \mid \text{垃圾郵件})P('促銷' \mid \text{垃圾郵件})P('媽媽' \mid \text{垃圾郵件})P(\text{垃圾郵件})}{P('樂透' \mid \text{垃圾郵件})P('促銷' \mid \text{垃圾郵件})P('媽媽' \mid \text{垃圾郵件})P(\text{垃圾郵件})+P('樂透' \mid \text{正常郵件})P('促銷' \mid \text{正常郵件})P('媽媽' \mid \text{正常郵件})P(\text{正常郵件})}$$

$$= \frac{\frac{3}{4} \cdot \frac{3}{10} \cdot \frac{1}{20} \cdot \frac{1}{5}}{\frac{3}{4} \cdot \frac{3}{10} \cdot \frac{1}{20} \cdot \frac{1}{5} + \frac{1}{16} \cdot \frac{1}{20} \cdot \frac{1}{8} \cdot \frac{4}{5}}$$

$$= 0.8780$$

請注意，在等式中添加單詞**媽媽**將垃圾郵件的機率從 94.74% 降到 87.80%，這是有道理的，因為這個詞更可能出現在正常郵件中而不是垃圾郵件中。

使用真實資料建構垃圾郵件偵測模型

現在我們已經開發了算法，讓我們捲起袖子來編寫單純貝氏分類算法。Scikit-Learn 等幾個套件對這個算法有很好的實現，我鼓勵你看看它們，然而，我們將手動來編寫程式。我們使用的資料集來自 Kaggle，關於下載連結，請查看附錄 C 中的本章資源。

以下為本節的程式碼：

- **Notebook**：Coding_naive_Bayes.ipynb
  - https://github.com/luisguiserrano/manning/blob/master/Chapter_8_Naive_Bayes/Coding_naive_Bayes.ipynb
- **資料集**：emails.csv

對於這個例子，我們將介紹一個用來處理大型資料集的好用套件 Pandas（要了解更多資訊，請查看第 13 章中的「使用 Pandas 載入資料集」一節）。在 Pandas 中用於儲存資料集的主要物件是 DataFrame，要將我們的資料載入到 Pandas DataFrame 中，我們使用以下指令：

```
import pandas
emails = pandas.read_csv('emails.csv')
```

在表 8.1 中，你可以看到資料集的前五列。

該資料集有兩欄。第一欄是電子郵件的文字（連同其主旨），採用字串格式；第二欄告訴我們電子郵件是垃圾郵件（1）還是正常郵件（0）。首先我們需要做一些資料前處理（data preprocessing）。

表 8.1 我們電子郵件資料集的前五列。文字欄顯示每封電子郵件中的文字，如果電子郵件是垃圾郵件，則垃圾郵件欄顯示為 1，如果郵件是正常郵件，則顯示為 0。請注意，前五封電子郵件都是垃圾郵件。

文字	垃圾郵件
主旨：naturally irresistible your corporate...	1
主旨：the stock trading gunslinger fanny i...	1
主旨：unbelievable new homes made easy im ...	1
主旨：4 color printing special request add...	1
主旨：do not have money, get software cds ...	1

資料前處理

首先，我們將文字字串轉換為單詞列表。我們使用以下函式執行此操作，該函式使用 lower() 函式將所有單詞轉換為小寫，並使用 split() 函式將單詞轉換為列表。我們只檢查每個單詞是否出現在電子郵件中，不管它出現了多少次，所以我們把它變成一個集合，然後變成一個列表。

```
def process_email(text):
    text = text.lower()
    return list(set(text.split()))
```

現在我們使用 apply() 函式將此更改應用於整個欄位。我們將新的欄稱為 emails['words']。

```
emails['words'] = emails['text'].apply(process_email)
```

修改後的電子郵件資料集的前五行如表 8.2 所示。

表 8.2 包含一個名為單詞之新欄的電子郵件資料集，其中包含電子郵件中的單詞列表（不重複）和主旨。

文字	垃圾郵件	單詞
主旨：naturally irresistible your corporate...	1	[letsyou, all, do, but, list, is, information,...
主旨：the stock trading gunslinger fanny i...	1	[not, like, duane, trading, libretto, attainde...
主旨：unbelievable new homes made easy im ...	1	[im, have, $, take, foward, all, limited, subj...
主旨：4 color printing special request add...	1	[color, azusa, pdf, printable, 8102, subject:,...
主旨：do not have money, get software cds ...	1	[get, not, have, all, do, subject:, be, by, me...

尋找先驗機率

首先，我們找出一封電子郵件是垃圾郵件的機率（先驗機率）。為此，我們計算垃圾郵件的數量並將其除以電子郵件的總數。請注意，垃圾郵件的數量是垃圾郵件欄中紀錄的總和。以下指令將完成這項工作：

```
sum(emails['spam'])/len(emails)
0.2388268156424581
```

我們推斷電子郵件是垃圾郵件的先驗機率約為 0.24。如果我們對電子郵件一無所知，這就是郵件是垃圾郵件的機率。同樣地，一封電子郵件是正常郵件的先驗機率約為 0.76。

用貝氏定理找出後驗機率

我們需要找出垃圾郵件（和正常郵件）包含某個單詞的機率。我們同時對所有單詞執行此操作。以下函式建立一個名為 model 的字典（dictionary），它記錄每個單詞，以及該單詞在垃圾郵件和正常郵件中出現的次數：

```
model = {}

for index, email in emails.iterrows():
    for word in email['words']:
        if word not in model:
            model[word] = {'spam': 1, 'ham': 1}
        if word in model:
            if email['spam']:
                model[word]['spam'] += 1
            else:
                model[word]['ham'] += 1
```

請注意，計數初始化為 1，所以在現實中，我們將電子郵件為垃圾郵件和正常郵件的次數多算一次，我們使用這個小技巧來避免計數為 0，因為我們不想意外地除以 0。現在讓我們檢查字典中的一些列，如下所示：

```
model['lottery']
{'ham': 1, 'spam': 9}

model['sale']
{'ham': 42, 'spam': 39}
```

這意味著，單詞*樂透*出現在 1 封正常郵件和 9 封垃圾郵件中，而單詞*促銷*出現在 42 封正常郵件和 39 封垃圾郵件中。儘管這個字典中不包含任何機率，但可以透過將第一個紀錄除以兩個紀錄的總和來推導出這些機率。因此，如果一封郵件包含單詞*樂透*，那麼它是垃圾郵件的機率是 $\dfrac{9}{9+1}$；如果郵件包含單詞*促銷*，它是垃圾郵件的機率是 $\dfrac{39}{39+42}$ =0.48。

實現單純貝氏分類算法

算法的輸入是電子郵件。它瀏覽電子郵件中的所有單詞，對於每個單詞，算法計算出垃圾郵件包含該單詞和正常郵件包含單詞的機率。這些機率是使用我們在上一節中定義的字典來計算的。然後，我們將這些機率相乘（天真的假設）並應用貝氏定理來找出一封郵件，在其包含特定郵件中的單詞之情況下，為垃圾郵件的機率。使用此模型進行預測的程式碼如下：

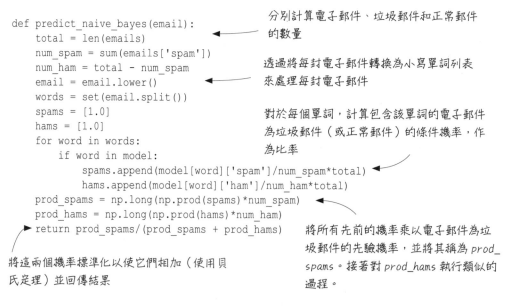

```
def predict_naive_bayes(email):
    total = len(emails)
    num_spam = sum(emails['spam'])
    num_ham = total - num_spam
    email = email.lower()
    words = set(email.split())
    spams = [1.0]
    hams = [1.0]
    for word in words:
        if word in model:
            spams.append(model[word]['spam']/num_spam*total)
            hams.append(model[word]['ham']/num_ham*total)
    prod_spams = np.long(np.prod(spams)*num_spam)
    prod_hams = np.long(np.prod(hams)*num_ham)
    return prod_spams/(prod_spams + prod_hams)
```

分別計算電子郵件、垃圾郵件和正常郵件的數量

透過將每封電子郵件轉換為小寫單詞列表來處理每封電子郵件

對於每個單詞，計算包含該單詞的電子郵件為垃圾郵件（或正常郵件）的條件機率，作為比率

將所有先前的機率乘以電子郵件為垃圾郵件的先驗機率，並將其稱為 *prod_spams*。接著對 *prod_hams* 執行類似的過程。

將這兩個機率標準化以使它們相加（使用貝氏定理）並回傳結果

你可能會注意到，在前面的程式碼中，我們使用了另一個小技巧。每個機率都乘以資料集中的電子郵件總數。這不會影響我們的計算，因為這個因素出現在分子和分母中。但是，它確實確保我們的機率乘積不會太小，不然 Python 會無法處理。

現在我們已經建立了模型,讓我們透過對一些電子郵件進行預測來測試模型,如下:

```
predict_naive_bayes('Hi mom how are you')
```
0.12554358867163865

```
predict_naive_bayes('meet me at the lobby of the hotel at nine am')
```
0.00006964603508395

```
predict_naive_bayes('buy cheap lottery easy money now')
```
0.9999734722659664

```
predict_naive_bayes('asdfgh')
```
0.2388268156424581

它似乎運作良好。像「hi mom how are you」這樣的電子郵件成為垃圾郵件的機率很低(大約 0.12),而像「buy cheap lottery easy money now」這樣的電子郵件成為垃圾郵件的機率非常高(超過 0.99)。請注意,最後一封不包含字典中任何單詞的電子郵件,其機率為 0.2388,這正是先驗機率。

更進一步的工作

這是對單純貝氏分類算法的快速實現,但是對於更大的資料集以及更大的電子郵件,我們應該使用一個套件。像 Scikit-Learn 這樣的套件提供了很好的單純貝氏分類算法之實現,有許多參數可供使用。你可以繼續探索這個套件還有其他套件,並在所有類型的資料集上使用單純貝氏分類算法!

總結

- 貝氏定理是一種廣泛用於機率、統計和機器學習的技術。
- 貝氏定理包括以先驗機率和事件為基礎並計算後驗機率。
- 先驗機率是當給定的資訊非常少時,對一個機率的基本計算。
- 貝氏定理利用對所討論的機率做出更好地估計。
- 當人們想把先驗機率與多個事件結合在一起時,就會使用單純貝氏分類算法。
- *naive* 這個詞來自於我們在做一個天真的假設,即所討論的事件都是獨立的。

練習

練習 8.1

對於每對事件 A 和 B，確定它們是獨立的還是依賴的。對於 (a) 到 (d)，請提供數學證明。對於 (e) 和 (f)，請提供口頭理由。

投擲三枚公平硬幣：

a. A：第一個是頭像。B：第三個是反面。

b. A：第一個是頭像。B：三次投擲中正面的次數為奇數個。

擲兩個骰子：

c. A：第一個顯示 1。 B：第二個顯示 2。

d. A：第一個顯示 3。 B：第二個顯示比第一個更高的值。

對於以下內容，請提供口頭理由。假設對於這個問題，我們是生活在一個有季節性的地方：

e. A：外面在下雨。 B：今天是星期一。

f. A：外面在下雨。 B：現在是六月。

練習 8.2

有一個辦公室，我們必須定期去那裡做一些文書工作。這個辦公室有兩個職員 Aisha 和 Beto。我們知道 Aisha 每週在那工作三天，而 Beto 則在另外兩天工作。然而，日程每週都在變化，所以我們永遠不知道 Aisha 在哪三天，Beto 在哪兩天。

　　a. 如果我們隨機出現在辦公室，Aisha 在辦公室的機率是多少？

我們從外面看，發現有位職員穿著一件紅色毛衣，雖然我們不知道他是誰。我們經常去那個辦公室，所以我們知道 Beto 比 Aisha 更經常穿紅色。事實上，Aisha 三天中有一天穿紅色（三分之一的時間），而 Beto 是兩天有一天穿紅色（一半的時間）。

　　b. 知道店員今天穿紅衣服，Aisha 是店員的機率是多少？

練習 8.3

以下是 COVID-19 檢測呈陽性或陰性的病患資料集。他們的症狀是咳嗽 (C)、發燒 (F)、呼吸困難 (B) 和疲倦 (T)。

	咳嗽 (C)	發燒 (F)	呼吸困難 (B)	疲倦 (T)	診斷
病患 1		X	X	X	生病
病患 2	X	X		X	生病
病患 3	X		X	X	生病
病患 4	X	X	X		生病
病患 5	X			X	健康
病患 6		X	X		健康
病患 7		X			健康
病患 8				X	健康

本練習的目標是建立一個單純貝氏分類模型，從症狀中預測診斷結果。使用單純貝氏分類算法找到以下機率：

> **注意** 對於以下問題，沒有提到的症狀我們完全不知道。例如，如果我們知道病患咳嗽，但沒有說他們發燒，這並不意味著病患沒有發燒。

a. 考慮到病患咳嗽，病患生病的機率

b. 考慮到病患沒有感到疲倦，病患生病的機率

c. 考慮到病患咳嗽和發燒，病患生病的機率

d. 考慮到病患咳嗽和發燒，但沒有呼吸困難，病患生病的機率

透過提問來分割資料： 決策樹 | 9

本章包含

- 什麼是決策樹

- 使用決策樹進行分類和迴歸

- 使用使用者資訊建構應用推薦系統

- 準確率、吉尼指數和熵，以及它們在建構決策樹中的作用

- 使用 Scikit-Learn 在大學申請資料集上訓練決策樹

在本章中，我們將介紹決策樹。決策樹是強大的分類和迴歸模型，它也為我們提供了大量關於資料集的資訊。就像我們在本書中學到的之前幾種模型一樣，決策樹是用標記資料來訓練的，其中我們想要預測的標籤可以是類別（用於分類）或值（用於迴歸）。在本章的大部分內容中，我們將著重介紹用於分類的決策樹，但在本章的最後，我們將介紹用於迴歸的決策樹。然而，這兩種樹的結構和訓練過程是相似的。在本章中，我們開發了幾個使用案例，包括一個應用推薦系統和一個預測大學申請錄取結果的模型。

決策樹遵循一個直觀的過程來進行預測，也就是一個非常類似於人類推理的過程。考慮以下情境：我們想決定今天是否應該穿外套。決策過程會是什麼樣子？我們可以看看外面是否下雨。如果下雨，那我們肯定要穿外套。如果不是，那麼也許我們要確認氣溫，如果天氣熱，我們就不穿外套，但如果天氣冷，我們就穿外套。在圖 9.1 中，我們可以看到這個決策過程的圖表，其中是從上到下遍歷（traverse）整棵樹來做出的決策。

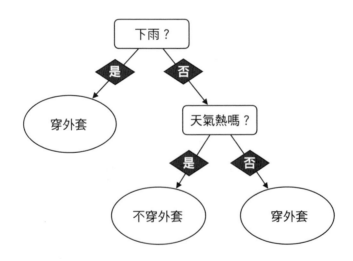

圖 9.1　用於決定我們是否想在某一天穿外套的決策樹。我們透過向下遍歷整棵樹，並選擇與每個正確答案相對應的分支來做出決定。

我們的決策過程看起來像一棵樹，只是它是顛倒的。這棵樹由稱為**節點**（*nodes*）的頂點和邊（*edge*）所組成。在最頂部，我們可以看到**根節點**（*root node*），兩個分支從該節點長出。每個節點都會有兩個或零個分支（邊）從其長出，因此，

我們稱它為二元樹（*binary tree*）。有兩個分支從其長出的節點稱為**決策節點**（*decision nodes*），而沒有從它們長出分支的節點稱為**葉節點**（*leaf nodes*）或**葉子**（*leaves*）。這種節點、葉子和邊的排列方式就是我們所說的決策樹（decision tree）。樹是電腦科學中的自然物件，因為電腦會將每個過程分解為一系列二進位運算。

最簡單的決策樹，稱為**決策樹樁**（*decision stump*，又稱單層決策樹），由單個決策節點（根節點）和兩個葉子所組成。這代表了一個是或否的問題，我們會根據這個問題立即做出決定。

決策樹的深度是根節點下的層數。有另一種測量方法是透過從根節點到葉子的最長路徑的長度，其中路徑透過它所包含的邊之數量來測量。圖 9.1 中樹的深度為 2。一個決策樹樁的深度為 1。

下方是我們目前所學到的定義之摘要：

決策樹（decision tree） 基於是或否問題並由二元樹表示的機器學習模型。樹有一個根節點、決策節點、葉節點和分支。

根節點（root node） 樹的最頂層節點。它包含第一個是或否問題。為了方便，我們將其稱為根。

決策節點（decision node） 我們模型中的每個「是」或「否」問題都由一個決策節點所表示，其中有兩個分支（一個代表答案「是」，一個代表答案「否」）。

葉節點（leaf node） 沒有長出分支的節點。這些代表了我們在遍歷整棵樹後做出的決定。為方便起見，我們將它們稱為葉子。

分支（branch） 從每個決策節點發出的兩條邊，對應於節點中問題的答案「是」和「否」。在本章中，按照慣例，左側的分支對應「是」，右側的分支對應「否」。

深度（depth） 決策樹中的層數。或者說，它是從根節點到葉節點的最長路徑上的分支數。

在本章中，節點被繪製為帶有圓邊的矩形，分支中的答案為菱形，葉子為橢圓形。
圖 9.2 顯示了決策樹的一般外觀。

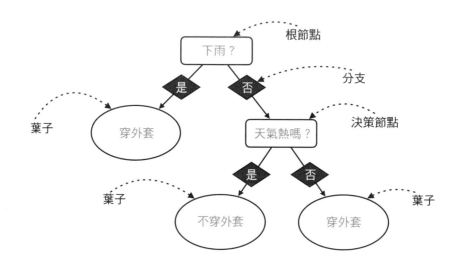

圖 9.2 具有根節點、決策節點、分支和葉子的常規決策樹。請注意，每個決策節點都包含
一個是或否問題。從每個可能的答案中，都會產生一個分支，這可能會導致另一個決策節
點或葉子。這棵樹的深度為 2，因為從葉子到根的最長路徑經過兩個分支。

我們是如何建造這棵樹的？為什麼我們會提出這些問題？我們還可以檢查是否是
星期一，是否在外面看到一輛紅色汽車，或者我們是否肚子餓了，然後建構了以
下決策樹：

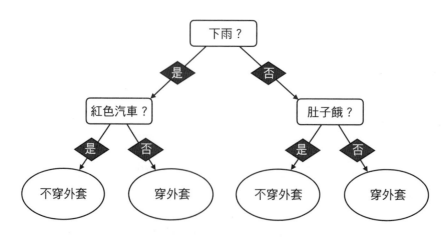

圖 9.3 第二個（也許不是那麼好）決策樹，我們可以用來決定我們是否想在某一天穿外套。

在決定是否穿外套時，我們認為哪棵樹比較好：1 號樹（圖 9.1）或 2 號樹（圖 9.3）？好吧，作為人類，我們有足夠的經驗來判斷 1 號樹比 2 號樹做這個決定要好得多。那電腦要怎麼知道呢？電腦本身沒有經驗，但它們有類似的東西，那就是資料。如果我們想像電腦一樣思考，我們可以瀏覽所有可能的樹，嘗試每一棵樹一段時間，比如一年，然後透過計算我們使用每棵樹做出正確決定的次數來比較它們的表現。我們可以想像，如果我們使用 1 號樹，我們在大多數情況下都是正確的，而如果我們使用 2 號樹，我們可能會在寒冷的日子裡沒有穿外套被凍死，或者在非常炎熱的日子裡穿上外套。電腦所要做的就是瀏覽所有的樹，收集資料，然後找出哪一棵是最好的，對嗎？

幾乎是這樣沒錯！不幸的是，即使是電腦，要搜尋所有可能的樹以找到最有效的樹也需要花費很長時間。但幸運的是，我們有算法可以使這種搜尋速度變得更快，因此，我們可以將決策樹用於許多很棒的應用，包括垃圾郵件偵測、情緒分析和醫療診斷。在本章中，我們將介紹一種快速建構良好決策樹的算法。簡單來說，我們從頂部開始，一次建構一個節點。為了選擇與每個節點對應的正確問題，我們檢查了所有可以提出的問題，並選擇正確次數最多的問題。過程如下：

選擇一個好的第一個問題

我們需要為我們的樹的根選擇一個好的第一個問題。有什麼好問題可以幫助我們決定在某一天是否穿外套？一開始，它可以是任何東西。假設我們為第一個問題提出了五個選項：

1. 下雨了嗎？

2. 外面冷嗎？

3. 我餓了嗎？

4. 外面有紅色的車嗎？

5. 是星期一嗎？

在這五個問題中，哪一個似乎最能幫助我們決定是否應該穿外套呢？我們的直覺告訴我們，最後三個問題對幫助我們做出決定毫無用處。比方說，根據經驗，我們注意到前兩個中，第一個更為有用。我們使用這個問題來開始建構我們的樹。到目前為止，我們有一個簡單的決策樹或決策樹樁，由單個問題所組成，如圖 9.4 所示。

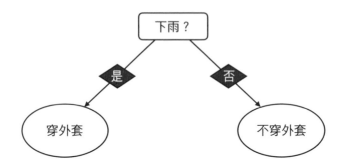

圖 9.4 一個簡單的決策樹（決策樹樁），僅包含問題「下雨了嗎？」，如果答案是肯定的，我們做出的決定是穿外套。

我們能做得更好嗎？想像一下，我們開始注意到下雨時，穿外套總是正確的決定。但是，有些日子不下雨，不穿外套並不是正確的決定。這就是問題 2 有用的地方了。我們用這個問題來幫助我們：在我們檢查沒有下雨之後，然後我們檢查氣溫，如果天氣冷，我們決定穿外套。這會將樹的右葉變成一個節點，從它發出兩片葉子，如圖 9.5 所示。

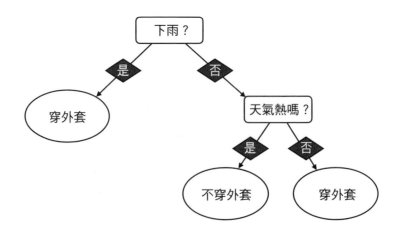

圖 9.5 比圖 9.4 中的決策樹稍微複雜一些，在圖 9.4 中，我們選擇了一個葉子並將其分成另外兩個葉子。這與圖 9.1 中的樹相同。

現在我們有了決策樹。我們能做得更好嗎？如果我們在樹上添加更多節點和葉子，也許我們可以做得更好。但就目前而言，這棵樹的效果非常好。在這個例子中，我們使用我們的直覺和經驗做出決定。在本章中，我們要學習一種完全基於資料來建構這些樹的算法。

你的腦海中可能會出現許多問題，例如：

1. 你究竟如何決定哪個是最好的問題？

2. 總是選擇最佳問題的過程真的能讓我們建構最好的決策樹嗎？

3. 我們為什麼不建構所有可能的決策樹，並從中挑選出最好的呢？

4. 我們要編寫這個算法嗎？

5. 我們在哪裡可以找到現實生活中的決策樹？

6. 我們可以看到決策樹如何用於分類，但它們如何用於迴歸？

本章回答了所有這些問題，但這裡有一些快速的答案：

1. 你究竟如何決定哪個是最好的問題？

我們有幾種方法可以做到這一點。最簡單的是使用準確率，這意味著：哪個問題可以幫助我更經常正確？然而，在本章中，我們還要學習其他方法，例如吉尼指數（Gini index）或熵（entropy）。

2. 總是選擇最佳問題的過程真的能讓我們建構最好的決策樹嗎？

實際上，這個過程並不能保證我們得到最好的樹。這就是我們所說的**貪婪演算法**（*greedy algorithm*）。貪婪演算法的工作原理如下：在每一點上，該算法都會做出可能的最佳移動，它們往往運作良好，但並不總是在每個時間步驟上都做出最好的移動，讓你能獲得最佳的整體結果。有的時候，提出一個較弱的問題，對我們的資料進行分組，最後我們得到一個更好的樹。但是，用於建構決策樹的算法往往運行得非常好，而且非常快，所以我們會接受這一點。看看我們在本章中看到的算法，並嘗試找出透過去除貪婪屬性來改進算法的方法！

3. 我們為什麼不建構所有可能的決策樹，並從中挑選出最好的呢？

可能的決策樹數量非常多，尤其是當我們的資料集有很多特徵的時候，若要看完所有這些特徵將會非常緩慢。在這裡，查找每個節點只需要在特徵之間

進行線性搜尋（linear search），而不需要對所有可能的樹進行搜尋，這會使得速度大大加快。

4. **我們要編寫這個算法嗎？**

該算法可以用手動編寫程式，然而，我們將看到由於它是遞迴的，所以編寫程式的過程會變得有點枯燥乏味。因此，我們將使用一個名為 Scikit-Learn 的有用套件來建構具有真實資料的決策樹。

5. **我們在哪裡可以找到現實生活中的決策樹？**

很多地方！它們在機器學習中被廣泛使用，不僅因為它們工作得很好，還因為它們為我們提供了大量關於資料的資訊。決策樹被用於一些地方，如推薦系統（推薦影片、電影、應用程式、要購買的產品等）、垃圾郵件分類（決定電子郵件是否為垃圾郵件）、情緒分析（決定句子是快樂還是悲傷），以及生物學（決定病患是否生病，或幫助識別物種，或基因組類型中的某些層次結構）。

6. **我們可以看到決策樹如何用於分類，但它們如何用於迴歸？**

迴歸決策樹看起來與分類決策樹完全一樣，除了葉子之外。在分類決策樹中，葉子有類別，例如是和否；在迴歸決策樹中，葉子的值有 4、8.2 或 –199。我們模型所做出的預測是由我們從上到下通過樹到達的葉子所給出的。

第一個我們將在本章中學習的使用案例是機器學習中的一個流行應用，也是我最喜歡的應用之一：推薦系統。

本章的程式碼可在此 GitHub 儲存庫中找到：https://github.com/luisguiserrano/manning/tree/master/Chapter_9_Decision_Trees。

問題：我們需要根據使用者可能下載的內容，向他們推薦應用程式

推薦系統是機器學習中最常見和最令人興奮的應用之一。有沒有想過 Netflix 如何推薦電影、YouTube 如何猜測你可能會觀看哪些影片，或者 Amazon 如何向你展示你可能有興趣購買的產品？這些都是推薦系統的例子。查看推薦問題的一種簡單且有趣的方法是考慮它們的分類問題。讓我們從一個簡單的例子開始：使用決策樹做一個我們自己的 App 推薦系統。

假設我們要建構一個系統，可以在以下選項中向使用者推薦可下載的應用程式。
我們的商店中有以下三個應用程式（圖 9.6）：

- **Atom Count**：一款計算你體內原子數量的應用程式
- **Beehive Finder**：一款用於定位離你最近蜂箱位置的應用程式
- **Check Mate Mate**：一款用於尋找國際象棋玩家的應用程式

Atom Count　　　　　　　　Beehive Finder　　　　　　　Check Mate Mate

圖 9.6 我們推薦的三個應用程式：Atom Count，一個用於計算你體內原子數量的應用程式；Beehive Finder，一款用於定位離你最近的蜂箱位置的應用程式；和 Check Mate Mate，一款用於查找你所在地區的國際象棋玩家的應用程式。

訓練資料是一個表格，其中包含使用者使用的平台（iPhone 或 Android）、他們的年齡和他們下載的應用程式（在現實生活中還有更多平台，但為簡單起見，我們假設這兩個是唯二的選項）。我們的表包含六個人，如表 9.1 所示。

表 9.1 應用程式商店的使用者資料集。對於每個用戶，我們都會記錄他們的平台、年齡和他們下載的應用程式。

平台	年齡	應用程式
iPhone	15	Atom Count
iPhone	25	Check Mate Mate
Android	32	Beehive Finder
iPhone	35	Check Mate Mate
Android	12	Atom Count
Android	14	Atom Count

以此表為標準，你會向以下三個用戶分別推薦哪個應用程式？

- **用戶 1**：一位 13 歲的 iPhone 使用者
- **用戶 2**：一位 28 歲的 iPhone 使用者
- **用戶 3**：一位 34 歲的 Android 使用者

我們應該做的如下：

用戶 1：一位 13 歲的 iPhone 使用者。對於這個用戶，我們應該推薦 Atom Count，因為看起來（看看那三個十幾歲的用戶）年輕人傾向下載 Atom Count。

用戶 2：一位 28 歲的 iPhone 使用者。對於這個用戶，我們應該推薦 Check Mate Mate，因為查看資料集中的兩個 iPhone 使用者（年齡分別為 25 歲和 35 歲），他們都下載了 Check Mate Mate。

用戶 3：一位 34 歲的 Android 使用者。對於這個用戶，我們應該推薦 Beehive Finder，因為資料集中有一個 32 歲的 Android 使用者，他下載了 Beehive Finder。

但是，逐一進行用戶訪問似乎是一項乏味的工作。接下來，我們將建構一個決策樹來同時照顧所有用戶。

解決方案：建構 **App** 推薦系統

在本節中，我們將了解如何使用決策樹建構 App 推薦系統。簡而言之，建構決策樹的算法如下：

1. 找出哪些資料對決定推薦哪個應用程式最有用。
2. 此特徵將資料分割為兩個較小的資料集。
3. 對兩個較小的資料集重複過程 1 和過程 2。

換句話說，我們要做的是決定兩個特徵（平台或年齡）中哪一個更能成功地確定使用者將下載哪個應用程式，並選擇這個作為我們決策樹的根。然後，我們在各分支上進行迭代，並始終為該分支的資料選擇最具決定性的特徵，進而建構我們的決策樹。

建構模型的第一步：問一個最好的問題

建構模型的第一步是找出最有用的特徵，換句話說，就是要問最有用的問題。首先，讓我們稍微簡化一下我們的資料。我們將 20 歲以下的每個人稱為「年輕人」，然後將 20 歲或以上的稱為「成年人」（別擔心，我們很快就會在「使用連續特徵（例如年齡）分割資料」一節中回到原始資料集了）。修改後的資料集如表 9.2 所示。

表 9.2 表 9.1 中資料集的簡化版本，其中年齡欄位已簡化為「年輕」和「成年人」兩個類別。

平台	年齡	應用程式
iPhone	年輕人	Atom Count
iPhone	成年人	Check Mate Mate
Android	成年人	Beehive Finder
iPhone	成年人	Check Mate Mate
Android	年輕人	Atom Count
Android	年輕人	Atom Count

決策樹的建構組塊是「使用者是否使用 iPhone ？」或「使用者是否為年輕人？」形式的問題。我們需要其中一個作為我們樹的根。我們應該選擇哪一個呢？我們應該選擇最能確定使用者會下載之應用程式的那一個。為了決定哪個問題更好，讓我們比較它們一下。

第一個問題：使用者使用的是 iPhone 還是 Android ？

這個問題將使用者分為兩組，iPhone 使用者和 Android 使用者，每個組中有三個使用者。但是我們需要追蹤每個使用者下載的應用程式。快速查看一下表 9.2 有助於我們注意到以下幾點：

- 在 iPhone 使用者中，一位下載 Atom Count，兩位下載了 Check Mate Mate。
- 在 Android 使用者中，兩位下載 Atom Count，一位下載了 Beehive Finder。最終的決策樹樁如圖 9.7 所示。

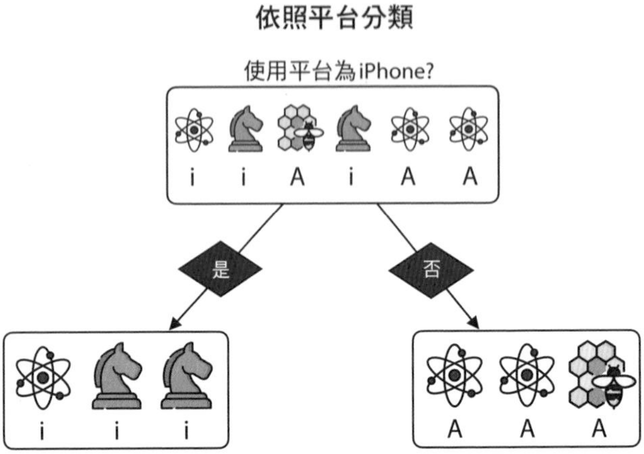

依照平台分類

使用平台為iPhone?

圖 9.7　如果我們按平台劃分使用者，我們會得到這樣的劃分：iPhone 使用者在左側，Android 使用者在右側。在 iPhone 使用者中，一位下載了 Atom Count，兩位下載了 Check Mate Mate；在 Android 使用者中，兩位下載了 Atom Count，一位下載了 Beehive Finder。

現在讓我們看看如果我們按年齡分割它們會發生什麼事情。

第二個問題：使用者是年輕人還是成年人？

這個問題將使用者分成兩組：年輕人和成年人。同樣，每個組都有三個使用者。快速查看一下表 9.2 有助於我們注意到每個使用者下載的內容，如下所示：

- 年輕使用者都下載 Atom Count。
- 在成年使用者中，兩位下載了 Check Mate Mate，一位下載了 Beehive Finder。

最終的決策樹樁如圖 9.8 所示。

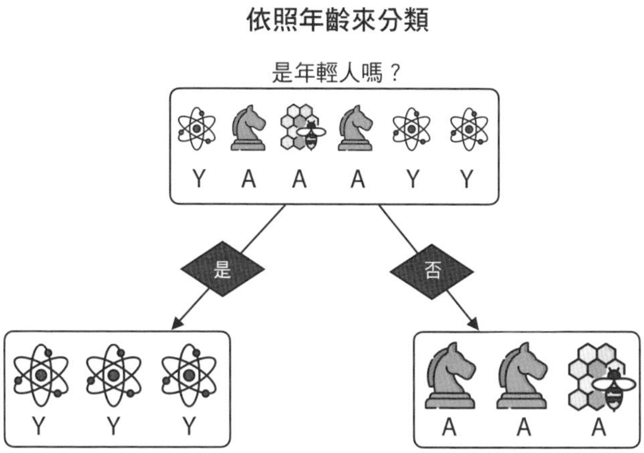

依照年齡來分類

是年輕人嗎？

圖 9.8　如果我們按年齡劃分使用者，我們會得到這樣的劃分：年輕人在左側，成年人在右側。在年輕使用者中，三人都下載了 Atom Count。在成年使用者中，一個下載了 Beehive Finder，兩個下載了 Check Mate Mate。

從圖 9.7 和 9.8 來看，哪一個看起來更好？似乎第二個（以年齡為基礎）更好，因為它發現了三個年輕人都下載了 Atom Count 的事實。但是我們需要電腦來確定年齡是一個更好的特徵，所以我們會給它一些數字來比較。在本節中，我們要學習三種方法來比較這兩個分割：準確率、吉尼不純度（Gini impurity）和熵（entropy）。讓我們從第一個開始：準確率。

準確率：我們的模型多久正確一次？

我們在第 7 章中了解了準確率，但這裡有一個小回顧。準確率是正確分類的資料點佔資料點總數的比例。

假設我們只被允許提出一個問題，透過這個問題，我們必須確定向我們的使用者推薦哪個應用程式。我們有以下兩個分類器：

- **1 號分類器**：提出問題「你使用什麼平台？」，並從中確定要推薦的應用程式
- **2 號分類器**：提出問題「你的年齡是？」，並從中確定要推薦的應用程式

讓我們更仔細地看一下分類器。關鍵觀察如下：如果我們必須透過只問一個問題來推薦一個應用程式，我們最好的辦法是查看所有回答相同答案的人，並推薦其中最常見的應用程式。

1 號分類器：你使用什麼平台？

- 如果答案是「iPhone」，那麼我們注意到在 iPhone 使用者中，大多數下載了 Check Mate Mate。因此，我們向所有 iPhone 使用者推薦 Check Mate Mate。我們**三次中有兩次**是對的。

- 如果答案是「Android」，那麼我們注意到在 Android 使用者中，大多數下載了 Atom Count，因此我們向所有 Android 使用者推薦 Atom Count。我們**三次中有兩次**是對的。

2 號分類器 ：你的年齡是？

- 如果答案是「年輕人」，那麼我們注意到所有的年輕人都下載了 Atom Count，所以這就是我們提出的建議。我們**三次中有三次**是對的。

- 如果答案是「成年人」，那麼我們注意到在成人中，大多數下載 Check Mate Mate，因此我們推薦那個 App。我們**三次中有兩次**是對的。

請注意，1 號分類器在**六次中有四次**是正確的，而 2 號分類器在**六次中有五次**是正確的。因此，對於這個資料集，2 號分類器更好。在圖 9.9 中，你可以看到兩個分類器的準確率。請注意，問題用不同問法呈現，以使它們有是或否的答案，這並不會改變分類器或結果。

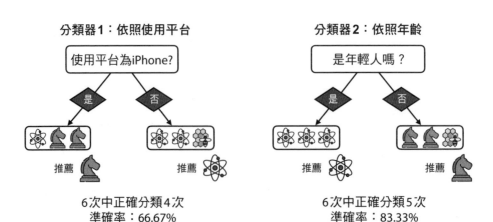

圖 **9.9** 1 號分類器使用平台，2 號分類器使用年齡。為了在每個葉子上進行預測，每個分類器都會在該葉子的樣本中選擇最常見的標籤。1 號分類器六次中有四次是正確的，2 號分類器六次中有五次是正確的。因此，基於準確率，2 號分類器更好。

吉尼不純度指數：我的資料集有多樣化嗎？

吉尼不純度指數（*Gini impurity index*）或吉尼指數（*Gini index*）是我們比較平台和年齡劃分的另一種方式。吉尼指數是衡量資料集中多樣性的指標。換句話說，如果我們有一個所有元素都相似的集合，那麼這個集合的吉尼指數就低，如果所有元素都不相同，那麼它的吉尼指數就會很大。為清楚起見，請考慮以下兩組 10 顆彩色球（其中任何兩個相同顏色的球無法區分）：

- **第一組**：8 顆紅球，兩顆藍球
- **第二組**：4 顆紅球，三顆藍球，兩顆黃球，一顆綠球

第一組看起來比第二組更純淨，因為第一組主要包含紅色球和幾個藍色球，而第二組有許多不同的顏色。接下來，我們設計了一種不純度的度量，將低的值分配給第一組，將高的值分配給第二組，而這種不純度的度量依賴於機率。請考慮以下問題：

如果我們從這個集合中隨機抽取的兩個元素，它們具有不同顏色的機率是多少？這兩個元素不需要是不同的；我們可以選擇兩次相同的元素。

對於第一組，這個機率很低，因為這組中的球具有相似的顏色。對於第二組，這個機率很高，因為這組中有很多種球，如果我們挑選兩顆球，它們很可能是不同顏色的。讓我們計算一下這些機率。首先，請注意，根據互補機率定律（參閱第 8 章「剛剛發生了什麼數學問題？」一節），我們選到兩個不同顏色的球之機率，是 1 減去我們選到兩個相同顏色的球之機率：

$$P(\text{選兩個不同顏色的球}) = 1 - P(\text{選兩個相同顏色的球})$$

現在讓我們計算我們選到兩個相同顏色的球之機率。考慮一個通用集合，其中球有 n 種顏色。我們稱這些球為顏色 1、顏色 2，一直到顏色 n。因為這兩顆球必須是 n 種顏色中的一種，所以選到兩個相同顏色的球的機率，是 n 種顏色中每一種顏色選兩顆球的機率之總和：

$$P(\text{選兩個相同顏色的球}) = P(\text{兩顆球都是顏色 1}) +$$
$$P(\text{兩顆球都是顏色 2}) + \cdots + P(\text{兩顆球都是顏色 } n)$$

我們在這裡使用的是互斥機率（disjoint probabilities）的總和規則，它說明了以下內容：

互斥機率的總和規則　如果兩個事件 E 和 F 互斥，即它們永遠不會同時發生，那麼其中任何一個事件發生的機率（事件的聯集）就是每個事件機率之和。換句話說：

$$P(E \cup F) = P(E) + P(F)$$

現在，讓我們針對每種顏色來計算兩顆球具有相同顏色的機率。請注意，我們是完全獨立於其他球來挑選每顆球。因此，根據獨立機率的乘積法則（第 8 章的「剛剛發生了什麼數學問題？」一節），兩顆球為顏色 1 的機率，是我們選擇一顆球為顏色 1 的機率之平方。一般來說，如果 P_i 是我們選擇一個隨機球並且它的顏色為 i 的機率，那麼：

$$P(\text{兩顆球的顏色都是 } i) = P_i^2$$

將所有這些公式放在一起（圖 9.10），我們得到：

$$P(\text{挑選兩種不同顏色的球}) = 1 - p_1^2 - p_2^2 - \cdots - p_n^2$$

最後一個公式是該集合的吉尼指數。

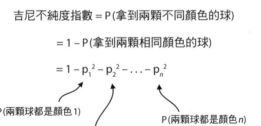

圖 9.10 吉尼不純度指數的計算總結。

最後，我們隨機選擇一個顏色為 i 的球之機率，是顏色為 i 的球之數量除以球的總數，這就得出了吉尼指數的正式定義。

吉尼不純度指數（gini impurity index） 在具有 m 個元素和 n 種類別的集合中，具有 a_i 個元素屬於第 i 個類別，吉尼不純度指數為

$$吉尼不純度指數 = 1 - p_1^2 - p_2^2 - \cdots - p_n^2$$

$P_i = \dfrac{a_i}{m}$，這可以解釋如果我們從集合中選擇兩個隨機元素，它們屬於不同類別的機率。

現在我們可以計算我們兩個集合的吉尼指數。為清楚起見，圖 9.11 顯示了第 1 組的吉尼指數計算（用黑色和白色代替了紅色和藍色）。

第 1 組： { 紅、紅、紅、紅、紅、紅、紅、紅、藍、藍 }（8 顆紅球，2 顆藍球）

$$吉尼不純度指數 = 1 - \left(\frac{8}{10}\right)^2 - \left(\frac{2}{10}\right)^2 = 1 - \frac{68}{100} = 0.32$$

第 2 組： { 紅、紅、紅、紅、藍、藍、藍、黃、黃、綠 }

$$吉尼不純度指數 = 1 - \left(\frac{4}{10}\right)^2 - \left(\frac{3}{10}\right)^2 - \left(\frac{2}{10}\right)^2 - \left(\frac{1}{10}\right)^2 = 1 - \frac{30}{100} = 0.7$$

請注意，第一組的吉尼指數確實大於第二組。

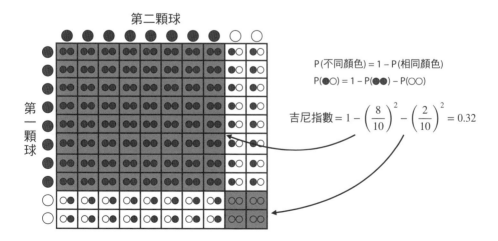

圖 **9.11** 計算有八顆黑球和兩顆白球之集合的吉尼指數。注意，如果正方形的總面積為 1，則選到兩顆黑球的機率是 0.8^2，選到兩顆白球的機率是 0.2^2（這兩個用陰影方塊表示）。因此，選到兩顆不同顏色球的機率是剩餘面積，即 $1 - 0.8^2 - 0.2^2 = 0.32$，這就是吉尼指數。

我們如何使用吉尼指數來決定兩種分割資料方式（年齡或平台）中的哪一種更好呢？顯然，如果我們可以將資料分割為兩個更純淨的資料集，我們就能進行更好的分割。因此，讓我們計算每片葉子標籤集的吉尼指數。看一下圖 9.12，這裡是葉子的標籤（我們用名稱中的第一個字母縮寫每個應用程式）：

1 號分類器（按平台）：

- 左邊的葉子（iPhone）：{A, C, C}
- 右邊的葉子（Android）：{A, A, B}

2 號分類器（按年齡）：

- 左邊的葉子（年輕人）：{A, A, A}
- 右邊的葉子（成年人）：{B, C, C}

集合 {A, C, C}、{A, A, B} 和 {B, C, C} 的吉尼指數都相同：$1-\left(\dfrac{2}{3}\right)^2-\left(\dfrac{1}{3}\right)^2=0.444$。

集合 {A, A, A} 的吉尼指數是 $1-\left(\dfrac{3}{3}\right)^2=0$。一般來說，純淨集合的吉尼指數總為 0。為了衡量分割後集合的純度，我們平均兩片葉子的吉尼指數。因此，我們有以下計算：

1 號分類器（按平台）：

$$平均吉尼指數 = \frac{1}{2}\ (0.444+0.444) = 0.444$$

2 號分類器（按年齡）：

$$平均吉尼指數 = \frac{1}{2}\ (0.444+0) = 0.222$$

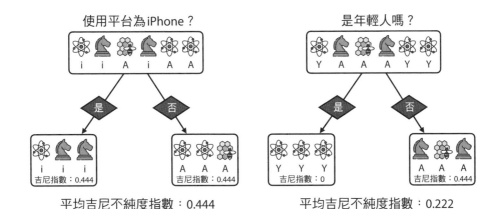

圖 9.12　按平台和年齡劃分資料集的兩種方法，以及它們的吉尼指數計算。請注意，按年齡分割資料集會給我們兩個小一點的資料集，平均吉尼指數較低。因此，我們選擇按年齡分割資料集。

我們得出結論，第二個的分割更好，因為它的平均吉尼指數較低。

　　題外話　吉尼不純度指數（Gini impurity index）不應與吉尼係數（Gini coefficient）混淆。吉尼係數在統計中用來計算各國的收入或財富不均。在本書中，每當我們談到吉尼指數時，我們指的是吉尼不純度指數。

熵：在資訊理論中有強大應用的另一種多樣性度量

在本節中，我們將學習另一種衡量集合中同質性的方法：熵（entropy），它是以熵的物理概念為基礎，在機率理論和資訊理論中非常重要。為了理解熵，我們來看一個略顯奇怪的機率問題。考慮與上一節相同的兩組彩色球，但將顏色視為有序（ordered）的集合。

- **第 1 組：**{ 紅、紅、紅、紅、紅、紅、紅、紅、藍、藍 }（八顆紅球，兩顆藍球）
- **第 2 組：**{ 紅、紅、紅、紅、藍、藍、藍、黃、黃、綠 }（四顆紅球、三顆藍球、兩個黃球、一個綠球）

現在，考慮以下情境：在一個袋子中有第 1 組集合，我們開始從這個袋子中取出球，並立即將剛取出的球放回袋子裡。我們記錄所取出之球的顏色。如果這樣做 10 次，想像我們會得到以下序列：

- 紅、紅、紅、藍、紅、藍、藍、紅、紅、紅

這是定義熵的主要問題：

透過遵循上一段中描述的過程，我們得到定義集合 1 確切序列的機率是多少，即 { 紅 , 紅 , 紅 , 紅 , 紅 , 紅 , 紅 , 紅 , 藍 , 藍 } ？

這個機率不是很大，因為我們必須真的很幸運才能得到這個序列。讓我們計算一下。我們有 8 顆紅球和 2 顆藍球，所以我們得到 1 顆紅球的機率是 $\frac{8}{10}$，我們得到 1 顆藍球的機率是 $\frac{2}{10}$。因為所有抽球都是獨立的，所以我們得到所期望的序列之機率是

$$P(\text{紅},\text{紅},\text{紅},\text{紅},\text{紅},\text{紅},\text{紅},\text{紅},\text{藍},\text{藍}) = \frac{8}{10}\cdot\frac{8}{10}\cdot\frac{8}{10}\cdot\frac{8}{10}\cdot\frac{8}{10}\cdot\frac{8}{10}\cdot\frac{8}{10}\cdot\frac{8}{10}\cdot\frac{2}{10}\cdot\frac{2}{10}$$

$$= \left(\frac{8}{10}\right)^8\left(\frac{2}{10}\right)^2 = 0.0067108864$$

這機率很小，但你能想像第 2 組中相應的機率嗎？對於第 2 組，我們從一個包含 4 顆紅球、3 顆藍球、2 顆黃球和 1 顆綠球的袋子中挑選球，並希望獲得以下序列：

- 紅、紅、紅、紅、藍、藍、藍、黃、黃、綠

這幾乎是不可能的，因為我們有很多顏色，而每種顏色的球並不多。這個機率的計算是：

$$P(\text{紅},\text{紅},\text{紅},\text{紅},\text{藍},\text{藍},\text{藍},\text{黃},\text{黃},\text{綠}) = \frac{4}{10}\cdot\frac{4}{10}\cdot\frac{4}{10}\cdot\frac{4}{10}\cdot\frac{3}{10}\cdot\frac{3}{10}\cdot\frac{3}{10}\cdot\frac{2}{10}\cdot\frac{2}{10}\cdot\frac{1}{10}$$

$$= \left(\frac{4}{10}\right)^4\left(\frac{3}{10}\right)^3\left(\frac{2}{10}\right)^2\left(\frac{1}{10}\right)^1 = 0.0000027648$$

集合越多樣化，我們就越不可能透過一次選取一顆球來獲得原始序列。相較之下，最純淨的集合，其中所有的球都是相同的顏色，很容易透過這種方式獲得。例如，如果我們的原始集合有 10 顆紅球，那麼每次我們隨機挑選 1 顆球，這顆球就是紅的。因此，得到序列 { 紅 , 紅 , 紅 , 紅 , 紅 , 紅 , 紅 , 紅 , 紅 , 紅 } 的機率為 1。

在大多數情況下，這些數字非常小，而且只有 10 個元素。想像一下，如果我們的資料集有一百萬個元素。我們將處理非常小的數字。當我們必須處理非常小的數字時，使用對數是最好的方法，因為它們為編寫小數字提供了一種方便的方法。例如，0.000000000000001 等於 10^{-15}，因此它以 10 為底的對數是 –15，這是一個更好的數字。

熵定義如下：我們從恢復初始序列的機率開始，透過重複選擇集合中的元素，一次一個，並且重複進行，然後我們取對數，除以集合中元素的總數。因為決策樹處理的是二元決策，所以我們將使用以 2 為底的對數。取對數之負數的原因是因為非常小的數之對數都是負數，所以我們乘以 –1 將其變為正的數字。因為我們取了負數，所以集合越多樣化，熵就越高。

現在我們可以計算兩個集合的熵，並使用以下兩個等式展開它們：

- $log(ab) = log(a) + log(b)$
- $log(a^c) = c\, log(a)$

第一組：{ 紅、紅、紅、紅、紅、紅、紅、紅、藍、藍 }（8 顆紅球，2 顆藍球）

$$\text{熵} = -\frac{1}{10}\log_2\left[\left(\frac{8}{10}\right)^8\left(\frac{2}{10}\right)^2\right] = -\frac{8}{10}\log_2\left(\frac{8}{10}\right) - \frac{2}{10}\log_2\left(\frac{2}{10}\right) = 0.722$$

第二組：{ 紅、紅、紅、紅、藍、藍、藍、黃、黃、綠 }

$$\text{熵} = -\frac{1}{10}\log_2\left[\left(\frac{4}{10}\right)^4\left(\frac{3}{10}\right)^3\left(\frac{2}{10}\right)^2\left(\frac{1}{10}\right)^1\right]$$

$$= -\frac{4}{10}\log_2\left(\frac{4}{10}\right) - \frac{3}{10}\log_2\left(\frac{3}{10}\right) - \frac{2}{10}\log_2\left(\frac{2}{10}\right) - \frac{1}{10}\log_2\left(\frac{1}{10}\right) = 1.846$$

請注意，第二組的熵大於第一組的熵，這意味著第二組比第一組更多樣化。以下為熵的正式定義：

熵 在具有 m 個元素和 n 個類別的集合中，具有 a_i 個元素屬於第 i 個類別，熵為

$$熵 = -p_1 \, log_2(p_1) - p_2 \, log_2(p_2) - \cdots - p_n \, log_2(p_n), \quad p_i = \frac{a_i}{m}$$

我們可以使用熵來決定兩種分割資料的方法（平台或年齡）中的哪一種更好，就像我們使用吉尼指數一樣。經驗法則是，如果我們能以較小的合併熵（combined entropy），將資料分割為兩個資料集，我們就執行了較好的分割。因此，讓我們計算每個葉子標籤集的熵。再看一下圖 9.12，這裡是葉子的標籤（我們用名稱中的第一個字母縮寫每個應用程式）：

1 號分類器（按平台）：

　左葉：{A, C, C}

　右葉：{A, A, B}

2 號分類器（按年齡）：

　左葉：{A, A, A}

　右葉：{B, C, C}

集合 {A, C, C}、{A, A, B} 和 {B, C, C} 的 熵 都 相 同： $-\dfrac{2}{3} log_2\left(\dfrac{2}{3}\right) - \dfrac{1}{3} log_2\left(\dfrac{1}{3}\right)$ =0.918。集合 {A, A, A} 的熵是 $-log\left(\dfrac{3}{3}\right) = -log_2\left(1\right) = 0$。一般來說，所有元素都相同的集合之熵始終為 0。為了衡量集合分割後的純度，我們將兩片葉子的標籤集之熵平均，如下所示（如圖 9.13 所示）：

1 號分類器（按平台）：

$$平均熵 = \frac{1}{2} \, (0.918 + 0.918) = 0.918$$

2 號分類器（按年齡）：

$$平均熵 = \frac{1}{2} \, (0.918+0) = 0.459$$

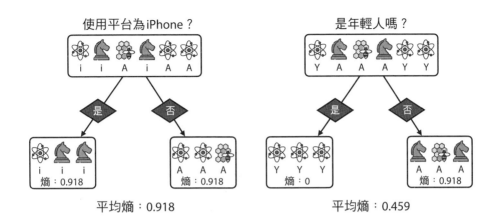

圖 9.13 按平台和年齡分割資料集的兩種方法，以及其熵的計算。請注意，按年齡分割資料集會給我們兩個較小的資料集，其平均熵較低。因此，我們再次選擇按年齡來分割資料集。

因此，我們再次得出結論，第二個分割更好，因為它的平均熵較低。

熵是機率和統計學中一個非常重要的概念，因為它與資訊理論有著密切的關係，這主要歸功於 Claude Shannon 的工作。事實上，有一個叫做*資訊增益*（*information gain*）的重要概念正是熵的變化。要了解更多關於這個主題的資訊，請參閱附錄 C 的影片和部落格文章，其中有對該主題更詳細的介紹。

那不同大小的類別呢？沒問題：我們可以取加權平均數

在前面的章節中，我們學習了如何透過最小化平均吉尼不純度指數或熵來執行最佳分割。但是，假設你有一個包含 8 個資料點的資料集（在訓練決策樹時，我們也將其稱為樣本），並將其分割為大小分別為 6 和 2 的兩個資料集。正如你可能想像的那樣，在吉尼不純度指數或熵的計算中，更大的資料集應該更重要。因此，我們不考慮平均值，而是考慮加權平均數，在每個葉子上，我們分配與該葉子相對應的點之比例。因此，在本例中，我們將第一個吉尼不純度指數（或熵）按 6/8 加權，第二個按 2/8 加權。圖 9.14 顯示了樣本分割的加權平均吉尼不純度指數和加權平均熵的例子。

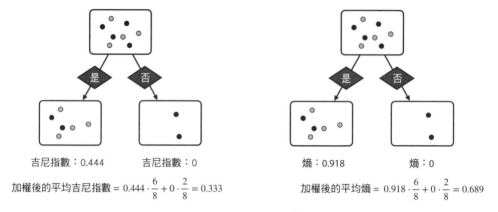

圖 **9.14**　將大小為 8 的資料集分割成大小為 6 和 2 的兩個資料集。為了計算平均吉尼指數和平均熵，我們將左側資料集的指數加權 6/8，將右側資料集的指數加權 2/8。這導致加權吉尼指數為 0.333，加權熵為 0.689。

現在我們已經學會了三種方法（準確率、吉尼指數和熵）來選擇最佳分割，我們需要做的就是多次迭代這個過程來建構決策樹！這將在下一節中詳細介紹。

建構模型的第二步：迭代

在上一節中，我們學習如何使用其中一個特徵以最佳方式分割資料，這是決策樹訓練過程的大部分內容。完成我們決策樹的建構剩下的就是多次迭代這一步。在本節中，我們將學習如何做到這一點。

使用準確率、吉尼指數和熵這三種方法，我們決定使用「年齡」特徵進行最佳分割。一旦我們進行了分割，我們的資料集就會被分成兩個資料集。圖 9.15 顯示了這兩個資料集的分割及其準確率、吉尼指數和熵。

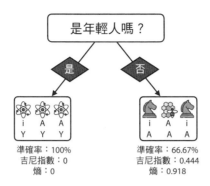

圖 9.15　當我們按年齡分割資料集時，我們得到兩個資料集。左側有 3 個使用者下載了
Atom Count，右側有 1 個使用者下載了 Beehive Finder，2 個使用者下載了 Check Mate
Mate。

注意左側的資料集是純淨的，因為所有的標籤都是一樣的，它的準確率是 100%，
它的吉尼指數和熵都是 0。我們無法分割這個資料集或改進我們的分類，因此，
這個節點變成了一個葉子節點，當我們到達那個葉子時，我們回傳預測「Atom
Count」。

右側的資料集仍然可以劃分，因為它有兩個標籤：「Beehive Finder」和「Check
Mate Mate」。我們已經使用了年齡特徵，所以讓我們嘗試使用平台特徵。事實證
明，我們很幸運，因為 Android 使用者下載了 Beehive Finder，而兩個 iPhone 使
用者下載了 Check Mate Mate。因此，我們可以利用平台特徵分割這片葉子，得到
如圖 9.16 所示的決策節點。

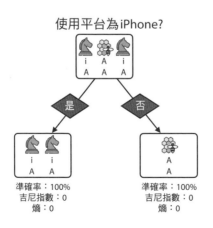

圖 9.16　我們可以使用平台分割圖 9.15 中樹的右葉，得到兩個純淨的資料集。它們中的每
一個都具有 100% 的準確率和為 0 的吉尼指數和熵。

分割之後，我們就完成了，因為我們無法進一步改進分割。因此，我們得到了圖 9.17 中的樹。

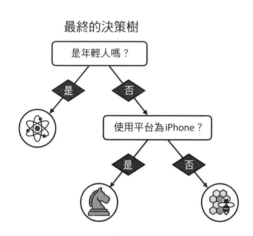

圖 9.17 產生的決策樹有兩個節點和三個葉子。這棵樹正確地預測了原始資料集中的每個點。

我們大功告成了，我們已經建構了一個對整個資料集進行分類的決策樹。除了我們在下一節中看到的一些最後的細節之外，我們幾乎擁有該算法的所有虛擬碼。

最後一步：何時停止建構樹和其他超參數

在上一節中，我們透過遞迴分割資料集來建構決策樹。每個分割都是透過選擇最佳特徵來進行的。這些特徵是用以下任何指標找到的：準確率、吉尼指數或熵。當資料集與每個葉節點相對應的部分是純淨的時候，也就是當其上所有樣本都具有相同的標籤時，我們就完成了。

在這個過程中會出現很多問題。例如，如果我們繼續分割資料的時間過長，我們最終可能會遇到極端情況，即每個葉子包含的樣本很少，這可能會導致嚴重的過度配適。防止這種情況的方法是引入停止條件（stopping condition），而這種情況可以是以下任何一種：

1. 如果準確率、吉尼指數或熵的變化低於某個閾值，則不要分割節點。

2. 如果一個節點的樣本少於一定數量，不要分割它。

3. 只有當產生的兩個葉子都包含至少一定數量的樣本時，才分割一個節點。

4. 達到一定深度後就停止建構樹。

所有這些停止條件都需要一個超參數（hyperparameter）。更具體地說，以下是與前四個條件相對應的超參數：

1. 準確率（或吉尼指數，或熵）的最小變化量

2. 一個節點被分割時的最小樣本數

3. 一個葉節點中允許的最小樣本數

4. 樹的最大深度

我們挑選這些超參數的方式是根據經驗，或是透過運行詳盡的搜尋來尋找不同組合的超參數，並且選擇在我們的驗證集中表現最好的那個。這個過程稱為*網格搜尋*（*grid search*），我們將在第 13 章的「調整超參數以找到最佳模型：網格搜尋」一節中更詳細地研究它。

決策樹算法：如何建構決策樹並使用它進行預測

現在我們終於準備好陳述決策樹算法的虛擬碼了，此算法允許我們訓練決策樹以適應資料集。

決策樹算法的虛擬碼

輸入：

- 帶有相關標籤的樣本訓練資料集
- 分割資料的指標（準確率、吉尼指數或熵）
- 一個（或多個）停止條件

輸出：

- 適合資料集的決策樹

步驟：

- 添加一個根節點，並將其與整個資料集相關聯。該節點的層級為 0，稱其為葉節點。

- 重複以下步驟直到每個葉節點都滿足停止條件：
  - 在最高層級的葉節點中挑選一個。
  - 根據選定指標，瀏覽所有特徵，並選擇一個能以最佳方式分割與該節點對應樣本的特徵，將該特徵與節點相關聯。
  - 此特徵將資料集分割成兩個分支，建立兩個新的葉節點，每個分支一個，並將相對應的樣本關聯到每個節點。
  - 如果停止條件允許分割，則將該節點變為決策節點，並在其下方添加兩個新葉節點。如果節點的層級為 i，則兩個新葉節點的層級為 $i+1$。
  - 如果停止條件不允許分割，則該節點成為葉節點。對於這個葉節點，關聯其樣本中最常見的標籤，該標籤就是葉子的預測值。

回傳：

- 獲得的決策樹。

要使用這棵樹進行預測，我們只需使用以下規則向下走訪這棵樹：

- 向下走訪這棵樹。在每個節點上，繼續沿著特徵所指示的方向前進。
- 當到達一個葉子時，預測是與葉子相關的標籤（在訓練過程中與葉子相關的最常見樣本）。

這就是使用我們之前建構的 App 推薦決策樹進行預測的方式。當一位新的使用者到來時，我們會檢查他們的年齡和平台，並採取以下行動：

- 如果使用者是年輕人，那麼我們推薦他們使用 Atom Count。
- 如果使用者是成年人，那麼我們會檢查他們的平台。
  - 如果平台是 Android，那麼我們推薦 Beehive Finder。
  - 如果平台是 iPhone，那麼我們推薦 Check Mate Mate。

題外話　文獻中包含訓練決策樹時的**吉尼增益**（*Gini gain*）和**資訊增益**（*information gain*）等術語。吉尼增益是葉子的加權吉尼不純度指數與我們要分割的決策節點的吉尼不純度指數（熵）之間的差。以類似的方式，資訊增益是葉子的加權熵與根的熵之間的差異。訓練決策樹更常見的方式是透過最大化吉尼增益或資訊增益。然而，在本章中，我們透過最小化加權吉尼指數或加權熵來訓練決策樹。訓練過程完全相同，因為決策節點的吉尼不純度指數（熵）在整個分割該特定決策節點的過程中是不變的。

除了是 / 否之類的問題之外

在「解決方案：建構 App 推薦系統」一節中，我們學習如何為一個非常具體的案例建構決策樹，其中每個特徵都是分類和二元的（意味著它只有兩個類別，例如使用者的平台）。然而，幾乎同樣的算法也是用於建構具有更多類別（例如狗／貓／鳥），甚至具有數值特徵（例如年齡或平均收入）分類特徵的決策樹。要修改的主要步驟是我們分割資料集的步驟，在本節中，我們將向你展示如何進行。

使用非二元分類特徵分割資料，例如狗／貓／鳥

回想一下，當我們想要以二元特徵為基礎來分割資料集時，我們只需問一個是或否的問題「特徵是 X 嗎？」。例如，當特徵是平台時，要問的問題是「使用者是 iPhone 使用者嗎？」。如果我們有一個包含兩個以上類別的特徵，我們只需問幾個問題。例如，如果輸入的動物可能是狗、貓或鳥，那麼我們會問以下問題：

- 動物是狗嗎？
- 動物是貓嗎？
- 動物是鳥嗎？

無論一個特徵有多少類別，我們都可以把它分成幾個二元問題（圖 9.18）。

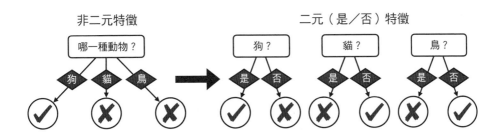

圖 9.18　當我們有一個非二元特徵時，例如，一個具有三個或更多可能類別的特徵，我們改為將其轉換為幾個二元（是或否）特徵，每個類別一個特徵。例如，如果特徵是一隻狗，那麼「它是一隻狗嗎？」、「它是一隻貓嗎？」和「它是一隻鳥嗎？」這三個問題的答案是「是」、「否」和「否」。

每個問題都以不同的方式分割資料。為了找出三個問題中哪一個給了我們最好的分割，我們使用與「建構模型的第一步」一節相同的方法：準確率、吉尼指數或熵。

這種將一個非二元分類特徵轉化為幾個二元特徵的過程稱為 *one-hot* 編碼（*one-hot encoding*，又稱獨熱編碼）。在第 13 章的「將類別資料轉化為數值資料」一節中，我們會看到它在真實資料集中使用。

使用連續特徵（例如年齡）分割資料

回顧一下，在我們簡化資料集之前，「年齡」特徵包含了數字。讓我們回到我們原來的表，並在那裡建立一個決策樹（表 9.3）。

表 9.3 我們的原始 App 推薦資料集以及使用者的平台和（數字）年齡。這與表 9.1 相同。

平台	年齡	應用程式
iPhone	15	Atom Count
iPhone	25	Check Mate Mate
Android	32	Beehive Finder
iPhone	35	Check Mate Mate
Android	12	Atom Count
Android	14	Atom Count

這個想法是把年齡欄變成幾個問題：「使用者比 X 還年輕嗎？」或「使用者是否比 X 年長嗎？」，似乎我們有無限多的問題要問，因為有無限多的數字，但請注意，其中許多問題是以同樣的方式分割資料的。例如，詢問「使用者是否小於 20 歲？」和「使用者是否小於 21 歲？」給了我們同樣的分割。而事實上，只有七次分割方式是可能的，如圖 9.19 所示。

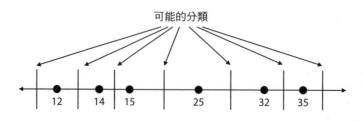

可能的分類

12　14　15　　25　　32　　35

圖 9.19 按年齡分割使用者的七種可能方法之圖形。請注意，我們將截止值放在哪裡並不重要，只要它們位於連續的年齡之間（除了第一個和最後一個截止值之外）。

按照慣例，我們將選擇連續年齡之間的中點作為分割年齡。對於端點，我們可以選擇任何超出區間的隨機值。因此，我們有七個可能的問題將資料分成兩組，如表 9.4 所示。在此表中，我們還計算了每個分割的準確率、吉尼不純度指數和熵。

請注意，第四個問題「使用者是否小於 20 歲？」給出了最高的準確率、最低的加權吉尼指數和最低的加權熵，因此，是使用「年齡」特徵進行的最佳分割。

表 9.4 我們可以選擇七個可能的問題，每個問題都有相應的分割。在第一組中，我們放置了比截止值年輕的使用者，而在第二組中，則放那些比截止值年長的使用者。

問題	第一組（是）	第二組（否）	標籤	加權準確率	加權吉尼不純度指數	加權熵
使用者比 7 年輕嗎？	空	12, 14, 15, 25, 32, 35	{}, {A,A,A,C,B,C}	3/6	0.611	1.459
使用者比 13 年輕嗎？	12	14, 15, 25 32, 35	{A}, {A,A,C,B,C}	3/6	0.533	1.268
使用者比 14.5 年輕嗎？	12, 14	15, 25, 32, 35	{A,A}, {A,C,B,C}	4/6	0.417	1.0
使用者比 20 年輕嗎？	**12, 14, 15**	**25, 32, 35**	**{A,A,A}, {C,B,C}**	**5/6**	**0.222**	**0.459**
使用者比 28.5 年輕嗎？	12, 14, 15, 25	32, 35	{A,A,A,C}, {B,C}	4/6	0.416	0.874
使用者比 33.5 年輕嗎？	12, 14, 15, 25, 32	35	{A,A,A,C,B}, {C}	4/6	0.467	1.145
使用者比 100 年輕嗎？	12, 14, 15, 25, 32, 35	空	{A,A,A,C,B,C}, {}	3/6	0.611	1.459

執行表中的計算，並驗證你得到相同的答案。這些吉尼指數的整個計算過程請見以下 notebook：https://github.com/luisguiserrano/manning/blob/master/Chapter_9_Decision_Trees/Gini_entropy_calculations.ipynb。

為了清楚起見，讓我們對第三個問題進行準確率、加權吉尼不純度指數和加權熵的計算。請注意，此問題將資料分為以下兩組：

- **第 1 組**（小於 14.5）
  - 年齡：12、14
  - 標籤：{A, A}
- **第 2 組**（大於等於 14.5）：
  - 年齡：15、25、32、25
  - 標籤：{A, C, B, C}

準確率的計算

第 1 組中最常見的標籤是「A」，第 2 組中最常見的標籤是「C」，因此這些是我們將為每個相應的葉子做出的預測。在第 1 組中，每個元素都被正確預測，而在第 2 組中，只有兩個元素被正確預測。因此，這個決策樹樁在六個資料點中有四個是正確的，準確率為 4/6 = 0.667。

對於接下來的兩個計算，請注意以下幾點：

- 第 1 組是純淨的（所有標籤都相同），因此其吉尼不純度指數和熵均為 0。
- 在第 2 組中，標籤為「A」、「B」和「C」的元素的比例分別為 $\frac{1}{4}$ ，$\frac{1}{4}$ ，和 $\frac{2}{4} = \frac{1}{2}$ 。

加權吉尼不純度指數的計算

集合 {A, A} 的吉尼不純度指數為 0。

集合 {A, C, B, C} 的吉尼不純度指數為 $1 - \left(\frac{1}{4}\right)^2 - \left(\frac{1}{4}\right)^2 - \left(\frac{1}{2}\right)^2 = 0.625$ 。

兩個吉尼不純度指數的加權平均數為 $\frac{2}{6} \cdot 0 + \frac{4}{6} \cdot 0.625 = 0.417$ 。

加權熵的計算

集合 {A, A} 的熵為 0。

集合 {A, C, B, C} 的熵是 $-\dfrac{1}{4}\log_2\left(\dfrac{1}{4}\right)-\dfrac{1}{4}\log_2\left(\dfrac{1}{4}\right)-\dfrac{1}{2}\log_2\left(\dfrac{1}{2}\right)=1.5$。

兩個熵的加權平均數為 $\dfrac{2}{6}\cdot 0+\dfrac{4}{6}\cdot 1.5=1.0$。

一個數值特徵變成了一系列是或否問題，可以對其進行測量，並與來自其他特徵的「是」或「否」問題進行比較，從而為該決策節點選擇最佳特徵。

> **題外話**　這個 App 推薦模型非常小，所以我們可以手動完成。然而，要在程式碼中查看此模型，請見此 notebook：https://github.com/luisguiserrano/manning/blob/master/Chapter_9_Decision_Trees/App_recommendations.ipynb。notebook 使用了 Scikit-Learn 套件，我們在「使用 Scikit-Learn 建構決策樹」一節中進行了更詳細的介紹。

決策樹的圖形邊界

在本節中，我將向你展示兩件事：如何以幾何方式（二維）建構決策樹，以及如何在熱門的機器學習套件 Scikit-Learn 中編寫決策樹。

回顧一下，在分類模型中，例如感知器（第 5 章）或邏輯分類器（第 6 章），我們繪製了模型邊界，將標記為 0 和 1 的點分開，結果發現它是一條直線。決策樹的邊界也不錯，當資料是二維的時候，它是由垂直線和水平線的組合而成。在本節中，我們用一個例子來說明這一點。考慮圖 9.20 中的資料集，其中標籤為 1 的點是三角形，標籤為 0 的點是正方形。水平軸和垂直軸分別稱為 x_0 和 x_1。

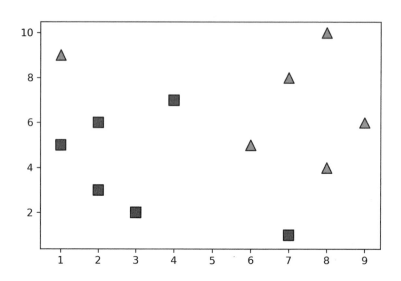

圖 9.20 具有兩個特徵 (x_0 和 x_1) 和兩個標籤 (三角形和正方形) 的資料集，我們將在其中訓練決策樹。

如果你必須僅用一條水平線或垂直線分割此資料集，那麼你會選擇哪條線？根據你用來衡量解決方案有效性的標準，可能會有不同的線。讓我們繼續在 $x_0 = 5$ 處選擇一條垂直線。這會在其右側留下大部分三角形，在左側留下大部分正方形，除了兩個錯誤分類的點，一個正方形和一個三角形（圖 9.21）。嘗試檢查所有其他可能的垂直和水平線，使用你最喜歡的指標（準確率、吉尼指數和熵）進行比較，並驗證這是最好用來分割點的線。

現在讓我們分別對每一半進行檢查。這一次，很容易看出位於 $x_1 = 8$ 和 $x_1 = 2.5$ 的兩條水平線將分別完成左側和右側的工作。這些線將資料集完全分割為正方形和三角形。圖 9.22 說明了這個結果。

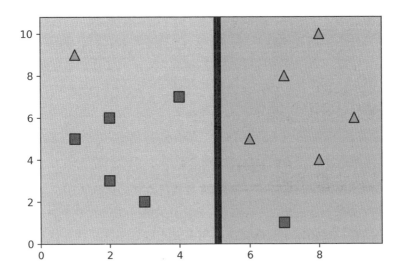

圖 9.21 如果我們必須僅用一條垂直線或水平線以最佳方式對該資料集進行分類,我們將使用哪一條?根據準確率,最好的分類器是 $x_0 = 5$ 處的垂直線,我們將其右側的所有內容分類為三角形,將其左側的所有內容分類為正方形。這個簡單的分類器正確分類了 10 個點中的 8 個,準確率為 0.8。

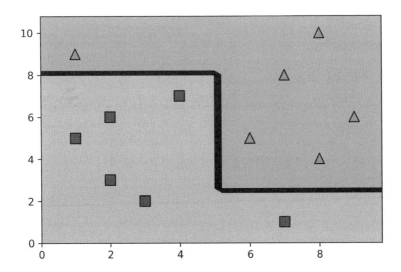

圖 9.22 圖 9.21 中的分類器給我們留下了兩個資料集,在垂直線的兩側各一個。如果我們必須對它們中的每一個進行分類,同樣使用一條垂直或水平線,我們會選擇哪一個?如圖所示,最佳選擇會是 $x_1 = 8$ 和 $x_1 = 2.5$ 處的水平線。

我們在這裡所做的是建構決策樹。在每個階段，我們從兩個特徵 (x_0 和 x_1) 中選擇一個，並選擇最能分割我們的資料的閾值。事實上，在下一小節中，我們將使用 Scikit-Learn 在該資料集上建構相同的決策樹。

使用 Scikit-Learn 建構決策樹

在本節中，我們將學習如何使用熱門的機器學習套件 Scikit-Learn（縮寫為 sklearn）來建構決策樹。本節的程式碼如下：

- **Notebook：**Graphical_example.ipynb

    – https://github.com/luisguiserrano/manning/blob/master/Chapter_9_Decision_Trees/Graphical_example.ipynb

我們首先將資料集載入稱為 `dataset` 的 Pandas DataFrame（在第 8 章中介紹過），使用以下程式碼：

```
import pandas as pd
dataset = pd.DataFrame({
    'x_0':[7,3,2,1,2,4,1,8,6,7,8,9],
    'x_1':[1,2,3,5,6,7,9,10,5,8,4,6],
    'y': [0,0,0,0,0,0,1,1,1,1,1,1]})
```

現在我們將特徵與標籤分開，如下所示：

```
features = dataset[['x_0', 'x_1']]
labels = dataset['y']
```

為了建構決策樹，我們建立一個 `DecisionTreeClassifier` 物件並使用 `fit` 函式，如下所示：

```
decision_tree = DecisionTreeClassifier()
decision_tree.fit(features, labels)
```

我們使用 utils.py 檔案中的 `display_tree` 函式獲得了樹的圖，如圖 9.23 所示。

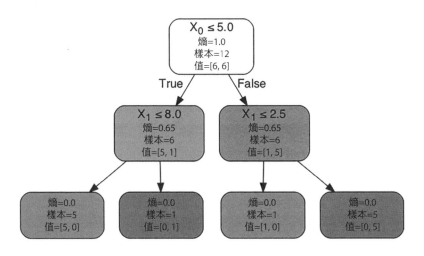

圖 9.23 產生深度為 2 的決策樹，對應於圖 9.22 中的邊界。它有三個節點和四個葉子。

請注意，圖 9.23 中的樹正好對應於圖 9.22 中的邊界。根節點對應於 $x_0 = 5$ 處的第一條垂直線，線兩側的點對應於兩個分支。圖左右兩半中 $x_1 = 8.0$ 和 $x_1 = 2.5$ 的兩條水平線對應於兩個分支。此外，在每個節點上，我們都有以下資訊：

- **吉尼（Gini）**：該節點標籤的吉尼不純度指數
- **樣本（samples）**：對應於該節點的資料點（樣本）的數量
- **值（value）**：該節點上兩個標籤中每個標籤的資料點數

如你所見，這棵樹已經使用吉尼指數進行了訓練，這就是 Scikit-Learn 中的預設值。要使用熵來訓練它，我們可以在建構 DecisionTree 物件時指定它，如下所示：

```
decision_tree = DecisionTreeClassifier(criterion='entropy')
```

我們可以在訓練樹時指定更多的超參數，我們將在下一節中看到一個更大的例子。

實際應用：使用 Scikit-Learn 模擬學生申請入學

在本節中，我們使用決策樹來建構一個預測研究生入學的模型。該資料集可以在 Kaggle 中找到（連結見附錄 C）。與「決策樹的圖形邊界」一節相同，我們將使用 Scikit-Learn 來訓練決策樹，並使用 Pandas 來處理資料集。本節的程式碼如下：

- **Notebook**：University_admissions.ipynb

    - https://github.com/luisguiserrano/manning/blob/master/Chapter_9_Decision_Trees/University_Admissions.ipynb

- **資料集**：Admission_Predict.csv

該資料集具有以下特點：

- **GRE 成績**：滿分 340 分

- **托福成績**：滿分 120 分

- **大學評級**：從 1 到 5 的數字

- **SOP**：從 1 到 5 的數字

- **大專平均績分（CGPA）**：從 1 到 10 的數字

- **推薦信強度 (LOR)**：從 1 到 5 的數字

- **研究經驗**：布林變數（0 或 1）

資料集上的標籤是被錄取的機會，它是一個介於 0 和 1 之間的數字。為了獲得二元標籤，我們會將每個機會為 0.75 以上的學生視為「錄取」，而將其他學生視為「未錄取」。

將資料集載入到 Pandas DataFrame 並執行此前處理步驟的程式碼如下所示：

```
import pandas as pd
data = pd.read_csv('Admission_Predict.csv', index_col=0)
data['Admitted'] = data['Chance of Admit'] >= 0.75
data = data.drop(['Chance of Admit'], axis=1)
```

結果資料集的前幾列顯示在表 9.5 中。

表 **9.5** 包含 400 名學生的資料集及其標準化考試成績、在校成績、大學評級、推薦信、SOP 以及有關他們被研究所錄取之機會的資訊。

GRE 成績	托福成績	大學評級	SOP	推薦信強度 (LOR)	本科平均績點 (CGPA)	研究經驗	錄取
337	118	4	4.5	4.5	9.65	1	是
324	107	4	4.0	4.5	8.87	1	是
316	104	3	3.0	3.5	8.00	1	否
322	110	3	3.5	2.5	8.67	1	是
314	103	2	2.0	3.0	8.21	0	否

正如我們在「決策樹的圖形邊界」一節中看到的，Scikit-Learn 要求我們分別輸入特徵和標籤。我們將建構一個名為 features 的 Pandas DataFrame，包含除 Admitted 之外的所有欄，以及一個名為 labels 的 Pandas Series，僅包含 Admitted 欄。程式碼如下：

```
features = data.drop(['Admitted'], axis=1)
labels = data['Admitted']
```

現在我們建立一個 DecisionTreeClassifier 物件（我們稱之為 dt）並使用 fit 方法。 我們將使用吉尼指數對其進行訓練，如下所示，因此無須指定 criterion 超參數，而是繼續使用熵對其進行訓練，並將結果與我們在這裡得到的結果進行比較：

```
from sklearn.tree import DecisionTreeClassifier
dt = DecisionTreeClassifier()
dt.fit(features, labels)
```

為了進行預測，我們可以使用 predict 函式。例如，以下是我們如何對前五名學生進行預測：

```
dt.predict(features[0:5])
Output: array([ True,  True, False,  True, False])
```

然而，我們剛剛訓練的決策樹大量過度配適。要看到這一點的一種方法是使用 score 函式，並意識到它在訓練集中的得分為 100%。在本章中，我們不會測試模型，但會嘗試建構一個測試集並驗證該模型是否過度配適。另一種查看過度配適的方法是繪製樹形圖，並注意其深度為 10（參見 notebook）。在下一節中，我們將了解一些幫助我們防止過度配適的超參數。

在 Scikit-Learn 中設置超參數

為了防止過度配適，我們可以使用我們在「最後一步：何時停止建構樹和其他超參數」一節中學到的一些超參數，例如：

- `max_depth`：最大允許深度。
- `max_features`：每次分割時考慮的最大特徵數量（當特徵太多且訓練過程耗時過長時有用）。
- `min_impurity_decrease`：不純度的減少必須高於此閾值才能分割節點。
- `min_impurity_split`：當一個節點的不純度低於此閾值時，該節點成為葉子。
- `min_samples_leaf`：葉節點所需的最小樣本數。如果分割留下的葉子其樣本少於這個數量，則不進行分割。
- `min_samples_split`：分割節點所需的最小樣本數。

調整這些參數以找到一個好的模型。我們將使用以下參數：

- `max_depth = 3`
- `min_samples_leaf = 10`
- `min_samples_split = 10`

```
dt_smaller = DecisionTreeClassifier(max_depth=3,
    min_samples_leaf=10, min_samples_split=10)
dt_smaller.fit(features, labels)
```

產生的樹如圖 9.24 所示。請注意，在這棵樹中，右側的所有邊對應「False」，左側的所有邊對應「True」。

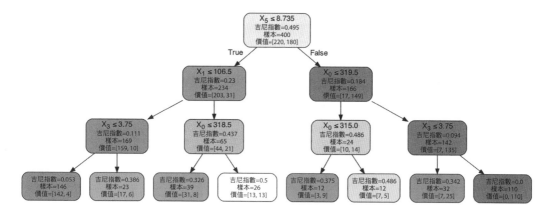

圖 9.24 在學生申請入學資料集中訓練深度為 3 的決策樹。

在每個葉子上給出的預測是對應於該葉子中大多數節點的標籤。在 notebook 中，每個節點都有一個顏色，從橘色到藍色。橘色節點是標籤為 0 的點較多的節點，藍色節點是標籤為 1 的節點。請注意，在白色葉子中，標籤為 0 和 1 的點數量相同，對於這種葉子，任何預測都有同樣的表現。在本例中，Scikit-Learn 預設為列表中的第一個類別，在本例中為「否」。

為了進行預測，我們使用 predict 函式。例如，讓我們預測具有以下數字的學生是否被錄取：

- GRE 成績：320
- 托福成績：110
- 大學評分：3
- SOP：4.0
- 推薦信強度：3.5
- 大專平均積分（CGPA）：8.9
- 研究經驗：0（無研究）

```
dt_smaller.predict([[320, 110, 3, 4.0, 3.5, 8.9, 0]])
Output: array([ True])
```

樹預測該學生將被錄取。

從這棵樹中，我們可以推斷出關於我們資料集的以下內容：

- 最重要的特徵是第六欄（x_5），對應於 CGPA 或在校成績（grades），截止評分是 8.735（滿分 10）。實際上，根節點右側的大多數預測是「錄取」，左側是「不錄取」，這意味著 CGPA 是一個非常強的特徵。
- 在此特徵之後，最重要的兩個是 GRE 成績 (x_0) 和 TOEFL 成績 (x_1)，都是標準化的考試。事實上，在取得好成績的學生中，他們中的大多數很可能被錄取，除非他們在 GRE 上表現不佳，如圖 9.24 中從樹的左側數來第六個葉子所示。
- 除了在校成績和標準化測試之外，樹中出現的唯一其他特徵是 SOP，它位於樹的下方，並沒有太大改變預測。

然而，回想一下，樹的構造本質上是貪婪的，即在每一點它都選擇最上面的特徵。但是，這並不能保證特徵的選擇是最好的。例如，可能存在非常強的特徵組合，但沒有一個是單獨強的，並且樹可能無法抓到這一點。因此，即使我們獲得了有關資料集的一些資訊，我們也不應該丟棄樹中不存在的特徵。在這個資料集中選擇特徵時，一個好的特徵選擇算法（例如 L1 正規化）會派上用場。

迴歸決策樹

在本章的大部分內容中，我們使用決策樹進行分類，但如前所述，決策樹也是很好的迴歸模型。在本節中，我們將了解如何建構決策樹迴歸模型。本節的程式碼如下：

- **Notebook**：Regression_decision_tree.ipynb
  - https://github.com/luisguiserrano/manning/blob/master/Chapter_9_Decision_Trees/Regression_decision_tree.ipynb

考慮以下問題：我們有一個 App，我們想根據使用者每週使用它的天數來預測使用者的參與度。我們唯一的特徵是使用者年齡。資料集如表 9.6 所示，其繪圖如圖 9.25 所示。

表 9.6 一個包含 8 個使用者、他們的年齡以及他們對我們 App 參與度的小資料集。參與度是根據他們在一週內打開 App 的天數來衡量的。

年齡	參與度
10	7
20	5
30	7
40	1
50	2
60	1
70	5
80	4

從這個資料集中,我們似乎有三個使用者集群。年輕使用者(10、20、30 歲)使用較多,中年使用者(40、50、60 歲)用得不多,老年使用者(70、80 歲)有時使用較多。因此,像這樣的預測是有道理的:

- 如果使用者未滿 34 歲,則參與度為每週 6 天。
- 如果使用者的年齡在 35 到 64 歲之間,則參與度為每週 1 天。
- 如果使用者年滿 65 歲,則參與度為每週 3.5 天。

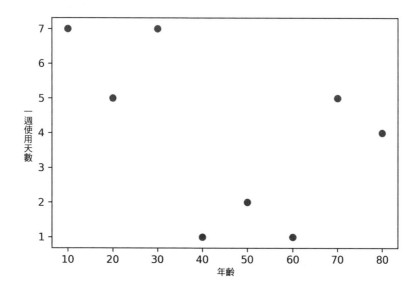

圖 9.25 表 9.6 中資料集的繪圖,其中水平軸對應於使用者的年齡,垂直軸對應於他們每週使用 App 的天數。

迴歸決策樹的預測看起來與此類似，因為決策樹將我們的使用者分組並為每個組別預測一個固定值。分割使用者的方法是使用特徵，就像我們對分類問題所做的那樣。

幸運的是，用來訓練迴歸決策樹的算法與我們用於訓練分類決策樹的算法非常相似；唯一的區別是，對於分類樹，我們使用準確率、吉尼指數或熵，而對於迴歸樹，我們使用均方誤差（MSE）。均方誤差可能聽起來很熟悉，我們在第 3 章的誤差函數「我們如何衡量我們的結果？」一節中用它來訓練線性迴歸模型。

在我們進入算法之前，讓我們從概念上考慮一下。想像你必須在圖 9.25 中盡可能靠近資料集配適一條線，但有一個問題，就是這條線必須是水平的。我們應該把這條水平線放在哪裡？將它放在資料集的「中間」是有意義的，換句話說，在一個等於標籤平均值的高度，也就是 4。這是一個非常簡單的分類模型，它為每個點分配相同的預測 4。

現在，讓我們更進一步。如果我們必須使用兩個水平線段，我們應該如何讓它們盡可能接近資料？我們可能有幾種猜測：一種是在 35 的左側設置一個高的長條，也在 35 的右側設置一個低的長條。這代表了一個決策樹樁，它提出了這樣一個問題：「你小於 35 歲嗎？」，並根據使用者如何回答該問題來分配預測。

如果我們可以將這兩個水平線段中的每一個都分成兩個，我們應該將它們定位在哪裡？我們可以繼續遵循這個過程，直到我們將使用者分成幾個標籤非常相似的組別，然後，我們預測該組中所有使用者的平均標籤。

我們剛剛遵循的過程是訓練迴歸決策樹的過程。現在讓我們變得更正式一點。回想一下，當一個特徵為數字時，我們會考慮所有可能的方式來分割。因此，分割年齡特徵的可能方法是使用如以下的截止值：15、25、35、45、55、65 和 75。這些截止值中的每一個都為我們提供了兩個較小的資料集，我們稱之為左側資料集和右側資料集。現在我們執行以下步驟：

1. 對於每個較小的資料集，我們預測標籤的平均值。
2. 我們計算預測結果的均方誤差。
3. 我們選擇能使我們的平方誤差最小的截止值。

舉例來說，如果我們的截止值是 65，那麼兩個資料集如下：

- **左側資料集**：65 歲以下的使用者。標籤為 {7, 5, 7, 1, 2, 1}。
- **右側資料集**：65 歲或以上的使用者。標籤是 {5, 4}。

對於每個資料集，我們預測標籤的平均值，左側為 3.833，右側為 4.5。因此，前六個使用者的預測值為 3.833，後兩個使用者的預測值為 4.5。現在，我們計算 MSE 如下：

$$MSE = \frac{1}{8}[(7 - 3.833)^2 + (5 - 3.833)^2 + (7 - 3.833)^2 + (1 - 3.833)^2 + (2 - 3.833)^2$$

$$+ (1 - 3.833)^2 + (5 - 4.5)^2 + (4 - 4.5)^2]$$

$$= 5.167$$

在表 9.7 中，我們可以看到為每個可能的截止值所獲得的值。完整的計算結果在本節的 notebook 最後面。

表 9.7 使用截止值按年齡分割資料集的九種可能方法。每個截止值將資料集分割為兩個較小的資料集，對於這兩個資料集中的每一個，預測是由標籤的平均值給出的。均方誤差（MSE）被計算為標籤和預測之間差異的平方之平均值。請注意，最小 MSE 的分割是以 35 為截止值所獲得的，這就給了我們決策樹中的根節點。

截止值	左側資料集	右側資料集	左側預測	右側預測	MSE
0	{}	{7,5,7,1,2,1,5,4}	None	4.0	5.25
15	{7}	{5,7,1,2,1,5,4}	7.0	3.571	3.964
25	{7,5}	{7,1,2,1,5,4}	6.0	3.333	3.917
35	**{7,5,7}**	**{1,2,1,5,4}**	**6.333**	**2.6**	**1.983**
45	{7,5,7,1}	{2,1,5,4}	5.0	3.0	4.25
55	{7,5,7,1,2}	{1,5,4}	4.4	3.333	4.983
65	{7,5,7,1,2,1}	{5,4}	3.833	4.5	5.167
75	{7,5,7,1,2,1,5}	{4}	4.0	4.0	5.25
100	{7,5,7,1,2,1,5,4}	{}	4.0	None	5.25

最好的截止值是 35 歲，因為它為我們提供了均方誤差最小的預測。因此，我們在迴歸決策樹中建構了第一個決策節點。接下來的步驟是繼續以相同的方式遞迴地分割左右資料集。我們將像以前一樣使用 Scikit-Learn，而不是手動完成。

首先，我們定義我們的特徵和標籤。我們可以為此使用陣列，如下所示：

```
features = [[10],[20],[30],[40],[50],[60],[70],[80]]
labels = [7,5,7,1,2,1,5,4]
```

現在，我們使用 DecisionTreeRegressor 物件建構最大深度為 2 的迴歸決策樹，如下所示：

```
from sklearn.tree import DecisionTreeRegressor
dt_regressor = DecisionTreeRegressor(max_depth=2)
dt_regressor.fit(features, labels)
```

最終的決策樹如圖 9.26 所示。正如我們已經弄清楚的那樣，第一個截止值是 35，接下來的兩個截止值為 15 和 65。在圖 9.26 的右側，我們還可以看到這四個結果資料子集中的每一個的預測。

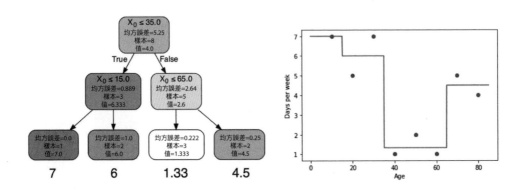

圖 9.26　左：在 Scikit-Learn 中得到的決策樹。這棵樹有三個決策節點和四個葉子。右：此決策樹做出的預測圖。請注意，截止值位於 35、15 和 65 歲，對應於樹中的決策節點；預測值為 7、6、1.33 和 4.5，對應於樹中的葉子。

應用

決策樹在現實生活中有許多有用的應用。決策樹的一個特點是，除了預測之外，它們還為我們提供了大量有關資料的資訊，因為它們以層次結構組織資料。很多時候，這些資訊的價值與做出預測的能力一樣重要，甚至更多。在本節中，我們將在以下領域看到一些在現實生活中使用的決策樹例子：

- 醫療保健
- 推薦系統

決策樹廣泛用於醫療保健

決策樹在醫學中被廣泛使用，不僅可以進行預測，還可以用來識別出在預測中具決定性的特徵。你可以想像，在醫學上，一個黑盒子說「病患生病了」或「病患很健康」是不夠的。然而，決策樹帶有大量關於為什麼做出預測的資訊。根據症狀、家族病史、習慣或許多其他因素，病患可能生病。

決策樹在推薦系統中很有用

在推薦系統中，決策樹也很有用。最著名的推薦系統問題之一，Netflix prize，是在決策樹的幫助下獲得的。2006 年，Netflix 舉辦了一場競賽，其中涉及建構最佳推薦系統來預測使用者對其電影的評分。2009 年，他們向獲勝者獎勵 1,000,000 美元，獲勝者將 Netflix 算法改進了 10% 以上。他們這樣做的方法是使用梯度增強決策樹來組合 500 多個不同的模型。其他推薦引擎使用決策樹來研究使用者的參與度，並找出人口特徵來最好地確定參與度。

在第 12 章中，我們將學習更多關於梯度提升決策樹和隨機森林的知識。就目前而言，想像它們的最佳方式是作為許多決策樹的集合，它們協同工作以做出最佳預測。

總結

- 決策樹是重要的機器學習模型，用於分類和迴歸。
- 決策樹的工作方式是詢問關於我們資料的二元問題，並根據這些問題的答案進行預測。

- 為分類建構決策樹的算法包括在我們的資料中找到最能確定標籤的特徵並迭代此步驟。

- 我們有幾種方法來判斷一個特徵是否最好地確定了標籤。我們在本章中要學習三個方法：準確率、吉尼不純度指數和熵。

- 吉尼不純度指數衡量一組純淨度。這樣，每個元素具有相同標籤的集合其吉尼不純度指數為 0。每個元素具有不同標籤的集合其吉尼不純度標籤接近 1。

- 熵是衡量集合純淨度的另一種方法。每個元素具有相同標籤的集合之熵為 0，其中一半元素具有一個標籤，另一半具有另一個標籤的集合之熵為 1。在建構決策樹時，分割前後熵的差異稱為資訊增益。

- 為迴歸建構決策樹的算法類似於用於分類的算法，唯一的區別是我們使用均方誤差來選擇最好的特徵以分割資料。

- 在二維中，迴歸樹圖看起來像幾條水平線的聯集，其中每條水平線是對特定葉子中元素的預測。

- 決策樹的應用範圍非常廣泛，從推薦算法到醫學和生物學中的應用。

練習

練習 9.1

在下面的垃圾郵件偵測決策樹模型中，請確定來自你媽媽的主題為「請去商店，有促銷活動」的電子郵件是否會被歸類為垃圾郵件。

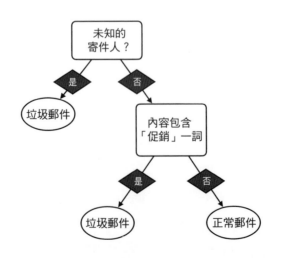

練習 9.2

我們的目標是建立一個決策樹模型來確定信用卡交易是否具有詐騙性。我們使用下面的信用卡交易資料集,具有以下特徵:

- **金額**:交易的金額。
- **批准的供應商**:信用卡公司有一個批准的供應商列表。此變數指示供應商是否在此列表中。

	金額	批准的供應商	詐騙
交易 1	$100	沒批准	是
交易 2	$100	批准	否
交易 3	$10,000	批准	否
交易 4	$10,000	沒批准	是
交易 5	$5,000	批准	是
交易 6	$100	批准	否

使用以下規範建構決策樹的第一個節點:

a. 使用吉尼不純度指數

b. 使用熵

練習 9.3

以下是 COVID-19 檢測呈陽性或陰性的病患資料集。他們的症狀是咳嗽 (C)、發燒 (F)、呼吸困難 (B) 和疲倦 (T)。

	咳嗽 (C)	發燒 (F)	呼吸困難 (B)	疲倦 (T)	診斷
病患 1		X	X	X	生病
病患 2	X	X		X	生病
病患 3	X		X	X	生病
病患 4	X	X	X		生病
病患 5	X			X	健康
病患 6		X	X		健康
病患 7		X			健康
病患 8				X	健康

使用準確率,建構高度為 1 的決策樹(決策樹樁),對這些資料進行分類。這個分類器在資料集上的準確率是多少?

本章包含

- 什麼是神經網路

- 神經網路的架構：節點、層、深度和激勵函數

- 使用反向傳播訓練神經網路

- 訓練神經網路的潛在問題，例如梯度消失問題和過度配適

- 改進神經網路訓練的技術，例如正規化和 Dropout

- 使用 Keras 套件訓練神經網路進行情感分析和圖像分類

- 使用神經網路作為迴歸模型

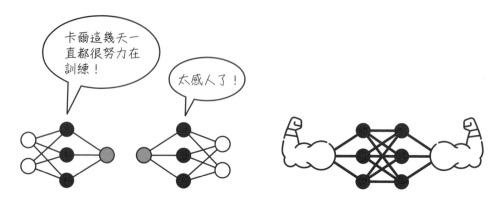

在本章中，我們學習**神經網路**（*neural networks*），也稱為**多層感知器**（*multilayer perceptrons*）。如果神經網路不是最熱門的機器學習模型的話，它肯定是最熱門的模型之一。它們非常有用，以致於該領域有自己的名字：**深度學習**（*deep learning*）。深度學習在機器學習的最尖端領域中擁有許多應用，包括圖像辨識、自然語言處理、醫學和自駕車。從廣義上講，神經網路的目標在於模仿人類大腦的運作方式。它們可能非常複雜，如圖 10.1 所示。

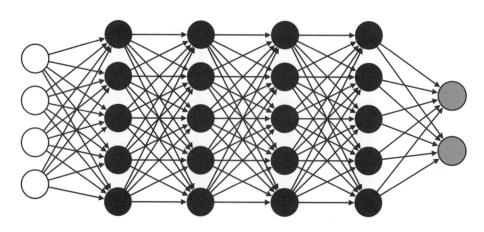

圖 10.1　一個神經網路。它可能看起來很複雜，但在接下來的幾頁中，我們將揭開這張圖片的神秘面紗。

圖 10.1 中的神經網路可能看起來很嚇人，有很多節點、邊等等。然而，我們可以用更簡單的方式理解神經網路。有一種方法是把它們看作是感知器的集合（我們在第 5 章和第 6 章學過）。我喜歡將神經網路看成是產生非線性分類器的線性分類器的組合。在低維度上，線性分類器看起來像線條或平面，而非線性分類器看起來像複雜的曲線或曲面。在本章，我們將討論神經網路背後的直覺以及它們如何工作的細節，我們還會編寫神經網路，並將它們用於圖像辨識等多種應用上。

神經網路對分類和迴歸方面很有用。在本章中，我們主要關注分類神經網路，但我們也要學習使它們適用於迴歸所需的小改動。首先，來看一些術語。回顧一下，在第 5 章中，我們學習了感知器，在第 6 章我們學習了邏輯分類器，我們還了解到，它們被稱為離散和連續感知器。為了喚醒你的記憶，離散感知器的輸出是 0 或 1，而連續感知器的輸出是區間（0, 1）中的任意數字。為了計算這個輸出，離散感知器使用階梯函數（第 5 章中的「階梯函數和激勵函數」一節），而連續感知器使用 sigmoid 函數（第 6 章的「分類的機率方法：sigmoid 函數」）。在本章中，我們將這兩個分類器都稱為感知器，並且在需要時，我們會說明我們談論的是離散感知器還是連續感知器。

本章的程式碼可以在這個 GitHub 儲存庫中找到：https://github.com/luisguiserrano/manning/tree/master/Chapter_10_Neural_Networks。

神經網路案例：一個更複雜的外星球

在本節中，我們將使用第 5 章和第 6 章中熟悉的情感分析案例來了解神經網路是什麼。情境如下：我們發現自己身處一個遙遠的星球，上面居住著外星人。他們似乎會說一種由 *aack* 和 *beep* 這兩個詞組成的語言，我們想建立一個機器學習模型，幫助我們根據他們說的話來確定外星人是快樂還是悲傷，這叫做情感分析，因為我們需要建立一個模型來分析外星人的情緒。我們記錄了一些外星人的談話，並設法透過其他方式識別他們是快樂還是悲傷的，我們得出了表 10.1 所示的資料集。

表 10.1　我們的資料集，其中每一列代表一個外星人。第一欄代表他們說出的句子，第二欄和第三欄表示句子中每個單詞的出現次數，第四欄代表外星人的情緒。

句子	*Aack*	*Beep*	情緒
"Aack"	1	0	悲傷
"Aack aack"	2	0	悲傷
"Beep"	0	1	悲傷
"Beep beep"	0	2	悲傷
"Aack beep"	1	1	快樂
"Aack aack beep"	2	1	快樂
"Beep aack beep"	1	2	快樂
"Beep aack beep aack"	2	2	快樂

這看起來是一個足夠好的資料集，我們應該能夠為這些資料配適一個分類器。讓我們先來繪製它，如圖 10.2 所示。

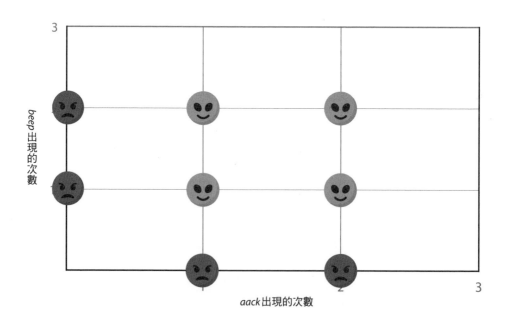

圖 10.2　表 10.1 中的資料集之繪圖。橫軸對應單詞 *aack* 的出現次數，縱軸對應單詞 *beep* 的出現次數。快樂的臉對應著快樂的外星人，悲傷的臉對應著悲傷的外星人。

從圖 10.2 看來，我們似乎無法為這些資料配適線性分類器，換句話說，想要畫一條線將快樂的臉和悲傷的臉分開是不可能的。那我們可以做什麼呢？我們已經學習了其他可以完成這項工作的分類器，例如單純貝氏分類分類器（第 8 章）或決策樹（第 9 章）。但在這一章，我們堅持使用感知器。如果我們的目標是分隔圖 10.2 中的點，而一條線做不到，那麼還有什麼比一條線更好呢？以下情況如何：

1. 兩條線

2. 曲線

這些是神經網路的例子。讓我們先來看看為什麼第一個分類器（使用兩條線的分類器）是神經網路。

解決方案：
如果一條線不夠，就使用兩條線來分類資料集

在本節中，我們將探索一個使用兩條線分割資料集的分類器。我們有很多方法可以畫兩條線來分割這個資料集，其中一種方法如圖 10.3 所示。我們稱它們為第 1 條線和第 2 條線。

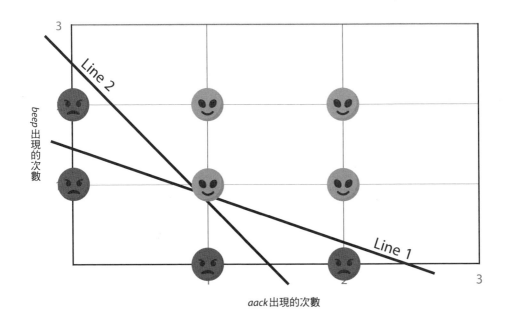

圖 **10.3** 我們資料集中的快樂點和悲傷點不能被一條線分開。但是，畫兩條線可以很好地將它們分開來：兩條線上方的點可以歸類為快樂，其餘的點可以歸類為悲傷。以這種方式組合線性分類器是神經網路的基礎。

我們可以定義我們的分類器如下：

情感分析分類器

如果一個句子的對應點在圖 10.3 中所示的兩條線之上，則該句子被歸類為快樂；若它至少低於其中一條線，則將其歸類為悲傷。

現在，讓我們進行一些數學運算。我們可以為這些線想出兩個方程式嗎？有許多方程式都可以，但讓我們使用以下兩個（其中 x_a 是單詞 *aack* 在句子中出現的次數，x_b 是 *beep* 出現的次數）。

- **第一條線**：$6x_a + 10x_b - 15 = 0$
- **第二條線**：$10x_a + 6x_b - 15 = 0$

　題外話：我們是如何找到這些方程式的？ 請注意，第 1 條線穿過點（0, 1.5）和（2.5, 0）。因此，定義為水平軸變化除以垂直軸變化的斜率正好是 $\dfrac{-1.5}{2.5} = -\dfrac{3}{5}$。$y$ 截距（即線與垂直軸相交的高度）為 1.5。因此，這條線的方程式是 $x_b = -\dfrac{3}{5} x_a + 1.5$；透過處理這個方程式，我們得到 $6x_a + 10x_b - 15 = 0$。我們可以採用類似的方法來找到第 2 條線的方程式。

因此，我們的分類器變為：

情感分析分類器

如果以下兩個不等式都成立，則句子被歸類為快樂：

- **不等式一**：$6x_a + 10x_b - 15 \geq 0$
- **不等式二**：$10x_a + 6x_b - 15 \geq 0$

如果其中至少有一個失敗，則該句子被歸類為悲傷。

作為一致性檢查，表 10.2 包含兩個方程式中的每一個的值。在每個方程式的右側，我們檢查方程式的值是否大於或等於 0。最右側的欄位檢查兩個值是否大於或等於 0。

表 **10.2** 與表 10.1 相同的資料集，但有一些新的欄位。第四欄和第六欄對應我們的兩條線，第五欄和第七欄檢查每個資料點上的方程式是否為非負值，最後一欄檢查獲得的兩個值是否都是非負的。

句子	*Aack*	*Beep*	方程式 1	方程式 1 ≥ 0?	方程式 2	方程式 2 ≥ 0?	兩個方程式都≥ 0
"Aack"	1	0	-9	否	-5	否	否
"Aack aack"	2	0	-3	否	5	是	否
"Beep"	0	1	-5	否	-9	否	否
"Beep beep"	0	2	5	是	3	否	否
"Aack beep"	1	1	1	是	1	是	是
"Aack aack beep"	2	1	11	是	7	是	是
"Beep aack beep"	1	2	7	是	11	是	是
"Beep aack beep aack"	2	2	17	是	17	是	是

請注意，表 10.2 中最右側的欄（是／否）與表 10.1 中最右側的欄（快樂／悲傷）一致，這表示分類器設法正確分類所有資料。

為什麼是兩條線？快樂不是線性的嗎？

在第 5 章和第 6 章中，我們設法根據分類器的方程式推斷出關於語言的事情。例如，如果單詞 *aack* 的權重為正，我們得出結論，它可能是一個快樂的單詞。那現在呢？我們能從這個包含兩個方程式的分類器中推斷出關於語言的任何東西嗎？

我們可以想到兩個方程式的方式是，也許在外星球上，快樂不是一個簡單的線性事物，而是以兩個事物為基礎。在現實生活中，快樂可以是基於許多事物：可以因為擁有令人滿意的事業，加上美滿的家庭生活和餐桌上的美食等而感到快樂，也可以是因為喝咖啡和吃甜甜圈感到滿足。在本例中，假設快樂的兩個方面是事業和家庭。外星人想要快樂，就需要**兩者兼得**。

事實證明，在本例中，職業快樂感和家庭快樂感都是簡單的線性分類器，並且每一個都由兩條線之一來描述。假設第 1 條線對應職業快樂感，第 2 條線對應家庭快樂感。因此，我們可以將外星人的快樂視為圖 10.4 中的圖表。在此圖中，職業快樂感和家庭快樂感由 AND 運算子（operator）連接，用來檢查兩者是否為真。如果二者為真，那麼這個外星人就很快樂；如果其中任何一個失敗，外星人就不快樂。

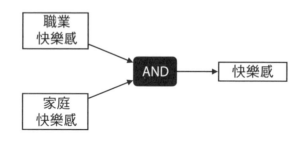

職業快樂感分類器**與**家庭快樂感分類器 ━━━━━━➤ 快樂感

圖 10.4 快樂感分類器由職業快樂感分類器、家庭快樂感分類器和 AND 運算子組成。如果職業和家庭分類器都輸出「是」，那麼快樂感分類器也會輸出相同結果；若其中任何一個輸出一個「否」，那麼快樂感分類器也會輸出一個「否」。

家庭快樂感分類器和職業快樂感分類器都是感知器，因為它們是由直線方程式所給出的。我們可以把這個 AND 運算子變成另一個感知器嗎？答案是肯定的，我們將在下一小節中看到。

圖 10.4 開始看起來像一個神經網路。我們再多走幾步，再加一點數學，就會看到更像本章開頭的圖 10.1 的東西。

將感知器的輸出結合到另一個感知器中

圖 10.4 暗示了一個感知器的組合，其中我們將兩個感知器的輸出作為輸入，輸入到第三個感知器中。這就是神經網路的建構方式，在本節中，我們將看到其背後的數學原理。

在第 5 章的「階梯函數和激勵函數」一節中，我們定義了階梯函數，如果輸入為負則回傳 0，如果輸入為正或為零則回傳 1。請注意，因為我們使用的是階梯函數，所以這些是離散的感知器。使用這個函數，我們可以定義家庭快樂感和職業快樂感分類器如下：

職業快樂感分類器

權重：

- *Aack*：6

- *Beep*：10

偏差：－ 15

句子的評分：$6x_a + 10x_b - 15$

預測：$F = step(6x_a + 10x_b - 15)$

家庭快樂感分類器

權重：

- $Aack$：10
- $Beep$：6

偏差：－ 15

句子的評分：$10x_a + 6x_b - 15$

預測：$C = step(10x_a + 6x_b - 15)$

下一步是將職業和家庭快樂感分類器的輸出輸入到一個新的快樂感分類器。嘗試驗證以下分類器是否有效。圖 10.5 包含兩個表，其中包含職業和家庭分類器的輸出，以及第三個表，其中前兩欄是職業和家庭分類器的輸出，最後一欄是快樂感分類器的輸出。圖 10.5 中的每個表都對應一個感知器。

職業分類器

x_a	x_b	$6x_a + 10x_b - 15$	$C = step(6x_a + 10x_b - 15)$
1	0	−9	0
2	0	−3	0
0	1	−5	0
0	2	5	1
1	1	1	1
1	2	11	1
2	1	7	1
2	2	17	1

家庭分類器

x_a	x_b	$10x_a + 6x_b - 15$	$F = step(10x_a + 6x_b - 15)$
1	0	−5	0
2	0	5	1
0	1	−9	0
0	2	3	1
1	1	1	1
1	2	7	1
2	1	11	1
2	2	17	1

快樂感分類器

C	F	$1 \cdot C + 1 \cdot F - 1.5$	$\hat{y} = step(C + F - 1.5)$
0	0	−1.5	0
0	1	−0.5	0
0	0	−1.5	0
1	0	−0.5	0
1	1	0.5	1
1	1	0.5	1
1	1	0.5	1
1	1	0.5	1

圖 10.5　三個感知器分類器，一個是職業分類器，一個是家庭分類器，一個是快樂感分類器結合了前兩者。職業和家庭感知器的輸出是快樂感知器的輸入。

快樂感分類器

權重：

- 職業：1
- 家庭：1

偏差： – 1.5

一句話的評分： $1 \cdot C + 1 \cdot F - 1.5$

預測： $\hat{y} = step(1 \cdot C + 1 \cdot F - 1.5)$

這種分類器的組合就是一個神經網路。接下來，我們看看如何使它看起來像圖 10.1 中的圖像。

感知器的圖形表示

在本節中，我將向你展示如何以圖形方式表示感知器，進而產生神經網路的圖形表示，我們之所以稱它們為神經網路，是因為它們的基本單元感知器有點像神經元。

一個神經元包括三個主要部分：活體腦細胞（soma）、樹突（dendrite）和軸突（axon）。從廣義上講，神經元透過樹突接收來自其他神經元的信號，在活體腦細胞中處理它們，並透過軸突發送信號以被其他神經元接收。將此與感知器進行比較，感知器接收數字作為輸入，對它們應用數學運算（通常由激勵函數組成的和所組成），並輸出一個新的數字。這個過程如圖 10.6 所示。

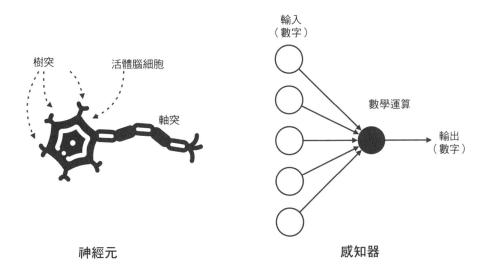

圖 10.6 感知器鬆散地以神經元為基礎單位。左：具有主要成分的神經元：樹突、活體腦細胞和軸突。信號透過樹突進入，在活體腦細胞中進行處理，然後再透過軸突發送到其他神經元。右：感知器。左側的節點對應數字輸入，中間的節點進行數學運算並輸出一個數字。

更正式一點，回顧一下第 5 章和第 6 章中感知器的定義，其中我們有以下實體：

- **輸入**：$x_1, x_2, ..., x_n$
- **權重**：$w_1, w_2, ..., w_n$
- **偏差**：b
- **激勵函數**：階梯函數（對離散感知器）或 sigmoid 函數（對連續感知器）（本章後面我們會學習其他新的激勵函數）。
- **預測**：由公式定義 $\hat{y} = f(w_1 x_1 + w_2 x_2 + \cdots + w_n x_n + b)$，其中是對應的激勵函數

它們在圖中的位置如圖 10.7 所示。左側是輸入節點，右側是輸出節點。輸入變數在輸入節點上，最終的輸入節點不包含變數，但它包含一個值 1。權重位於連接輸入節點和輸出節點的邊上。最終輸入節點對應的權重就是偏差。計算預測的數學運算發生在輸出節點的內部，該節點輸出預測結果。

舉例來說，由方程式 $\hat{y} = \sigma(3x_1 - 2x_2 + 4x_3 + 2)$ 定義的感知器如圖 10.7 所示。請注意，在此感知器中執行以下步驟：

- 輸入乘以它們對應的權重並相加得到 $3x_1\text{-}2x_2\text{+}4x_3$。
- 將偏差添加到前面的等式中，得到 $3x_1\text{-}2x_2\text{+}4x_3\text{+}2$。
- 應用 sigmoid 激勵函數來獲得輸出 $\hat{y} = \sigma(3x_1 - 2x_2 + 4x_3 + 2)$。

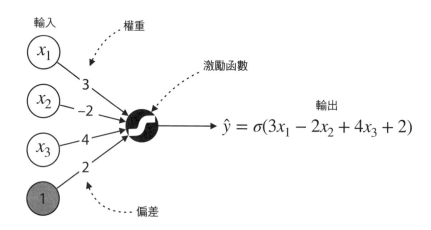

圖 10.7 感知器的視覺表示。輸入（特徵和偏差）顯示為左側的節點，權重和偏差位於連接輸入節點和中間主節點的邊上。中間的節點採用權重和輸入的線性組合，添加偏差，並應用激勵函數，在本例中為 sigmoid 函數。輸出是公式 $\hat{y} = \sigma(3x_1 - 2x_2 + 4x_3 + 2)$。

例如，如果這個感知器的輸入是點 $(x_1, x_2, x_3) = (1, 3, 1)$，那麼輸出是 $\sigma(3 \cdot 1 - 2 \cdot 3 + 4 \cdot 1 + 2) = \sigma(3) = 0.953$。

如果此感知器是使用 step 函數而不是 sigmoid 函數定義的，則輸出將為 step$(3 \cdot 1 - 2 \cdot 3 + 4 \cdot 1 + 2) = $ step$(3) = 1$。

正如我們在下一節中看到的，這種圖形表示使感知器易於連接。

神經網路的圖形表示

正如我們在上一節中看到的，神經網路是感知器的串聯，這種結構的目標在鬆散地模擬人腦，其中幾個神經元的輸出成為另一個神經元的輸入。同樣，在神經網路中，幾個感知器的輸出成為另一個感知器的輸入，如圖 10.8 所示。

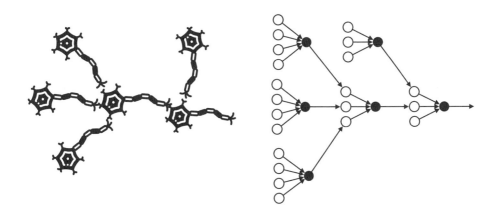

圖 10.8　神經網路是為了（鬆散地）模擬大腦的結構。左：神經元在大腦內部的連接方式是一個神經元的輸出變成另一個神經元的輸入。右：感知器的連接方式是一個感知器的輸出成為另一個感知器的輸入。

我們在上一節中建構的神經網路，我們將職業感知器和家庭感知器與快樂感知器連接起來，如圖 10.9 所示。

請注意，在圖 10.9 中，職業和家庭感知器的輸入是重複的。圖 10.10 顯示了一種更簡潔的編寫方式，其中這些輸入不會重複。

請注意，這三個感知器使用 step 函數。我們這樣做只是為了教育目的，因為在現實生活中，神經網路從不使用階梯函數作為激勵函數，因為它使我們無法使用梯度下降（更多資訊請參閱「訓練神經網路」一節）；然而，sigmoid 函數在神經網路中被廣泛使用，在「不同的激勵函數」一節中，我們要學習一些在實踐中使用的其他有用的激勵函數。

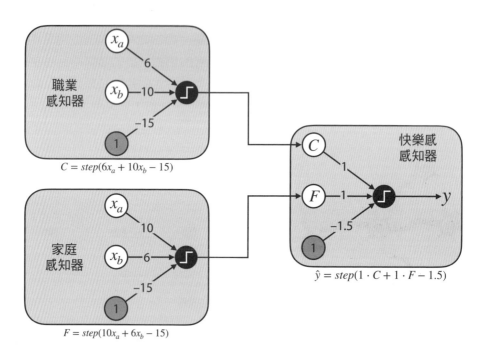

$$C = step(6x_a + 10x_b - 15)$$

$$F = step(10x_a + 6x_b - 15)$$

$$\hat{y} = step(1 \cdot C + 1 \cdot F - 1.5)$$

圖 10.9 當我們將職業和家庭感知器的輸出連接到快樂感知器時，我們得到了一個神經網路。該神經網路使用 step 函數作為激勵函數。

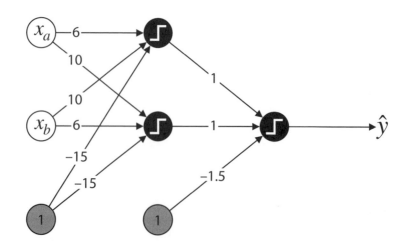

圖 10.10 圖 10.9 中圖表的清理版本。在此圖中，特徵 x_a 和 x_b 以及偏差沒有重複；相反，它們每個都連接到右側的兩個節點，很好地將三個感知器組合到同一個圖中。

神經網路的邊界

在第 5 章和第 6 章中，我們研究了感知器的邊界，它們由線條所給出。而在本節，我們將介紹神經網路的邊界。

回顧一下第 5 章和第 6 章，離散感知器和連續感知器（邏輯分類器）都有一個由定義它們的線性方程式給出的線性邊界。離散感知器根據它們在直線的哪一側將預測值 0 和 1 分配給這些點。連續感知器將 0 到 1 之間的預測分配給平面中的每個點。直線上的點得到 0.5 的預測值，位於線某一側的點得到高於 0.5 的預測值，而另一側的點得到低於 0.5 的預測值。圖 10.11 說明了對應於方程式 $10x_a + 6x_b - 15 = 0$ 的離散和連續感知器。

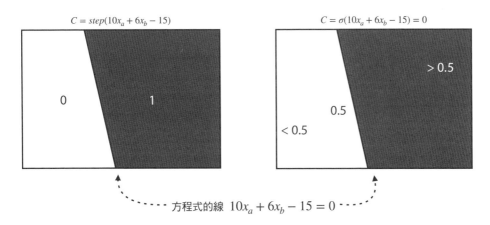

圖 **10.11**　感知器的邊界是一條線。左：對於離散感知器，直線一側的點之預測值為 0，而另一側的點預測值為 1。右：對於連續感知器，所有點的預測值為區間（0，1）。在這個例子中，最左側的點得到接近 0 的預測值，最右側的點得到接近 1 的預測值，而直線上方的點得到接近 0.5 的預測值。

我們也可以用類似的方式視覺化神經網路的輸出。回想一下，具有 step 激勵函數的神經網路的輸出如下：

- 如果 $6x_a + 10x_b - 15 \geq 0$ 且 $10x_a + 6x_b - 15 \geq 0$，則輸出為 1。

- 否則，輸出為 0。

圖 10.12 的左側用兩條線來說明這個邊界，請注意，它表示為兩個輸入感知器的邊界和偏差節點的組合。使用 step 激勵函數獲得的邊界由斷線所構成，而使用 sigmoid 激勵函數獲得的邊界是一條曲線。

要更仔細地研究這些邊界，請查看以下 notebook：https://github.com/luisguiserrano /manning/blob/master/Chapter_10_Neural_Networks/Plotting_Boundaries.ipynb。 在這個 notebook 中，兩條線和兩個神經網路的邊界用 step 和 sigmoid 激勵函數繪製，如圖 10.13 所示。

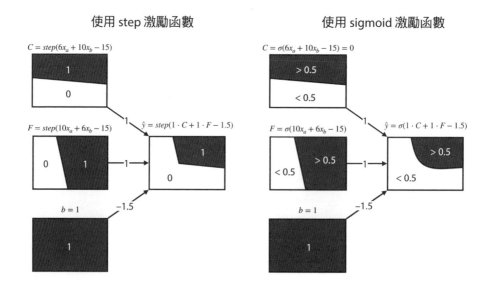

圖 10.12 為了建構神經網路，我們使用兩個感知器的輸出和一個偏差節點（由始終輸出 1 的分類器所表示）到第三個感知器。結果分類器的邊界是輸入分類器邊界的組合。在左側，我們看到使用 step 函數獲得的邊界，它是一條斷線；在右側，我們看到了使用 sigmoid 函數得到的邊界，它是一條曲線。

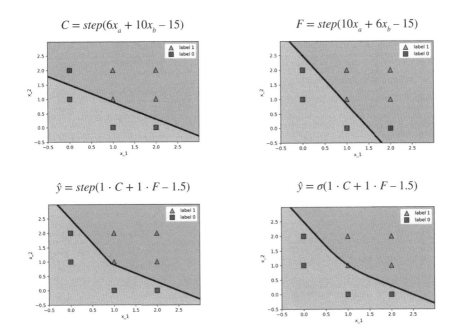

圖 10.13 分類器的邊界圖。上圖：兩個線性分類器，職業（左）和家庭（右）分類器。下圖：兩個神經網路，使用階梯函數（左）和 sigmoid 函數（右）。

請注意，具有 sigmoid 激勵函數的神經網路實際上並不能很好地配適整個資料集，因為它對點 (1,1) 的分類有誤，如圖 10.13 的右下角所示。試著改變權重使它能很好的配適這一點（見本章最後面的練習 10.3）。

全連接神經網路的一般架構

在前面的章節中，我們看到了一個小型神經網路的例子，但在現實生活中，神經網路要來得大很多。節點按層排列，如圖 10.14 所示。第一層是輸入層，最後一層是輸出層，中間的所有層都稱為隱藏層（hidden layers）。節點和層的排列稱為神經網路的架構（*architecture*）。層數（不包括輸入層）稱為神經網路的深度（*depth*）。圖 10.14 中的神經網路深度為 3，架構如下：

- 大小為 4 的輸入層
- 大小為 5 的隱藏層
- 大小為 3 的隱藏層
- 大小為 1 的輸出層

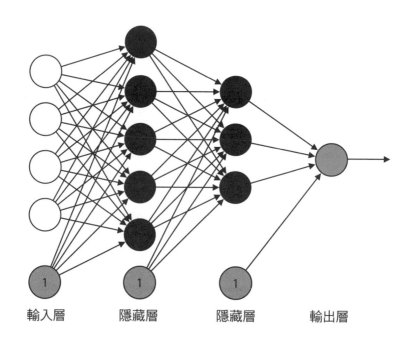

輸入層   隱藏層   隱藏層   輸出層

圖 10.14　神經網路的一般架構。節點被分為層，最左側的層是輸入層，最右側的層是輸出層，中間的所有層都是隱藏層。一層中的所有節點都連接到下一層中所有（無偏差）的節點。

神經網路通常在沒有偏差節點的情況下繪製，但我們假設它們是架構的一部分；然而，我們不計算架構中的偏差節點。換句話說，層的大小是該層中非偏差節點的數量。

請注意，在圖 10.14 的神經網路中，每一層的每個節點都與下一層的每個（無偏差）節點相連接。此外，不連續的層之間不會發生連接，這種架構稱為**全連接**（*fully connected*）。對於某些應用，我們使用不同的架構，其中並非所有連接都存在，或者某些節點在不連續的層之間連接，更詳細的部分請參閱「用於更複雜資料集的其他架構」一節。但是，在本章中，我們建構的所有神經網路都是全連接的。

想像一個神經網路的邊界,如圖 10.15 所示。在這張圖中,你可以看到每個節點對應的分類器。請注意,第一個隱藏層由線性分類器所組成,每個後續層中的分類器比之前的分類器稍微複雜一些。

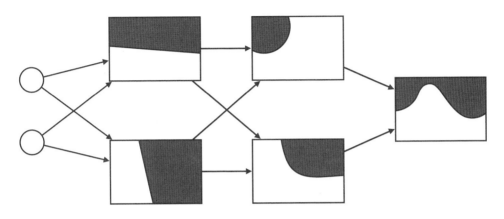

圖 **10.15** 我喜歡視覺化神經網路的方式。每個節點對應一個分類器,這個分類器有一個明確的邊界。第一個隱藏層中的節點都對應於線性分類器(感知器),因此它們被繪製為線。每一層中節點的邊界是透過結合前一層的邊界而形成的。因此,每個隱藏層的邊界變得越來越複雜。在此圖中,我們刪除了偏差節點。

TensorFlow Playground 是理解神經網路的一個很好的工具,請見 https://playground.tensorflow.org,其中有一些圖形資料集可用,並且可以訓練具有不同架構和超參數的神經網路。

訓練神經網路

在本章中,我們看到了神經網路的一般外觀,並且它們並不像聽起來的那麼神秘。我們如何訓練這些怪物中的一個呢?從理論上講,這個過程並不複雜,儘管它的計算成本可能很高。我們有一些技巧和啟發式方法可以用來加快速度。在本節中,我們學習這個訓練過程。訓練神經網路與訓練其他模型沒有什麼不同,如感知器或邏輯分類器。我們首先隨機初始化所有的權重和偏差,接下來,我們會定義一個誤差函數來衡量神經網路的效能,最後,我們反覆使用誤差函數來調整模型的權重和偏差,以減少誤差函數。

誤差函數：一種衡量神經網路效能的方法

在本節中，我們將了解用於訓練神經網路的誤差函數。幸運的是，我們以前見過這個函數，就是在第 6 章「邏輯分類器」一節中的對數損失函數。回想一下，對數損失的公式是：

$$log\ loss = -y\ ln(\hat{y}) - (1 - y)\ ln(1 - \hat{y})$$

其中 y 是標籤，$\hat{y}$ 是預測。

回顧一下，在分類問題中使用的一個很好的理由是，當預測和標籤接近時會回傳一個小的值，而當它們遠離時，函數會回傳一個大的值。

反向傳播：訓練神經網路的關鍵步驟

在本節，我們將學習訓練神經網路過程中最重要的一步。回想一下，在第 3、5 和 6 章（線性迴歸、感知器算法和邏輯迴歸）中，我們使用梯度下降來訓練我們的模型。神經網路也是如此。訓練算法稱為**反向傳播算法**（*backpropagation algorithm*），其虛擬碼如下：

反向傳播算法的虛擬碼

- 使用隨機權重和偏差初始化神經網路。
- 重複下方步驟多次：
  - 計算損失函數及其梯度（即關於每個權重和偏差的導數）。
  - 在與梯度相反的方向上邁出一小步，以少量減少損失函數。
- 你獲得的權重對應於（可能）很好地配適資料的神經網路。

神經網路的損失函數是複雜的，因為它提到預測的對數，而預測結果本身就是一個複雜的函數。此外，我們需要計算許多變數的導數，這對應於神經網路的每個權重和偏差。在附錄 B 的「使用梯度下降訓練神經網路」一節中，我們回顧了具有一個隱藏層或任意大小的神經網路之反向傳播算法的數學細節。若想再更進一步了解，請參閱附錄 C 中的一些推薦資源，以深入了解更深層神經網路的反向傳播數學。在實踐中，Keras、TensorFlow 和 PyTorch 等優秀的軟體套件已經以極快的速度和效能實現了該算法。

回想一下，當我們學習線性迴歸模型（第 3 章）、離散感知器（第 5 章）和連續感知器（第 6 章）時，這個過程總有一個步驟，在這步驟中，我們總是以我們需要的方式移動一條線以很好地建構我們的資料模型。這種類型的幾何圖形對於神經網路來說更難視覺化，因為它發生在更高的維度上。但是，我們仍然可以在腦海中形成反向傳播的畫面，為此，我們只需要關注神經網路的一個節點和一個資料點。想像一個如圖 10.16 右側的分類器。這個分類器是從左側的三個分類器中獲得的（最下面的那個分類器對應於偏差，我們用一個總是回傳預測為 1 的分類器來表示）。如圖所示，從三個輸入分類器中，產生的分類器對該點進行了錯誤分類。第一個分類器很好地分類了點，但其他兩個沒有。因此，反向傳播步驟將增加對應於第一個分類器邊上的權重，並減少對應於下方兩個分類器的權重，這將確保所產生的分類器看起來更像最上面的分類器，因此，它對點的分類將得到改善。

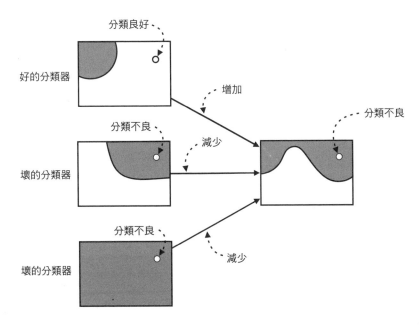

圖 10.16 反向傳播的心理圖像。在訓練過程的每一步，邊的權重都會更新。如果分類器好，它的權重會增加一點；如果它不好，它的權重會減少。

潛在問題：從過度配適到梯度消失

在實踐中，神經網路工作得很好，但由於它們的複雜度，它們的訓練出現了許多問題。幸運的是，我們可以為最緊迫的問題提供解決方案。神經網路存在的一個問題是過度配適，也就是非常大的架構可能會記住我們的資料而沒有很好地概括它。在下一節中，我們將看到一些在訓練神經網路時減少過度配適的技術。

神經網路可能存在的另一個嚴重問題是梯度消失（vanishing gradients）。請注意，sigmoid 函數的末端非常平坦，這意味著導數（曲線的切線）太平（見圖 10.17），也代表它們的斜率非常接近於零。

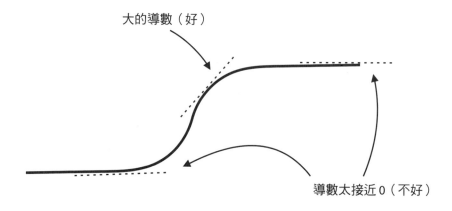

大的導數（好）

導數太接近 0（不好）

圖 10.17　sigmoid 函數的末端是平的，這意味著對於較大的正值和負值，它的導數非常小，並且妨礙了訓練。

在反向傳播過程中，我們組合了許多這樣的 sigmoid 函數（這意味著我們重複插入一個 sigmoid 函數的輸出作為另一個 sigmoid 函數的輸入）。正如預期的那樣，這種組合導致導數非常接近於零，這代表在反向傳播期間採取的步驟很小。如果是這樣的話，我們可能需要很長時間才能得到一個好的分類器，而這是一個問題。

我們有幾種解決梯度消失問題的方法，到目前為止，最有效的方法之一是改變激勵函數。在「不同的激勵函數」一節中，我們要學習一些新的激勵函數來幫助我們處理梯度消失的問題。

訓練神經網路的技術：正規化和 Dropout

如上一節所述，神經網路容易過度配適。在本節中，我們將討論一些技術能在神經網路訓練期間減少過度配適。

我們如何選擇正確的架構？這是一個很難的問題，也沒有具體的答案。經驗法則是選擇一個比我們可能所需更大的架構，然後應用技術來減少網路可能存在的過度配適量。在某種程度上，這就像挑選一條褲子，你唯一能選擇的是太小或太大。如果我們選擇太小的褲子，我們無能為力；另一方面，如果我們選擇了太大的褲子，我們可以繫上腰帶，使褲子更合身。雖然這並不理想，但這是我們現在所擁有的。根據資料集選擇正確的架構是一個複雜的問題，目前這個方向上有很多研究。要了解更多這方面的資訊，請查看附錄 C 中的資源。

正規化：一種透過懲罰較高權重來減少過度配適的方法

正如我們在第 4 章中所了解的，我們可以使用 L1 和 L2 正規化（regularization）來減少迴歸和分類模型中的過度配適，神經網路也不例外。在神經網路中應用正規化的方式，與在線性迴歸中應用它的方式相同，就是誤差函數的正規化項。如果我們進行 L1 正規化，正規化項等於正規化參數（λ）乘以我們模型（不包括偏差）所有權重的絕對值之和；如果我們進行 L2 正規化，那麼我們採用平方和而不是絕對值。舉個例子，在「神經網路案例」一節中的範例，神經網路的 L2 正規化誤差是：

$$log\ loss + \lambda \cdot (6^2 + 10^2 + 10^2 + 6^2 + 1^2 + 1^2) = log\ loss + 274\lambda$$

Dropout：確保一些強大的節點不會在訓練中佔主導地位

Dropout 是一種有趣的技術，用於減少神經網路中的過度配適，為了理解它，讓我們考慮以下比喻：假設我們是右撇子，我們喜歡去健身房。一段時間後，我們開始注意到我們的右二頭肌增長了很多，但我們的左二頭肌並沒有增長，然後我們開始更加關注我們的訓練，並意識到因為我們是右撇子，所以我們傾向總是用右臂舉重，而我們不讓左臂做太多運動。因為我們認為足夠了，所以我們採取了嚴厲的措施。有時我們決定將右手綁在背上，強迫自己在不使用右臂的情況下完成整個訓練過程。在此之後，我們開始看到左臂如我們所需地增長。現在，為了讓雙臂都訓練到，我們做了以下事情：每天在去健身房之前，我們擲兩個硬幣，

每隻手臂一個。如果左硬幣落在正面，我們將左臂綁在背部，如果右硬幣落在正面，我們將右臂綁在背部。有些日子我們會用雙臂運動，有些日子只用一隻手臂，有些日子沒有（或許是訓練腿的日子）。硬幣的隨機性確保我們有平均訓練雙臂。

Dropout 就是使用這種邏輯，只是我們不是在訓練手臂，而是在訓練神經網路中的權重。當神經網路有太多節點時，一些節點會在資料中挑選出有助於做出良好預測的模式，而其他節點會挑選出噪聲或不相關的模式。Dropout 過程在每個 epoch 中隨機刪除一些節點，並對剩餘的節點執行一個梯度下降的步驟。透過在每個 epoch 中刪除一些節點，有時我們可能會移除那些已經拿到有用模式的節點，進而迫使其他節點拾取剩下的。

更具體地說，Dropout 過程將一個小機率 p 附加到每個神經元上。在訓練過程的每個 epoch 中，每個神經元都以機率 p 被移除，並且僅使用剩餘的神經元來訓練神經網路。Dropout 僅用於隱藏層，而不用於輸入或輸出層。Dropout 的過程如圖 10.18 所示，其中一些神經元在四個訓練 epoch 中的每一個中被刪除。

Dropout 在實踐中取得了巨大的成功，我鼓勵你每次訓練神經網路時都使用它。我們用於訓練神經網路的套件使其易於使用，我們將在本章後面介紹。

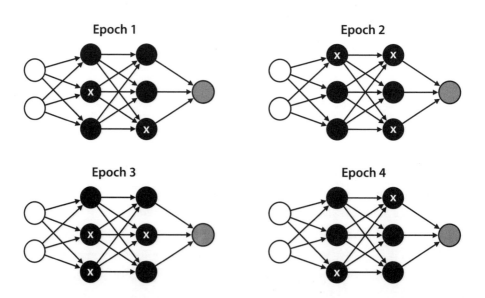

圖 10.18 Dropout 過程。在不同的 epoch，我們選擇從訓練中移除的隨機節點，讓所有節點都有機會更新它們的權重，而不是讓幾個單一節點主導訓練。

不同的激勵函數：雙曲正切 (tanh) 和修正線性單元 (ReLU)

正如我們在「潛在問題」一節中看到的，sigmoid 函數有點太平了，這會導致梯度消失的問題。解決這個問題的方法是使用不同的激勵函數。在本節中，我們將介紹兩種不同的激勵函數，它們對於改進我們的訓練過程至關重要：雙曲正切（tanh）和修正線性單元（ReLU）。

雙曲正切函數（tanh）

由於其形狀，**雙曲正切**（*hyperbolic tangent*）函數在實踐中往往比 sigmoid 函數工作得更好，公式如下：

$$\tanh(x) = \frac{e^x - e^{-x}}{e^x + e^{-x}}$$

tanh 沒有 sigmoid 那麼平坦，但它仍然具有相似的形狀，如圖 10.19 所示，它提供了對 sigmoid 的改進，但仍然存在梯度消失問題。

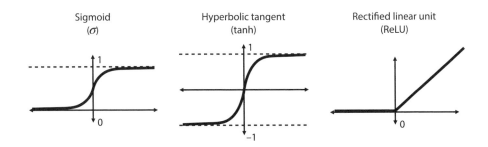

圖 10.19 神經網路中使用的三種不同的激勵函數。左：sigmoid 函數，由希臘字母 *sigma* 表示。中：雙曲正切函數，或 tanh。右：修正線性單元，或 ReLU 函數。

修正線性單元 (ReLU)

神經網路中常用的一種更熱門的激勵函數是**修正線性單元**（*rectified linear unit*，或 ReLU）。這個很簡單：如果輸入為負，則輸出為零；否則，輸出等於輸入。換句話說，它只留下非負數並將所有負數變為零。對於 $x \geq 0$，$ReLU(x) = x$，對於 $x < 0$，$ReLU(x) = 0$。ReLU 是梯度消失問題一個很好的解決方案，因為當輸入為正時它的導數為 1，因此，它廣泛用於大型神經網路。

這些激勵函數的偉大之處在於我們可以在同一個神經網路中組合不同的激勵函數。在一個最常見的架構中，除了最後一個節點使用 sigmoid 函數之外，每個節點都使用 ReLU 激勵函數。最後一個節點使用 sigmoid 的原因是，如果我們的問題是一個分類問題，那麼神經網路的輸出必須在 0 到 1 之間。

具有多個輸出的神經網路：softmax 函數

到目前為止，我們使用的神經網路只有一個輸出。但是，使用我們在第 6 章「分類為多個類別：softmax 函數」一節中學到的 softmax 函數，要建構一個產生多個輸出的神經網路並不難。softmax 函數是 sigmoid 的多元延伸，我們可以用它將分數變成機率。

說明 softmax 函數的最佳方式是舉個例子。想像一下，我們有一個神經網路，它的工作是確定圖像中是否包含水豚、鳥、貓或狗。在最後一層，我們有四個節點，每個節點對應一個動物。我們沒有將 sigmoid 函數應用於來自前一層的分數，而是將 softmax 函數應用於所有分數。例如，如果分數是 0、3、1 和 1，則 softmax 回傳以下內容：

- $P(\text{水豚}) = \dfrac{e^0}{e^0 + e^3 + e^1 + e^1} = 0.0377$

- $P(\text{鳥}) = \dfrac{e^3}{e^0 + e^3 + e^1 + e^1} = 0.7573$

- $P(\text{貓}) = \dfrac{e^1}{e^0 + e^3 + e^1 + e^1} = 0.1025$

- $P(\text{狗}) = \dfrac{e^1}{e^0 + e^3 + e^1 + e^1} = 0.1025$

這些結果表明，神經網路強烈認為該圖像對應於一隻鳥。

超參數

與大多數機器學習算法一樣，神經網路使用許多超參數（hyperparameters），我們可以對其進行微調以使其更好地工作。這些超參數決定了我們如何進行訓練，也就是我們希望這個過程持續多長時間、以什麼速度以及我們如何選擇將資料輸入模型。一些神經網路中最重要的超參數如下：

- **學習率 η（Learning rate）**：我們在訓練期間使用的步數長度大小
- **epoch 數量**：我們用於訓練的步數
- **批量、小批與隨機梯度下降**：一次有多少點進入訓練過程；換句話說，我們是一個一個地輸入點、分批輸入、還是同時輸入？
- **架構（Architecture:）**：
  - 神經網路中的層數
  - 每層的節點數
  - 每個節點中使用的激勵函數
- **正規化參數**：
  - L1 或 L2 正規化
  - 正規化項 λ
- **Dropout 機率 p**

我們調整這些超參數的方式與我們為其他算法調整它們的方式相同，使用像是網格搜尋之類的方法。在第 13 章中，我們將透過一個真實的例子詳細說明這些方法。

在 Keras 中編寫神經網路

現在我們已經學到了神經網路背後的理論，是時候將它們付諸實踐了！已經有許多很棒的套件都是為了神經網路編寫的，例如 Keras、TensorFlow 和 PyTorch，這三個都很強大。在本章中，我們將使用 Keras，因為它很簡單。我們將為兩個不同的資料集建構兩個神經網路。第一個資料集包含具有兩個特徵的點，標籤 0 和 1。資料集是二維的，所以我們將能夠看看模型建立的非線性邊界。第二個資料集是圖像辨識中常用的資料集，稱為 MNIST（Modified National Institute of Standards and Technology）資料集。MNIST 資料集包含手寫數字，我們可以使用神經網路對其進行分類。

二維圖形案例

在本節中，我們將在 Keras 中對圖 10.20 所示的資料集上訓練一個神經網路。資料集包含兩個標籤：0 和 1。標籤為 0 的點繪製為正方形，標籤為 1 的點繪製為三角

形。請注意，標籤為 1 的點大部分位於中心，而標籤為 0 的點位於兩側。對於這種類型的資料集，我們需要一個具有非線性邊界的分類器，這使其成為神經網路的一個好例子。本節的程式碼如下：

- **Notebook**：Graphical_example.ipynb
  - https://github.com/luisguiserrano/manning/blob/master/Chapter_10_Neural_Networks/Graphical_example.ipynb
- **資料集**：one_circle.csv

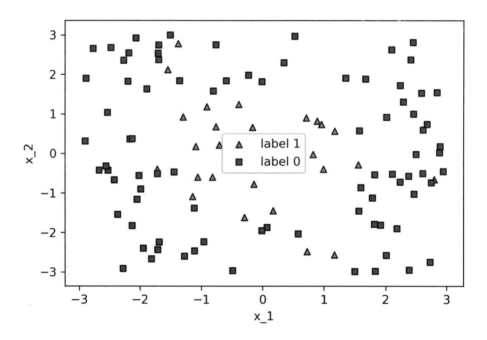

圖 10.20　神經網路非常適合不可以線性分離的資料集。為了測試這一點，我們將在這個圓形資料集上訓練一個神經網路。

在我們訓練模型之前，讓我們看一下資料中一些隨機的列。輸入將稱為 x，具有特徵 x_1 和 x_2，輸出將稱為 y。表 10.3 有一些樣本資料點，資料集共有 110 列。

表 10.3 共有 110 列，2 個特徵，標籤為 0 和 1 的資料集。

x_1	x_2	y
-0.759416	2.753240	0
-1.885278	1.629527	0
...	...	...
0.729767	-2.479655	1
-1.715920	-0.393404	1

在我們建構和訓練神經網路之前，我們必須進行一些資料前處理。

對我們的資料進行分類：將非二元特徵轉換為二元特徵

在這個資料集中，輸出是一個介於 0 和 1 之間的數字，但它代表兩個類別。在 Keras 中，建議對這種類型的輸出進行分類。這僅僅代表標籤為 0 的點現在將有標籤 [1,0]，而標籤為 1 的點現在將有標籤 [0,1]。我們使用 to_categorical 函式執行此操作，如下所示：

```
from tensorflow.keras.utils import to_categorical
categorized_y = np.array(to_categorical(y, 2))
```

新標籤稱為 categorized_y。

神經網路的架構

在本節中，我們為該資料集建構神經網路的架構。決定使用哪種架構並不是一門精確的科學，但通常建議使用大一點而不是小一點的架構。對於這個資料集，我們將使用以下具有兩個隱藏層的架構（圖 10.21）：

- 輸入層
  - 大小：2
- 第一個隱藏層
  - 大小：128
  - 激勵函數：ReLU

- 第二個隱藏層
  - 大小：64
  - 激勵函數：ReLU
- 輸出層
  - 大小：2
  - 激勵函數：softmax

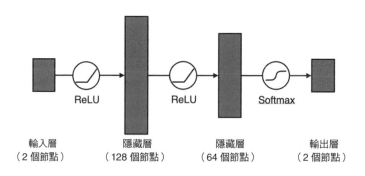

圖 10.21 　我們將用於對資料集進行分類的架構。它包含兩個隱藏層：一個有 128 個節點，另一個有 64 個節點。它們之間的激勵函數是一個 ReLU，最終的激勵函數是一個 softmax。

此外，我們將在隱藏層之間添加 Dropout 層，Dropout 機率為 0.2，以防止過度配適。

在 Keras 中建構模型

在 Keras 中建構神經網路只需要幾行程式碼。首先我們導入必要的套件和函式如下：

```
from tensorflow.keras.models import Sequential
from tensorflow.keras.layers import Dense, Dropout, Activation
```

現在，繼續使用我們在上一節中定義的架構來定義模型。首先，我們使用以下程式碼定義模型：

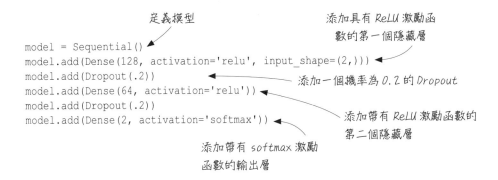

定義模型

```
model = Sequential()
model.add(Dense(128, activation='relu', input_shape=(2,)))
model.add(Dropout(.2))
model.add(Dense(64, activation='relu'))
model.add(Dropout(.2))
model.add(Dense(2, activation='softmax'))
```

添加具有 ReLU 激勵函數的第一個隱藏層

添加一個機率為 0.2 的 Dropout

添加帶有 ReLU 激勵函數的第二個隱藏層

添加帶有 softmax 激勵函數的輸出層

定義模型後，我們可以編譯它，如下所示：

```
model.compile(loss = 'categorical_crossentropy', optimizer='adam',
    metrics=['accuracy'])
```

compile 函式中的參數如下：

- loss = 'categorical_crossentropy'：這是損失函數，我們將其定義為對數損失。因為我們的標籤不止一欄，所以我們需要使用多變量版本的對數損失函數，稱為分類交叉熵（*categorical cross-entropy*）。

- optimizer = 'adam'：像 Keras 這樣的套件有許多內建技巧，可以幫助我們以最佳方式訓練模型。在我們的訓練中添加最佳化器一直都是一個好方法。其中最好的一些是 Adam、SGD、RMSProp 和 AdaGrad。嘗試與其他最佳化器進行相同的訓練，看看它們是如何做的。

- metrics = ['accuracy']：隨著訓練的進行，我們得到關於模型在每個時期表現的報告。這個標誌允許我們定義我們希望在訓練期間看到的指標，對於這個例子，我們選擇了準確率。

當我們運行程式碼時，我們得到了架構和參數數量的匯總，如下：

```
Model: "sequential"

Layer (type)                Output Shape              Param #
=================================================================
dense (Dense)               (None, 128)               384

dropout (Dropout)           (None, 128)               0

dense_1 (Dense)             (None, 64)                8256

dropout_1 (Dropout)         (None, 64)                0

dense_2 (Dense)             (None, 2)                 130
=================================================================
Total params: 8,770
Trainable params: 8,770
Non-trainable params: 0
```

前面的輸出中每一列都是一個層（出於描述的目的，我們把 Dropout 層視為單獨的層）。欄對應於層的類型、形狀（節點數），以及參數的數量，就是權重的數量加上偏差的數量。這個模型共有 8,770 個可訓練參數。

訓練模型

對於訓練，一行簡單的程式碼就足夠了，如下所示：

```
model.fit(x, categorized_y, epochs=100, batch_size=10)
```

我們檢查一下這個 fit 函式的每個輸入。

- x 和 categorized_y：分別是特徵和標籤。
- epochs：我們在整個資料集上運行反向傳播的次數。在這裡，我們進行了 100 次。
- batch_size：我們用來訓練模型的批量長度。這裡我們以 10 個為一組將資料引入模型。對於像這樣的小資料集，我們不需要批量輸入，但在這個案例中，我們這樣做是為了展示它。

隨著模型的訓練，它會在每個 epoch 輸出一些資訊，即損失（誤差函數）和準確率。相較之下，接下來請注意第一個 epoch 如何具有高損失和低準確率，而最後一個 epoch 在兩個指標上都有更好的結果：

```
Epoch 1/100
11/11 [==============================] - 0s 2ms/step - loss: 0.5473 -
      accuracy: 0.7182
...
Epoch 100/100
11/11 [==============================] - 0s 2ms/step - loss: 0.2110 -
      accuracy: 0.9000
```

模型在訓練上的最終準確率為 0.9。這很好，但請記住，必須在測試集中計算準確率。我不會在這裡做，但嘗試將資料集分成訓練集和測試集，然後重新訓練這個神經網路，看看你獲得了什麼樣的測試準確率。圖 10.22 顯示了神經網路的邊界圖。

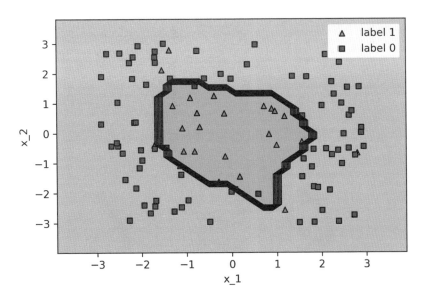

圖 10.22 我們訓練的神經網路分類器的邊界。請注意，它正確分類了大多數點，但有一些例外。

請注意，該模型成功地對資料進行了很好的分類，將三角形包圍起來，將正方形留在外面。由於資料噪聲，它犯了一些錯誤，但這沒關係。被操縱的邊界暗示了小幅度的過度配適，但總的來說它似乎是一個很好的模型。

訓練用於圖像辨識的神經網路

在本節中，我們將學習如何訓練神經網路用於圖像辨識。我們使用的資料集是 MNIST，這是一個熱門的圖像辨識資料集，它包含 0 到 9 的 70,000 個手寫數字。每個圖像的標籤是對應的數字。每個灰度圖像都是一個 28×28 的矩陣，由 0 到 255 之間的數字組成，其中 0 代表白色，255 代表黑色，中間的任何數字代表一種灰色。本節的程式碼如下：

- **Notebook**：Image_recognition.ipynb
  - https://github.com/luisguiserrano/manning/blob/master/Chapter_10_Neural_Networks/Image_recognition.ipynb
- **資料集**：MNIST（預裝 Keras）

載入資料

該資料集預載入在 Keras 中，因此很容易將其載入到 NumPy 陣列中。事實上，它已經被分成大小分別為 60,000 和 10,000 的訓練集和測試集。以下程式碼會將它們載入到 NumPy 陣列中：

```
from tensorflow import keras
(x_train, y_train), (x_test, y_test) = keras.datasets.mnist.load_data()
```

在圖 10.23 中，你可以看到資料集中的前五張圖像及其標籤。

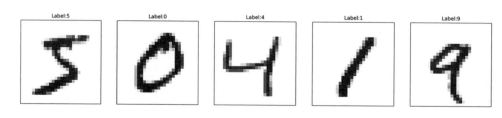

圖 10.23 MNIST 中手寫數字及其標籤的一些範例。

前處理資料

神經網路是接收向量而不是矩陣作為輸入，因此我們必須將每個 28×28 圖像轉換為長度為 $28^2 = 784$ 的長向量。我們可以為此使用 reshape 函式，如下所示：

```
x_train_reshaped = x_train.reshape(-1, 28*28)
x_test_reshaped = x_test.reshape(-1, 28*28)
```

與前面的例子相同，我們還必須對標籤進行分類。因為標籤是一個 0 到 9 之間的數字，所以我們必須把它變成一個長度為 10 的向量，其中標籤對應的條目是 1，其餘的都是 0。我們可以透過以下程式碼來做到這一點：

```
y_train_cat = to_categorical(y_train, 10)
y_test_cat = to_categorical(y_test, 10)
```

這個過程如圖 10.24 所示。

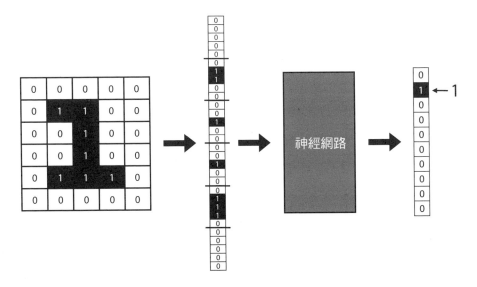

圖 10.24　在訓練神經網路之前，我們按以下方式前處理圖像和標籤。我們透過將矩形圖像連接起來，形成一個長向量，然後，我們將每個標籤轉換為長度 10 的向量，在相對應標籤的位置只有一個非零的條目。

建構和訓練模型

我們可以使用與之前模型相同的架構，因為輸入現在的大小為 784，只需稍作改動。在接下來的程式碼中，我們定義模型及其架構：

```
model = Sequential()
model.add(Dense(128, activation='relu', input_shape=(28*28,)))
model.add(Dropout(.2))
model.add(Dense(64, activation='relu'))
model.add(Dropout(.2))
model.add(Dense(10, activation='softmax'))
```

現在我們編譯和訓練模型 10 個 epoch，批量大小為 10，如下所示。該模型有 109,386 個可訓練參數，因此在你的電腦上訓練 10 個 epoch 可能需要幾分鐘時間。

```
model.compile(loss = 'categorical_crossentropy', optimizer='adam',
    metrics=['accuracy'])
model.fit(x_train_reshaped, y_train_cat, epochs=10, batch_size=10)
```

查看輸出，我們可以看到模型的訓練準確率為 0.9164，這很好，但讓我們評估測試準確率以確保模型沒有過度配適。

評估模型

我們可以透過在測試資料集中進行預測，並將它們與標籤進行比較來評估測試集中的準確率。神經網路輸出長度為 10 的向量及其分配給每個標籤的機率，因此我們可以透過查看該向量中最大值的條目來獲得預測，如下所示：

```
predictions_vector = model.predict(x_test_reshaped)
predictions = [np.argmax(pred) for pred in predictions_vector]
```

當我們將這些與標籤進行比較時，我們得到了 0.942 的測試準確率，這非常好。我們可以使用更複雜的架構來做得比這更好，例如卷積神經網路（convolutional neural networks）（在下一節中查看更多內容），但我們很高興，透過使用小型的全連接神經網路，我們可以在圖像辨識問題上做得很好。

現在讓我們看一些預測。在圖 10.25 中，我們可以看到一個正確的（左）和一個不正確的（右）。請注意，不正確的是數字 3 寫得不好的圖像，它看起來也有點像 8。

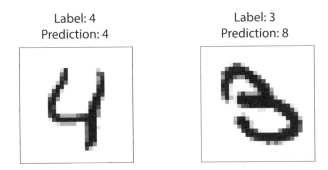

Label: 4
Prediction: 4

Label: 3
Prediction: 8

圖 10.25 左：被神經網路正確分類的 4 的圖像。右：被錯誤分類為 8 的 3 的圖像。

透過這個練習，我們可以看到，在 Keras 中只需幾行程式碼，就能訓練出這麼大的神經網路，這個過程很簡單！當然，這裡還有很多事情可以做。你可以透過 notebook 來進行練習，向神經網路添加更多層，更改超參數，看看你可以將這個模型的測試準確率提高到多高！

用於迴歸的神經網路

在本章中，我們已經看到了如何使用神經網路作為分類模型，但神經網路與迴歸模型一樣有用。幸運的是，我們只需要對分類神經網路進行兩個小調整，就可以得到迴歸神經網路。第一個調整是將最終的 sigmoid 函數從神經網路中移除。這個函數的作用是把輸入變成 0 和 1 之間的數字，所以如果我們移除它，神經網路就能回傳任意數字。第二個調整是將誤差函數更改為絕對誤差或均方誤差，因為這些是與迴歸相關的誤差函數。其他一切包括訓練過程都將保持不變。

舉一個例子，讓我們看一下「感知器的圖形表示」一節中圖 10.7 中的感知器。該感知器做出預測 $\hat{y} = \sigma(3x_1 - 2x_2 + 4x_3 + 2)$，如果我們移除 sigmoid 激勵函數，新的感知器會做出預測 $\hat{y} = 3x_1 - 2x_2 + 4x_3 + 2$。這個感知器如圖 10.26 所示。請注意，這個感知器代表一個線性迴歸模型。

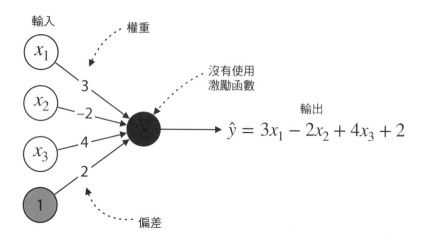

圖 10.26　如果我們從感知器中移除激勵函數，我們便將分類模型轉變為線性迴歸模型。線性迴歸模型可以預測任何數值，而不僅僅是 0 和 1 之間的數值。

為了說明這個過程，我們在一個熟悉的 Hyderabad 的房價資料集上訓練 Keras 中的神經網路。回想一下，在第 3 章的「實際應用：使用 Turi Create 預測印度房價」一節中，我們訓練了一個線性迴歸模型來配適這個資料集。本節的程式碼如下：

- **Notebook**：House_price_predictions_neural_network.ipynb
  - https://github.com/luisguiserrano/manning/blob/master/Chapter_10_ Neural_Networks/House_price_predictions_neural_network.ipynb

- **資料集**：Hyderabad.csv

你可以在 notebook 中找到載入資料集、並將資料集分割為特徵和標籤的詳細資訊。我們將使用的神經網路架構如下：

- 大小為 38 的輸入層（資料集中的欄位數）
- 大小為 128 的隱藏層，具有 ReLU 激勵函數和 0.2 的 Dropout 參數
- 大小為 64 的隱藏層，具有 ReLU 激勵函數和 0.2 的 Dropout 參數
- 大小為 1 的輸出層，沒有激勵函數

```
model = Sequential()
model.add(Dense(38, activation='relu', input_shape=(38,)))
model.add(Dropout(.2))
```

```
model.add(Dense(128, activation='relu'))
model.add(Dropout(.2))
model.add(Dense(64, activation='relu'))
model.add(Dropout(.2))
model.add(Dense(1))
```

為了訓練神經網路，我們使用均方誤差函數和 Adam optimizer。我們將以 10 的批量大小來訓練 10 個 epoch，如下所示：

```
model.compile(loss = 'mean_squared_error', optimizer='adam')
model.fit(features, labels, epochs=10, batch_size=10)
```

這個神經網路在訓練資料集中報告的均方根誤差為 5,535,425。你可以透過添加一個測試集進一步研究此模型，並調整架構，看看你可以改進多少！

用於更複雜資料集的其他架構

神經網路在許多應用中都很有用，也許比目前任何其他機器學習算法更為有用。神經網路最重要的品質之一是它們的多功能性。我們可以用非常有趣的方式修改架構，以更好地配適我們的資料並解決我們的問題。要了解有關這些架構的更多資訊，請查看 Andrew Trask（Manning，2019 年）的 *Grokking Deep Learning*，以及附錄 C 或 https://serrano.academy/neural-networks/ 中提供的影片。

神經網路如何看：卷積神經網路（CNN）

正如我們在本章中所了解的，神經網路非常適合處理圖像，我們可以在許多應用中使用它們，例如：

- **圖像辨識（Image recognition）**：輸入是圖像，輸出是圖像上的標籤。以下為一些用於圖像辨識的著名資料集：
  - MNIST：28×28 灰度圖像中的手寫數字
  - CIFAR-10：彩色圖像，帶有飛機、汽車等 10 個標籤，32×32 圖像
  - CIFAR-100：與 CIFAR-10 類似，但有 100 個標籤，例如海洋哺乳動物、花卉等

- **語義分割（Semantic segmentation）**：輸入是圖像，輸出不僅是在圖像中所找到事物的標籤，而且是它們在圖像中的位置。通常，神經網路將此位置輸出為圖像中的有界的正方形。

在「訓練用於圖像辨識的神經網路」一節中，我們建構了一個小型的全連接神經網路，它可以很好地分類 MNIST 資料集。然而，對於更複雜的圖像，例如圖片和人臉，像這樣的神經網路無法做得很好，因為將圖像變成長向量會丟掉很多資訊。對於這些複雜的圖像，我們需要不同的架構，這就是卷積神經網路可以幫助我們的地方。

有關神經網路的詳細資訊，請查看附錄 C 中的資源，但這裡簡略說明它們是如何工作的。想像一下，我們有一個要處理的大圖像，我們取一個較小的窗口，比如 5×5 或 7×7 像素，然後在大圖像中滑動。每次我們通過它時，我們都會應用一個稱為卷積（*convolution*）的公式。因此，我們最後以一個稍小的過濾圖像，它在某種程度上總結了前一個卷積層的情況。卷積神經網路是由幾個這樣的卷積層組成，接著是一些完全連接的層。

當提到複雜的圖像時，我們通常不會從頭開始訓練神經網路，而是從一種稱為**遷移式學習**（*transfer learning*）的有用技術包括從預訓練的網路開始，並使用我們的資料來調整它的一些參數（通常是最後一層）。這種技術往往運行良好且計算成本低。諸如 InceptionV3、ImageNet、ResNet、VGG 等網路，都經過了計算能力大的公司和研究團隊的訓練，所以強烈建議我們使用它們。

神經網路如何說話：循環神經網路（RNN）、閘控遞迴單元（GRU）和長短期記憶網路（LSTM）

神經網路最引人入勝的應用之一，是我們可以讓它們與我們交談或理解我們所說的內容。這包括聽我們所說的或閱讀我們所寫的內容，然後分析它，並能夠做出回應或採取行動。電腦理解和處理語言的能力稱為**自然語言處理**（*natural language processing*）。神經網路在自然語言處理方面取得了很大的成功。本章開頭的情感分析案例是自然語言處理的一部分，因為它需要理解句子並確定它們是否具有正面或負面的情緒。可想而知，其實還有更多尖端的應用存在，例如：

- **機器翻譯（Machine translation）**：將各種語言的句子翻譯成其他語言。
- **語音識別（Speech recognition）**：解碼人類的聲音並將其轉化為文字。
- **文字摘要（Text summarization）**：將大文字摘要成幾段。
- **聊天機器人（Chatbots）**：可以與人類交談並回答問題的系統。這尚未完善，但在特定主題中運行有用的聊天機器人，例如用戶支援。

處理文字最有用的架構是循環神經網路（recurrent neural networks），其中一些更高級的版本稱為長短期記憶網路（LSTM，long short-term memory networks）和閘控遞迴單元（GRU，gated recurrent units）。為了了解它們是什麼，想像一個神經網路，其中輸出作為輸入的一部分插回網路中。這樣，神經網路就有了記憶，如果訓練得當，這種記憶可以幫助它們對文字中的主題進行理解。

神經網路如何繪畫：生成對抗網路（GAN）

神經網路最引人入勝的應用之一是生成。到目前為止，神經網路（以及本書中的大多數其他 ML 模型）在預測性機器學習方面表現很好，即能夠回答像是「那是多少錢？」或「這是貓還是狗？」之類的問題。近年來，在一個被稱為生成機器學習（generative machine learning）的迷人領域取得了許多進展。生成機器學習是機器學習的一個領域，它教電腦如何創造事物，而不是簡單地回答問題。繪畫、作曲或寫故事等行為代表了對世界更高層次的理解。

毫無疑問，過去幾年最重要的進步之一是生成對抗網路（GAN，generative adversarial networks）的發展。生成對抗網路在圖像生成方面展現了令人著迷的結果。GAN 由兩個相互競爭的網路組成，生成器和鑑別器。生成器嘗試生成看起來真實的圖像，而鑑別器嘗試區分真實圖像和假圖像。在訓練過程中，我們向鑑別器提供真實圖像，及由生成器產生的假圖像。當應用於人臉資料集時，此過程產生的生成器生成一些非常真實的臉孔。事實上，它們看起來如此真實，以致於人類通常很難將它們區分開來。你可以用 GAN 來測試一下自己──www.whichfaceisreal.com。

總結

- 神經網路是用於分類和迴歸的強大模型。神經網路由一組分層組織的感知器組成，其中一層的輸出用作下一層的輸入。它們的複雜度使它們能夠在其他機器學習模型難以實現的應用中取得巨大成功。

- 神經網路在許多領域都有尖端應用，包括圖像辨識和文字處理。

- 神經網路的基本建構組塊是感知器。感知器接收多個值作為輸入，並透過將輸入乘以權重、添加偏差和應用激勵函數來輸出一個值。

- 熱門的激勵函數包括 sigmoid、雙曲正切、softmax 和修正線性單元（ReLU）。它們用於神經網路中的層之間以打破線性，並幫助我們建立更複雜的邊界。

- sigmoid 函數是一個簡單的函數，它將任何實數發送到 0 和 1 之間的區間。雙曲正切也類似，只是輸出是 –1 和 1 之間的區間。他們的目標是將我們的輸入壓縮到一個小區間，以便我們的答案可以被解釋為一個類別。它們主要用於神經網路中的最終（輸出）層。由於它們的導數是平坦的，可能會導致梯度消失的問題。

- ReLU 函數將負數發送給 0，並將非負數發送給自己。它在減少梯度消失問題方面取得了巨大成功，因此它在訓練神經網路中的應用比 sigmoid 函數或雙曲正切函數更多。

- 神經網路具有非常複雜的結構，這使得它們難以訓練。我們用來訓練它們的過程稱為反向傳播，已經顯示出巨大的成功。反向傳播包括取損失函數的導數，並找到所有關於模型所有權重的偏導數，然後我們使用這些導數迭代地更新模型的權重，以提高其效能。

- 神經網路容易出現過度配適和其他問題，例如梯度消失，但我們可以使用正規化和 Dropout 等技術來幫助減少這些問題。

- 我們有一些有用的套件來訓練神經網路，例如 Keras、TensorFlow 和 PyTorch。這些套件讓我們很容易訓練神經網路，因為我們只需要定義模型的架構和誤差函數，它們會負責訓練。此外，它們有許多我們可以利用的內建尖端最佳化器（optimizers）。

練習

練習 10.1

下圖顯示了一個神經網路，其中所有激勵函數都是 sigmoid 函數。

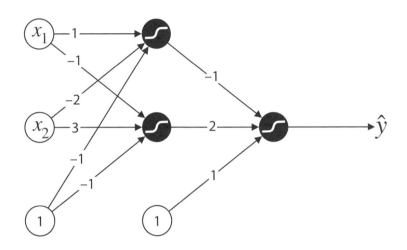

這個神經網路會為輸入（1, 1）預測什麼？

練習 10.2

正如我們在練習 5.3 中了解到的，建構一個模仿 XOR 閘的感知器是不可能的。換句話說，不可能用感知器配適以下資料集並獲得 100% 的準確率：

x_1	x_2	y
0	0	0
0	1	1
1	0	1
1	1	0

這是因為資料集不是可以線性分離的（linearly separable）。請使用深度為 2 的神經網路，建構一個模仿前面顯示的 XOR 閘的感知器。請使用 step 函數而非 sigmoid 函數作為激勵函數，並獲得離散輸出。

提示　使用訓練方法很難做到這一點；相反地，嘗試目測權重，並嘗試（或線上搜尋如何）使用 AND、OR 和 NOT 閘建構 XOR 閘，並使用練習 5.3 的結果來幫助你。

練習 10.3

在「神經網路的圖形表示」一節的最後，我們看到圖 10.13 中具有激勵函數的神經網路不適合表 10.1 中的資料集，因為點 (1, 1) 被錯誤分類。

a. 驗證情況是否如此。

b. 更改權重，以便神經網路正確分類每個點。

用風格尋找邊界：
支援向量機和核方法 | 11

本章包含

- 什麼是支援向量機

- 對於資料集，哪個線性分類器具有最佳邊界

- 使用核方法建構非線性分類器

- 在 Scikit-Learn 中編寫支援向量機及核方法

在嘗試分離雞資料集時，專家推薦使用核方法。

在本章中，我們將討論一個強大的分類模型，稱為**支援向量機**（*support vector machine*，SVM）。SVM 類似於感知器，因為它用一個線性邊界將資料集分成兩個類別。然而，SVM 的目標在找到盡可能遠離資料集中點的線性邊界。我們還會介紹核方法，它在與 SVM 結合使用時非常有用，它可以使用高度非線性邊界對資料集進行分類。

在第 5 章中，我們要學習線性分類器或感知器。對於二維資料，它們由一條線定義，該直線將具有兩個標籤點組成的資料集分開。然而，我們可能已經注意到，許多不同的線可以分隔一個資料集，這就提出了以下問題：我們如何知道哪條線最好？在圖 11.1 中，我們可以看到三個不同的線性分類器將這個資料集分開。你更喜歡哪一個，1、2 或 3 號分類器？

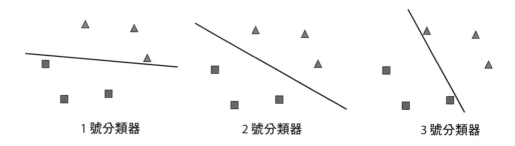

圖 **11.1**　正確分類我們的資料集的三個分類器。我們應該更喜歡哪一個，1、2 或 3 號分類器？

如果你說 2 號分類器，我們同意。所有這條線都很好地分隔了資料集，但第二條線放置得更好。第一條線和第三條線非常接近某些點，而第二條線遠離所有點。如果我們稍微擺動一下這三條線，第一條和第三條線可能會超過一些點，在此過程中對其中一些點進行錯誤分類，而第二條線仍然會正確分類它們。因此，2 號分類器比 1 號和 3 號分類器更穩健。

這就是支援向量機發揮作用的地方。SVM 分類器使用的是兩條平行線而不是一條線。SVM 的目標是雙重的；它試圖正確分類資料，並嘗試盡可能多地拉開線的空間。在圖 11.2 中，我們可以看到三個分類器的兩條平行線，以及它們的中間線作為參考。2 號分類器中的兩條外部線（虛線）相距最遠，這使得該分類器成為最佳分類器。

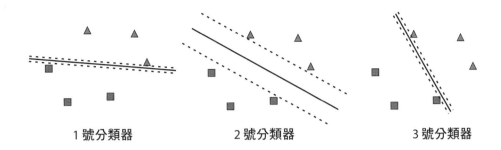

圖 **11.2** 我們將分類器繪製為兩條平行線，彼此盡可能遠離。我們可以看到 2 號分類器是平行線彼此相距最遠的分類器，這代表 2 號分類器中的中間線是位於兩點之間的最佳線。

我們可能希望將 SVM 視覺化為中間的一條線，它試圖盡可能遠離這些點。我們也可以把它想像成兩條外部平行線盡量遠離彼此。在本章中，我們將在不同的時間使用這兩種視覺化，因為它們中的每一個在某些情況下都很有用。

我們如何建構這樣的分類器？我們可以用與先前類似的方式來做這件事，只是誤差函數和迭代步驟略有不同。

> **註記** 在本章中，所有的分類器都是離散的，換句話說，它們的輸出是 0 或 1。有時它們由它們的預測 $\hat{y} = step(f(x))$ 來描述，有時它們由它們的邊界方程式 $f(x) = 0$ 來描述，也就是試圖將我們的資料點分成兩個類別的函數圖。例如，做出預測 $\hat{y} = step(3x_1 + 4x_2 - 1)$ 的感知器有時只能用線性方程式 $3x_1 + 4x_2 - 1 = 0$ 來描述。對於本章中的一些分類器，尤其是「用非線性邊界訓練 SVM：核方法」一節，邊界方程式不一定是線性函數。

在本章中，我們主要在一維和二維資料集（線上或平面上的點）上看到這一理論。然而，支援向量機在更高維度的資料集中一樣有效。一維的線性邊界是點，二維的線性邊界是線；同樣，三個維度中的線性邊界是平面，而在更高維度中，它們是比點所在空間小一維的超平面。在每種情況下，我們都試圖找到離這些點最遠的邊界。在圖 11.3 中，你可以看到一維、二維和三維邊界的案例。

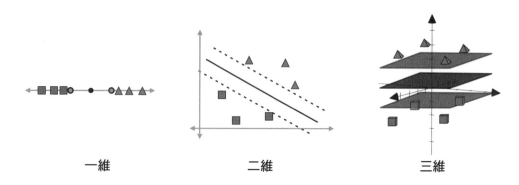

一維　　　　　　　　　二維　　　　　　　　　三維

圖 11.3　一維、二維和三維資料集的線性邊界。在一維中，邊界由兩個點構成，在二維中由兩條線構成，在三維中由兩個平面構成。在每種情況下，我們都盡量將這兩者分開。為清楚起見，圖中顯示了中間邊界（點、線或平面）。

本章的所有程式碼都在這個 GitHub 儲存庫中：https://github.com/luisguiserrano/manning/tree/master/Chapter_11_Support_Vector_Machines。

使用新的誤差函數來建構更好的分類器

正如機器學習模型中很常見的，SVM 是使用誤差函數定義的。在本節中，我們看到了 SVM 的誤差函數，它非常特別，因為它試圖同時最大化兩件事：點的分類及線之間的距離。

為了訓練 SVM，我們需要為一個由兩條線組成的分類器來建構一個誤差函數，這兩條線要盡可能分開。當我們想到建構一個誤差函數時，我們應該總是問自己：「我們希望模型實現什麼？」。以下是我們想要實現的兩件事：

- 兩條線中的每一條都應盡可能對點進行分類。
- 兩條線應盡可能遠離彼此。

誤差函數應該懲罰任何不能實現這些目標的模型。我們的 SVM 誤差函數應該是兩個誤差函數的總和，因為我們想要兩件事情：第一個是懲罰錯誤分類的點，第二個是懲罰彼此太近的線。因此，我們的誤差函數可以如下所示：

誤差 = 分類誤差 + 距離誤差

在接下來的兩節中，我們將分別發展這兩個術語。

分類誤差函數：試圖對點進行正確分類

在本節中，我們學習分類誤差函數，這是誤差函數中推動分類器正確分類點的部分。簡而言之，這個誤差的計算方式如下。因為分類器由兩條線組成，我們將它們視為兩個獨立的離散感知器（第 5 章），然後，我們將這個分類器的總誤差計算為兩個感知器誤差的總和（第 5 章中的「如何比較分類器？誤差函數」一節）。讓我們看一個例子。

SVM 使用兩條平行線，幸運的是，平行線有相似的方程式，並且它們的權重相同，但偏差不同。因此，在我們的 SVM 中，我們使用中心線作為參考線 L，方程式 $w_1x_1 + w_2x_2 + b = 0$，並構造兩條線，一條在其上方，一條在其下方，分別為以下方程式：

- L+：$w_1x_1 + w_2x_2 + b = 1$
- L−：$w_1x_1 + w_2x_2 + b = -1$

舉例說明，圖 11.4 顯示了三條平行線 L、L+ 和 L−，其方程式如下：

- L：$2x_1 + 3x_2 - 6 = 0$
- L+：$2x_1 + 3x_2 - 6 = 1$
- L−：$2x_1 + 3x_2 - 6 = -1$

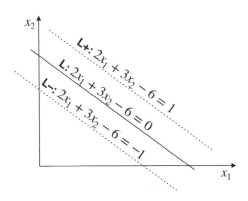

圖 11.4　我們的主線 L 是中間的那一條。我們透過稍微改變 L 的方程式來建構兩條平行的等距線 L+ 和 L−。

我們的分類器現在由 L+ 和 L− 行組成。我們可以將 L+ 和 L− 視為兩個獨立的感知器分類器，它們中的每一個都有相同目標，就是要將點正確分類。每個分類器都有自己的感知器誤差函數，因此分類函數定義為這兩個誤差函數的總和，如圖 11.5 所示。

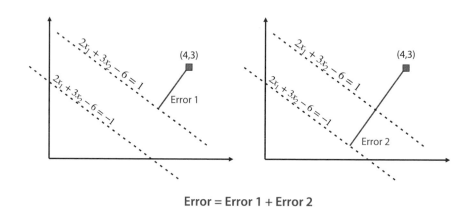

Error = Error 1 + Error 2

圖 11.5　現在我們的分類器由兩條線組成，一個被錯誤分類的點之誤差是相對於兩條線測量的，然後我們將這兩個錯誤相加得到分類誤差。請注意，如圖所示，誤差不是與邊界垂直的線段長度，而是與其成正比。

請注意，在 SVM 中，**兩條線都必須很好地對點進行分類**。因此，位於兩條線之間的點總是被其中一條線錯誤分類，因此它不能算作 SVM 正確分類的點。

回想一下第 5 章的「如何比較分類器？誤差函數」一節，在點 (p, q) 處預測 $\hat{y} = step(w_1 x_1 + w_2 x_2 + b)$ 的離散感知器的誤差函數如下：

- 如果該點被正確分類，則為 0
- 如果該點被錯誤分類，則為 $|w_1 x_1 + w_2 x_2 + b|$

例如，考慮標籤為 0 的點 (4,3)。這個點被圖 11.5 中的兩個感知器錯誤地分類。請注意，兩個感知器給出以下預測：

- L+：$\hat{y} = step(2x_1 + 3x_2 - 7)$
- L−：$\hat{y} = step(2x_1 + 3x_2 - 5)$

因此，它對該 SVM 的分類誤差為：

$$|2 \cdot 4 + 3 \cdot 3 - 7| + |2 \cdot 4 + 3 \cdot 3 - 5| = 10 + 12 = 22$$

距離誤差函數：盡量將我們的兩條線分開

現在我們已經建立了一個測量分類錯誤的誤差函數，我們需要建構一個函數來觀察兩條線之間的距離，並在這個距離很小的時候發出警報。在本節中，我們將討論一個非常簡單的誤差函數，當兩條線靠近時它就會變大，而當它們遠離時它就會變小。

這個誤差函數稱為**距離誤差函數**（*distance error function*），我們之前已經見過，它是我們在第 4 章「修改誤差函數來解決我們的問題」一節中學到的正規化項。更具體地說，如果我們線的方程式 $w_1x_1 + w_2x_2 + b = 1$ 和 $w_1x_1 + w_2x_2 + b = -1$，那麼誤差函數是 $w_1^2 + w_2^2$。為什麼呢？我們將利用以下事實具體說明：兩條線之間的垂直距離正好是 $\dfrac{2}{\sqrt{w_1^2 + w_2^2}}$，如圖 11.6 所示。如果你想計算出這個距離計算的細節，請查看本章最後面的練習 11.1。

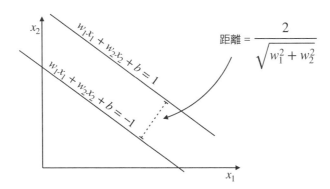

圖 11.6 兩條平行線之間的距離可以根據直線的方程式計算出來。

知道了這一點之後，請注意以下這兩點：

- 當 $w_1^2 + w_2^2$ 很大時，$\dfrac{2}{\sqrt{w_1^2 + w_2^2}}$ 會很小。

- 當 $w_1^2 + w_2^2$ 很小時，$\dfrac{2}{\sqrt{w_1^2 + w_2^2}}$ 會很大。

由於我們希望兩條線盡可能地分開，所以這個項 $w_1^2 + w_2^2$ 是一個很好的誤差函數，因為它為壞分類器（線靠近的那些）和好的分類器（線遠的那些）提供了小的值。

在圖 11.7 中，我們可以看到 SVM 分類器的兩個例子。它們的方程式如下：

- 1 號 SVM：
  - L+：$3x_1 + 4x_2 + 5 = 1$
  - L-：$3x_1 + 4x_2 + 5 = -1$
- 2 號 SVM：
  - L+：$30x_1 + 40x_2 + 50 = 1$
  - L-：$30x_1 + 40x_2 + 50 = 1$

它們的距離誤差函數如下所示：

- 1 號 SVM：
  - 距離誤差函數 $= 3^2 + 4^2 = 25$
- 2 號 SVM：
  - 距離誤差函數 $= 30^2 + 40^2 = 2500$

從圖 11.7 中還可以注意到，2 號 SVM 中的線比 1 號 SVM 中的線更近，這使得 1 號 SVM 成為更好的分類器（從距離的角度來看）。1 號 SVM 中線之間的距離為 $\dfrac{2}{\sqrt{3^2 + 4^2}} = 0.4$，而在 2 號 SVM 中是 $\dfrac{2}{\sqrt{30^2 + 40^2}} = 0.04$。

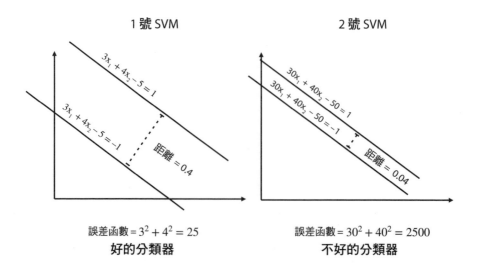

圖 **11.7** 左：兩條線相距 0.4 的 SVM，誤差為 25。右：兩條線相距 0.04 的 SVM，誤差為 2500。請注意，這個比較中，左側的分類器是比右側的要好得多，因為兩條線之間的距離較遠，這導致較小的距離誤差。

將兩個誤差函數相加得到誤差函數

現在我們已經建構了一個分類誤差函數和一個距離誤差函數，讓我們看看如何將它們結合起來建構一個誤差函數，以幫助我們確保我們已經實現兩個目標：很好地分類我們的點並且兩條線彼此離很遠。

為了得到這個誤差函數，我們將分類誤差函數和距離誤差函數相加，得到如下公式：

$$誤差 = 分類誤差 + 距離誤差$$

一個好的 SVM 必須盡量減少這個誤差函數，然後盡量減少錯誤分類，同時盡量保持兩條線之間的距離盡可能離得遠。

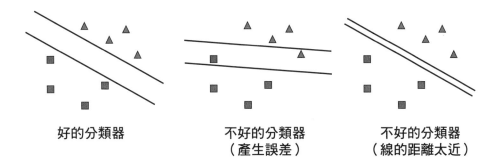

圖 **11.8** 左：一個好的支援向量機，由兩條間隔良好的線組成，可以正確分類所有點。中：錯誤分類兩點的不好支援向量機。右：由兩條靠得太近的線組成的不良的支援向量機。

在圖 11.8 中，我們可以看到同一資料集的三個支援向量機分類器。左側是一個很好的分類器，因為它對資料有很好的分類，而且線條相距很遠，減少了錯誤的可能性。中間的那個會出現一些錯誤（因為上面的線下方有一個三角形，下面的線上方有一個正方形），所以它不是一個好的分類器。右側的那個分類器對點進行了正確的分類，但是線條靠得太近了，所以它也不是一個好的分類器。

我們是否希望我們的支援向量機更多地關注分類或距離？C 參數可以幫助我們

在本節中，我們要學習一種有用的技術來調整和改進我們的模型，其中包括引入 C 參數。C 參數用於我們想要訓練一個更關注分類、而非距離的支援向量機的情況（或者是相反的情形）。

到目前為止，我們要建構一個好的支援向量機分類器，所要做的似乎就是追蹤兩件事。我們希望確保分類器盡可能減少產生錯誤，同時保持線條的距離。但是，如果我們必須為了另一個利益而犧牲其中一個呢？在圖 11.9 中，我們對同一個資料集有兩個分類器。左側的那個產生了一些誤差，但線條相距甚遠；右側的沒有誤差，但是線條太靠近了。我們應該選擇哪一個呢？

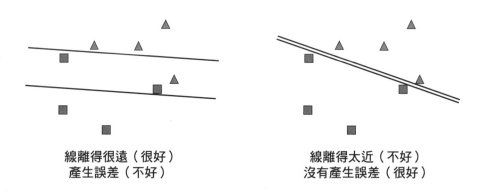

線離得很遠（很好）　　　　　線離得太近（不好）
產生誤差（不好）　　　　　　沒有產生誤差（很好）

圖 11.9　這兩種分類器都有一個優點和一個缺點。左側的線條由間隔良好的線條組成（優點），但它錯誤地分類了一些點（缺點）。右側的線由靠得太近的線組成（缺點），但它正確分類了所有點（優點）。

事實證明，這個問題的答案取決於我們正在解決的問題。有時我們想要一個盡可能減少出錯的分類器，即使線條太近；有時我們想要一個分類器，即使它會產生一些錯誤，也能保持線條分開。我們如何控制這個？我們使用一個稱為 C 參數的參數。我們將誤差公式稍作修改，將分類誤差乘以 C，得到如下公式：

$$誤差公式 = C \cdot （分類誤差） + （距離誤差）$$

如果 C 很大，則誤差公式主要由分類誤差主導，因此我們的分類器更著重於對點進行正確分類。如果 C 很小，那麼公式主要由距離誤差控制，因此我們的分類器更著重於保持線條的距離。

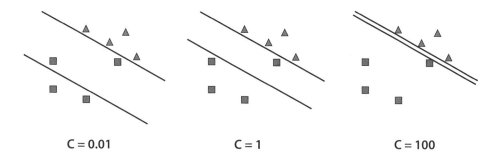

圖 **11.10**　不同的 C 值在兩條線間隔良好的分類器和正確分類點的分類器之間切換。左側的分類器 C 值很小（0.01），線的間距很好，但是會出錯；右側的分類器 C 的值很大（100），它對點進行了正確的分類，但是線條靠得太近了；中間的分類器犯了一個錯誤，但發現兩條線間隔很好。

在圖 11.10 中，我們可以看到三個分類器：一個具有較大的 C 值，可以正確分類所有點；一個具有較小的 C 值，使線保持很遠的距離；另一個 C = 1，它試圖同時做這兩個。在現實生活中，C 是一個超參數，我們可以使用模型複雜度圖（第 4 章中的「決定模型應該多複雜的數值方法」一節），或我們自己對我們正在解決的問題、資料和模型的了解等方法進行調整。

在 Scikit-Learn 中編寫支援向量機

現在我們已經了解支援向量機是什麼，我們準備寫一個 SVM，並使用它來建模一些資料。在 Scikit-Learn 中，編寫一個支援向量機很簡單，這就是我們在本節中要學習的內容。我們還會學習如何在程式碼中使用 C 參數。

編寫一個簡單的支援向量機

我們首先在樣本資料集中編寫一個簡單的支援向量機，然後我們將添加更多參數。這個資料集稱為 linear.csv，其繪圖如圖 11.11 所示。本節的程式碼如下：

- **Notebook**：SVM_graphical_example.ipynb
  - https://github.com/luisguiserrano/manning/blob/master/Chapter_11_Support_Vector_Machines/SVM_graphical_example.ipynb
- **資料集**：linear.csv

我們首先從 Scikit-Learn 中的 svm 套件導入並載入我們的資料，如下所示：

```
from sklearn.svm import SVC
```

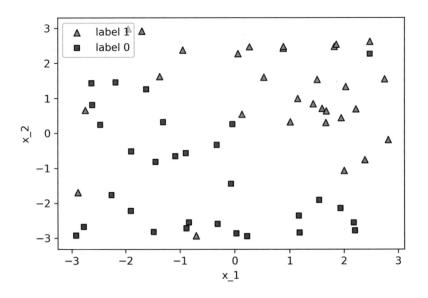

圖 11.11　一個幾乎可以線性分離的資料集，有一些異常值。

然後，如下面程式碼片段所示，我們將資料載入到兩個稱為 features 和 labels 的 Pandas DataFrames 中，然後定義我們的模型，稱為 svm_linear 並對其進行訓練。我們得到的準確率為 0.933，如圖 11.12 所示。

```
svm_linear = SVC(kernel='linear')
svm_linear.fit(features, labels)
```

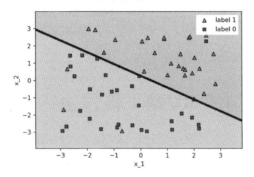

圖 11.12　我們在 Scikit-Learn 中建構的支援向量機分類器的圖由一條線組成，該模型的準確率為 0.933。

C 參數

在 Scikit-Learn 中，我們可以輕鬆地將 C 參數引入模型中。這裡我們訓練和繪製兩個模型，一個非常小的值為 0.01，另一個大的值為 100，如下面的程式碼和圖 11.13 所示：

```
svm_c_001 = SVC(kernel='linear', C=0.01)
svm_c_001.fit(features, labels)

svm_c_100 = SVC(kernel='linear', C=100)
svm_c_100.fit(features, labels)
```

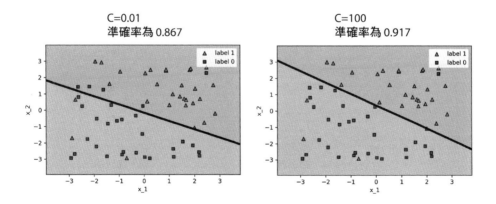

圖 11.13　左側的分類器有一個小的 C 值，它很好地在點之間間隔了線，但它犯了一些錯誤。右側的分類器有一個很大的 C 值，它沒有出錯，儘管這條線離某些點太近了。

我們可以看到，C 值較小的模型並沒有那麼重視對點的正確分類，並且會犯一些錯誤，這在其低準確率（0.867）中很明顯。在這個例子中很難說清楚，但是這個分類器非常強調線盡可能遠離點。相較之下，C 值大的分類器試圖對所有點進行正確分類，這反映在其更高的準確率上。

用非線性邊界訓練 SVM：核方法

正如我們在本書其他章節中看到的那樣，並非每個資料集都是可以線性分離的，很多時候我們需要建構非線性分類器來捕捉資料的複雜度。在本節中，我們研究了一種與支援向量機相關的強大方法，稱為**核方法**（*kernel method*），它可以幫助我們建構高度非線性的分類器。

如果我們有一個資料集，然後我們發現無法用線性分類器將其分開，我們該怎麼辦？有一個想法是對這個資料集添加更多欄位，並希望這更豐富的資料集是可以線性分離的。核方法包括以一種巧妙的方式添加更多欄，在這個新資料集上建構一個線性分類器，然後刪除我們添加的欄，同時保持追蹤（現在是非線性的）分類器。

那是相當艱深拗口，但我們有一個很好的幾何方式來看看這個方法。假設資料集是二維的，這意味著輸入有兩欄。如果我們添加第三欄，現在資料集就是三維的，就像紙上的點突然開始以不同的高度飛入太空一樣。也許如果我們以一種巧妙的方式提高不同高度的點，我們可以用一個平面將它們分開，這就是核方法，如圖 11.14 所示。

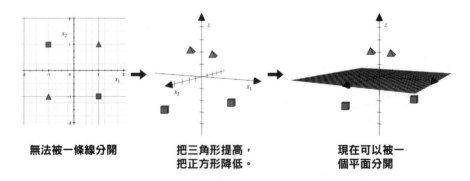

無法被一條線分開　　**把三角形提高，把正方形降低。**　　**現在可以被一個平面分開**

圖 **11.14**　左：這個資料集無法被一條線分開。中：我們從三個維度來看，然後將兩個三角形提高，兩個正方形降低。右：我們的新資料現在可以透過平面分離（來源：在 Golden Software, LLC 的 Grapher™ 的幫助下建立的圖像；https://www.goldensoftware.com/products/grapher）。

內核、特徵圖和算子理論

核方法背後的理論來自稱為*算子理論*（*operator theory*）的數學領域。內核是一個相似的函數，簡而言之，它是一個告訴我們兩個點是相似還是不同（例如，近還是遠）的函數。內核可以產生特徵圖（*feature map*），它是我們的資料集所在的空間和（通常）高維空間之間的一個映射。

要理解分類器，不需要會完整的內核和特徵圖理論。如果你想更深入研究這些內容，請參閱附錄 C 中的資源。出於本章的目的，我們將核方法視為向我們資料集中添加欄以使點可分離的一種方法。例如，圖 11.14 中的資料集有兩欄，x_1 和 x_2，我們添加了第三欄，其值為 $x_1 x_2$。相等地，也可以看成是將平面中的點 (x_1, x_2) 發送到空間中的點 (x_1, x_2, x_1x_2) 的函數。一旦這些點屬於 3 維空間，我們可以使用圖 11.14 右側的平面將它們分開。若要更詳細地研究這個例子，請參閱本章最後面的練習 11.2。

我們在本章中看到的兩個內核及其對應的特徵圖是*多項式內核*（*polynomial kernel*）和*徑向基函數核*（RBF）。這兩種方法都是以不同但非常有效的方式向我們的資料集添加欄。

使用多項式方程式對我們的好處：多項式內核

在本節中，我們將討論多項式內核，這是一個有用的內核，可以幫助我們對非線性資料集進行建模。更具體地說，核方法幫助我們使用多項式方程式對資料進行建模，例如圓、拋物線和雙曲線。接下來，我們將透過兩個案例來說明多項式內核。

案例 1：圓形資料集

對於我們的第一個案例，讓我們嘗試對表 11.1 中的資料集進行分類。

表 11.1　一個小資料集，如圖 11.15 所示。

x_1	x_2	y
0.3	0.3	0
0.2	0.8	0
-0.6	0.4	0
0.6	-0.4	0

x_1	x_2	y
-0.4	-0.3	0
0	-0.8	0
-0.4	1.2	1
0.9	-0.7	1
-1.1	-0.8	1
0.7	0.9	1
-0.9	0.8	1
0.6	-1	1

如圖 11.15 所示，其中標記為 0 的點繪製為正方形，標記為 1 的點繪製為三角形。

當我們查看圖 11.15 時，很明顯一條線無法將正方形與三角形分開；但是，會出現一個圓圈（如圖 11.16 所示）。現在的問題是，如果支援向量機只能畫出線性邊界，那我們該怎麼畫出這個圓呢？

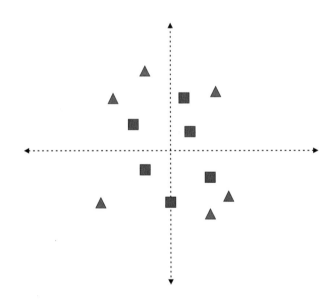

圖 11.15　表 11.1 中的資料集圖。請注意，它不能被一條線分開。因此，這個資料集是核方法的一個很好的候選者。

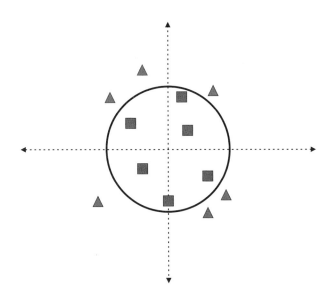

圖 11.16 核方法為我們提供了一個帶有圓形邊界的分類器，可以很好地分離這些點。

為了畫出這個界限，讓我們先思考一下，將正方形與三角形分開的特徵是什麼？從圖中可以看出，三角形離原點的距離似乎比圓的還要遠。測量到原點距離的公式是兩個座標平方和的平方根。如果這些座標是 x_1 和 x_2，那麼這個距離就是 $\sqrt{x_1^2 + x_2^2}$。先讓我們忘記平方根，只考慮 $x_1^2 + x_2^2$。現在讓我們用這個值在表 11.1 中添加一欄，看看會發生什麼事情。結果的資料集如表 11.2 所示。

表 11.2　我們在表 11.1 中又增加了一欄。這個由前兩欄的值之平方和組成。

x_1	x_2	$x_1^2 + x_2^2$	y
0.3	0.3	0.18	0
0.2	0.8	0.68	0
-0.6	0.4	0.52	0
0.6	-0.4	0.52	0
-0.4	-0.3	0.25	0
0	-0.8	0.64	0
-0.4	1.2	1.6	1
0.9	-0.7	1.3	1
-1.1	-0.8	1.85	1
0.7	0.9	1.3	1
-0.9	0.8	1.45	1
0.6	-1	1.36	1

查看表 11.2 之後，我們可以看到這個趨勢。所有標記為 0 的點滿足座標的平方和小於 1；標記為 1 的點滿足這個和大於 1。因此，座標上分隔各點的方程式恰好是 $x_1^2 + x_2^2 = 1$。注意這不是一個線性方程式，因為變數的冪次大於 1；事實上，這正是一個圓的方程式。

想像這種情況的幾何方式如圖 11.17 所示。我們原來的集合生活在平面上，不可能用一條線就把兩個類別分開。但是如果我們將每個點 (x_1, x_2) 提升到高度 $x_1^2 + x_2^2$，這就與將這些點放在方程式 $z = x_1^2 + x_2^2$ 的拋物面上（如圖所示）相同。我們提高每個點的距離恰好是從該點到原點距離的平方。因此，正方形只提高了一些，因為它們靠近原點，而三角形則提高了很多，因為它們離原點較遠。現在正方形和三角形彼此相距很遠，因此，我們可以用高度為 1 的水平面將它們分開，換句話說，就是方程式 $z = 1$ 的平面。最後一步，我們將所有內容投影到平面上。拋物面與平面的交點成為方程式 $x_1^2 + x_2^2 = 1$ 的圓。請注意，這個方程式不是線性的，因為它有二次項。最後，這個分類器做出的預測為 $\hat{y} = step(x_1^2 + x_2^2 - 1)$。

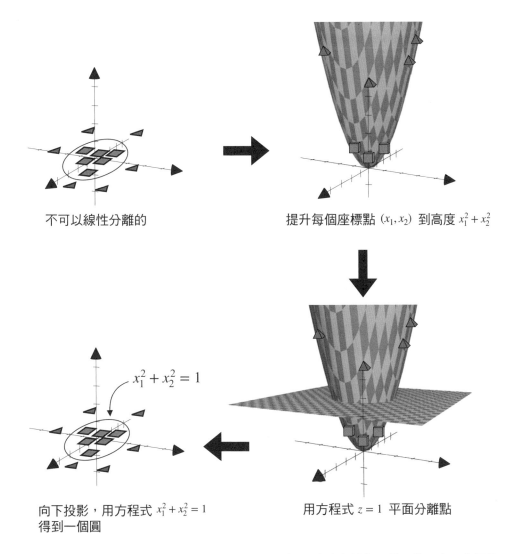

不可以線性分離的

提升每個座標點 (x_1, x_2) 到高度 $x_1^2 + x_2^2$

$x_1^2 + x_2^2 = 1$

向下投影，用方程式 $x_1^2 + x_2^2 = 1$
得到一個圓

用方程式 $z = 1$ 平面分離點

圖 11.17　核方法。第 1 步：我們從一個不可以線性分離的資料集開始。第 2 步：我們將每個點提升一個距離，該距離是其到原點距離的平方，這將建立一個拋物面。第 3 步：現在三角形是高的，而正方形是低的。我們繼續用高度為 1 的平面將它們分開。第 4 步：我們將所有內容向下投影。拋物面和平面的交點形成一個圓，這個圓的投影為我們提供了分類器的圓形邊界（來源：在 Golden Software, LLC 的 Grapher™ 的幫助下建立的圖像；https://www.goldensoftware.com/products/grapher）。

案例 2：修改後的 XOR 資料集

圓並不是我們可以畫的唯一圖形。讓我們考慮一個非常簡單的資料集，如表 11.3 所示並繪製在圖 11.18 中。該資料集與練習 5.3 和練習 10.2 中的 XOR 運算子對應的資料集相似。如果你想用原始的 XOR 資料集解決同樣的問題，你可以在本章最後面的練習 11.2 中完成。

表 11.3　修改後的 XOR 資料集。

x_1	x_2	y
-1	-1	1
-1	1	0
1	-1	0
1	1	1

要查看該資料集不是可以線性分離的，請看圖 11.18。兩個三角形位於一個大正方形的對角上，兩個正方形位於其餘兩個角上。我們不可能畫一條線將三角形與正方形分開，但是，我們可以使用多項式方程式來幫助我們，這次我們將使用這兩個特徵的乘積。讓我們將與產品 $x_1 x_2$ 所對應的欄添加到原始資料集中，其結果如表 11.4 所示。

表 11.4　我們在表 11.3 中增加了一欄，它由前兩欄的乘積組成。請注意，表中最右側的兩欄間存在很強的關係。

x_1	x_2	$x_1 x_2$	y
-1	-1	1	1
-1	1	-1	0
1	-1	-1	0
1	1	1	1

請注意，與產品 $x_1 x_2$ 對應的欄與標籤欄非常相似。我們現在可以看到，這個資料的一個好的分類器是具有以下邊界方程式的分類器：$x_1 x_2 = 1$。這個方程式的圖是水平軸和垂直軸的聯集，原因是乘積 $x_1 x_2$ 要為 0，我們需要 $x_1 = 0$ 或 $x_2 = 0$。該分類器的預測由 $\hat{y} = step(x_1 x_2)$ 給出，對於平面東北象限和西南象限的點為 1，其他象限為 0。

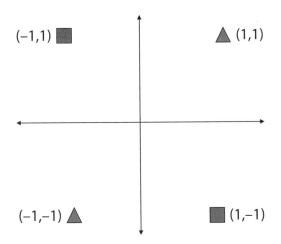

圖 11.18 　表 11.3 中的資料集圖。將正方形與三角形分開的分類器具有邊界方程式 $x_1 x_2 = 0$，它對應於水平軸和垂直軸的聯集。

超越二次方程式：多項式核

在前面的兩個案例中，我們使用多項式表達式來幫助我們對不可以線性分離的資料集進行分類。在第一個案例中，此表達式為 $x_1^2 + x_2^2$，因為該值對於靠近原點的點較小，而對於遠離原點的點則較大。在第二個案例中，表達式是 $x_1 x_2$，它幫助我們分離平面不同象限中的點。

我們是如何找到這些表達式的？在更複雜的資料集中，我們可能沒有辦法一一地查看每個情節並關注一個可以幫助我們的表達式。我們需要一種方法，或者換句話說，一種算法。我們要做的是考慮所有可能的二次單項式，包含 x_1 和 x_2。這些是以下三個單項式：x_1^2、$x_1 x_2$ 和 x_2^2。我們將這些新變數稱為 x_3、x_4 和 x_5，我們將它們視為與 x_1 和 x_2 沒有任何關係。讓我們將此應用於第一個案例中（圓圈）。表 11.1 中添加了這些新欄位的資料集顯示在表 11.5 中。

我們現在可以建構一個支援向量機來分類這個增強的資料集。訓練支援向量機的方法是使用上一節中學到的方法。我鼓勵你使用 Scikit-Learn、Turi Create 或是其他你所選擇的套件來建構這樣的分類器。透過檢查，這是一個有效的分類器方程式：

$$0x_1 + 0x_2 + 1x_3 + 0x_4 + 1x_5 - 1 = 0$$

表 11.5 我們在表 11.1 中增加了三欄，一個對應於兩個變數 x_1 和 x_2 上的每個 2 次單項式，這些單項式是 x_1^2、$x_1 x_2$ 和 x_2^2。

x_1	x_2	$x_3 = x_1^2$	$x_4 = x_1 x_2$	$x_5 = x_2^2$	y
0.3	0.3	0.09	0.09	0.09	0
0.2	0.8	0.04	0.16	0.64	0
-0.6	0.4	0.36	-0.24	0.16	0
0.6	-0.4	0.36	-0.24	0.16	0
-0.4	-0.3	0.16	0.12	0.09	0
0	-0.8	0	0	0.64	0
-0.4	1.2	0.16	-0.48	1.44	1
0.9	-0.7	0.81	-0.63	0.49	1
-1.1	-0.8	1.21	0.88	0.64	1
0.7	0.9	0.49	0.63	0.81	1
-0.9	0.8	0.81	-0.72	0.64	1
0.6	-1	0.36	-0.6	1	1

記住 $x_3 = x_1^2$ 和 $x_5 = x_2^2$，我們得到所需的圓方程式，如下所示：

$$x_1^2 + x_2^2 = 1$$

如果我們想以幾何方式視覺化這個過程，就像我們之前所做的那樣，它會變得更複雜一些。我們漂亮的二維資料集變成了五維資料集。在這一個中，標記為 0 和 1 的點現在離很遠，可以用一個四維超平面分開。當我們將其投影到二維時，我們便得到了所需的圓。

多項式內核產生了將二維平面發送到五維空間的映射。地圖是將點 (x_1, x_2) 發送到點 $(x_1, x_2, x_1^2, x_1 x_2, x_2^2)$ 的地圖。因為每個單項式的最大次數是 2，我們說這是 2 次的多項式核。對於多項式核，我們總是需要指定次數。

如果我們使用更高次的多項式核，比如 k，我們將哪些欄添加到資料集中？我們為給定變數集中的每個單項式添加一欄，其次數小於或等於 k。例如，如果我們在變數 x_1 和 x_2 上使用 3 次多項式內核，我們將添加對應於單項式 $\{x_1, x_2, x_1^2, x_1x_2, x_2^2, x_1^3, x_1^2x_2, x_1x_2^2, x_2^3\}$。我們也可以用相同的方式對更多變數執行此操作。例如，如果我們對變數 x_1、x_2 和 x_3 使用 2 次多項式內核，我們將添加具有以下單項式的欄：$\{x_1, x_2, x_3, x_1^2, x_1x_2, x_1x_3, x_2^2, x_2x_3, x_3^2\}$。

使用更高維度的凸塊對我們的好處：徑向基函數核（RBF）

我們將看到的下一個內核是徑向基函數核。這個內核在實踐中非常有用，因為它可以幫助我們使用以每個資料點為中心的某些特殊函數來建構非線性邊界。為了引入 RBF 內核，我們先來看圖 11.19 所示的一維例子。這個資料集不是可以線性分離的，因為正方形正好位於兩個三角形之間。

圖 11.19　不能被線性分類器分類的一維資料集。請注意，線性分類器是將線分成兩部分的點，並且在將所有三角形留在一側而將正方形留在另一側的線上，我們無法定位任何點。

我們為這個資料集建構分類器的方式是想像在每個點上建構一座山或一個山谷。對於標記為 1（三角形）的點，我們將放置一座山，對於標記為 0（正方形）的點，我們將放置一個山谷。這些山和山谷被稱為徑向基函數。結果顯示在圖 11.20 的頂部。現在，我們畫了一個山，使得每一點的高度都是該點所有山脈和山谷高度的總和。我們可以在圖 11.20 的底部看到生成的山脈。最後，我們分類器的邊界對應於該山脈高度為 0 的點，即底部的兩個突出顯示點。該分類器將這兩個點之間的區間內的任何事物分類為正方形，將區間外的所有事物分類為三角形。

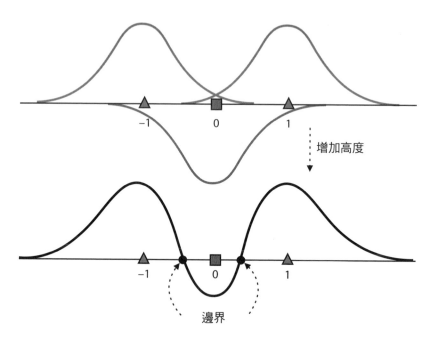

圖 11.20　使用帶有 RBF 內核的支援向量機在一維中分離非線性資料集。 頂部：我們在標籤為 1 的每個點處繪製一座山（徑向基函數），在標籤 0 的每個點處繪製一個山谷。底部：我們從上圖中添加徑向基函數。結果函數與軸相交兩次。 這兩個交點是我們的支援向量機分類器的邊界，我們將它們之間的每個點分類為正方形（標籤 0），將外部的每個點分類為三角形（標籤 1）。

這（加上下一節中的一些數學）是 RBF 內核的本質。現在讓我們用它在二維資料集中建構一個類似的分類器。

要在平面上建造山脈和山谷，請將平面想像成毯子（如圖 11.21 所示）。如果我們在那一點捏住毯子並抬起它，我們就會得到這座山。如果我們把它往下推，我們就會得到山谷。這些山脈和山谷是徑向基函數。它們之所以被稱為徑向基函數，是因為函數在一點的值僅取決於該點與中心之間的距離。我們可以在任何我們喜歡的點抬起毯子，這為每個點提供了一個不同的徑向基函數。*徑向基函數核*（也稱為 RBF 內核）產生了一個映射，該映射使用這些徑向基函數添加許多欄到資料集中，從而幫助我們將其分離出來。

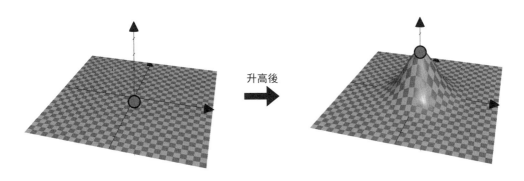

圖 11.21 徑向基函數包括在特定點升高平面。這是我們將用來建構非線性分類器的函數族（來源：在 Grapher™ 的幫助下建立的圖像，來自 Golden Software, LLC；https://www.goldensoftware.com/products/grapher）。

我們如何將其用作分類器？想像一下：我們有圖 11.22 左側的資料集，像往常一樣，三角形代表標籤為 1 的點，正方形代表標籤為 0 的點。現在，我們在每個三角形處提升平面並將其向下推到每個廣場。我們得到圖 11.22 右側所示的三維圖。

為了建立分類器，我們在高度 0 處繪製一個平面並將其與我們的表面相交，這與看高度為 0 的點所形成的曲線是一樣的。想像一下，如果有山有海的景觀。該曲線將對應於海岸線，即水和陸地交會的地方。這條海岸線就是圖 11.23 左側所示的曲線，接著我們將所有內容投影回平面並獲得我們想要的分類器，如圖 11.23 右側所示。

這就是 RBF 內核背後的想法。當然，我們必須開發數學，我們將在接下來的幾節中進行。但原則上，如果我們可以想像抬起和推下毯子，然後透過查看位於特定高度的點的邊界來建構分類器，那麼我們就可以理解 RBF 內核是什麼。

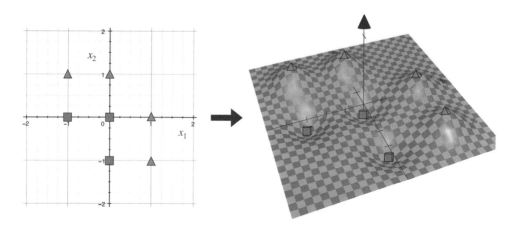

圖 11.22 左：平面中不可線性分離的資料集。右：我們使用徑向基函數來提升每個三角形並降低每個正方形。請注意，現在我們可以透過平面將資料集分開，這意味著我們修改後的資料集是可以線性分離的（來源：在 Golden Software, LLC 的 Grapher™ 的幫助下建立的圖像；https://www.goldensoftware.com/products/grapher）。

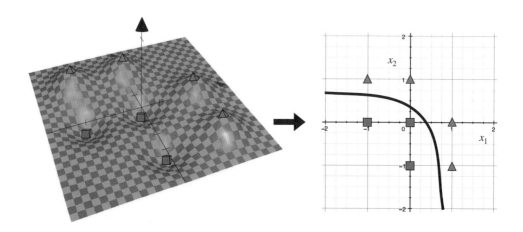

圖 11.23 左：如果我們查看高度為 0 的點，它們會形成一條曲線。如果我們把高點看作陸地，把低點看作海，這條曲線就是海岸線。右：當我們將點投影（展平）回平面時，海岸線現在是我們將三角形與正方形分開的分類器（來源：在 Golden Software, LLC 的 Grapher™ 的幫助下建立的圖像；https://www.goldensoftware.com/products/grapher）。

更深入了解徑向基函數

徑向基函數可以存在於任意數量的變數中。在本節的開頭，我們在一個和兩個變數中看到了它們。對於一個變數，最簡單的徑向基函數具有公式$y = e^{-x^2}$。這看起來像是線上的一個凸起（圖 11.24），看起來很像標準常態（高斯）分佈。與標準常態分佈類似，但公式略有不同，因此其下方的面積為 1。

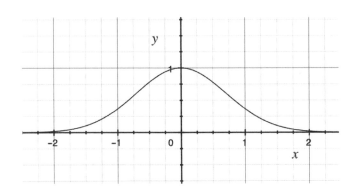

圖 11.24 徑向基函數的例子，它看起來很像常態（高斯）分佈。

請注意，這個凹凸發生在 0 的地方。如果我們希望它出現在任何不同的點，比如 p，我們可以轉換公式並得到 $y = e^{-(x-p)^2}$。例如，以點 5 為中心的徑向基函數正好是 $y = e^{-(x-5)^2}$。

對於兩個變數，最基本的徑向基函數公式為 $z = e^{-(x^2+y^2)}$，如圖 11.25 所示。同樣，你可能會注意到它看起來很像多元常態分佈，它是多元常態分佈的修改版本。

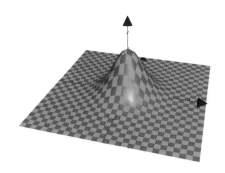

圖 11.25 兩個變數的徑向基函數。它再一次地看起來很像常態分佈（來源：在 Golden Software, LLC 的 Grapher™ 的幫助下建立的圖像；https://www.goldensoftware.com/products/grapher）。

這個凹凸恰好發生在點 (0,0)。如果我們希望它出現在任何不同的點，比如 (p,q)，我們可以轉換公式，得到 $y = e^{-\left[(x-p)^2+(y-q)^2\right]}$。例如，以點為中心的徑向基函數正好是 $y = e^{-\left[(x-2)^2+(y+3)^2\right]}$。

對於 n 個變數，基本徑向基函數的公式是 $y = e^{-\left(x_1^2+\cdots+x_n^2\right)}$。我們不能在 $n+1$ 維中繪製圖，但如果我們想像用手指捏住一個 n 維的毯子並把它舉起來，它看起來就是這樣。然而，因為我們使用的算法是純數學的，所以電腦在我們想要的任意數量的變數中運行它都沒有問題。像往常一樣，這個 n 維凸點以 0 為中心，但如果我們希望它以點 $(p_1, ..., p_n)$ 為中心，則公式為 $y = e^{-\left[(x_1-p_1)^2+\cdots+(x_n-p_n)^2\right]}$。

衡量點的接近程度：相似度

要使用 RBF 內核建構支援向量機，我們需要一個概念：相似度（similarity）。我們說，如果兩個點彼此靠近，則它們相似，如果它們遠離，則不相似（圖 11.26）。換句話說，兩點之間的相似度，如果它們彼此靠近，則它們之間的相似度較高，而如果它們彼此遠離，則它們之間的相似度較低。如果這對點是同一個點，那麼相似度為 1。理論上，相距無限遠的兩點之間的相似度為 0。

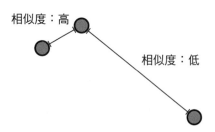

圖 11.26　彼此接近的兩個點被定義為具有高相似度，距離較遠的兩個點被定義為具有低相似度。

現在我們需要找到一個相似度的公式。正如我們所看到的，兩點之間的相似度隨著它們之間距離的增加而降低。因此，只要滿足該條件，許多相似度公式都會發揮作用。因為我們在本節中使用指數函數，所以我們將其定義如下。對於點 p 和 q，p 和 q 的相似度如下：

$$相似度\ (p,q) = e^{-\,距離\ (p,q)^2}$$

這看起來像是一個複雜的相似度公式，但有一種非常好的方式來看待它。如果我們想找到兩點之間的相似度，比如 p 和 q，這種相似度恰好是以 p 為中心並應用於點 q 的徑向基函數的高度。也就是說，如果我們在點捏住毯子並抬起它，那麼如果 q 接近 p，則毯子在 q 點的高度很高，如果 q 遠離 p，則毯子的高度很低。在圖 11.27 中，我們可以在一個變數中看到這一點，但是需要透過使用一籃子的比喻在任意數量的變數中來想像它。

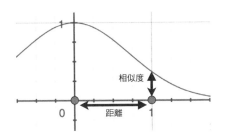

圖 11.27 相似度定義為徑向基函數中點的高度，其中輸入是距離。注意距離越大，相似度越低，反之亦然。

使用 RBF 內核訓練支援向量機

現在我們已經擁有了使用 RBF 內核訓練支援向量機的所有工具，讓我們看看如何將它們組合在一起。我們先來看圖 11.19 所示的簡單資料集，該資料集本身出現在表 11.6 中。

表 11.6 一維資料集如圖 11.19 所示。請注意，它不是可以線性分離的，因為標籤為 0 的點正好位於標籤為 1 的兩個點之間。

點	*x*	*y*(標籤)
1	-1	1
2	0	0
3	1	1

正如我們所看到的，這個資料集不是可以線性分離的。為了使其線性可分，我們將添加幾欄。我們添加的三欄是相似度欄，它們記錄了點之間的相似度。具有 x 座標 x_1 和 x_2 兩點之間的相似度被測量為 $e^{(x_1-x_2)^2}$，如「使用更高維度的凸塊對我們的好處」一節中所述。例如，點 1 和 2 之間的相似度為 $e^{(-1-0)^2}$ =0.368。在 Sim1 欄中，我們將記錄點 1 與其他三個點之間的相似度，以此類推。擴展資料集如表 11.7 所示。

表 11.7　我們透過添加三個新欄來擴展表 11.6 中的資料集。每欄對應於所有點相對於每個點的相似度。這個擴展資料集存在於一個四維空間中，並且是可以線性分離的。

點	x	Sim1	Sim2	Sim3	y
1	-1	1	0.368	0.018	1
2	0	0.368	1	0.368	0
3	1	0.018	0.368	1	1

這個擴展資料集現在是可以線性分離的！許多分類器將分離該集合，特別是具有以下邊界方程式的分類器：

$$\hat{y} = step(Sim1 - Sim2 + Sim3)$$

讓我們透過預測每個點的標籤來驗證這一點，如下所示：

- 第 **1** 點：$\hat{y} = step(1 - 0.368 + 0.018) = step(0.65) = 1$
- 第 **2** 點：$\hat{y} = step(0.368 - 1 + 0.368) = step(-0.264) = 0$
- 第 **3** 點：$\hat{y} = step(0.018 - 0.368 + 1) = step(0.65) = 1$

此外，由於，$Sim1 = e^{(x+1)^2}$，$Sim2 = e^{(x-0)^2}$，$Sim3 = e^{(x-1)^2}$，那麼我們的最終分類器將會做出以下預測：

$$\hat{y} = step\left(e^{(x+1)^2} - e^{x^2} + e^{(x-1)^2}\right)$$

現在，讓我們在兩個維度上執行相同的過程。這部分不需要程式碼，但是計算量很大，所以如果你想看看它們，可以查看下方的 notebook：https://github.com/luisguiserrano/manning/blob/master/Chapter_11_Support_Vector_Machines/Calculating_similarities.ipynb。

表 11.8　一個簡單的二維資料集，如圖 11.28 所示。我們將使用帶有 RBF 內核的支援向量機對該資料集進行分類。

點	x_1	x_2	y
1	0	0	0
2	-1	0	0
3	0	-1	0

點	x_1	x_2	y
4	0	1	1
5	1	0	1
6	-1	1	1
7	1	-1	1

考慮表 11.8 中的資料集，我們已經對其進行了圖形分類（圖 11.22 和 11.23）。為方便起見，它再次繪製在圖 11.28 中。在此圖中，標籤為 0 的點顯示為正方形，標籤為 1 的點顯示為三角形。

請注意，在表 11.8 的第一欄和圖 11.28 中，我們已經對每個點進行了編號。這不是資料的一部分，因為只是為了方便而已。我們現在將向該表添加七欄，是關於每個點的相似度。例如，對於第 1 點，我們添加一個名為 Sim1 的相似度欄，此欄中每個點的條目是該點與點 1 之間的相似度。讓我們計算其中一個，例如與點 6 的相似度。根據勾股定理，點 1 和點 6 之間的距離如下：

$$距離(點1, 點\ 6) = \sqrt{(0+1)^2 + (0-1)^2} = \sqrt{2}$$

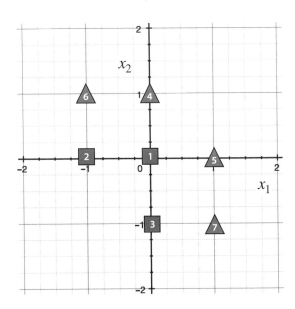

圖 11.28　表 11.8 中的資料集圖，其中標籤為 0 的點為正方形，標籤為 1 的點為三角形。請注意，正方形和三角形不能用線分隔。我們將使用帶有 RBF 內核的支援向量機以彎曲邊界將它們分開。

因此，相似度恰好是：

$$相似度(點\ 1, 點\ 6)= e^{-距離(q,p)^2} = e^{-2} = 0.135$$

這個數字在第 1 列和 Sim6 欄中（並且對稱，也在第 6 列和 Sim1 欄中）。在這個表中再填幾個值來說服自己是這樣的，或者看一下計算整個表的 notebook。結果如表 11.9 所示。

表 11.9　我們在表 11.8 的資料集中添加了 7 個相似度欄。每一個都記錄了與所有其他六個點的相似之處。

點	x_1	x_2	Sim1	Sim2	Sim3	Sim4	Sim5	Sim6	Sim7	y
1	0	0	1	0.368	0.368	0.368	0.368	0.135	0.135	0
2	-1	0	0.368	1	0.135	0.135	0.018	0.368	0.007	0
3	0	-1	0.368	0.135	1	0.018	0.135	0.007	0.368	0
4	0	1	0.368	0.135	0.018	1	0.135	0.368	0.007	1
5	1	0	0.368	0.018	0.135	0.135	1	0.007	0.368	1
6	-1	1	0.135	0.368	0.007	0.367	0.007	1	0	1
7	1	-1	0.135	0.007	0.368	0.007	0.368	0	1	1

[Page-343]

請注意以下事項：

1. 每個點與自身的相似度始終為 1。

2. 對於每一對點，在圖中相距近時相似度高，相距遠時相似度低。

3. 由欄 Sim1 到 Sim7 組成的表是對稱的，因為 p 和 q 之間的相似度與 q 和 p 之間的相似度相同（因為它僅取決於 p 和 q 之間的距離）。

4. 第 6 點和第 7 點的相似度看似為 0，但實際上並非如此。點 6 和 7 之間的距離為 $\sqrt{2^2+2^2} = \sqrt{8}$，因此它們的相似度為 $e^{-8} = 0.00033546262$，由於我們使用三位有效數字，因此四捨五入為零。

現在，開始建構我們的分類器！請注意，線性分類器對於小型表 11.8 中的資料沒有用（因為點不能被線分割），但是在更大的表 11.9 上，它有更多的特徵（欄），我們可以配適這樣的分類器。我們繼續為這些資料配適支援向量機。許多支援向量機可以正確分類此資料集，在 notebook 中，我使用 Turi Create 建構了一個。但是，更簡單的也可以。該分類器具有以下權重：

- x_1 和 x_2 的權重為 0。
- Sim p 的權重為 1，p=1、2 和 3。
- 對於 p=4、5、6 和 7，Sim p 的權重為 –1。
- 偏差為 $b = 0$。

我們發現分類器在與標記為 0 的點對應的欄上添加了一個標籤 -1，在與標記為 1 的點對應的欄上添加了一個標籤 a+1。這相當於在標籤 1 的任何點上添加一座山的過程，並在標籤 0 的每個點上都有一個山谷，如圖 11.29 所示。要從數學上檢查這是否有效，請使用表 11.7，將 Sim4、Sim5、Sim6 和 Sim7 欄的值相加，然後減去 Sim1、Sim2 和 Sim3 欄的值。你會注意到前三列是負數，後四列是正數。因此，我們可以使用閾值 0，並且我們有一個分類器可以正確分類這個資料集，因為標記為 1 的點得到正分，標記為 0 的點得到負分。使用閾值 0 相當於使用海岸線來分隔圖 11.29 繪圖中的點。

如果我們插入相似度函數，我們得到的分類器如下：

$$\hat{y} = step(-e^{x_1^2+x_2^2} - e^{(x_1+1)^2+x_2^2} - e^{x_1^2+(x_2+1)^2} + e^{x_1^2+(x_2-1)^2} + e^{(x_1-1)^2+x_2^2} + e^{(x_1+1)^2+(x_2-1)^2} + e^{(x_1-1)^2+(x_2+1)^2})$$

總之，我們發現了一個不可以線性分離的資料集。我們使用徑向基函數和點之間的相似性來向資料集添加幾欄，這幫助我們建構了一個線性分類器（在更高維度的空間中），然後我們將高維線性分類器投影到平面上，得到我們想要的分類器。我們可以在圖 11.29 中看到生成的彎曲分類器。

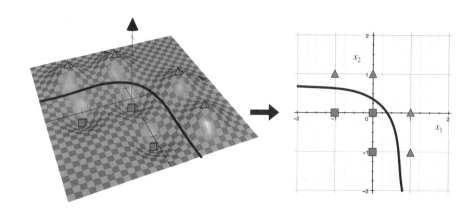

圖 **11.29**　在這個資料集中，我們提升了每個三角形並降低了每個正方形，然後我們在高度為 0 處繪製了一個平面，它將正方形和三角形分開。該平面在彎曲邊界中與曲面相交，接著我們將所有東西投影回二維，這個彎曲的邊界是將我們的三角形和正方形分開的邊界。邊界繪製在右側（來源：在 Golden Software, LLC 的 Grapher™ 的幫助下建立的圖像；https://www.goldensoftware.com/products/grapher）。

RBF 內核的過度配適和配適不足：gamma 參數

在本節的開頭，我們提到存在許多不同的徑向基函數，即平面中的每個點一個。其實還有很多，它們中的一些在一點上提升平面並形成一個狹窄的表面，而另一些則形成一個寬的表面。有一些例子可以在圖 11.30 中看到。在實踐中，我們想要調整徑向基函數的寬度。為此，我們使用一個稱為 *gamma* 參數的參數。gamma 小的話，形成的表面很寬；而 gamma 大的話，形成的表面會很窄。

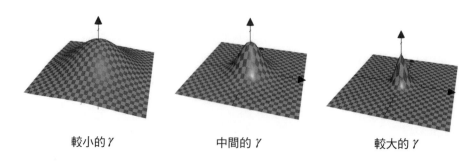

較小的 γ　　　　　中間的 γ　　　　　較大的 γ

圖 **11.30**　gamma 參數決定了表面的寬度。請注意，對於較小的 gamma 值，曲面非常寬；對於較大的 gamma 值，曲面非常窄（來源：在 Golden Software, LLC 的 Grapher™ 的幫助下建立的圖像；https://www.goldensoftware.com/products/grapher）。

Gamma 是一個超參數。回想一下，超參數是我們用來訓練模型的規範。我們調整這個超參數的方法是使用我們以前見過的方法，例如模型複雜度圖（第 4 章中的「決定模型應該多複雜的數值方法」一節）。不同的 gamma 值傾向於過度配適和配適不足。讓我們回顧一下本節開頭的案例，有三個不同的 gamma 值，這三個模型繪製在圖 11.31 中。

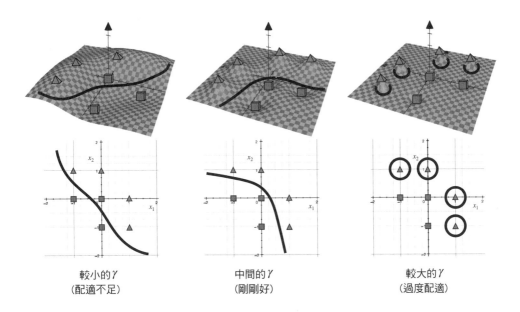

較小的 γ	中間的 γ	較大的 γ
（配適不足）	（剛剛好）	（過度配適）

圖 11.31 三個支援向量機分類器顯示了一個 RBF 內核和不同的 gamma 值（來源：在 Golden Software, LLC 的 Grapher™ 的幫助下建立的圖像；https://www.goldensoftware.com/products/grapher）。

請注意，對於一個非常小的 gamma 值，模型會過度配適，因為曲線太簡單了，它不能很好地分類我們的資料。對於較大的 gamma 值，該模型嚴重過度配適，因為它為每個三角形建構了一座小山，為每個正方形建構了一個小山谷，這會使得它幾乎將所有東西都分類為正方形，除了三角形周圍的區域。gamma 的中等值似乎效果很好，因為它建立了一個足夠簡單的邊界，但正確地分類了點。

當我們添加 gamma 參數時，徑向基函數的方程式並沒有太大變化，而我們所要做的就是將指數乘以 gamma。在一般情況下，徑向基函數的方程式如下：

$$y = e^{-\gamma \left[(x_1 - p_1)^2 + \cdots + (x_n - p_n)^2 \right]}$$

不要太擔心學習這個公式，你只要記住，即使在更高的維度上，我們製造的凹凸也可以是寬的或窄的。像往常一樣，有一種方法可以對其編寫程式碼並使其工作，這就是我們即將在下一節中所做的。

編寫核方法

現在我們已經要學習支援向量機的核方法，我們在 Scikit-Learn 中學習對它們進行編寫程式碼，並使用多項式和 RBF 核在更複雜的資料集中訓練模型。要使用特定內核在 Scikit-Learn 中訓練支援向量機，我們所做的就是在定義支援向量機時添加內核作為參數。本節的程式碼如下：

- **Notebook**：SVM_graphical_example.ipynb

    - https://github.com/luisguiserrano/manning/blob/master/Chapter_11_
      Support_Vector_Machines/SVM_graphical_example.ipynb

- **資料集：**

    - one_circle.csv

    - two_circles.csv

對多項式內核進行編寫以對圓形資料集進行分類

在本小節中，我們將了解如何在 Scikit-Learn 中編寫多項式內核。為此，我們使用名為 one_circle.csv 的資料集，如圖 11.32 所示。

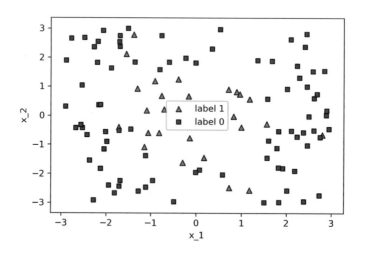

圖 11.32 一個圓形資料集，帶有一些干擾。我們將使用帶有多項式內核的支援向量機對該資料集進行分類。

請注意，除了一些異常值之外，該資料集大多是循環的。我們訓練了一個支援向量機分類器，我們指定 kernel 參數為 poly，degree 參數為 2，如下一個程式碼片段所示。我們希望次數為 2 的原因是因為圓的方程式是 2 次的多項式。結果如圖 11.33 所示。

```
svm_degree_2 = SVC(kernel='poly', degree=2)
svm_degree_2.fit(features, labels)
```

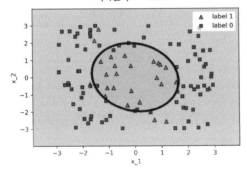

圖 **11.33** 具有 2 次多項式內核的支援向量機分類器。

請注意，這個具有 2 次多項式內核的支援向量機設法根據需要建構一個大部分為圓形的區域來綁定資料集。

編寫 RBF 內核以對由兩個相交的圓所形成的資料集進行分類，並使用 gamma 參數

我們畫了一個圓圈，但讓我們變得更複雜。在本小節中，我們將學習如何使用 RBF 內核對多個支援向量機進行編寫程式碼，以對具有兩個相交圓圈的資料集進行分類。這個資料集名為 two_circles.csv，如圖 11.34 所示。

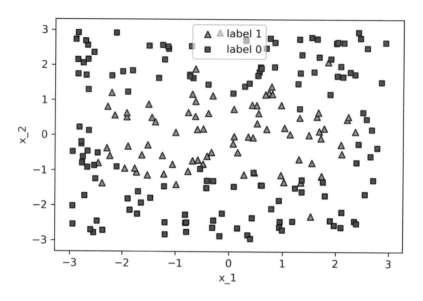

圖 11.34 由兩個相交的圓圈組成的資料集，其中包含一些異常值。我們將使用帶有 RBF 內核的支援向量機對該資料集進行分類。

要使用 RBF 內核，我們指定 kernel = 'rbf'。我們還可以為 gamma 指定一個值。我們將針對以下 gamma 值訓練四種不同的支援向量機分類器：0.1、1、10 和 100，如下所示：

```
svm_gamma_01 = SVC(kernel='rbf', gamma=0.1)          ◄──── Gamma=0.1
svm_gamma_01.fit(features, labels)

svm_gamma_1 = SVC(kernel='rbf', gamma=1)             ◄──── Gamma=1
svm_gamma_1.fit(features, labels)

svm_gamma_10 = SVC(kernel='rbf', gamma=10)           ◄──── Gamma=10
svm_gamma_10.fit(features, labels)

svm_gamma_100 = SVC(kernel='rbf', gamma=100)         ◄──── Gamma=100
svm_gamma_100.fit(features, labels)
```

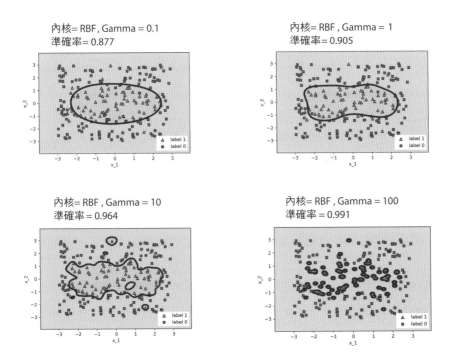

圖 11.35 四個具有 RBF 內核和不同 gamma 值的支援向量機分類器。

四個分類器如圖 11.35 所示。請注意,對於 gamma = 0.1,模型有點配適不足,因為它認為邊界是一個橢圓形,並且會犯一些錯誤。Gamma = 1 給出了一個很好的模型,可以很好地捕獲資料。當我們達到 gamma = 10 時,我們可以看到模型開始過度配適。請注意它如何嘗試正確分類每個點,包括它單獨包圍的異常值。當我們達到 gamma=100 時,我們可以看到一些嚴重的過度配適。這個分類器只用一個小的圓形區域圍繞每個三角形,並將其他所有東西分類為正方形。因此,對於這個模型,gamma = 1 似乎是我們嘗試過的模型中的最佳值。

總結

- 支援向量機(SVM)是一種分類器,它包括配適兩條平行線(或超平面),並嘗試將它們盡可能分開,同時仍嘗試正確分類資料。
- 建構支援向量機的方法是使用包含兩項的誤差函數:兩個感知器誤差之和,每條平行線一個,以及距離誤差。當兩條平行線相距很遠時,距離誤差大,當它們相距很遠時,距離誤差小,線也靠得很近。

- 我們使用 C 參數在嘗試正確分類點和嘗試分隔線之間進行調節。這在訓練時很有用，因為它可以讓我們控制我們的偏好，也就是，如果我們想要建構一個對資料進行很好分類的分類器，或者一個具有良好間隔邊界的分類器。
- 核方法是建構非線性分類器的有用且非常強大的工具。
- 核方法包括使用函數來幫助我們將資料集嵌入到更高維空間中，其中點可能更容易使用線性分類器進行分類。這相當於以一種巧妙的方式將欄添加到我們的資料集中，使增強的資料集線性可分。
- 可以使用多種不同的內核，例如多項式內核和 RBF 內核。多項式核允許我們建構多項式區域，例如圓、拋物線和雙曲線。RBF 內核允許我們建構更複雜的彎曲區域。

練習

練習 11.1

（本練習完成了「距離誤差函數」一節所需的計算。）

用方程式 $w_1x_1 + w_2x_1 + b = 1$ 以及 $w_1x_1 + w_2x_1 + b = -1$ 證明兩條線之間的距離正好是 $\dfrac{2}{\sqrt{w_1^2 + w_2^2}}$。

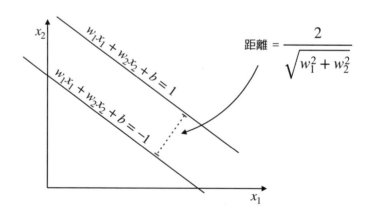

練習 11.2

正如我們在練習 5.3 中了解到的，不可能建立一個模仿 XOR 閘的感知器模型。換句話說，不可能用感知器模型配適以下資料集（準確率 100%）：

x_1	x_2	y
0	0	0
0	1	1
1	0	1
1	1	0

這是因為資料集不是可以線性分離的。支援向量機也有同樣的問題，因為支援向量機也是線性模型。但是，我們可以使用內核來幫助我們。我們應該使用什麼內核來將這個資料集變成一個可以線性分離的？生成的支援向量機會是什麼樣子？

提示 查看「使用多項式方程式對我們的好處」一節中的案例 2，它解決了一個非常相似的問題。

結合模型以最大化結果：
集成學習 | **12**

本章包含

- 什麼是集成學習，以及它如何用於將弱分類器組合成更強的分類器

- 使用 bagging 以隨機方式組合分類器

- 使用 boosting 以更聰明的方式組合分類器

- 一些最熱門的集成方法：隨機森林、AdaBoost、梯度提升和 XGBoost

在學習許多有趣且有用的機器學習模型之後，很自然地想知道是否可以將這些分類器結合起來。值得慶幸的是，我們可以，並且在本章中，我們要學習幾種方法透過組合較弱的模型來建構更強大的模型。在本章中我們學習的兩種主要方法是 bagging 和 boosting。簡而言之，bagging 包括以隨機方式建構幾個模型並將它們連接在一起。另一方面，boosting 包括透過戰略性地選擇每個模型以專注於先前模型的錯誤，以更智能的方式建構這些模型。這些集成方法在重要的機器學習問題中所顯示的結果是很驚人的。例如，Netflix 獎項是頒發給最能配適 Netflix 觀眾資料大型資料集的最佳模型，該獎項最終是由使用不同模型集合的小組所贏得。

在本章中，我們要學習一些最強大和熱門的 bagging 和 boosting 模型，包括隨機森林、AdaBoost、梯度提升和 XGBoost。其中大部分是為分類而描述的，有些是為迴歸而描述的。然而，大多數集成方法在這兩種情況下都有效。

有一些術語：在本書中，我們將機器學習模型稱為模型，有時也稱為迴歸器或分類器，具體取決於它們的任務。在本章中，我們介紹了*學習器*一詞，它也指機器學習模型。在文獻中，在談論集成方法時，通常使用術語*弱學習器*和*強學習器*。但是，機器學習模型和學習器之間沒有區別。

本章的所有程式碼都可以在這個 GitHub 儲存庫中找到：

https://github.com/luisguiserrano/manning/tree/master/Chapter_12_Ensemble_Methods。

在我們朋友的一點幫助之下

讓我們使用以下比喻來視覺化集成方法：想像一下，我們必須參加一個考試，該考試由 100 個關於許多不同主題的真 / 假問題所組成，包括數學、地理、科學、歷史和音樂。幸運的是，我們可以打電話給我們的五個朋友：Adriana、Bob、Carlos、Dana 和 Emily 來幫助我們。但有一個小限制，那就是他們都是全職工作，他們沒有時間回答所有 100 個問題，但他們非常樂意幫助我們解決其中的一部分問題。我們可以使用哪些技術來獲得他們的幫助？兩種可能的技術如下：

技巧 1：為每個朋友隨機挑選幾個問題，並要求他們回答（確保每個問題都至少得到一個朋友的回答）。在我們得到答覆後，透過選擇在回答該問題的人中最受歡迎的選項來回答測試。例如，如果我們的兩個朋友在問題 1 上回答「真」，而一個回答「假」，那麼我們將問題 1 回答為「真」（如果有平局，我們可以隨機選擇一個獲勝的答案）。

技巧 2：我們將考試交給 Adriana，並要求她只回答她最確定的問題。我們假設這些答案是好的，並將它們從測試中刪除。現在我們將剩下的問題交給 Bob，使用相同的說明。我們以這種方式繼續，直到我們將它傳遞給所有五個朋友。

技巧 1 類似於 bagging 算法，技巧 2 類似於 boosting 算法。更具體地說，bagging 和 boosting 使用一組稱為*弱學習器*（*weak learner*）的模型，並將它們組合成一個*強學習器*（*strong learner*）（如圖 12.1 所示）。

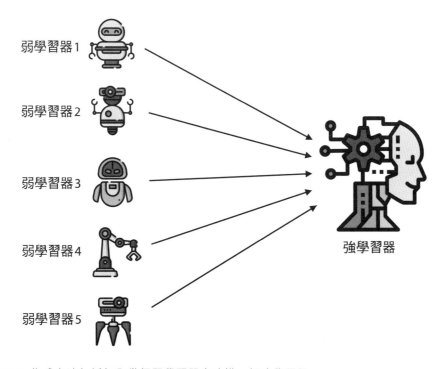

圖 12.1 集成方法包括加入幾個弱學習器來建構一個強學習器。

Bagging（袋裝法）： 透過從資料集中繪製隨機點（帶著替換）來建構隨機集。在每個集合上訓練不同的模型。這些模型是弱學習器，然後將強學習器形成為弱模型的組合，並透過投票（如果是分類模型）或平均預測（如果是迴歸模型）來完成預測。

Boosting： 首先訓練一個隨機模型，這是第一個弱學習器。在整個資料集上評估它，然後縮小預測好的點，並放大預測差的點。在這個修改後的資料集上訓練第二個弱學習器。我們繼續這種方式，直到我們建立幾個模型。你可以將它們組合成強學習器的方法與 bagging 相同，就是透過投票或平均弱學習器的預測。更具體地說，如果學習器是分類器，則強學習器預測由弱學習器預測的最常見的類別（因此稱為投票），如果存在聯繫，則透過在它們之間隨機選擇。如果學習器是迴歸器，則強學習器預測弱學習器給出的預測的平均值。

本章中的大多數模型都使用決策樹（用於迴歸和分類）作為弱學習器。我們這樣做是因為決策樹非常適合這種方法。但是，當你閱讀本章時，我鼓勵你考慮如何組合其他類型的模型，例如感知器和支援向量機。

我們花了整本書來培養非常好的學習器。為什麼我們要組合幾個弱學習器，而不是簡單地從一開始就建構一個強學習器？一個原因是集成方法已被證明其過度配適的情形比起其他模型要少很多。簡而言之，一個模型很容易過度配適，但如果你有多個模型用於同一資料集，則它們的組合過度配適會更少。從某種意義上說，似乎如果一個學習器犯了錯誤，其他學習器就會傾向於糾正它，平均而言，它們工作得更好。

我們在本章中學習以下模型。第一個是 bagging 算法，後三個是 boosting：

- 隨機森林
- AdaBoost
- 梯度提升
- XGBoost

所有這些模型都適用於迴歸和分類。出於教育目的，我們將前兩個作為分類模型，後兩個作為迴歸模型。分類和迴歸的過程相似，但是，閱讀它們中的每一個並想像它在這兩種情況下的工作方式。要了解所有這些算法如何用於分類和迴歸，請參閱附錄 C 中詳細解釋這兩種情況的影片和閱讀清單的連結。

Bagging：
隨機加入一些弱學習器來建構一個強學習器

在本節中，我們將看到最著名的 bagging 模型之一：隨機森林。在隨機森林中，弱學習器是在資料集的隨機子集上訓練的小型決策樹。隨機森林非常適合分類和迴歸問題，過程也很相似。我們將在分類案例中看到隨機森林。本節的程式碼如下：

- **Notebook：**Random_forests_and_AdaBoost.ipynb
  - https://github.com/luisguiserrano/manning/blob/master/Chapter_12_
    Ensemble_Methods/Random_forests_and_AdaBoost.ipynb

我們使用垃圾郵件和正常郵件的小型資料集，類似於我們在第 8 章中使用的單純貝氏分類模型。資料集顯示在表 12.1 中，並繪製在圖 12.2 中。資料集的特徵是「樂透」和「促銷」這兩個詞在郵件中出現的次數，「是 / 否」標籤表示郵件是垃圾郵件（是）還是正常郵件（否）。

表 12.1 垃圾郵件和正常郵件列表，以及每封郵件中「樂透」和「促銷」一詞的出現次數。

樂透	促銷	垃圾郵件
7	8	1
3	2	0
8	4	1
2	6	0
6	5	1
9	6	1
8	5	0
7	1	0
1	9	1
4	7	0
1	3	0
3	10	1
2	2	1
9	3	0
5	3	0
10	1	0
5	9	1
10	8	1

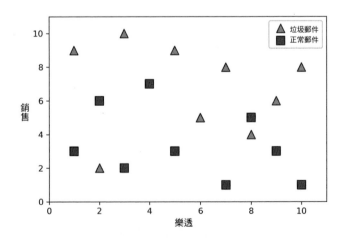

圖 12.2 表 12.1 中的資料集圖。垃圾郵件用三角形表示，正常郵件用正方形表示。橫軸和縱軸分別代表「樂透」和「促銷」兩個詞的出現次數。

首先，（過度）配適決策樹

在我們進入隨機森林之前，讓我們為這些資料配適一個決策樹分類器，看看它的表現如何。因為我們在第 9 章中已經了解了這一點，所以圖 12.3 只顯示了最終結果，但我們可以在 notebook 中看到程式碼。在圖 12.3 的左側，我們可以看到實際的樹（非常深！），在右側，我們可以看到邊界圖。請注意，它非常適合資料集，因為其具有 100% 的訓練準確率，儘管它很明顯已經過度配適。在模型試圖正確分類的兩個異常值上可以注意到過度配適，而不會注意到它們是異常值。

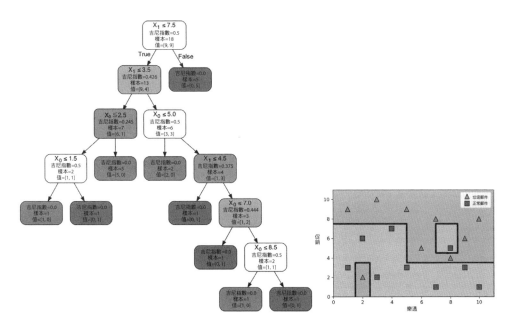

圖 12.3　左：對我們的資料集進行分類的決策樹。右：此決策樹定義的邊界。請注意，它很好地分割了資料，儘管它暗示了過度配適，因為一個好的模型會將兩個孤立點視為異常值，而不是嘗試正確分類它們。

在接下來的一節中，我們將看到如何透過配適隨機森林來解決這個過度配適問題。

手動配適隨機森林

在本節中，我們將學習如何手動配適隨機森林，儘管這僅用於教育目的，因為這不是實踐的方法。簡而言之，我們從資料集中選擇隨機子集，並在每個子集上訓練一個弱學習器（決策樹）。一些資料點可能屬於幾個子集，而另一些可能不屬於任何一個子集。它們的組合是我們強大的學習器。強學習器做出預測的方式是讓弱學習器投票。對於這個資料集，我們使用了三個弱學習器，因為資料集有 18 個點，讓我們考慮三個子集，每個子集 6 個資料點，如圖 12.4 所示。

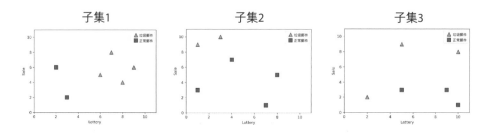

圖 12.4　建構隨機森林的第一步是將我們的資料分成三個子集，這是圖 12.2 所示資料集的分割。

接下來，我們繼續建構我們的三個弱學習器，在每個子集上配適深度為 1 的決策樹。回想第 9 章，深度為 1 的決策樹只包含一個節點和兩個葉子，它的邊界由一條水平或垂直線組成，並盡可能地分割資料集。弱學習器如圖 12.5 所示。

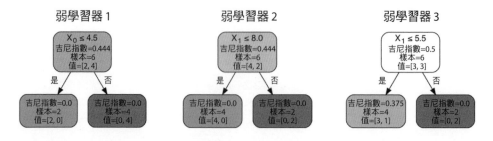

圖 12.5　構成我們隨機森林的三個弱學習器是深度為 1 的決策樹。每個決策樹都適合圖 12.4 中相應的三個子集之一。

我們透過投票將這些組合成一個強大的學習器。換句話說，對於任何輸入，每個弱學習器都預測值 0 或 1。強學習器所做的預測是三者中最常見的輸出。這種組合可以在圖 12.6 中看到，其中弱學習器在頂部，強學習器在底部。

請注意，隨機森林是一個很好的分類器，因為它正確地分類了大部分點，但它允許一些錯誤，以免過度配適資料。但是，我們不需要手動訓練這些隨機森林，因為 Scikit-Learn 有這方面的函數，我們將在下一節中看到。

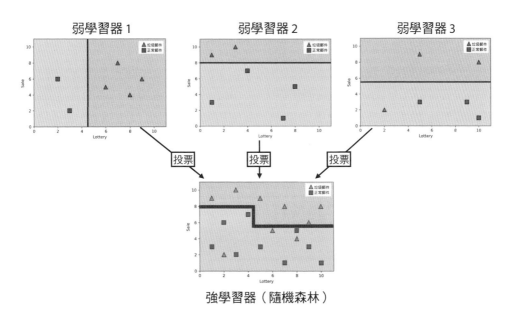

圖 12.6 獲得隨機森林預測的方法是結合三個弱學習器的預測。在頂部，我們可以看到圖 12.5 中決策樹的三個邊界。在底部，我們可以看到三棵決策樹如何投票以獲得對應隨機森林的邊界。

在 **Scikit-Learn** 中訓練隨機森林

在本節中，我們將了解如何使用 Scikit-Learn 訓練隨機森林。在下面的程式碼中，我們使用了 RandomForestClassifier 套件。首先，我們將資料放在兩個稱為 features 和 labels 的 Pandas DataFrame 中，如下所示：

```
from sklearn.ensemble import RandomForestClassifier
random_forest_classifier = RandomForestClassifier(random_state=0,
    n_estimators=5, max_depth=1)
random_forest_classifier.fit(features, labels)
random_forest_classifier.score(features, labels)
```

在前面的程式碼中，我們指定需要五個具有 n_estimators 超參數的弱學習器，這些弱學習器又是決策樹，我們使用 max_depth 超參數指定它們的深度為 1。模型圖如圖 12.7 所示。注意這個模型是如何犯一些錯誤但設法找到一個好的邊界，其中垃圾郵件是那些出現很多「樂透」和「促銷」（圖右上方）的郵件，而正常郵件則是那些這兩個詞出現次數並不多的（圖左下角）。

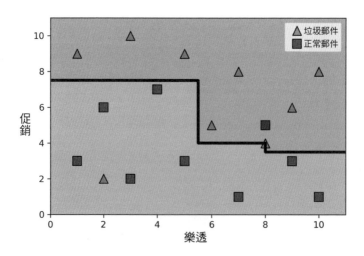

圖 12.7 使用 Scikit-Learn 獲得的隨機森林的邊界。請注意，它很好地分類了資料集，並將兩個錯誤分類的點視為異常值，而不是嘗試正確分類它們。

Scikit-Learn 還允許我們視覺化和繪製單個弱學習器（程式碼見 notebook）。弱學習器如圖 12.8 所示。請注意，並非所有弱學習器都有用。例如，第一個將每個點都分類為正常郵件。

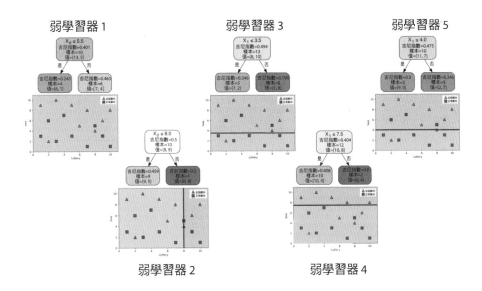

圖 12.8　隨機森林由使用 Scikit-Learn 獲得的五個弱學習器組成。每一個都是深度為 1 的決策樹，它們結合起來形成圖 12.7 所示的強學習器。

在本節中，我們使用深度為 1 的決策樹作為弱學習器，但總體來說，我們可以使用任何我們想要的深度的樹。你可以嘗試透過改變 max_depth 超參數使用更高深度的決策樹重新訓練這個模型，看看隨機森林會變成什麼樣子！

AdaBoost：
以巧妙的方式加入弱學習器，以打造強學習器

boosting 類似於 bagging，因為我們加入了幾個弱學習器來建構一個強學習器。不同之處在於我們不會隨機選擇弱學習器。相反的，每個學習器都是透過關注先前學習器的弱點來建構的。在本節中，我們要學習一種強大的提升技術，稱為 AdaBoost，由 Freund 和 Schapire 在 1997 年開發（參考附錄 C）。AdaBoost 是自適應提升的縮寫，它適用於迴歸和分類。但是，我們將在一個非常清楚說明訓練算法的分類案例中使用它。

在 AdaBoost 中，就像在隨機森林中一樣，每個弱學習器都是深度為 1 的決策樹。與隨機森林不同，每個弱學習器都在整個資料集上進行訓練，而不是在其中的一部分上進行訓練。唯一需要注意的是，在每個弱學習器訓練完之後，我們透過擴大被錯誤分類的點來修改資料集，以便未來的弱學習器更加關注這些。簡而言之 AdaBoost 的工作原理如下：

用於訓練 AdaBoost 模型的虛擬碼

- 在第一個資料集上訓練第一個弱學習器。
- 對每個新的弱學習器重複以下步驟：
  - 訓練出弱學習器後，點數修改如下：
    - 錯誤分類的點被放大。
  - 在這個修改後的資料集上訓練一個新的弱學習器。

在本節中，我們將透過一個案例更詳細地開發此虛擬碼。我們使用的資料集有兩個類別（三角形和正方形），如圖 12.9 所示。

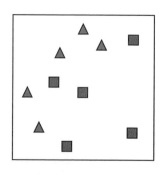

圖 12.9 我們將使用 AdaBoost 分類的資料集，它有兩個標籤由三角形和正方形所表示。

AdaBoost 大圖：建構弱學習器

在接下來的兩個小節中，我們將了解如何建構一個 AdaBoost 模型以適應圖 12.9 所示的資料集。首先，我們建構弱學習器，然後將它們組合成一個強學習器。

第一步是為每個點分配權重 1，如圖 12.10 左側所示。接下來，我們在這個資料集上建構一個弱學習器。回想一下，弱學習器是深度為 1 的決策樹，深度為 1 的決策樹對應於最佳分割點的水平或垂直線。有幾個樹可以完成這項工作，但我們將選擇一個如圖 12.10 中間所示的垂直線，因為它將左側的兩個三角形和右側的五個正方形正確分類，並將三個三角形錯誤地分到右側的類別。下一步是擴大三個錯誤分類的點，讓它們在未來的弱學習器眼中更加重要。為了放大它們，回想一下每個點最初的權重為 1。我們將這個弱學習器的**重新縮放因子**定義為正確分類點的數量除以錯誤分類點的數量。在本例中，重新縮放因子為 $\frac{7}{3} = 2.33$。我們繼續透過這個重新縮放因子來重新縮放每個錯誤分類的點，如圖 12.10 右側所示。

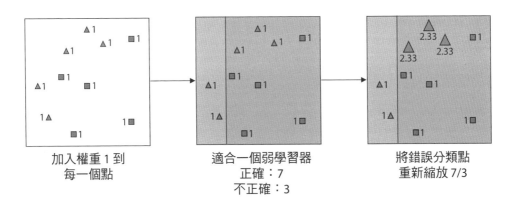

圖 **12.10** 配適 AdaBoost 模型的第一個弱學習器。左：資料集，其中每個點的權重為 1。中：最適合該資料集的弱學習器。右：重新縮放的資料集，我們將錯誤分類的點放大了 7/3。

現在我們已經建構了第一個弱學習器，我們以相同的方式建構下一個。第二個弱學習器如圖 12.11 所示。在圖的左側，我們有重新縮放的資料集。第二個弱學習器是最適合該資料集的學習器。這是什麼意思？因為點具有不同的權重，我們想要正確分類點的權重總和最高的弱學習器。這個弱學習器是圖 12.11 中間的水平線。我們現在繼續計算重新縮放因子。我們需要稍微修改它的定義，因為這些點

現在有了權重。重新縮放因子是正確分類點的權重之和與錯誤分類點的權重之和之間的比率。第一項是 2.33+2.33+2.33+1+1+1+1=11，第二項是 1+1+1=3。因此，重新縮放因子是 $\frac{11}{3}=3.67$。我們繼續將三個錯誤分類點的權重乘以這個因子 3.67，如圖 12.11 右側所示。

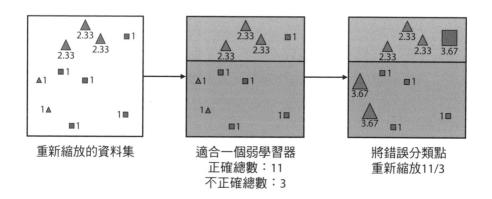

重新縮放的資料集　　　適合一個弱學習器　　　將錯誤分類點
　　　　　　　　　　　正確總數：11　　　　　重新縮放11/3
　　　　　　　　　　　不正確總數：3

圖 12.11　配適 AdaBoost 模型的第二個弱學習器。左：圖 12.10 中重新調整的資料集。中：最適合重新調整的資料集的弱學習器，這代表正確分類點的權重總和最大的弱學習器。右：新的重新縮放資料集，我們將錯誤分類的點放大了 11/3 的重新縮放因子。

我們以這種方式繼續下去，直到我們建立了盡可能多的弱學習器。對於這個例子，我們只建構了三個弱學習器。第三個弱學習器是一條垂直線，如圖 12.12 所示。

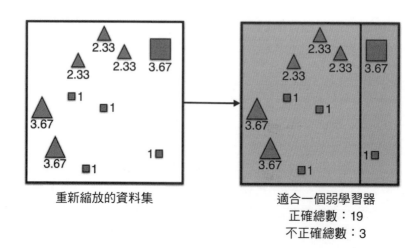

重新縮放的資料集　　　　　適合一個弱學習器
　　　　　　　　　　　　　正確總數：19
　　　　　　　　　　　　　不正確總數：3

圖 12.12　配適 AdaBoost 模型的第三個弱學習器。左：圖 12.11 中重新調整的資料集。右：最適合這個重新調整之資料集的弱學習器。

這就是我們建構弱學習器的方式。現在，我們需要將它們組合成一個強大的學習器。這與我們對隨機森林所做的類似，但使用了更多的數學運算，如下一節所示。

將弱學習器組合成強學習器

現在我們已經建構了弱學習器，在本節中，我們將學習一種將它們組合成強學習器的有效方法。這個想法是讓分類器投票，就像他們在隨機森林分類器中所做的那樣，但是這一次，好的學習器比差的學習器更有發言權。如果分類器**真**的很糟糕，那麼它的投票實際上是否定的。

要理解這一點，假設我們有三個朋友：Truthful Teresa、Unpredictable Umbert 和 Lying Lenny。誠實的 Teresa 幾乎總是說真話，愛說謊的 Lenny 幾乎總是撒謊，而不可預測的 Umbert 大約一半時間說實話，另一半撒謊。在這三個朋友中，哪個是最沒用的？

在我看來，Teresa 非常可靠，因為她幾乎總是說實話，所以我們可以信任她。在其他兩個中，我更喜歡愛說謊的 Lenny。如果當我們問他一個是或否的問題時，他幾乎總是撒謊，我們只要把他告訴我們的事情的相反面當作對的就好，而且大部分時間都是正確的！另一方面，如果我們不知道他是在說真話還是在說謊，那麼不可預測的 Umbert 對我們一點幫助都沒有。在本例中，如果我們給每個朋友所說的話打分數，我會給誠實的 Teresa 打高分，給說愛說謊的 Lenny 打高分，給不可預測的 Umbert 打零分。

現在假設我們的三個朋友是在具有兩個類別的資料集中訓練的弱學習器。Truthful Teresa 是一個準確率非常高的分類器，Lying Lenny 是一個準確率非常低的分類器，Unpredictable Umbert 是一個準確率接近 50% 的分類器。我們想要建構一個強學習器，其中預測是透過三個弱學習器的加權投票所獲得的。因此，我們為每個弱學習器分配一個分數，這就是學習器的投票將在最終投票中計入多少。此外，我們希望透過以下方式分配這些分數：

- Truthful Teresa 分類器獲得高正分。
- Unpredictable Umbert 分類器的得分接近於零。
- Lying Lenny 分類器得到高負分。

換句話說，弱學習器的分數是一個具有以下屬性的數字：

1. 當學習器的準確率大於 0.5 時為正

2. 模型準確率是 0.5 時為 0

3. 當學習器的準確率小於 0.5 時為負

4. 當學習器的準確率接近 1 時是一個很大的正數

5. 當學習器的準確率接近 0 時是一個很大的負數

為了給滿足上述屬性 1 ～ 5 的弱學習器提供一個好的分數，我們使用了一個熱門的機率概念，稱為 *logit* 或 *log-odds*，我們將在下面討論。

機率、賠率和對數賠率

你可能在賭博中看到從未提到機率，但他們總是談論賠率。這些賠率是多少？它們在以下意義上類似於機率：如果我們多次運行實驗並記錄特定結果發生的次數，則該結果的機率是它發生的次數除以我們運行的總次數，而這個結果的賠率是它發生的次數除以它沒有發生的次數。

例如，當我們擲骰子時得到 1 的機率是 $\frac{1}{6}$，但賠率為 $\frac{1}{5}$。如果某匹馬每 4 場比賽贏得 3 場，則該馬贏得比賽的機率為 $\frac{3}{4}$，賠率為 $\frac{3}{1} = 3$。賠率的公式很簡單：如果一個事件的機率是 x，那麼賠率就是 $\frac{x}{1-x}$。例如，在骰子例子中，機率為 $\frac{1}{6}$，那麼賠率為：

$$\frac{\frac{1}{6}}{1-\frac{1}{6}} = \frac{1}{5}$$

請注意，因為機率是介於 0 和 1 之間的數字，所以賠率是介於 0 到 ∞ 之間的數字。

現在讓我們回到我們最初的目標。我們正在尋找滿足上述屬性 1 ～ 5 的函數。賠率函數很接近，但並不完全在那裡，因為它只輸出正值。將機率轉換為滿足上述屬性 1 ～ 5 的函數的方法是取對數。因此，我們獲得對數賠率，也稱為 logit，定義如下：

$$\text{log-odds } (x) = ln \frac{x}{1-x}$$

圖 12.13 顯示了對數賠率函數 $y = ln\left(\dfrac{x}{1-x}\right)$ 的圖。請注意，此函數滿足屬性 1 ～ 5。

因此，我們需要做的就是使用 log-odds 函數來計算每個弱學習器的分數。我們將此對數賠率函數應用於準確率。表 12.2 包含幾個弱學習器的準確率值和該準確率的對數賠率。請注意，根據需要，準確率高的模型具有較高的正分，準確率低的模型具有較高的負分，準確率接近 0.5 的模型具有接近 0 的分數。

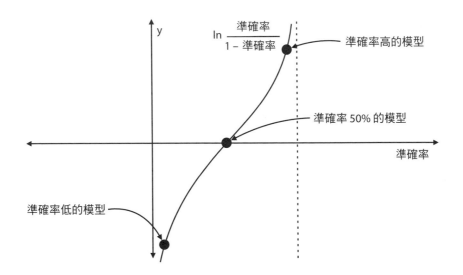

圖 12.13 該曲線顯示了對數賠率函數相對於準確率的圖。請注意，對於較小的準確率值，log-odds 是一個非常大的負數，而對於較高的準確率值，它是一個非常大的正數。當準確率為 50%（或 0.5）時，對數機率正好為 0。

表 12.2 弱分類器準確率的幾個值，以及使用對數賠率計算的相應分數，請注意，準確率非常低的模型得到很大的負分，準確率很高的值得到很大的正分，準確率接近 0.5 的值得到接近 0 的分數。

準確率	對數賠率（弱學習器的分數）
0.01	-4.595
0.1	-2.197
0.2	-1.386
0.5	0
0.8	1.386
0.9	2.197
0.99	4.595

組合分類器

現在我們已經確定了以對數賠率作為定義所有弱學習器分數的方式，我們可以繼續加入它們來建構強學習器。回想一下，弱學習器的準確率是正確分類點的得分之和除以所有點的得分之和，如圖 12.10 ～ 12.12 所示。

- 弱學習器 1：
  - 準確率：$\dfrac{7}{10}$
  - 得分：$ln\left(\dfrac{7}{3}\right) = 0.847$

- 弱學習器 2：
  - 準確率：$\dfrac{11}{14}$
  - 得分：$ln\left(\dfrac{11}{3}\right) = 1.299$

- 弱學習器 3：
  - 準確率：$\dfrac{19}{22}$
  - 得分：$ln\left(\dfrac{19}{3}\right) = 1.846$

強學習器的預測是透過弱分類器的加權投票所獲得的，每個分類器的投票就是它的分數。看到這一點的一個簡單方法是將弱學習器的預測從 0 和 1 更改為 –1 和 1，將每個預測乘以弱學習器的分數，然後將它們相加。如果結果預測大於或等於 0，則強學習器預測為 1；如果為負，則預測為 0。投票過程如圖 12.14 所示，預測如圖 12.15 所示。還要注意，在圖 12.15 中，生成的分類器正確分類了資料集中的每個點。

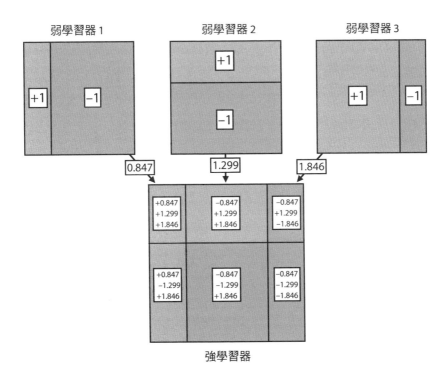

圖 **12.14**　如何在 AdaBoost 模型中將弱學習器組合成強學習器。我們使用對數賠率對每個弱學習器進行評分，並讓它們根據分數進行投票（分數越大，特定學習器的投票權就越大）。下圖中的每個區域都有弱學習器的分數之和。請注意，為了簡化我們的計算，弱學習器的預測是 +1 和 –1，而不是 1 和 0。

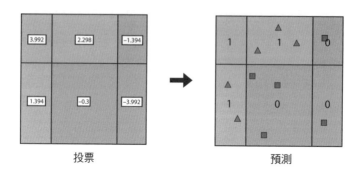

投票　　　　　　　預測

圖 12.15　如何獲得 AdaBoost 模型的預測。一旦我們添加了來自弱學習器的分數（如圖 12.14 所示），如果分數總和大於或等於 0，我們將預測分配為 1，否則分配預測為 0。

在 **Scikit-Learn** 中編寫 **AdaBoost**

在本節中，我們將了解如何使用 Scikit-Learn 來訓練 AdaBoost 模型。我們在「手動配適隨機森林」一節中使用的相同垃圾郵件資料集上對其進行訓練，並繪製在圖 12.16 中。我們繼續使用前面一節中的 notebook，如下：

- **Notebook：**Random_forests_and_AdaBoost.ipynb
  - https://github.com/luisguiserrano/manning/blob/master/Chapter_12_Ensemble_Methods/Random_forests_and_AdaBoost.ipynb

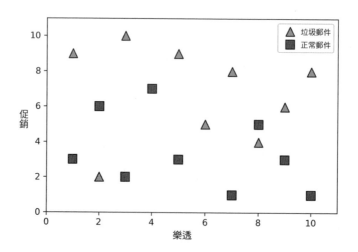

圖 12.16　在這個資料集中，我們使用 Scikit-Learn 訓練了一個 AdaBoost 分類器，這與「Bagging」一節中的垃圾郵件資料集相同，其中特徵是「樂透」和「垃圾郵件」一詞的出現次數，垃圾郵件由三角形表示，正常郵件由正方形表示。

資料集位於兩個稱為 features 和 labels 的 Pandas DataFrame 中。訓練是使用 Scikit-Learn 中的 AdaBoostClassifier 套件完成的。我們指定該模型將使用六個帶有 n_estimators 超參數的弱學習器，如下所示：

```
from sklearn.ensemble import AdaBoostClassifier
adaboost_classifier = AdaBoostClassifier(n_estimators=6)
adaboost_classifier.fit(features, labels)
adaboost_classifier.score(features, labels)
```

結果模型的邊界如圖 12.17 所示。

我們可以更進一步，探索六個弱學習器及其分數（程式碼見 notebook），它們的邊界繪製在圖 12.18 中，從 notebook 中可以明顯看出，所有弱學習器的分數都是 1。

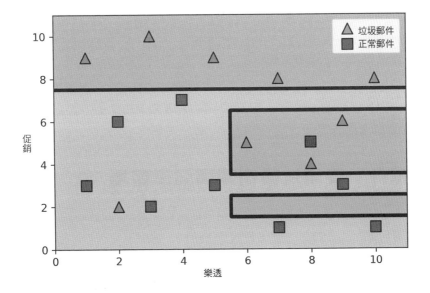

圖 12.17 垃圾郵件資料集上的 AdaBoost 分類器結果如圖 12.16 所示。 請注意，分類器可以很好地配適資料集，並且不會過度配適。

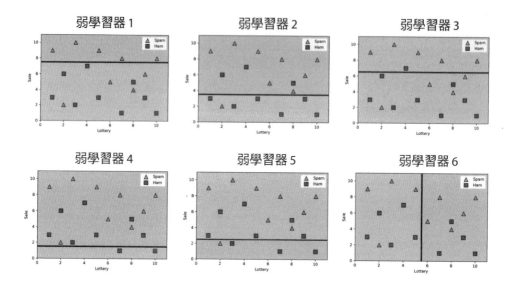

圖 12.18 我們的 AdaBoost 模型中的六個弱學習器。它們每一個都是深度為 1 的決策樹。它們組合成圖 12.17 中的強學習器。

請注意，圖 12.17 中的強學習器是透過為圖 12.18 中的每個弱學習器分配 1 分、並讓它們投票所獲得的。

梯度提升：使用決策樹建構強學習器

在本節中，我們將討論梯度提升，這是目前最流行和最成功的機器學習模型之一。梯度提升與 AdaBoost 類似，弱學習器是決策樹，每個弱學習器的目標是從之前的錯誤中學習。梯度提升和 AdaBoost 之間的一個區別是，在梯度提升中，我們允許深度大於 1 的決策樹。梯度提升可用於迴歸和分類，但為了清楚起見，我們使用迴歸作為例子。要將其用於分類，我們需要進行一些小調整。要了解這方面的更多資訊，請查看附錄 C 中的影片和閱讀清單連結。本節的程式碼如下：

- **Notebook**：Gradient_boosting_and_XGBoost.ipynb

  - https://github.com/luisguiserrano/manning/blob/master/Chapter_12_Ensemble_Methods/Gradient_boosting_and_XGBoost.ipynb

我們使用的案例與第 9 章的「迴歸決策樹」一節中的案例相同，其中我們研究了某些使用者對應用程式的參與程度。特徵是使用者的年齡，標籤是使用者使用應用程式的天數（表 12.3）。資料集的圖如圖 12.19 所示。

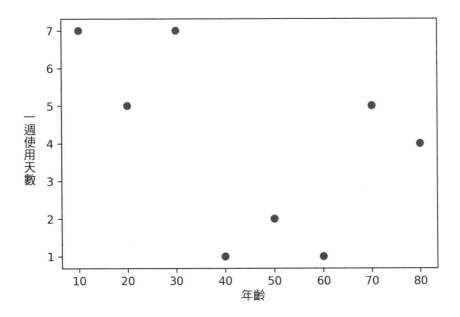

圖 12.19 表 12.3 中的使用者參與資料集圖。橫軸代表使用者的年齡，縱軸代表使用者每週使用我們應用程式的天數。

表 12.3 一個包含 8 個使用者、他們的年齡以及他們對我們應用程式參與度的小型資料集。參與度是根據他們在一週內打開應用程式的天數來衡量。我們將使用梯度提升來配適這個資料集。

特徵（年齡）	標籤（參與度）
10	7
20	5
30	7
40	1
50	2
60	1
70	5
80	4

梯度提升的想法是我們將建立一系列適合該資料集的樹。我們現在將使用兩個超參數：樹的數量設為 5，學習率則設為 0.8。第一個弱學習器很簡單：深度為 0 的決策樹最適合資料集，因為深度為 0 的決策樹只是一個節點，它為資料集中的每個點分配相同的標籤。由於我們最小化的誤差函數是均方誤差，所以這個預測的最佳值是標籤的平均值。該資料集標籤的平均值為 4，因此我們的第一個弱學習器是一個節點，它為每個點分配 4 的預測。

下一步是計算殘差，也就是標籤與第一個弱學習器做出預測之間的差，並為這些殘差配適一個新的決策樹。如你所見，這是在訓練決策樹以填補第一棵樹留下的空白。標籤、預測和殘差如表 12.4 所示。

第二個弱學習器是適合這些殘差的樹。這棵樹可以有我們想要的深度，但是對於這個例子，我們將確保所有弱學習器的深度最多為 2。這棵樹如圖 12.20 所示（連同它的邊界），它的預測位於表 12.4 的最右一欄。這棵樹是使用 Scikit-Learn 獲得的；步驟詳見 notebook。

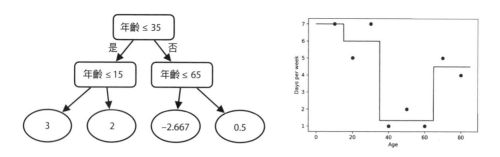

圖 12.20　梯度提升模型中的第二個弱學習器。該學習器是左圖所示深度為 2 的決策樹。這個弱學習器的預測顯示在右側的圖中。

表 12.4 第一個弱學習器的預測是標籤的平均值。訓練第二個弱學習器以配適第一個弱學習器的殘差。

特徵（年齡）	標籤（參與度）	弱學習器 1 的預測	殘差	弱學習器 2 的預測
10	7	4	3	3
20	5	4	2	2
30	7	4	3	2
40	1	4	-3	-2.667
50	2	4	-2	-2.667
60	1	4	-3	-2.667
70	5	4	1	0.5
80	4	4	0	0.5

這個想法是以這種方式繼續下去，計算新的殘差並訓練一個新的弱學習器來適應這些殘差。然而，有一個小警告——要計算前兩個弱學習器的預測，我們首先將第二個弱學習器的預測乘以學習率。回想一下，我們使用的學習率為 0.8。因此，前兩個弱學習器的組合預測是第一個 (4) 的預測加上第二個的預測的 0.8 倍。我們這樣做是因為我們不想過度配適我們的訓練資料。我們的目標是模仿梯度下降算法，慢慢地靠近解決方案，這就是我們透過將預測乘以學習率來實現的。新的殘差是原始標籤減去前兩個弱學習器的組合預測。這些計算在表 12.5 中。

表 12.5 標籤、前兩個弱學習器的預測和殘差。第一個弱學習器的預測是標籤的平均值。第二個弱學習器的預測如圖 12.20 所示。組合起來的預測等於第一個弱學習器的預測、加上學習率（0.8）乘以第二個弱學習器的預測。殘差是標籤與前兩個弱學習器組合預測之間的差異。

標籤	弱學習器 1 的預測	弱學習器 2 的預測	弱學習器 2 的預測學習率	弱學習器 1&2 的預測	殘差
7	4	3	2.4	6.4	0.6
5	4	2	1.6	5.6	-0.6
7	4	2	1.6	5.6	1.4
1	4	-2.667	-2.13	1.87	-0.87
2	4	-2.667	-2.13	1.87	0.13
1	4	-2.667	-2.13	1.87	-0.87
5	4	0.5	0.4	4.4	0.6
4	4	0.5	0.4	4.4	-0.4

現在我們可以繼續在新的殘差上配適一個新的弱學習器，並計算前兩個弱學習器的組合預測。我們透過將第一個弱學習器的預測和 0.8（學習率）乘以第二個和第三個弱學習器的預測總和來獲得這一點。我們對每個想要建構的弱學習器重複這個過程。我們可以使用 Scikit-Learn 中的 GradientBoostingRegressor 套件，而不是手動完成（程式碼在 notebook 中）。接下來的幾行程式碼展示了如何配適模型並進行預測。請注意，我們將樹的深度最多設置為 2，樹的數量為 5，學習率為 0.8，所使用的超參數是 max_depth、n_estimators 和 learning_rate。還要注意，如果我們想要五棵樹，我們必須將 n_estimators 超參數設置為 4，因為第一棵樹不計算在內。

```
from sklearn.ensemble import GradientBoostingRegressor
gradient_boosting_regressor = GradientBoostingRegressor(max_depth=2,
      n_estimators=4, learning_rate=0.8)
gradient_boosting_regressor.fit(features, labels)
gradient_boosting_regressor.predict(features)
```

生成的強學習器圖如圖 12.21 所示。請注意，它可以很好地預測值。

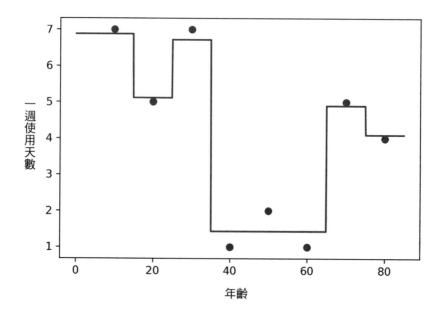

圖 12.21 我們的梯度提升迴歸器中強學習器的預測圖。請注意，該模型非常適合資料集。

但是，我們可以更進一步，實際繪製我們所獲得的五個弱學習器。這方面的細節在 notebook 中，而五個弱學習器如圖 12.22 所示。請注意，最後一個弱學習器的預測比第一個弱學習器的預測要小很多，因為每個弱學習器都在預測前一個弱學習器的誤差，並且這些誤差在每一步都越來越小。

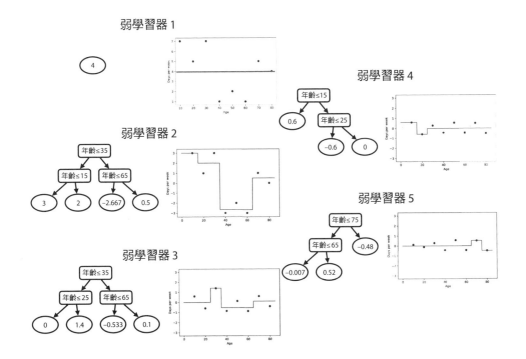

圖 12.22 梯度提升模型中的五個弱學習器。第一個是深度為 0 的決策樹，它總是預測標籤的平均值。每個連續的弱學習器是一個深度最多為 2 的決策樹，它配適之前弱學習器給出的預測的殘差。請注意，弱學習器的預測會變小，因為當強學習器的預測更接近標籤時，殘差會變小。

最後，我們可以使用 Scikit-Learn 或手動計算來查看預測結果如下：

- 年齡 = 10，預測 = 6.87
- 年齡 = 20，預測 = 5.11
- 年齡 = 30，預測 = 6.71
- 年齡 = 40，預測 = 1.43

- 年齡 = 50，預測 = 1.43
- 年齡 = 60，預測 = 1.43
- 年齡 = 70，預測 = 4.90
- 年齡 = 80，預測 = 4.10

XGBoost：一種進行梯度提升的極端方法

XGBoost 代表極端梯度提升，是最流行、最強大、最有效的梯度提升實現之一。
XGBoost 模型由 Tianqi Chen 和 Carlos Guestrin 於 2016 年建立（參閱附錄 C），
通常優於其他分類和迴歸模型。在本節中，我們將使用「梯度提升：使用決策樹
建構強學習器」一節中的相同迴歸案例來討論 XGBoost 的工作原理。

XGBoost 使用決策樹作為弱學習器，就像我們之前學習的提升方法一樣，每個弱
學習器的設計都是針對前面的弱點。更具體地說，每棵樹的建構都是為了配適先
前樹的預測殘差；但存在一些小的差異，例如我們建構樹的方式，它使用了一個
稱為相似度分數（*similarity score*）的指標。此外，我們添加了一個修剪步驟以
防止過度配適，如果樹枝不滿足某些條件，我們將刪除它們。在本節中，我們將
更詳細地介紹這一點。

XGBoost 相似度分數：
一種新的有效測量集合中相似度的方法

在本小節中，我們將看到 XGBoost 的主要建構組塊，它是一種衡量集合元素相似
程度的方法。這個指標被恰當地稱為相似度分數。在我們學習它之前，讓我們做
一個小練習。以下三組中，哪一組的相似度最高，哪一組的相似度最低？

- **第 1 組**：{10,–10, 4}
- **第 2 組**：{7、7、7}
- **第 3 組**：{7}

如果你說第 2 組的相似度最高，第 1 組的相似度最少，那麼你的直覺是正確的。
在第 1 組中，元素彼此非常不同，因此這一組的相似度最少。在第 2 組和第 3 組
之間，就不是很清楚了，因為兩組都有相同的元素，但次數不同。但是，第 2 組
的數字 7 出現了 3 次，而第 3 組則只出現了一次。因此，在第 2 組中的元素比第 3
組中的元素更同質或更相似。

要將相似度量化，請考慮以下指標。給定一個集合 $\{a_1, a_2, ..., a_n\}$，相似度分數是元素總和的平方除以元素個數，即 $\dfrac{(a_1 + a_2 + \cdots + a_n)^2}{n}$。讓我們計算上面三組的相似度分數，如下所示：

- 第 1 組：$\dfrac{(10 - 10 + 4)^2}{3} = 5.33$

- 第 2 組：$\dfrac{(7 + 7 + 7)^2}{3} = 147$

- 第 3 組：$\dfrac{7^2}{1} = 49$

請注意，正如我們所預期的，第 2 組的相似度分數最高，第 1 組的相似度分數最低。

注意 這個相似度分數並不完美。可以說集合 $\{1, 1, 1\}$ 比集合 $\{7, 8, 9\}$ 更相似，但 $\{1, 1, 1\}$ 的相似度分數為 3，$\{7, 8, 9\}$ 是 192。但是，就我們的算法而言，這個分數仍然有效。相似度分數的主要目標是能夠很好地區分大值和小值，並且達到了這個目的，正如我們將在之前的案例中看到的。

有一個與相似度分數相關的超參數 λ，有助於防止過度配適。使用時，將其與相似度分數的分母相加，得到公式 $\dfrac{(a_1 + a_2 + \cdots + a_n)^2}{n + \lambda}$。因此，舉例來說，假設 $\lambda = 2$，則集合 1 的相似度分數現在為 $\dfrac{(10 - 10 + 4)^2}{3 + 2} = 3.2$。在我們的例子中我們不會使用 λ 超參數，但是當我們進入程式碼時，我們將看到如何將它設置為我們想要的任何值。

建立弱學習器

在本小節中，我們將了解如何建構每個弱學習器。為了說明這個過程，我們使用「梯度提升」一節中的相同例子，如表 12.3 所示。為方便起見，表 12.6 的最左側兩欄顯示了相同的資料集。這是一個應用程式使用者的資料集，其中特徵是使用者的年齡，標籤是他們每週與應用程式互動的天數。該資料集的圖如圖 12.19 所示。

表 12.6 與表 12.3 相同的資料集，包含使用者、他們的年齡以及他們每週使用我們應用程式的天數。第三欄包含來自我們 XGBoost 模型中第一個弱學習器的預測。在預設情況下，這些預測都是 0.5。最後一欄包含殘差，也就是標籤和預測之間的差異。

特徵（年齡）	標籤（參與度）	弱學習器 1 的預測	殘差
10	7	0.5	6.5
20	5	0.5	4.5
30	7	0.5	6.5
40	1	0.5	0.5
50	2	0.5	1.5
60	1	0.5	0.5
70	5	0.5	4.5
80	4	0.5	3.5

訓練 XGBoost 模型的過程類似於訓練梯度提升樹的過程。第一個弱學習器是一棵樹，它對每個資料點給出 0.5 的預測。在建構這個弱學習器之後，我們計算殘差，即標籤和預測標籤之間的差異。這兩個量可以在表 12.6 的最右側兩欄中找到。

在我們開始建構剩餘的樹之前，讓我們先決定我們希望它們有多深。為了讓這個例子小一點，我們將再次使用最大深度 2，這代表當我們到達深度 2 時，我們停止建構弱學習器；這就是一個超參數，我們將在「在 Python 中訓練 XGBoost 模型」一節中更詳細地介紹它。

為了建構第二個弱學習器，我們需要將決策樹配適到殘差。我們使用相似度分數來做到這一點。像往常一樣，在根節點中，我們擁有整個資料集，因此，我們首先計算整個資料集的相似度分數，如下所示：

$$相似度 = \frac{(6.5+4.5+6.5+0.5+1.5+0.5+4.5+3.5)^2}{8} = 98$$

現在，我們繼續使用年齡特徵以所有可能的方式分割節點，就像我們對決策樹所做的那樣。對於每個分割，我們計算每個葉子對應之子集的相似度分數並將它們相加。那是對應於該分割的組合相似度分數。成績如下：

分割根節點，資料集 {6.5, 4.5, 6.5, 0.5, 1.5, 0.5, 4.5, 3.5}，相似度分數 = 98：

- 15 歲時分割：
  - 左節點：{6.5}；相似度分數：42.25
  - 右節點：{4.5, 6.5, 0.5, 1.5, 0.5, 4.5, 3.5}；相似度分數：66.04
  - 組合相似度分數：108.29

- 25 歲時分割：
  - 左節點：{6.5, 4.5}；相似度分數：60.5
  - 右節點：{6.5, 0.5, 1.5, 0.5, 4.5, 3.5}；相似度分數：48.17
  - 組合相似度分數：108.67

- 35 歲時分割：
  - 左節點：{6.5, 4.5, 6.5}；相似度分數：102.08
  - 右節點：{0.5, 1.5, 0.5, 4.5, 3.5}；相似度分數：22.05
  - **組合相似度分數：124.13**

- 45 歲時分割：
  - 左節點：{6.5, 4.5, 6.5, 0.5}；相似度分數：81
  - 右節點：{1.5, 0.5, 4.5, 3.5}；相似度分數：25
  - 組合相似度分數：106

- 55 歲時分割：
  - 左節點：{6.5, 4.5, 6.5, 0.5, 1.5}；相似度分數：76.05
  - 右節點：{0.5, 4.5, 3.5}；相似度分數：24.08
  - 組合相似度分數：100.13

- 65 歲時分割：
  - 左節點：{6.5, 4.5, 6.5, 0.5, 1.5, 0.5}；相似度分數：66.67
  - 右節點：{4.5, 3.5}；相似度分數：32
  - 組合相似度分數：98.67

- 75 歲時分割：
  - 左節點：{6.5, 4.5, 6.5, 0.5, 1.5, 0.5, 4.5}；相似度分數：85.75
  - 右節點：{3.5}；相似度分數：12.25
  - 組合相似度分數：98

如這些計算所示，具有最佳組合相似度分數的分割在年齡是 35 歲的地方，這將會是根節點處的分割。

接下來，我們繼續以相同的方式在每個節點處分割資料集。

分割左側節點，資料集 {6.5, 4.5, 6.5} 和相似度分數為 102.08：

- 15 歲時分割：
  - 左節點：{6.5}；相似度分數：42.25
  - 右節點：{4.5, 6.5}；相似度分數：60.5
  - 相似度分數：102.75
- 25 歲時分割
  - 左節點：{6.5, 4.5}；相似度分數：60.5
  - 右節點：{6.5}；相似度分數：42.25
  - 相似度分數：102.75

兩個分割都給了我們相同的組合相似度分數，所以我們可以使用兩者中的任何一個。讓我們在 15 歲時使用分割。現在，在正確的節點上。

分割右側節點，資料集 {0.5, 1.5, 0.5, 4.5, 3.5} 和相似度分數為 22.05：

- 45 歲時分割：
  - 左節點：{0.5}；相似度分數：0.25
  - 右節點：{1.5, 0.5, 4.5, 3.5}；相似度分數：25
  - 相似度分數：25.25
- 55 歲時分割：
  - 左節點：{0.5, 1.5}；相似度分數：2
  - 右節點：{0.5, 4.5, 3.5}；相似度分數：24.08
  - 相似度分數：26.08
- 65 歲時分割：
  - 左節點：{0.5, 1.5, 0.5}；相似度分數：2.08
  - 右節點：{4.5, 3.5}；相似度分數：32
  - **相似度分數：34.08**

- 75 歲時分割：
  - 左節點：{0.5, 1.5, 0.5, 4.5}；相似度分數：12.25
  - 右節點：{3.5}；相似度分數：12.25
  - 相似度分數：24.5

從這裡，我們得出結論，最好的分裂是在年齡為 65 歲時。樹現在有深度 2，所以我們停止增長它，因為這是我們在算法一開始時就決定好的。結果樹連同節點的相似度分數如圖 12.23 所示。

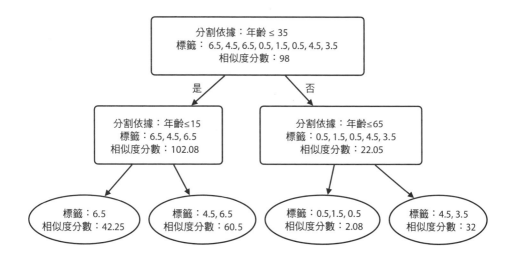

圖 12.23 XGBoost 分類器中的第二個弱學習器。對於每個節點，我們可以看到以年齡特徵為基礎、與該節點對應的標籤以及每組標籤的相似度分數的分割。為每個節點選擇的分割是最大化葉子的組合相似度分數的分割。對於每個葉子，你可以看到相應的標籤及其相似度分數。

那（幾乎）是我們的第二個弱學習器。在我們繼續建構更多弱學習器之前，我們需要多做一步來幫助減少過度配適。

樹修剪：一種透過簡化弱學習器來減少過度配適的方法

XGBoost 的一個重要特點是它不會過度配適。為此，它使用了「在 Python 中訓練 XGBoost 模型」一節中詳細描述的幾個超參數。其中之一是最小分割損失，如果結果節點的組合相似度分數不明顯大於原始節點的相似度分數，則防止發生分割。這種差異稱為*相似度增益*（*similarity gain*）。例如，在我們樹的根節點中，

相似度分數為 98，節點的組合相似度分數為 124.13。因此，相似度增益為 124.13 – 98 = 26.13。同理，左側節點的相似度增益為 0.67，右側節點的相似度增益為 12.03，如圖 12.24 所示。

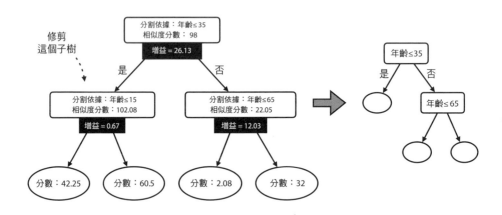

圖 12.24　在左側，我們有來自圖 12.23 的同一棵樹，還有一條額外的資訊：相似度增益。我們透過從葉子的組合相似度分數中減去每個節點的相似度分數來獲得這一點。我們只允許相似度增益高於 1 的分割（我們的最小分割損失超參數），因此不再允許其中一個分割，這會導致右側的修剪樹，現在成為我們的弱學習器。

我們將最小分割損失設置為 1。使用此值，唯一被阻止的分割是左側節點上的分割（年齡 ≤15）。因此，第二個弱學習器看起來像圖 12.24 的右側的部分。

做出預測

現在我們已經建構了第二個弱學習器，是時候使用它來進行預測了。我們獲得預測的方式與從任何決策樹獲得預測的方式相同，就是透過對相應葉中的標籤進行平均。我們第二個弱學習器的預測如圖 12.25 所示。

現在，開始計算前兩個弱學習器的組合預測。為了避免過度配適，我們使用了與梯度提升相同的技術，就是將所有弱學習器（第一個除外）的預測乘以學習率，這是為了模擬梯度下降法。在這種方法中，我們在幾次迭代後慢慢收斂到一個好的預測，並且使用 0.7 作為學習率。因此，前兩個弱學習器的組合預測等於第一個弱學習器的預測加上第二個弱學習器的預測乘以 0.7。舉例說明，對於第一個資料點，這個預測是：

$$0.5 + 5.83 \cdot 0.7 = 4.58$$

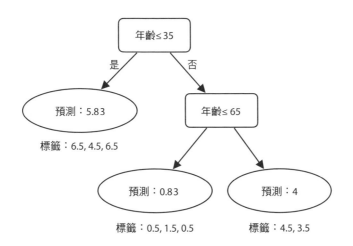

圖 12.25　在我們的 XGBoost 模型中被修剪後的第二個弱學習器。這是圖 12.24 中的同一棵樹，以及它的預測。每個葉子的預測是對應於該葉子標籤的平均值。

表 12.7 的第五欄包含前兩個弱學習器的組合預測。

表 12.7　標籤、前兩個弱學習器的預測和殘差。透過將來自第一個弱學習器的預測（始終為 0.5）加上學習率（0.7），乘以來自第二個弱學習器的預測來獲得組合預測。殘差是標籤和組合預測之間的差異。

標籤 （參與度）	弱學習器 1 的預測	弱學習器 2 的預測	弱學習器 2 的 預測學習率	弱學習器 1 的預測與弱 學習器 2 的預測學習率 相加	殘差
7	0.5	5.83	4.08	4.58	2.42
5	0.5	5.83	4.08	4.58	0.42
7	0.5	5.83	4.08	4.58	2.42
1	0.5	0.83	0.58	1.08	-0.08
2	0.5	0.83	0.58	1.08	0.92
1	0.5	0.83	0.58	1.08	-0.08
5	0.5	4	2.8	3.3	1.7
4	0.5	4	2.8	3.3	0.7

請注意，組合預測比第一個弱學習器的預測更接近標籤，下一步是迭代。我們將為所有資料點計算新的殘差，為它們配適一棵樹，修剪樹，計算新的組合預測，並以這種方式繼續進行。我們想要的樹的數量是我們可以在一開始時選擇的另一

個超參數。為了繼續建構這些樹，我們使用了一個名為 xgboost 的有用 Python 套件。

在 Python 中訓練 XGBoost 模型

在本節中，我們將學習如何使用 xgboost 的 Python 套件來訓練模型以適應當前資料集。本節的程式碼與上一節在同一個 notebook 中，如下所示：

- **Notebook**：Gradient_boosting_and_XGBoost.ipynb
  - https://github.com/luisguiserrano/manning/blob/master/Chapter_12_Ensemble_Methods/Gradient_boosting_and_XGBoost.ipynb

在開始之前，讓我們修改我們為此模型定義的超參數：

估計數　弱學習器的數量。注意：在 xgboost 套件中，第一個弱學習器不計入估計器中。對於這個例子，我們將它設置為 3，這將給我們四個弱學習器。

最大深度　每個決策樹（弱學習器）允許的最大深度。我們將其設置為 2。

lamda 參數　添加到相似度分數的分母上的數字。我們將其設置為 0。

最小分裂損失　允許發生分割的相似度分數的最小增益。我們將其設置為 1。

學習率　從倒數第二個弱學習器的預測乘以學習率。我們將其設置為 0.7。

使用以下程式碼，我們導入套件，建構一個名為 XGBRegressor 的模型，並將其配適到我們的資料集：

```
import xgboost
from xgboost import XGBRegressor
xgboost_regressor = XGBRegressor(random_state=0,
                                 n_estimators=3,
                                 max_depth=2,
                                 reg_lambda=0,
                                 min_split_loss=1,
                                 learning_rate=0.7)
xgboost_regressor.fit(features, labels)
```

模型圖如圖 12.26 所示。請注意，它非常適合資料集。

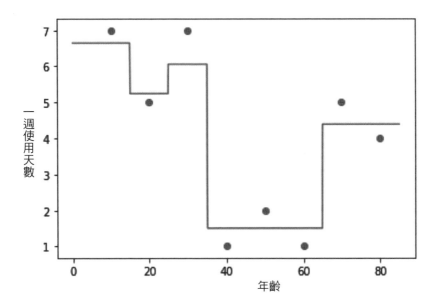

圖 12.26 我們的 XGBoost 模型的預測圖。請注意，它非常適合資料集。

xgboost 套件還允許我們查看弱學習器，它們出現在圖 12.24 中。以這種方式獲得的樹已經有標籤乘以 0.7 的學習率，與圖 12.25 中手動獲得的樹和圖 12.27 中左起第二棵樹的預測相比，這一點很明顯。

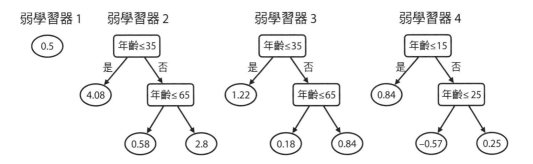

圖 12.27 在我們的 XGBoost 模型中形成強學習器的四個弱學習器。請注意，第一個總是預測 0.5，而其他三個形狀都很巧合地長得差不多。但是，請注意，每棵樹的預測都會變小，因為每次我們配適的殘差都較小。此外，請注意第二個弱學習器是我們在圖 12.25 中手動獲得的同一棵樹，唯一的區別是在這棵樹中，預測已經乘以 0.7 的學習率。

因此，為了獲得強學習器的預測，我們只需要添加每棵樹的預測。例如，對於 20 歲的使用者，預測如下：

- 弱學習器 1：0.5
- 弱學習器 2：4.08
- 弱學習器 3：1.22
- 弱學習器 4：–0.57

因此，預測為 0.5+5.83+1.22–0.57=5.23。其他點的預測如下：

- 年齡 =10；預測 =6.64
- 年齡 =20；預測 =5.23
- 年齡 =30；預測 =6.05
- 年齡 =40；預測 =1.51
- 年齡 =50；預測 =1.51
- 年齡 =60；預測 =1.51
- 年齡 =70；預測 =4.39
- 年齡 =80；預測 =4.39

集成方法的應用

集成方法是現今使用中一些最有用的機器學習技術，因為它們以相對較低的成本表現出高水準的效能。使用集成方法最多的地方之一是機器學習挑戰，例如 Netflix Challenge。Netflix Challenge 是 Netflix 組織的一項競賽，他們將一些資料匿名化並公開。參賽者的目標是建立一個比 Netflix 本身更好的推薦系統，並且最好的系統將會贏得一百萬美元；最終獲勝的團隊在一個集成方法中使用了強大的學習器組合來獲勝。有關這方面的更多資訊，請查看附錄 C 中的參考資料。

總結

- 集成方法包括訓練幾個弱學習器並將它們組合成一個強學習器。它們是建構強大模型的有效方法，這些模型在真實資料集上取得了很好的效果。

- 集成方法可用於迴歸和分類。

- 集成方法有兩種主要類型：bagging 和 boosting。

- bagging 或引導聚合，包括在我們資料的隨機子集上建構連續的學習器，並將它們組合成一個強大的學習器，該學習器以多數投票為基礎進行預測。

- boosting 包括建構一系列學習器，其中每個學習器關注前一個學習器的弱點，並將它們組合成一個強分類器，該分類器根據學習器的加權投票進行預測。

- AdaBoost、梯度提升和 XGBoost 是三種先進的提升算法，可在真實資料集上產生出色的結果。

- 集成方法的應用範圍很廣，從推薦算法到醫學和生物學中都可以應用。

練習

練習 12.1

增強的強學習器 L 由三個弱學習器 L_1、L_2 和 L_3 組成，它們的權重分別為 1、0.4 和 1.2。對於一個特定的點，L_1 和 L_2 預測它的標籤是正的，而 L_3 預測它是負的。學習器 L 在這一點上做出的最終預測是什麼？

練習 12.2

我們正在對大小為 100 的資料集訓練 AdaBoost 模型。當前的弱學習器正確分類了 100 個資料點中的 68 個。我們將在最終模型中分配給該學習器的權重是多少？

本章包含

- 清理和前處理資料，使其可以被我們的模型讀取

- 使用 Scikit-Learn 訓練和評估多個模型

- 使用網格搜尋為我們的模型選擇好的超參數

- 使用 k 折交叉驗證能夠同時使用我們的資料進行訓練和驗證

在本書中，我們要學習監督式學習中一些最重要的演算法，也有機會對它們編寫程式碼並使用它們對多個資料集進行預測。然而，在真實資料上訓練模型的過程還需要幾個步驟，這就是我們在本章要討論的內容。

資料科學家最基本的工作之一是清理和前處理資料，這是非常重要的，因為電腦無法完全做到這一點。要正確清理資料，有必要對資料和正在解決的問題有充分的了解。在本章中，我們將看到一些用於清理和前處理資料最重要的技術，接著我們更仔細地研究特徵並應用一些特徵工程，使它們為模型做好準備。下一步，我們將模型分割為訓練集、驗證集和測試集，在我們的資料集上訓練多個模型，並對它們進行評估。這樣，我們將能夠為該資料集選擇效能最佳的模型。最後，我們要學習一些重要的方法，例如網格搜尋來為我們的模型找到最佳的超參數。

我們將所有這些步驟應用於一個常用來學習和練習機器學習技術的知名資料集：鐵達尼號資料集。我們將在下一節中深入介紹該資料集。本章包含大量程式碼，我們使用的兩個 Python 套件是 Pandas 和 Scikit-Learn，我們在已經本書中廣泛使用它們。Pandas 套件非常適合處理資料，包括打開檔案、載入資料以及將其組織為表格，稱為 DataFrames。Scikit-Learn 套件則非常適合訓練和評估模型，它包含我們在本書中學習的大多數算法的可靠實現。

我們將在整章中使用的程式碼和資料集如下：

- **Notebook**：End_to_end_example.ipynb
    - https://github.com/luisguiserrano/manning/blob/master/Chapter_13_End_to_end_example/End_to_end_example.ipynb
- **資料集**：titanic.csv

鐵達尼號資料集

在本節中，我們載入並研究資料集。載入和處理資料對於資料科學家來說是一項很重要的技能，因為模型之所以會成功，很大程度上取決於輸入到其中的資料是如何被前處理的。我們使用 Pandas 套件來執行此操作。

在本章中,我們使用了一個用於學習機器學習的知名案例:鐵達尼號資料集。在較高層次上,該資料集包含有關鐵達尼號上許多乘客的資訊,包括他們的姓名、年齡、婚姻狀況、登船港和等級,最重要的是,它還包含有關乘客生存的資訊。這個資料集可以在 Kaggle (www.kaggle.com) 中找到,這是一個擁有大量資料集和競賽的知名線上社群,我強烈建議你可以上網看看。

注意 我們使用的資料集是一個歷史資料集,正如你可能想像的,它包含了 1912 年以來的許多社會偏差。歷史資料集不提供修改或額外抽樣的機會,以反映當前的社會規範和對世界的理解。這裡發現的一些例子是沒有包含非二元性別,在性別和社會階層方面對乘客的不同待遇等等。我們將評估這個資料集,就像它是一個數字表一樣,因為我們相信它是一個非常豐富且常用的資料集,用於建構模型和進行預測。然而,作為資料科學家,我們有責任一直注意資料中的偏差,例如與種族、性別認同、性取向、社會地位、能力、國籍、信仰等有關的偏差,並在我們有能力確保我們建立的模型不會延續這些歷史偏差。

我們資料集的特徵

我們使用的鐵達尼號資料集包含**鐵達尼號**上 891 名乘客的姓名和資訊,包括他們是否生還。以下是資料集的欄位:

- **乘客編號**:識別每位乘客的編號,從 1 到 891
- **姓名**:乘客的全名
- **性別**:乘客的性別(男性或女性)
- **年齡**:乘客的年齡,整數形式
- **乘客等級**:乘客所乘坐的艙位:頭等、二等或三等
- **SibSP**:乘客的兄弟姐妹和配偶的數量(如果乘客單獨旅行,則為 0)
- **Parch**:乘客的父母和孩子的數量(如果乘客單獨旅行,則為 0)
- **票**:票號
- **票價**:乘客以英鎊支付的票價
- **客艙**:乘客乘坐的客艙

- **登船：** 乘客登船的港口：「C」代表 Cherbourg，「Q」代表 Queenstown，「S」代表 Southampton
- **倖存：** 乘客是否倖存 (1) 或未倖存 (0) 的資訊

使用 Pandas 載入資料集

在本節中，我們將學習如何使用 Pandas 打開資料集並將其載入到 DataFrame 中，DataFrame 是 Pandas 用於儲存資料表的物件。我已經從 www.kaggle.com 下載了資料，並將其儲存名為 titanic.csv 的 CSV（逗號分隔值）檔案。在對 Pandas 進行任何操作之前，我們必須使用以下指令導入 Pandas：

```
import pandas
```

現在我們已經載入了 Pandas，我們需要載入資料集。為了儲存資料集，Pandas 使用了兩個物件：*DataFrame* 和 *Series*。它們本質上是一樣的，只是 Series 用於只有一個欄位的資料集，而 DataFrame 則用於多欄的資料集。

我們可以使用以下指令將資料集載入為 DataFrame：

```
raw_data = pandas.read_csv('./titanic.csv', index_col="PassengerId")
```

此指令將資料集儲存到名為 `raw_data` 的 Pandas DataFrame 中，我們稱其為原始資料，因為我們的目標是稍後對其進行清理和前處理。一旦我們載入它之後，我們可以看到第一列看起來像表 13.1。一般來說，Pandas 會添加一個額外的欄，對資料集中的所有元素進行編號，因為資料集已經帶有這個編號，我們可以透過指定 `index_col="PassengerId"` 將此索引設置為該欄。出於這個原因，我們可能會看到，在這個資料集中，列從 1 開始索引，而不是從 0 開始索引，這在實務中更常見。

表 13.1 Titanic 資料集包含有關鐵達尼號乘客的資訊，包括他們是否倖存。在這裡，我們使用 Pandas 打開資料集並列出了它的列和欄。請注意，它總共有 891 列和 12 欄。

乘客編號	倖存	乘客等級	姓名	性別	年齡	SibSP	Parch	票	票價	客艙	登船
1	0	3	Braund, Mr. Owen Harris	男	22.0	1	0	A/5 21171	7.2500	NaN	S
2	1	1	Cumings, Mrs. John Bradley (Florence Briggs Th...	女	38.0	1	0	PC 17599	71.2833	C85	C
3	1	3	Heikkinen, Miss Laina	女	26.0	0	0	STON/O2. 3101282	7.9250	NaN	S
...	...	...	...	...	...	...	...	...	...	...	...
890	1	1	Behr, Mr. Karl Howell	男	26.0	0	0	111369	30.0000	C148	C
891	0	3	Dooley, Mr. Patrick	男	32.0	0	0	370376	7.7500	NaN	Q

保存和載入資料集

在我們開始研究我們的資料集之前，有個小步驟能對我們有幫助。在每節的最後面，我們將資料集保存在一個 CSV 檔案中，我們將在下一節的開頭再次載入它，這樣我們就可以放下這本書或退出 Jupyter Notebook，稍後在任何檢查點重新開始工作，而無須從頭重新運行所有指令。對於像這樣的小資料集，重新運行指令並不是什麼大問題，但想像一下，如果我們正在處理大量資料，序列化和保存資料的位置就很重要，因為它可以節省時間和處理的能力。

以下是保存在每個部分最後面的資料集的名稱：

- 「鐵達尼號資料集」：raw_data
- 「清理我們的資料集」：clean_data
- 「特徵工程」：preprocessed_data

保存和載入指令如下：

```
tablename.to_csv('./filename.csv', index=None)
tablename = pandas.read_csv('./filename.csv')
```

當 Pandas 載入資料集時，它會添加一個索引欄，為每個元素編號。我們可以忽略這一欄，但是當我們保存資料集時，我們必須設置參數 index=None 以避免保存不必要的索引欄。

資料集已經有一個名為 PassengerId 的索引欄。如果我們想使用這個作為 Pandas 中的預設索引欄，我們可以在載入資料集時指定 index_col='PassengerId'（但我們並不會這樣做）。

使用 **Pandas** 研究我們的資料集

在本節中，我將教你一些有用的方法來研究我們的資料集。第一個是長度的函式，或 len。該函式回傳資料集中列的數量，如下所示：

```
len(raw_data)
Output: 891
```

這代表我們的資料集有 891 行。要輸出欄的名稱，我們使用 DataFrame 的 columns 屬性，如下所示：

```
raw_data.columns
Output: Index(['PassengerId', 'Survived', 'Pclass', 'Name', 'Sex', 'Age',
    'SibSp', 'Parch', 'Ticket', 'Fare', 'Cabin', 'Embarked'], dtype='object')
```

現在讓我們探索其中一個欄位。使用以下指令，我們可以探索倖存（Survived）欄：

```
raw_data['Survived']
Output:
```

```
0, 1, 1, 1, 0, .., 0, 1, 0, 1, 0
Name: Survived, Length: 891, dtype: int64
```

第一欄是乘客的索引（1 到 891）。如果乘客沒有倖存，第二欄為 0；如果乘客倖存，則為 1。但是，如果我們想要兩欄，例如姓名和年齡，我們可以使用 next 指令：

```
raw_data[['Name', 'Age']]
```

這將回傳一個只有這兩欄的 DataFrame。

現在假設我們想知道有多少乘客倖存下來。我們可以使用 sum 函式對倖存欄位中的值求和，如下所示：

```
sum(raw_data['Survived'])
Output: 342
```

這表明在我們資料集中的 891 名乘客中，只有 342 名倖存下來。

就 Pandas 為處理資料集提供的所有功能而言，這只是冰山一角。訪問 pandas. pydata.org 的文件頁面以了解更多資訊。

清理我們的資料集：缺失值以及如何處理它們

既然我們知道如何處理 DataFrame，我們將討論一些清理資料集的技術。為什麼這很重要呢？在現實生活中，資料可能是混亂的，將混亂的資料輸入模型通常會導致模型出錯。而重要的是，在訓練模型之前，資料科學家會很好地探索資料集並執行一些清理以使資料為模型做好準備。

我們遇到的第一個問題是具有缺失值的資料集。由於人為或電腦錯誤，或者僅僅是由於資料收集問題，資料集並不總是包含其中的所有值。你若嘗試將模型配適到具有缺失值的資料集可能會導致錯誤。在丟失資料方面，鐵達尼號資料集也不例外。例如，讓我們看一下資料集的客艙欄位，如下所示：

```
raw_data['Cabin']
Output:
0        NaN
1        C85
```

```
2      NaN
3      C123
4      NaN
        ...
886    NaN
887    B42
888    NaN
889    C148
890    NaN
Name: Cabin, Length: 891, dtype: object
```

資料集中存在一些客艙名稱，例如 C123 或 C148，但大多數值是 NaN。NaN 或
「非數字」表示條目丟失、不可讀或只是另一種無法轉換為數字的類型。這可能是
由於筆誤而發生的；這是可以想像的，鐵達尼號的紀錄很舊，一些資訊已經丟失，
或者他們根本沒有記錄每一位乘客的客艙號。無論哪種方式，我們都不希望資料
集中有 NaN 值。我們正處於一個決定點：我們應該處理這些 NaN 值還是完全刪
除該欄？首先讓我們檢查資料集的每一欄中有多少個 NaN 值。我們的決定將取決
於該問題的答案。

要找出每欄中有多少個值是 NaN，我們使用 is_na（或 is_null）函式。如果
條目是 NaN，is_na 函式回傳 1，否則回傳 0。因此，如果我們對這些值求和，
我們會得到每欄中為 NaN 的條目數，如下所示：

```
raw_data.isna().sum()
```
Output:
```
PassengerId     0
Survived        0
Pclass          0
Name            0
Sex             0
Age           177
SibSp           0
Parch           0
Ticket          0
Fare            0
Cabin         687
Embarked        2
```

這告訴我們唯一缺少資料的欄是年齡，它缺少 177 個值；客艙欄位則缺少 687 個
值；登船欄位則缺少 2 個值。我們可以使用幾種方法來處理缺失的資料，並且我
們將對該資料集的不同欄應用不同的方法。

刪除缺少資料的欄

當一欄缺少太多值時，相應的特徵可能對我們的模型沒有用處。在本例中，客艙看起來不是一個好的功能。在 891 列中，687 列沒有值，所以應該刪除此特徵。我們可以使用 Pandas 中的 drop 函式來做到這一點，如下所示。我們將建立一個名為 clean_data 的新 DataFrame 來儲存我們將要清理的資料：

```
clean_data = raw_data.drop('Cabin', axis=1)
```

drop 函式的引數（argument）如下：

- 我們要刪除之欄的名稱
- axis 參數，當我們要刪除一欄時為 1，當我們要刪除一列時為 0

然後我們將此函式的輸出分配給變數 clean_data，表示我們想用刪除欄之後的新 DataFrame，來替換被稱為 data 的舊 DataFrame。

如何不丟失整欄：填寫缺失資料

我們並不總是想刪除缺少資料的欄，因為我們可能會丟失重要資訊。我們還可以用有意義的值填充資料。例如，讓我們看一下年齡欄位，如下所示：

```
clean_data['Age']
Output:
0       22.0
1       38.0
2       26.0
3       35.0
4       35.0
        ...
886     27.0
887     19.0
888      NaN
889     26.0
890     32.0
Name: Age, Length: 891, dtype: float64
```

正如我們之前計算的那樣，年齡欄在 891 個值中僅丟失了 177 個值，這並不多。此欄很有用，所以我們不要刪除它。那麼，我們可以用這些缺失值做什麼呢？我

們可以做很多事情，但最常見的是用其他值的平均值或中位數來填補。讓我們使用中位數來進行。首先，我們使用 median 函式計算中位數，得到 28。接下來，我們使用 fillna 函式，用我們給它的值填充缺失值，如下程式碼片段所示：

```
median_age = clean_data["Age"].median()
clean_data["Age"] = clean_data["Age"].fillna(median_age)
```

缺少值的第三欄是登船，它缺少兩個值。我們可以在這裡做什麼呢？我們沒有可以使用的平均值，因為這些是字母，而不是數字。但幸運的是，其中 891 行中只有兩行缺少這個數字，所以我們在這裡並沒有丟失太多資訊。我的建議是將登船欄中沒有價值的所有乘客歸為同一類別。我們可以稱這個類別為 U，代表「未知」。以下程式碼將執行此操作：

```
clean_data["Embarked"] = clean_data["Embarked"].fillna('U')
```

最後，我們可以將此 DataFrame 保存在名為 clean_titanic_data 的 CSV 檔案中，以便在下一節中使用：

```
clean_data.to_csv('./clean_titanic_data.csv', index=None)
```

特徵工程：
在訓練模型之前轉換我們資料集中的特徵

現在我們已經清理了資料集，我們離訓練模型更近了。但是，我們仍然需要做一些重要的資料操作，我們將在本節中看到這些操作。首先是將資料類型從數字轉換為分類，反之亦然。第二個是特徵選擇，我們手動決定要刪除哪些特徵以改進模型的訓練。

回想一下第 2 章，有兩種類型的特徵：數值型和類別型。數值特徵是儲存為數值的特徵。在這個資料集中，年齡、票價和乘客等級等特徵都是數值。類別特徵是包含多個類別的特徵。例如，性別特徵包含兩個類別：女性和男性。登船特徵包含三個等級，C 代表 Cherbourg，Q 代表 Queenstown，S 代表 Southampton。

正如我們在本書中所看到的，機器學習模型是以數值作為輸入。如果是這樣，我們如何輸入「女性」一詞或字母「Q」？我們需要有一種方法將類別型特徵轉化為數值特徵。另外，不管你信不信，有時我們可能有興趣將數值特徵視為類別以幫助我們進行訓練，例如將它們放入桶中，分成 1-10 歲、11-20 歲等。我們將在「將數值資料轉換為類別資料」一節中對此進行更多介紹。

更重要的是，當我們想到乘客等級（稱為 Pclass）這樣的特徵時，這真的是數值特徵，還是類別特徵？我們應該將等級視為一到三之間的數字，還是三個等級：第一、第二和第三？我們將在本節中回答這些問題。

在本節中，我們將 DataFrame 稱為 `preprocessed_data`。該資料集的前幾列如表 13.2 所示。

表 13.2 清理後的資料集的前五列。我們將繼續對這些資料進行前處理以進行訓練。

乘客編號	倖存	乘客等級	姓名	性別	年齡	SibSP	Parch	票	票價	登船
1	0	3	Braund, Mr. Owen Harris	男	22.0	1	0	A/5 21171	7.2500	S
2	1	1	Cumings, Mrs. John Bradley (Florence Briggs Th...	女	38.0	1	0	PC 17599	71.2833	C
3	1	3	Heikkinen, Miss Laina	女	26.0	0	0	STON/O2. 3101282	7.9250	S
4	1	1	Futrelle, Mrs. Jacques Heath (Lily May Peel)	女	35.0	1	0	113803	53.1000	S
5	0	3	Allen, Mr. William Henry	男	35.0	0	0	373450	8.0500	S

將類別資料轉化為數值資料：one-hot 編碼

如前所述，機器學習模型執行大量數學運算，並且要對我們的資料執行數學運算，我們必須確保所有資料都為數值。如果我們有任何包含類別資料的欄，我們必須將它們轉換為數值。在本節中，我們將學習一種使用稱為 *one-hot 編碼*（*one-hot encoding*）的技術來有效執行此操作的方法。

但在我們深入研究 one-hot 編碼之前，有一個問題：為什麼不簡單地為每個類別附加一個不同的數字呢？例如，如果我們的特徵有 10 個類別，為什麼不將它們編號為 0、1、2、...、9？原因是這會強制對我們可能不想要的特徵進行排序。例如，如果登船欄位具有三個類別 C、Q 和 S，分別對應於 Cherbourg、Queenstown 和 Southampton，則將數字 0、1 和 2 分配給這些將隱含地告訴模型 Queenstown 的值介於 Cherbourg 和 Southampton 的價值觀，但這不一定是真的。一個複雜的模型可能能夠處理這種隱式排序，但更簡單的模型（例如線性模型）會受到影響。我們想讓這些值更加獨立，這就是 one-hot 編碼能夠有所發揮的地方。

one-hot 編碼的工作方式如下：首先，我們查看該特徵有多少類別並建構盡可能多的新欄位。例如，具有兩個類別（女性和男性）的欄會將其轉換為兩欄，一欄用於女性，一欄用於男性。為了清楚起見，我們可以稱這些欄為性別 _ 男性和性別 _ 女性。然後，我們查看每位乘客。如果乘客是女性，那麼性別 _ 女性欄的值為 1，而性別 _ 男性欄的值為 0。如果乘客是男性，則相反。

如果我們有一個包含更多類別的欄位，例如登船欄位怎麼辦？因為該欄具有三個類別（C 代表 Cherbourg，Q 代表 Queenstown，S 代表 Southampton），所以我們只需建立三個欄，分別稱為登船 _c、登船 _q 和登船 _s。這樣，如果一名乘客在 Southampton 登船，第三欄將是 1，另外兩欄是 0。這個過程如圖 13.1 所示。

	性別
乘客1	F
乘客2	M
乘客3	M
乘客4	F

	性別_女	性別_男
乘客1	1	0
乘客2	0	1
乘客3	0	1
乘客4	1	0

	登船
乘客1	Q
乘客2	S
乘客3	C
乘客4	S

	登船_c	登船_q	登船_s
乘客1	0	1	0
乘客2	0	0	1
乘客3	1	0	0
乘客4	0	0	1

圖 13.1 one-hot 對我們的資料進行編碼，將其全部轉化為數值，供機器學習模型讀取。在左側，我們有具有類別特徵的欄位，例如性別或登船。在右側，我們將這些類別特徵轉化為數值特徵。

Pandas 函式 get_dummies 幫助我們進行 one-hot 編碼。我們使用它來建立一些新欄，然後將這些欄附加到資料集，並且我們一定不要忘記刪除原始欄，因為該資訊是多餘的。接下來是在性別和登船欄中進行 one-hot 編碼的程式碼：

建立擁有 one-hot 編碼的欄位

```
gender_columns = pandas.get_dummies(data['Sex'], prefix='Sex')
embarked_columns = pandas.get_dummies(data["Pclass"], prefix="Pclass")

preprocessed_data = pandas.concat([preprocessed_data, gender_columns], axis=1)
preprocessed_data = pandas.concat([preprocessed_data, embarked_columns], axis=1)

preprocessed_data = preprocessed_data.drop(['Sex', 'Embarked'], axis=1)
```

將資料集與新建立的欄位連接

將舊的欄位從資料集中刪除

有時這個過程可能很昂貴。想像一下有一個包含 500 個類別的欄，這將為我們的表添加 500 個新的欄！不僅如此，列將非常稀疏，也就是它們將大部分包含 0。現在想像一下，如果我們有很多欄，每欄都有數百個類別，如此一來，我們的表

會變得太大而無法處理。在本例中，作為資料科學家，請使用你的標準做出決定。如果有足夠的計算能力和儲存空間來處理數千甚至數百萬欄，那麼 one-hot 編碼是沒有問題的。如果這些資源是有限的，也許我們可以擴大我們的類別以產生更少的欄。例如，如果我們有一個包含 100 種動物類型的欄，我們可以將它們歸為由哺乳動物、鳥類、魚類、兩棲動物、無脊椎動物和爬行動物組成的六欄。

我們可以 one-hot 編碼數值特徵嗎？如果可以，我們為什麼要這樣做？

顯然，如果一個特徵具有像是男性或女性之類的類別，我們最好的策略是對其進行 one-hot 編碼。但是，對於某些數值特徵，我們仍然可能需要考慮 one-hot 編碼。例如，讓我們看一下乘客等級欄。此欄具有類別 0、1 和 2，分別代表第一類、第二類和第三類。我們應該將其保留為數值特徵，還是應該將其 one-hot 編碼為三個特徵：Pclass1、Pclass2 和 Pclass3 呢？這當然是有爭議的，我們可以在雙方都提出很好的論據。有人可能會爭辯說，如果資料集不能給模型帶來潛在的效能改進，我們不想不必要地擴大資料集。我們可以使用一個經驗法則來決定是否將一欄分割為多欄。我們可以問自己：這個特徵是否與結果直接相關？換句話說，增加特徵的值是否會使乘客更有可能（或不太可能）生存？可以想像，等級越高，乘客生還的可能性就越大。讓我們透過計數來看看是否是這種情況（參見 notebook 中的程式碼），如下所示：

- 在頭等艙中，62.96% 的乘客倖存。
- 在二等艙中，47.28% 的乘客倖存。
- 在三等艙中，24.24% 的乘客倖存。

請注意，生存的可能性最低的是三等艙的乘客。因此，增加（或減少）類別會自動提高生存機會是不正確的。出於這個原因，我建議對這個特性進行 one-hot 編碼，如下所示：

```
categorized_pclass_columns = pd.get_dummies(preprocessed_data['Pclass'],
    prefix='Pclass')
preprocessed_data = pd.concat([preprocessed_data, categorized_pclass_columns],
    axis=1)
preprocessed_data = preprocessed_data.drop(['Pclass'], axis=1)
```

將數值資料轉換為類別資料（我們為什麼要這樣做？）：分組

在上一節中，我們學會了將類別資料轉換為數值資料。在本節中，我們將看到如何朝另一個方向發展。為什麼我們會想要這個？讓我們看一個例子。

先看一下年齡欄位，它很好而且數字化。機器學習模型回答了以下問題：「年齡在多大程度上決定了鐵達尼號上的倖存機率？」。想像一下，我們有一個倖存的線性模型。這樣的模型最終會出現以下兩個結論中的其中之一：

- 乘客年齡越大，他們倖存的可能性就越大。
- 乘客年齡越大，他們倖存的可能性就越小。

然而，總是這樣嗎？如果年齡和生存之間的關係不那麼簡單怎麼辦？如果乘客在20 到 30 歲之間存活的可能性最高，而對於所有其他年齡段的人來說倖存的可能性很低，那該怎麼辦？如果生存的最低可能性在 20 到 30 之間怎麼辦？我們需要為模型提供所有權限來確定哪些年齡決定了乘客是否或多或少有可能倖存？我們可以做些什麼嗎？

許多非線性模型可以處理這個問題，但我們仍然應該將年齡欄位修改為讓模型更自由地探索資料的內容。一個有用的技術是對年齡進行分類，也就是將它們分成幾個不同的部分。例如，我們可以將年齡欄位變成如下：

- 0 至 10 歲
- 11 至 20 歲
- 21 至 30 歲
- 31 至 40 歲
- 41 至 50 歲
- 51 至 60 歲
- 61 至 70 歲
- 71 至 80 歲
- 81 歲或以上

這類似於 one-hot 編碼，在某種意義上它將年齡欄位變成九個新的欄位。執行此操作的程式碼如下：

```
bins = [0, 10, 20, 30, 40, 50, 60, 70, 80]
categorized_age = pandas.cut(preprocessed_data['Age'], bins)
preprocessed_data['Categorized_age'] = categorized_age
preprocessed_data = preprocessed_data.drop(["Age"], axis=1)
```

特徵選擇：去除不必要的特徵

在「刪除缺少資料的欄」一節中，我們刪除了表中的一些欄位，因為它們的缺失值太多。但是，我們也應該刪除其他一些欄位，因為它們對於我們的模型來說不是必須的，或者更糟糕的是，它們可能會完全破壞我們的模型！在本節中，我們討論應該刪除哪些特徵。但在此之前，先看看這些特徵，想想其中哪些對我們的模型不利：

- **乘客編號**：識別每位乘客的編號，從 1 到 891
- **姓名**：乘客的全名
- **性別**：乘客的性別（男性或女性）
- **年齡**：乘客的年齡，整數形式
- **乘客等級**：乘客所乘坐的艙位：頭等、二等或三等
- **SibSP**：乘客的兄弟姐妹和配偶的數量（如果乘客單獨旅行，則為 0）
- **Parch**：乘客的父母和孩子的數量（如果乘客單獨旅行，則為 0）
- **票**：票號
- **票價**：乘客以英鎊支付的票價
- **客艙**：乘客乘坐的客艙
- **登船**：乘客登船的港口：「C」代表 Cherbourg，「Q」代表 Queenstown，「S」代表 Southampton
- **倖存**：乘客是否倖存 (1) 或未倖存 (0) 的資訊

首先，讓我們看一下姓名特徵。我們應該在我們的模型中考慮它嗎？絕對不需要，原因如下：每個乘客都有不同的名字（也許有一些例外，這並不重要）。因此，該模型將被訓練為簡單地學習倖存乘客的姓名，它無法告訴我們任何關於未見過姓

名的新乘客資訊。這個模型正在記得資料，它沒有學習任何關於其特徵有意義的
東西，而這代表它嚴重過度配適，因此，我們應該完全排除姓名欄位。

票和乘客編號特徵與姓名特徵存在相同的問題，因為每個乘客都只有一個唯一
的，所以我們也將刪除這兩欄。drop 函式將幫助我們做到這一點，如下所示：

```
preprocessed_data = preprocessed_data.drop(['Name', 'Ticket', 'PassengerId'],
    axis=1)
```

那倖存特徵呢？我們不也應該去掉嗎？確實！在訓練時將倖存欄保留在我們的資
料集中會過度配適，因為模型將簡單地使用此功能來確定乘客是否倖存。這就像
透過查看解決方案在考試中作弊一樣。我們還不會從資料集中刪除它，因為我們
會在稍後將資料集分割為特徵和標籤進行訓練時再將其刪除。

像往常一樣，我們可以將此資料集保存在 csv 檔案 preprocessed_titanic_data.csv
中，以供下一節使用。

訓練我們的模型

現在我們的資料已經被前處理了，我們可以開始在資料上訓練不同的模型。我們
應該從本書中所學到的模型中選擇哪些模型：決策樹、支援向量機、邏輯分類器？
答案在於評估我們的模型。在本節中，我們將了解如何訓練幾個不同的模型，在
驗證資料集上評估它們，並選擇適合我們資料集的最佳模型。

像往常一樣，我們從上一節中保存資料的檔案中載入資料，如下所示。我們稱之
為 data。

```
data = pandas.read_csv('preprocessed_titanic_data.csv')
```

表 13.3 包含前處理資料的前幾欄。請注意，並非所有欄都顯示，因為共有 27 欄。

表 13.3 我們前處理資料的前五列，準備好輸入模型。請注意，它有 21 欄，比以前來得多很多。這些額外的欄是在我們對幾個現有特徵進行 one-hot 編碼和合併時所建立的。

倖存	SibSp	Parch	票價	性別_女	性別_男	乘客等級_C:	乘客等級_Q:	乘客等級_S:	乘客等級_U:	…	年齡_分類_[10,20]
0	1	0	7.25000	0	1	0	0	1	0	…	0
1	1	0	71.2833	1	0	1	0	0	0	…	0
1	0	0	7.9250	1	0	0	0	1	0	…	0
1	1	0	53.1000	1	0	0	0	1	0	…	0
0	0	0	8.0500	0	1	0	0	1	0	…	0

題外話 如果你從 notebook 運行程式碼，你可能會得到不同的數字。

將資料分割為特徵和標籤，以及訓練和驗證

我們的資料集是一個包含特徵和標籤的表格。我們需要執行兩次分割。首先，我們需要將特徵與標籤分開，以將其提供給模型。接下來，我們需要形成一個訓練集和一個測試集。這就是我們在本小節中介紹的內容。

要將資料集分割為兩個稱為**特徵**和**標籤**的表，我們使用 drop 函式，如下所示：

```
features = data.drop(["Survived"], axis=1)
labels = data["Survived"]
```

接下來，我們將資料分成訓練集和驗證集。我們將使用 60% 的資料進行訓練，20% 用於驗證，另外 20% 用於測試。為了分割資料，我們使用 Scikit-Learn 函式 train_test_split。在這個函式中，我們使用 test_size 參數指定我們想要驗證的資料百分比。輸出是名為 features_train、features_test、labels_train、labels_test 的四個表。

如果我們想將資料分成 80% 的訓練和 20% 的測試，我們將使用以下程式碼：

```
from sklearn.model_selection import train_test_split
features_train, features_test, labels_train, labels_test =
    train_test_split(features, labels, test_size=0.2)
```

但是，因為我們想要 60% 的訓練、20% 的驗證和 20% 的測試，所以我們需要使用 train_test_split 函式兩次：一次用於區分訓練資料，一次用於分割驗證集和測試集，如下所示：

```
features_train, features_validation_test, labels_train,
    labels_validation_test = train_test_split(features, labels,
    test_size=0.4)
features_validation, features_test, labels_validation,
    labels_test = train_test_split(features_validation_test,
    labels_validation_test, test_size=0.5)
```

> **題外話** 你可能會看到在 notebook 中我們在這個函式裡指定了一個固定的 random_state，原因是 train_test_split 在分割資料時會打亂資料。我們修復了隨機狀態以確保我們總是得到相同的分割。

我們可以檢查這些 DataFrame 的長度，注意到訓練集的長度是 534，驗證集的長度是 178，測試集的長度是 179。現在，回想第 4 章的黃金法則是永遠不要將我們的測試資料用於訓練或對我們的模型做出決策。因此，當我們決定使用什麼模型時，我們將保存測試集。我們將使用訓練集來訓練模型，使用驗證集來決定選擇什麼模型。

在我們的資料集上訓練一些模型

我們終於進入了有趣的部分：訓練模型！在本節中，我們將了解如何用簡短的程式碼在 Scikit-Learn 中訓練一些不同的模型。

首先，我們從訓練邏輯迴歸模型開始。我們可以透過建立一個 Logistic-Regression 實例並使用 fit 方法來做到這一點，如下所示：

```
from sklearn.linear_model import LogisticRegression
lr_model = LogisticRegression()
lr_model.fit(features_train, labels_train)
```

我們還要訓練一個決策樹、一個單純貝氏分類模型、一個支援向量機、一個隨機森林、一個梯度提升樹和一個 AdaBoost 模型，如下程式碼所示：

```
from sklearn.tree import DecisionTreeClassifier, GaussianNB, SVC,
    RandomForestClassifier, GradientBoostingClassifier, AdaBoostClassifier

dt_model = DecisionTreeClassifier()
dt_model.fit(features_train, labels_train)

nb_model = GaussianNB()
nb_model.fit(features_train, labels_train)

svm_model = SVC()
svm_model.fit(features_train, labels_train)

rf_model = RandomForestClassifier()
rf_model.fit(features_train, labels_train)

gb_model = GradientBoostingClassifier()
gb_model.fit(features_train, labels_train)

ab_model = AdaBoostClassifier()
ab_model.fit(features_train, labels_train)
```

哪一個模型更好呢？評估模型

現在我們已經訓練了一些模型，我們需要選擇最好的模型。在本節中，我們使用不同的指標並使用驗證集來評估它們。請回想一下，我們在第 4 章學過準確率、召回率、精確率以及 F_1 值。為幫助你恢復記憶，其定義如下：

準確率　正確標記的點數與總點數之間的比率。

召回率　在帶有正標籤的點中，正確分類的比例。換句話說，Recall = TP / (TP + FN)，其中 TP 是真陽性數，FN 是偽陰性數。

精確率　在已分類為正的點中，正確分類的比例。換句話說，Precision = TP / (TP + FP)，其中 FP 是偽陽性數的數量。

F_1 值　和召回率的調和平均值。這是一個介於精確率和召回率之間的數字，但更接近兩者中的較小者。

測試每個模型的準確率

讓我們從評估這些模型的準確率開始。Scikit-Learn 中的 `score` 函式將執行此操作，如下所示：

```
lr_model.score(features_validation, labels_validation)
Output:
0.7932960893854749
```

我們為所有模型計算它並得到以下結果，我將其四捨五入為兩位數（整個過程請參見 notebook）：

準確率

- **邏輯迴歸**：0.77
- **決策樹**：0.78
- **單純貝氏分類**：0.72
- **支援向量機**：0.68
- **隨機森林**：0.7875
- **梯度提升**：0.81
- **AdaBoost**：0.76

這暗示了該資料集中的最佳模型是梯度提升樹，因為它為我們提供了驗證集的最高準確率（81%，這對鐵達尼號資料集來說是好的）。但這並不奇怪，因為這種演算法通常表現得非常好。

你還可以按照類似的程式來計算召回率、精確率和 F_1 值。我會讓把召回率和精確率留給你來練習，我們來一起計算 F_1 值。

測試每個模型的 F_1 值

這是我們檢查 F_1 值的方法。 首先，我們要輸出模型的預測，使用 `predict` 函式，然後我們使用 `f1_score` 函式，如下：

使用模型來進行預測

```
lr_predicted_labels = lr_model.predict(features_validation)
f1_score(labels_validation, lr_predicted_labels)
Output:
0.6870229007633588
```

計算 F_1 值

和之前的步驟一樣，我們可以對所有模型執行此操作，並獲得以下結果：

F_1 值

- **邏輯迴歸**：0.69

- **決策樹**：0.71

- **單純貝氏分類**：0.63

- **支援向量機**：0.42

- **隨機森林**：0.68

- **梯度提升**：0.74

- **AdaBoost**：0.69

同樣，梯度提升樹以 0.74 的 F_1 值得到最高分。有鑑於它的數量遠高於其他模型，我們可以有把握地得出結論，在這八個模型中，梯度提升樹是最好的模型。請注意，考慮到資料集的高度非線性，以樹為基礎的模型總體上都表現良好，但這並不奇怪。在這個資料集上訓練一個神經網路和一個 XGBoost 模型也會很有趣，我鼓勵你可以嘗試看看。

測試模型

在使用驗證集比較模型之後，我們終於下定決心，選擇了梯度提升樹作為這個資料集的最佳模型。你不用感到驚訝，因為梯度提升樹（及其相關的 XGBoost）都在許多測試中得到了最高分。但是要看看我們是否真的做得很好，或者我們是否不小心過度配適，我們需要對這個模型進行最後的測試：我們需要在我們還沒有接觸過的測試集中測試這個模型。

首先，讓我們評估準確率，如下所示：

```
gb_model.score(features_test, labels_test)
Output:
0.8324022346368715
```

現在讓我們看看 F_1 值，如下所示：

```
gb_predicted_test_labels = gb_model.predict(features_test)
f1_score(labels_test, gb_predicted_test_labels)
Output:
0.8026315789473685
```

這些分數對於鐵達尼號資料集來說都很不錯。因此，我們可以輕鬆地說我們的模型是好的。

然而，我們訓練這些模型時沒有觸及它們的超參數，這代表 Scikit-Learn 為它們選擇了一些標準的超參數。有沒有辦法找到模型的最佳超參數？在下一節中，我們將會有所說明。

調整超參數以找到最佳模型：網格搜尋

在上一節中，我們訓練了一些模型，發現梯度提升樹在其中表現最好。然而，我們並沒有探索很多不同的超參數組合，所以我們的訓練還有改進的空間。在本節中，我們看到了一種有用的技術，可以在許多超參數組合中進行搜尋，進而為我們的資料找到一個好的模型。

梯度提升樹的效能大約與鐵達尼號資料集的效能一樣高，所以讓我們先忽略它。然而，糟糕的支援向量機表現最差，準確率為 69%，F_1 值為 0.42。儘管如此，我們仍相信支援向量機，因為它們是一種強大的機器學習模型。也許這個支援向量機的糟糕效能是因為使用的超參數造成的，所以可能還會有其他更好的組合可以用。

> **題外話** 在本節中，我們對參數進行了一些選擇。有些是以經驗為基礎，有些則是基於標準所實踐的，還有些是任意選擇的。我鼓勵你嘗試遵循類似的流程來選擇你所決定做出的任何選擇，並嘗試超越模型現在的分數！

為了提高支援向量機的效能，我們使用了一種稱為*網格搜尋*的方法，該方法包括在超參數的不同組合上多次訓練我們的模型，並選擇在我們的驗證集上表現最佳的模型。

讓我們從選擇內核開始。在實踐中，我發現 RBF（徑向基函數）內核往往表現良好，所以讓我們選擇它。回想第 9 章，RBF 內核的超參數是 gamma，它是一個實數。讓我們嘗試用兩個 gamma 值來訓練支援向量機，也就是 1 和 10。為什麼是使用 1 和 10 ？通常，當我們搜尋超參數時，我們傾向於進行指數搜尋，因此我們會嘗試像是 0.1、1、10、100、1,000 等值，而不是 1、2、3、4、5。這種指數搜尋覆蓋更大的空間，讓我們有更好的機會找到好的超參數，而進行這種類型的搜尋是資料科學家的標準做法。

再次回顧第 9 章，與支援向量機相關的另一個超參數是 C 參數。讓我們也嘗試訓練 C=1 和 C=10 的模型。這為我們提供了以下四種可能的模型來訓練：

模型 1：內核 =RBF，gamma=1，C=1

模型 2：內核 =RBF，gamma=1，C=10

模型 3：內核 =RBF，gamma=10，C=1

模型 4：內核 =RBF，gamma=10，C=10

我們可以使用以下八行程式碼輕鬆地訓練我們全部的訓練集：

```
svm_1_1 = SVC(kernel='rbf', C=1, gamma=1)
svm_1_1.fit(features_train, labels_train)

svm_1_10 = SVC(kernel='rbf', C=1, gamma=10)
svm_1_10.fit(features_train, labels_train)

svm_10_1 = SVC(kernel='rbf', C=10, gamma=1)
svm_10_1.fit(features_train, labels_train)

svm_10_10 = SVC(kernel='rbf', C=10, gamma=10)
svm_10_10.fit(features_train, labels_train)
```

現在我們使用準確率來評估它們（另一種評估方式可以任意選擇，我們也可以使用 F_1 值、精確率或召回率）。分數記錄在表 13.4 中。

表 13.4 網格搜尋方法可用於搜尋超參數的許多組合並且選擇最佳模型。在這裡，我們使用網格搜尋來選擇支援向量機中參數 C 和 gamma 的最佳組合。 我們使用準確率來比較驗證集中的模型。請注意，其中最好的模型是 gamma=0.1 和 C=10 的模型，其準確率為 0.72。

	C = 1	C = 10
gamma = 0.1	0.69	**0.72**
gamma = 1	0.70	0.70
gamma = 10	0.67	0.65

請注意，從表 13.4 中可以看出，最佳準確率是 0.72，由 gamma=0.1 和 C=1 的模型所得出。這是我們之前沒有指定任何超參數時獲得 0.68 的改進。

如果我們有更多參數，我們只需用它們製作一個網格並訓練所有可能的模型。請注意，隨著我們探索更多選擇，模型的數量會迅速增加。例如，如果我們想探索 5 個 gamma 值和 4 個 C 值，我們必須訓練 20 個模型（5×4）。我們還可以添加更多的超參數，例如，如果我們想嘗試第三個超參數，並且這個超參數有七個值，那麼我們總共需要訓練 140 個模型（5×4×7）。隨著模型數量的快速增長，重要的是選擇能夠很好地探索超參數空間的選擇，而無須訓練大量模型。

Scikit-Learn 提供了一種簡單的方法來做到這一點：使用 GridSearchCV 物件。首先，我們將超參數定義為一個字典，其中字典的鍵（key）是參數的名稱，與此鍵對應的值是我們想要嘗試超參數之值的列表。在本例中，讓我們探索以下超參數組合：

內核：RBF

C 參數：0.01、0.1、1、10、100

gamma：0.01、0.1、1、10、100

以下程式碼將執行此操作：

```
svm_parameters = {'kernel': ['rbf'],
                  'C': [0.01, 0.1, 1 , 10, 100],
                  'gamma': [0.01, 0.1, 1, 10, 100]
                 }
svm = SVC()

svm_gs = GridSearchCV(estimator = svm,
                      param_grid = svm_parameters)

svm_gs.fit(features_train, labels_train)
```

包含超參數和我們想要嘗試的值的字典

沒有超參數的常規 SVM

我們傳遞 SVM 和超參數字典的 GridSearchCV 物件

我們配適 GridSearchCV 模型的方式與我們在 Scikit-Learn 中配適常規模型的方式相同

這訓練了 25 個模型，其中包含超參數字典中所給出的所有超參數組合。現在，我們從這些模型中挑選出最好的一個並將其命名為 svm_winner。讓我們計算這個模型在驗證集上的準確率如下：

```
svm_winner = svm_gs.best_estimator_
svm_winner.score(features_validation, labels_validation)
Output:
0.7303370786516854
```

我們的獲勝模型達到了 0.73 的準確率，優於原來的 0.68，我們仍然可以透過運行更大的超參數搜尋來改進這個模型，我鼓勵你自己嘗試一下。現在，讓我們看看上一個勝出的支援向量機模型使用了哪些超參數，如下所示：

```
svm_winner
Output:
SVC(C=10, break_ties=False, cache_size=200, class_weight=None, coef0=0.0,
    decision_function_shape='ovr', degree=3, gamma=0.01, kernel='rbf',
    max_iter=-1, probability=False, random_state=None, shrinking=True,
    tol=0.001, verbose=False)
```

勝出的模型使用了 gamma=0.01 和 C=10 的 RBF 內核。

挑戰　我鼓勵你嘗試在其他模型上使用網格搜尋，看看你可以提高多少獲勝模型的準確率和 F_1 值！如果你得到的分數不錯，請在 Kaggle 資料集上運行它並使用此連結提交你的預測：https://www.kaggle.com/c/titanic/submit。

還有一件事：GridSearchCV 最後面的 *CV* 是什麼呢？它代表**交叉驗證**，我們將在下一節中學習。

使用 *k* 折交叉驗證來重新使用我們的資料作為訓練和驗證

在本節中，我們將學習本章使用的傳統訓練 - 驗證 - 測試方法的替代方法，它被稱為 *k* 折交叉驗證（*k-fold cross validation*），它在許多情況下都很有用，尤其是當我們的資料集很小的時候。

在整個案例中，我們將 60% 的資料用於訓練，20% 用於驗證，最後 20% 用於測試。這在實踐中有效，但似乎我們正在丟失一些資料，對吧？我們最終只使用 60% 的資料訓練模型，這可能會損害我們的模型，尤其是當資料集很小的時候。*k* 折交叉驗證是一種將所有資料用於訓練和測試的方法，並透過重複多次來使用。它的工作原理如下：

1. 將資料分成 *k* 個相等（或幾乎相等）的部分。
2. 對模型進行 *k* 次訓練，將 *k*–1 個部分的聯集作為訓練集，將剩餘的部分作為驗證集。
3. 該模型的最終分數是 *k* 步驗證分數的平均值。

圖 13.2 顯示了四重交叉驗證的圖片。

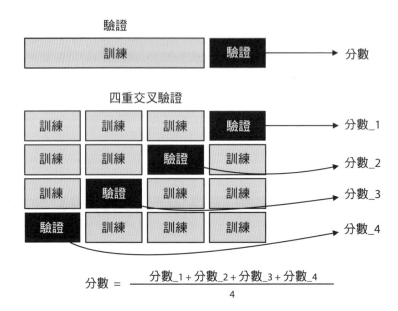

圖 13.2 k 折交叉驗證是一種有用的方法，可以回收我們的資料以將其用作訓練和驗證。在頂部，我們看到了經典的訓練 - 驗證分割。在底部，我們看到了四重交叉驗證的圖示，其中我們將資料分成四個相等（或幾乎相等）的部分，接著我們訓練我們的模型四次，每次我們選擇三個部分作為訓練集，剩下的一個作為驗證集。該模型的分數是在每個驗證集上獲得的四個分數的平均值。

這個方法就是在 GridSearchCV 中使用的，這個過程的結果可以透過輸入 svm_gs.cv_results_ 來檢查。我們不會在這裡顯示結果，因為它們很長，但是你可以在 notebook 中查看它們。

總結

- Pandas 是一個有用的 Python 套件，用於打開、操作和保存資料集。
- 清理我們的資料是必要的，因為它可能會帶來像是缺失值等的問題。
- 特徵可以是數值型或類別型。數值特徵是數值，例如年齡。類別特徵是類別或類型，例如狗 / 貓 / 鳥。
- 機器學習模型只接受數值，因此要將類別資料輸入機器學習模型，我們必須將其轉換為數值資料。其中一種方法是透過 one-hot 編碼。

- 在某些情況下，我們可能希望將我們的數值特徵也視為類別特徵，這可以透過對資料進行分組來實現。

- 使用特徵選擇來刪除我們資料中不必要的特徵很重要。

- Scikit-Learn 是一個有用的套件，用於訓練、測試和評估機器學習模型。

- 在訓練模型之前，我們必須將資料分割為訓練、驗證和測試。我們有 Pandas 函式來執行此操作。

- 網格搜尋是一種用於為模型找到最佳超參數的方法。它包括在一組（有時很大）超參數上訓練幾個模型。

- k 折交叉驗證是一種用於回收資料並將其用作訓練和驗證的方法。它包括在資料的不同部分上訓練和測試一些模型。

練習

練習 13.1

儲存庫包含一個名為 test.csv 的檔案。這是鐵達尼號上更多乘客的檔案，但沒有「倖存」欄位。

1. 像我們在本章中所進行的，前處理這個檔案中的資料。

2. 使用任何模型來預測該資料集中的標籤。根據你的模型，有多少乘客倖存下來？

3. 比較本章中所有模型的效能，你認為測試集中有多少乘客真正倖存下來？

第 2 章：機器學習的類型

對於本章中的問題，你的答案不需要和我的解答一模一樣。如果你對這些應用程式中所使用的模型有不同的想法，我鼓勵你在文獻中搜尋看看，若找不到，你也可以試著實踐它們。

練習 2.1

對於以下每種情況，請說明它是監督式學習還是非監督式學習的案例，並解釋你的答案。如果有不明確的，請選擇一個，並解釋為什麼選擇它。

- a. 社群網路上的推薦系統，向使用者推薦潛在朋友
- b. 新聞網站中將新聞劃分為主題的系統
- c. 的 Google 自動完成句子的功能
- d. 線上零售商的推薦系統，根據使用者過去的購買紀錄向使用者推薦產品
- e. 信用卡公司中用於捕獲詐騙交易的系統

解答

根據你如何解釋問題和資料集，以下每一個都可以被視為監督或非監督式學習的案例。若你有不同的答案是完全可以被接受的（並且應該被鼓勵！），只要它們背後的推理是正確的就好。

a. 這是有監督和非監督式學習的一個例子。監督式學習：對於一個特定的使用者，我們可以建立一個分類模型，如果每個其他使用者的標籤是潛在的朋友，則他們的標籤為正，如果他們不是潛在的朋友，則他們的標籤為負。非監督式學習：我們可以對使用者進行分類，其中相似的使用者具有相似的人口統計或行為特徵。對於特定使用者，我們可以將其集群中的其他使用者推薦為潛在朋友。

b. 這也是有監督和非監督式學習的一個例子。監督式學習：一種分類模型，其中每篇新聞文章的標籤都是主題，例如政治、體育或科學。非監督式學習：我們可以對文章進行分類，然後手動檢查每個分類中的主題是否相似。如果是這種情況，那麼我們可以透過最常見的主題手動標記每個集群。還有一些更高級的非監督式學習技術，例如隱含狄利克雷分布（latent Dirichlet allocation），你可以在下方的影片連結中學習：https://www.youtube.com/watch?v=T05t-SqKArY。

c. 這更像是一項監督式學習任務。我們可以建立一個分類模型，其中特徵是使用者輸入的最後幾個詞，標籤是他們將輸入的下一個詞。這樣，模型的預測就是我們向使用者建議的詞。

d. 這類似於 a)，它可以被認為是監督或非監督式的學習問題。監督式學習：對於特定使用者，我們可以為所有產品建立一個分類模型，對於每個產品，我們預測使用者是否會購買它。我們還可以建立一個迴歸模型，在該模型中我們預測使用者將在該特定產品上花費多少錢。非監督式學習：我們可以對使用者進行分類。如果使用者購買了產品，我們可以向集群中的其他使用者推薦相同的產品。我們還可以對產品進行集群，如果使用者購買了產品，我們會推薦同一個集群中的產品。

e. 這更像是一項監督式學習任務。我們可以建立一個分類模型，根據該交易的特徵來預測某筆交易是否為詐騙。它也可以看作是一項非監督式學習任務，我們將交易分類，而那些作為異常值留下的交易更有可能是被欺騙。

練習 **2.2**

對於以下機器學習的每一個應用，你會使用迴歸還是分類來解決它？解釋你的答案。如果有不明確的，請選擇一個，並解釋為什麼選擇它。

a. 預測使用者將在其網站上消費金額的線上商店

b. 語音助手解碼語音並轉換為文字

c. 從特定公司出售或購買股票

d. YouTube 向使用者推薦影片

解答

a. 迴歸，因為我們試圖預測使用者花費的金額，這是一個數值特徵。

b. 分類，因為我們試圖預測使用者所說的句子是否指向 Alexa，這是一個類別特徵。

c. 這可能是迴歸或分類。如果我們試圖預測預期收益或預期風險來幫助我們做出決定，那就是迴歸。如果我們試圖預測我們是否應該購買股票，那就是分類。

d. 這也可以是迴歸或分類。如果我們試圖預測使用者會花多少時間觀看影片以推薦它，那就是迴歸。如果我們試圖預測使用者是否會觀看影片，那就是分類。

練習 2.3

你的任務是製造一輛自駕車。請至少給出三個你必須解決的機器學習問題例子來建構它。在每個例子中，說明你使用的是監督式學習還是非監督式學習，如果是監督式學習，說明你使用的是迴歸還是分類。如果你正在使用其他類型的機器學習，請解釋是哪些類型以及使用原因。

解答

- 分類模型，根據圖像判斷是否有行人、停車標誌、車道、其他車輛等，這是機器學習的一大領域，稱為電腦視覺，我強烈鼓勵你可以進一步探索！

- 與前一個相似的分類模型，它根據來自汽車中所有不同感應器（雷達等）的訊號確定汽車周圍有哪些物體。

- 一種機器學習模型，可以找到抵達我們目的地的最近路徑。但這不是精確的監督或非監督式學習，這裡可以使用一些比較經典的人工智慧算法，例如 A*（A-star）搜尋。

第 3 章：在資料點附近畫一條線：線性迴歸

練習 3.1

有個網站已經訓練了一個線性迴歸模型來預測使用者將在網站上花費的分鐘數。他們所得到的公式是：

$$\hat{t} = 0.8d + 0.5m + 0.5y + 0.2a + 1.5$$

其中，$\hat{t}$ 為預測時間，單位為分鐘，d、m、y、a 為指標變數（indicator variables）（即它們只取值 0 或 1），定義如下：

- d 是一個變數，指示使用者是否使用桌上型電腦。
- m 是一個變數，指示使用者是否使用行動裝置。
- y 是一個變數，指示使用者是否為年輕人（21 歲以下）。
- a 是一個變數，指示使用者是否為成年人（21 歲或以上）。

舉例：如果使用者是 30 歲並且使用桌上型電腦，則 $d = 1$、$m = 0$、$y = 0$ 和 $a = 1$。

如果一個 45 歲的使用者透過手機查看網站，他們預計會在網站上花費多少時間？

解答

在本例中，變數的值如下：

- $d=0$，因為使用者不是使用桌上型電腦。
- $m=1$，因為使用者使用行動裝置。
- $y=0$，因為使用者未滿 21 歲。
- $a=1$，因為使用者已超過 21 歲。

當我們將它們代入公式時，我們得到：

$$\hat{t} = 0.8 \cdot 0 + 0.5 \cdot 1 + 0.5 \cdot 0 + 0.2 \cdot 1 + 1.5 = 2.2$$

這代表該模型預測該使用者將在網站上花費 2.2 分鐘。

練習 3.2

想像一下，我們在醫療資料集中訓練了一個線性迴歸模型，該模型預測病患的預期壽命。對於我們資料集中的每個特徵，模型都會分配一個權重。

a) 對於以下數量，請說明你認為附加在該數量上的權重是正數、負數還是零。注意：如果你認為權重是一個很小的數字，無論是正數還是負數，你都可以說零。

1. 病患每週運動的小時數

2. 病患每週吸煙的數量

3. 有心臟問題的家庭成員人數

4. 病患的兄弟姐妹數量

5. 病患是否住院

b) 模型也有偏差。你認為偏差是正的、負的還是零？

解答

a) 我們將根據一般醫學知識進行一些概括。對於特定病患，以下內容不一定正確，但我們假設它們對於一般人來說是正確的：

1. 經常運動的病患預計比不運動的病患壽命更長。因此，這個權重應該是一個正數。

2. 每週抽很多煙的病患預計會比很少抽煙的病患活得更短。因此，這個權重應該是一個負數。

3. 有許多家庭成員患有心臟病的病患罹患心臟病的可能性更高，因此預計他們的壽命會比沒有家族成員罹患心臟病的病患短。因此，這個權重應該是一個負數。

4. 兄弟姐妹的數量往往與預期壽命無關，因此我們希望這個權重是一個非常小的數字，或者為零。

5. 過去曾住院的病患很可能以前有過健康問題。因此，他們的預期壽命比以前沒有住過院的病患要短。因此，這個權重應該是一個負數。當然，住院可能是由於不影響預期壽命的原因（例如腿斷掉骨折），但平均而言，我們可以說如果病患過去曾去過醫院，他們有更高的機率有健康問題。

b) 偏差是對每個特徵都為零的病患所進行的預測（即，不吸煙、不運動、有心臟病的家庭成員為零、兄弟姐妹為零且從未住院的病患）。由於預計該病患的壽命為正數，因此該模型的偏差必須為正數。

練習 3.3

以下是房屋大小（以平方英尺為單位）和價格（以美元為單位）的資料集。

	房屋大小 (s)	**售價 (p)**
房屋 1	100	200
房屋 2	200	475
房屋 3	200	400
房屋 4	250	520
房屋 5	325	735

假設我們已經訓練了模型，其中基於面積大小的房屋價格預測如下：

$$\hat{p} = 2s + 50$$

a. 計算該模型對資料集所做的預測。

b. 計算該模型的平均絕對誤差。

c. 計算該模型的均方根誤差。

解答

a. 基於模型的預測價格如下：

- 房子 1: $\hat{p} = 2 \cdot 100 + 50 = 250$
- 房子 2: $\hat{p} = 2 \cdot 200 + 50 = 450$
- 房子 3: $\hat{p} = 2 \cdot 200 + 50 = 450$
- 房子 4: $\hat{p} = 2 \cdot 250 + 50 = 550$
- 房子 5: $\hat{p} = 2 \cdot 325 + 50 = 700$

b. 平均絕對誤差為：

$$\frac{1}{5} \left(|200 - 250| + |475 - 450| + |400 - 450| + |520 - 550| + |735 - 700| \right)$$

$$= \frac{1}{5} (50 + 25 + 50 + 30 + 35) = 38$$

c. 均方誤差為：

$$\frac{1}{5} \left((200 - 250)^2 + (475 - 450)^2 + (400 - 450)^2 + (520 - 550)^2 + (735 - 700)^2\right)$$

$$= \frac{1}{5} (2500 + 625 + 2500 + 900 + 1225) = 1550$$

因此，均方根誤差為 $\sqrt{1550}$ = 39.37。

練習 3.4

我們的目標是使用我們在本章中學到的技巧，將方程式 $\hat{y} = 2x + 3$ 的線更靠近點 $(x, y) = (5, 15)$。對於以下兩個問題，使用學習率 $\eta = 0.01$。

a. 應用絕對技巧將上面的線修改為更接近點。

b. 應用平方技巧將上面的線修改為更接近點。

解答

該模型在該點所做的預測是 $\hat{y} = 2 \cdot 5 + 3 = 13$。

a. 因為預測是 13，它小於標籤 15，所以該點位於線的下方。

在這個模型中，斜率為 $m=2$，y 截距為 $b=3$。絕對技巧包括將 $x\eta = 5 \cdot 0.01 = 0.05$ 添加到斜率，並將 $\eta=0.01$ 添加到 y 截距，進而獲得模型方程式：

$$\hat{y} = 2.05x + 3.01$$

b. 平方技巧包括將 $(y - \hat{y})x\eta = (15 - 13) \cdot 5 \cdot 0.01 = 0.1$ 添加到斜率，並將 $(y - \hat{y}) \eta = (15 - 13) \cdot 0.01 = 0.02$ 添加到 y 截距，進而得到模型方程式：

$$\hat{y} = 2.1x + 3.02$$

第 4 章：最佳化訓練過程：配適不足、過度配適、測試和正規化

練習 4.1

我們在同一個資料集中用不同的超參數訓練了四個模型。在下表中，我們記錄了每個模型的訓練誤差和測試誤差。

模型	訓練誤差	測試誤差
1	0.1	1.8
2	0.4	1.2
3	0.6	0.8
4	1.9	2.3

　　a. 你會為此資料集選擇哪種模型？

　　b. 哪個模型看起來配適不足？

　　c. 哪個模型看起來過度配適？

解答

　　a. 最好的模型是測試誤差最小的模型，也就是模型 3。

　　b. 模型 4 看起來配適不足，因為它有很大的訓練和測試誤差。

　　c. 模型 1 和 2 看起來像是過度配適，因為它們的訓練誤差很小，但測試誤差很大。

練習 4.2

我們得到以下資料集：

x	y
1	2
2	2.5
3	6
4	14.5
5	34

我們訓練多項式迴歸模型，將 y 的值預測為 $\hat{y}$，其中：

$$\hat{y} = 2x^2 - 5x + 4$$

假設正規化參數是 $\lambda = 0.1$，並且我們用來訓練這個資料集的誤差函數是平均絕對值（MAE），請列出以下內容：

a. 我們模型的 lasso 迴歸誤差（使用 L1 範數）

b. 我們模型的脊迴歸誤差（使用 L2 範數）

解答

首先，我們需要找到預測來計算模型的平均絕對誤差。在下表中，我們可以找到由公式 $\hat{y} = 2x^2 - 5x + 4$ 計算得出的預測，以及預測與標籤之間差值的絕對值 $|y - \hat{y}|$。

x	y	$\hat{y}$	$|y - \hat{y}|$
1	2	1	1
2	2.5	2	0.5
3	6	7	1
4	14.5	16	1.5
5	34	29	5

因此，平均絕對誤差是第四欄數字的平均值，即：

$$\frac{1}{5}(1 + 0.5 + 1 + 1.5 + 5) = 1.8$$

a. 首先，我們需要找到多項式的 L1 範數，這是非常數係數的絕對值之和，即 $|2| + |-5| = 7$。為了找到模型的 L1 正規化成本，我們將平均絕對誤差和 L1 範數乘以正規化參數，得到 $1.8 + 0.1 \cdot 7 = 2.5$。

b. 以類似的方式，我們透過將非常數係數的平方相加得到多項式的 L1 範數 $2^2 + (-5)^2 = 29$。如前所述，模型的 L2 正規化成本為 $1.8 + 0.1 \cdot 29 = 4.7$。

第 5 章：用線來分割我們的點：感知器算法

練習 5.1

以下是 COVID-19 檢測呈陽性或陰性的病患資料集。他們的症狀是咳嗽 (C)、發燒 (F)、呼吸困難 (B) 和疲倦 (T)。

	咳嗽 (C)	發燒 (F)	呼吸困難 (B)	疲倦 (T)	診斷 (D)
病患 1		X	X	X	確診
病患 2	X	X		X	確診
病患 3	X		X	X	確診
病患 4	X	X	X		確診
病患 5	X			X	健康
病患 6		X	X		健康
病患 7		X			健康
病患 8				X	健康

建構一個對該資料集進行分類的感知器模型。

提示 你可以使用感知器算法，但你或許可以用肉眼觀察一個有效的感知器模型。

解答

如果我們計算每個病患有多少症狀，我們會注意到確診的病患表現出三個或更多症狀，而健康的病患表現出兩個或更少症狀。因此，以下模型可用於預測診斷 D：

$$\hat{D} = step(C + F + B + T - 2.5)$$

練習 5.2

考慮將預測 $\hat{y} = step(2x_1 + 3x_2 - 4)$ 分配給點 (x_1, x_2) 的感知器模型。該模型以方程式 $2x_1 + 3x_2 - 4 = 0$ 作為邊界線。我們有點 $p = (1, 1)$，標籤為 0。

　a. 驗證點 p 是否被模型錯誤分類。

b. 計算模型在點 p 處產生的感知器誤差。

c. 使用感知器技巧獲得一個新模型，該模型仍然對 p 進行錯誤分類，但產生的誤差較小。你可以使用 $\eta = 0.01$ 作為學習率。

d. 在點 p 找到新模型給出的預測，並驗證得到的感知器誤差小於原來的。

解答

a. 對點 p 的預測為：

$$\hat{y} = step(2x_1 + 3x_2 - 4) = step(2 \cdot 1 + 3 \cdot 1 - 4) = step(1) = 1$$

由於該點的標籤為 0，所以該點被錯誤分類。

b. 感知器誤差是得分的絕對值。因此分數為 $2x_1 + 3x_2 - 4 = 2 \cdot 1 + 3 \cdot 1 - 4 = 1$，因此感知器誤差為 1。

c. 模型的權重分別為 2、3 和 -4，點的座標為 (1, 1)。感知器技巧執行以下操作：

- 將 2 替換為 $2 - 0.01 \cdot 1 = 1.99$
- 將 3 替換為 $3 - 0.01 \cdot 1 = 2.99$
- 將 -4 替換為 $-1 - 0.01 \cdot 1 = -4.01$

因此，新模型是預測 $\hat{y} = step(1.99x_1 + 2.99x_2 - 4.01)$ 的模型。

d. 請注意，在我們這一點上，新的預測是 $\hat{y} = step(1.99x_1 + 2.99x_2 - 4.01) = step(0.97) = 0$，這代表模型仍然錯誤地分類了該點。然而，新的感知器誤差為 $|1.99 \cdot 1 + 2.99 \cdot 1 - 4.01| = 0.97$，小前一個誤差 1。

練習 5.3

感知器對於建構邏輯閘（logical gates）特別有用，例如 AND 和 OR。

a. 建構一個對 AND 閘建模的感知器。換句話說，建構一個感知器以適應以下資料集（其中 x_1、x_2 是特徵，y 是標籤）：

x_1	x_2	y
0	0	0
0	1	0
1	0	0
1	1	1

b. 同樣地，對以下資料集建構一個對 OR 閘建模的感知器：

x_1	x_2	y
0	0	0
0	1	1
1	0	1
1	1	1

c. 證明以下資料集不存在對 XOR 閘建模的感知器：

x_1	x_2	y
0	0	0
0	1	1
1	0	1
1	1	0

解答

為簡單起見，我們在下圖中繪製了資料點。

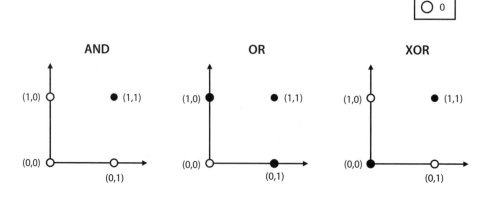

請注意，感知器分類器正是一條線，它將分割上圖中的黑白點。

對於 AND 和 OR 資料集，我們可以很容易地用一條線分割黑白點，如下所示。

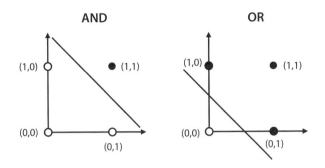

a. 許多方程式適用於分隔 AND 資料集的線。我們將選擇方程式 $x_1 + x_2 - 1.5$ 的線。 因此，分類該資料集的感知器做出預測 $\hat{y} = step(x_1 + x_2 - 1.5)$。

b. 同樣地，許多方程式適用於 OR 資料集，我們選擇方程式 $x_1 + x_2 - 0.5$ 的線。 預測方程式為 $\hat{y} = step(x_1 + x_2 - 0.5)$。

c. 請注意，XOR 的資料集無法使用單一線來分隔。因此，沒有完全適合 XOR 資料集的感知器模型。然而，感知器的組合可以分離這個資料集，這些也稱為多層感知器或神經網路，我們將在第 10 章中看到它們。

第 6 章：用分裂點的連續方法：邏輯分類器

練習 6.1

一位牙醫在病患資料集上訓練了一個邏輯分類器，以預測他們是否有蛀牙。該模型已確定病患有蛀牙的機率為：

$$\sigma(d + 0.5c - 0.8)$$

其中

- d 是一個變數，表示病患過去是否有另一顆蛀牙
- c 是一個變數，表示病患是否吃糖果

例如，如果病患吃糖果，則 $c=1$，如果不吃，則 $c=0$。去年吃糖果並接受蛀牙治療的病患今天有蛀牙的機率是多少？

解答

如果病患吃糖果，則 $c=1$。如果病患去年接受過蛀牙治療，則 $d=1$。 因此，根據模型，病患有蛀牙的機率為

$$\sigma(1 + 0.5 \cdot 1 - 0.8) = \sigma(0.7) = 0.668$$

練習 6.2

考慮將預測 $\hat{y} = \sigma(2x_1 + 3x_2 - 4)$ 分配給點 (x_1, x_2) 和標記為 0 的點 $p = (1, 1)$ 的邏輯分類器。

a. 計算模型對點 p 的預測 $\hat{y}$。

b. 計算模型在點 p 處產生的對數損失。

c. 使用邏輯技巧來獲得一個產生較小對數損失的新模型。你可以使用 $\eta = 0.1$ 作為學習率。

d. 在點 p 處找到新模型給出的預測，驗證所得到的對數損失比原來的要小。

解答

a. 預測為 $\hat{y} = \sigma(2 \cdot 1 + 3 \cdot 1 - 4) = \sigma(1) = 0.731$

b. 對數損失為：

$$log\ loss = -y\ ln\ (\hat{y}) - (1 - y)\ ln\ (1 - \hat{y}) = -0\ ln\ (0.731) - (1 - 0)\ ln\ (1 - 0.731) = 1.313$$

c. 回想一下，預測 $\hat{y} = \sigma(w_1 x_1 + w_2 x_2 + b)$ 的邏輯迴歸模型的感知器技巧，為我們提供了以下新權重：

- $w_i' = w_i + \eta(y - \hat{y})\ x_i,\ i = 1,2$

- $b' = b + \eta(y - \hat{y}),\ i = 1,2$

這些是要代入前面公式的值：

- $y = 0$

- $\hat{y} = 0.731$

- $w_1 = 2$

- $w_2 = 3$

- $b = -4$

- $\eta = 0.1$
- $x_1 = 1$
- $x_2 = 1$

我們為分類器獲得以下新權重：

- $w_1' = 2 + 0.1 \cdot (0 - 0.731) \cdot 1 = 1.9269$
- $w_2' = 3 + 0.1 \cdot (0 - 0.731) \cdot 1 = 2.9269$
- $b = -4 + 0.1 \cdot (0 - 0.731) = -4.0731$

因此，我們的新分類器是做出預測 $\hat{y} = \sigma(1.9269x_1 + 2.9269x_2 - 4.0731)$ 的分類器。

點 p 的預測為 $\hat{y} = \sigma(1.9269 \cdot 1 + 2.9269 \cdot 1 - 4.0731) = 0.686$。請注意，由於標籤為 0，因此預測已從最初的 0.731 提高到實際的 0.686。

d. 該預測的對數損失為 $-y \ln(\hat{y}) - (1 - y) \ln (1 - \hat{y}) = -0 \ln (0.686) - (1 - 0) \ln (1 - 0.686) = 1.158$。請注意，這小於原始的對數損失 1.313。

練習 6.3

使用練習 6.2 陳述中的模型，找到預測值為 0.8 的點。

提示　首先找到預測為 0.8 的分數，並回憶預測為 $\hat{y} = \sigma(\text{score})$。

解答

首先，我們需要找到一個 $\sigma(\text{score}) = 0.8$ 的分數，等式如下：

$$\frac{e^{score}}{1 + e^{score}} = 0.8$$

$$e^{score} = 0.8(1 + e^{score})$$

$$e^{score} = 0.8 + 0.8 \cdot e^{score}$$

$$0.2e^{score} = 0.8$$

$$e^{score} = 4$$

$$score = \ln (4) = 1.386$$

回想一下，對於點 (x_1, x_2)，得分為 $2x_1 + 3x_2 - 4$。許多點 (x_1, x_2) 滿足得分為 1.386，但特別是，為了方便，我們選擇其中 $x_2 = 0$ 的點。我們需要求解方程式 $2x_1 + 3 \cdot 0 - 4 = 1.386$，它的解是 $x_1 = 2.693$。 因此，預測值為 0.8 的點是點 (2.693, 0)。

第 7 章：你如何衡量分類模型？準確率及其朋友

練習 7.1

一個影片網站已經確定特定使用者喜歡動物的影片，而完全不喜歡其他的。在下圖中，我們可以看到該使用者在登入網站時所獲得的影片推薦。

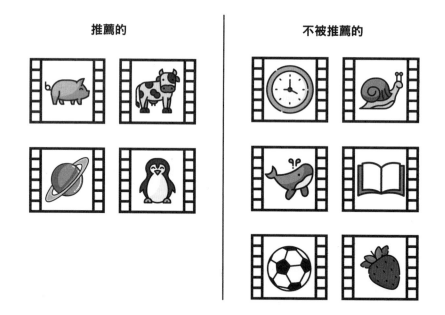

如果這是我們在模型上擁有的所有資料，請回答以下問題：

  a. 模型的準確率是多少？

  b. 模型的召回率是多少？

  c. 模型的精確率是多少？

  d. 模型的 F_1-score 是多少？

  e. 你會說這是一個很好的推薦模型嗎？

解答

首先，讓我們先寫出混淆矩陣。在本例中，我們將關於動物的影片標記為**陽性**，將推薦的影片標記為**預測為陽性**。

- 有四個推薦的影片，其中三個是關於動物的，這代表它們是很好的推薦。另一個與動物無關，因此是偽陽性。
- 有六個影片不推薦，其中有兩個是關於動物的，應該要推薦。因此，它們是偽陰性。其他四個不是關於動物的，所以不推薦它們是正確的。

因此，混淆矩陣如下：

	預測陽性（推薦）	預測陰性（不推薦）
陽性（與動物有關）	3	2
陰性（與動物無關）	1	4

現在我們可以計算指標了。

a. 準確率 $= \dfrac{7}{10} = 0.7$

b. 召回率 $= \dfrac{3}{5} = 0.6$

c. 精準率 $= \dfrac{3}{4} = 0.75$

d. $F_1\text{-score} = \dfrac{2\left(\dfrac{3}{4}\right)\left(\dfrac{3}{5}\right)}{\dfrac{3}{4}+\dfrac{3}{5}} = \dfrac{2}{3} = 0.67$

e. 這是一個主觀的答案。具有這些指標的醫學模型可能還不夠好。但是，如果推薦模型具有良好的準確率、精確率和召回率，那麼它被認為是一個好的模型，因為在推薦模型中犯一些錯誤並不那麼重要。

練習 7.2

使用以下混淆矩陣找出醫學模型的敏感性和特異性：

	預測健康	預測生病
生病	120	22
健康	63	795

解答

敏感性是正確預測的病患數除以病患總人數，為 $\frac{120}{142} = 0.845$。

特異性是正確預測的健康人的數量除以健康人的總數，為 $\frac{795}{858} = 0.927$。

練習 **7.3**

對於以下模型，確定偽陽性還是偽陰性哪個錯誤更糟糕？在此基礎上，在評估每個模型時，我們應該強調精確率或召回這兩個指標中的哪一個。

1. 一個預測使用者是否會觀看一部電影的電影推薦系統

2. 一種用於自駕車的圖像檢測模型，用於檢測圖像中是否包含行人

3. 預測使用者是否下單的家庭語音助手

解答

> **注意**　在以下所有模型中，偽陰性和偽陽性都是不好的，我們希望避免這兩種情況。然而，我們展示了一個論點，這兩者中的其中一個其實更不好。這些都是概念性的問題，所以如果你有不同的想法，只要你能論證得好，那就是有效的！這些是在資料科學家團隊中出現的那種討論，重要的是要有健康的意見和論據來支持每個觀點。

1. 在這個模型中，我們將使用者想看的電影標記為陽性。每當我們推薦使用者不想看的電影時，就會出現偽陽性。每當有使用者想要觀看的電影時，就會出現偽陰性，但我們不推薦這樣做。偽陰性或偽陽性哪個更糟？因為首頁顯示了很多推薦影片，而使用者忽略了大部分的推薦，所以這個模型有很多漏報，不會對使用者體驗造成太大影響。但是，如果有使用者想看的好電影，向他們推薦它是非常重要的。因此，在這個模型中，偽陰性比偽陽性更糟糕，所以我們應該使用**召回率**來評估這個模型。

2. 在這個模型中，我們將行人的存在標記為陽性。當汽車認為有行人而實際上沒有行人時發生偽陽性。當汽車沒有檢測到車前有行人時，就會出

現偽陰性。在偽陰性的情況下，汽車可能會撞到行人；而在偽陽性的情況下，汽車可能會不必要地剎車，這可能會也可能不會導致事故。雖然兩者都很嚴重，但撞到行人要來得糟糕許多。因此，在這個模型中，偽陰性比偽陽性更糟糕，所以我們應該使用**召回率**來評估這個模型。

3. 在這個模型中，我們將語音指令標記為陽性。當使用者沒有與語音助手交談，但語音助手響應時，就會發生偽陽性。當使用者與語音助手交談但語音助手沒有響應時，則會出現偽陰性。以我個人的選擇，我寧願向我的語音助手重複，也不願讓她突然對我說話。因此，在這個模型中，偽陽性比偽陰性更糟糕，所以我們應該使用**精確率**來評估這個模型。

練習 7.4

我們得到了以下模型：

1. 一個以汽車鏡頭所拍的圖像來檢測行人的自駕車模型
2. 一個根據病患症狀診斷致命疾病的醫學模型
3. 一個以使用者以前看過的電影為基礎的電影推薦系統
4. 一個語音助手，可以根據語音指令確定使用者是否需要幫助
5. 一個垃圾郵件偵測模型，根據郵件中的單詞判斷郵件是否為垃圾郵件

我們的任務是使用 F_β-score 值評估這些模型。但是，我們還沒有得到要使用的 β 值。你會使用什麼 β 值來評估每個模型呢？

解答

請記住，對於精確率比召回率更重要的模型，我們使用具有較小 β 值的 F_β 值。相反地，對於召回率比精確率更重要的模型，我們使用具有較大 β 值的 F_β 值。

注意　如果你的分數與此解決方案不同，只要你有一個論點，說明精確率和召回率之間哪個更重要，以及你所選擇的 β 值，那也完全沒有問題。

- 對於自駕車和醫療模型，召回率非常重要，因為我們希望極少出現偽陰性。因此，我會使用較大的 β 值，例如 4。
- 對於垃圾郵件偵測模型，精確率很重要，因為我們希望很少有偽陽性。因此，我會使用較小的 β 值，例如 0.25。

- 對於推薦系統，召回率更重要（見練習 7.3），儘管精確率也很重要。因此，我會使用較大的 β 值，例如 2。

- 對於語音助手，精確率更重要，儘管召回率也很重要（見練習 7.3）。因此，我會使用較小的 β 值，例如 0.5。

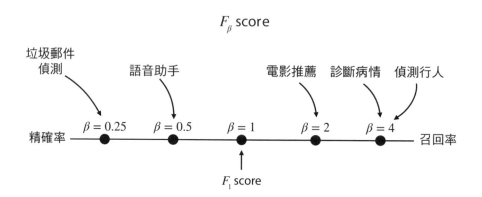

第 8 章：最大程度地利用機率：單純貝氏分類模型

練習 8.1

對於每對事件 A 和 B，確定它們是獨立的還是依賴的。對於 (a) 到 (d)，請提供數學證明。對於 (e) 和 (f)，請提供口頭理由。

投擲三枚公平硬幣：

a. A：第一個是頭像。 B：第三個是反面。

b. A：第一個是頭像。 B：三次投擲中正面的次數為奇數個。

擲兩個骰子：

c. A：第一個顯示 1。 B：第二個顯示 2。

d. A：第一個顯示 3。 B：第二個顯示比第一個更高的值。

對於以下內容，請提供口頭理由。假設對於這個問題，我們是生活在一個有季節性的地方：

e. A：外面在下雨。　B：今天是星期一。

f. A：外面在下雨。　B：現在是六月。

解答

下面的一些內容可以透過直覺推斷出來。但是，有時在確定兩個事件是否獨立時使用直覺並不可靠。出於這個原因，除非事件顯然是獨立的，否則如果 $P(A \cap B)$ = $P(A) P(B)$，我們將堅持檢查兩個事件 A 和 B 是否獨立。

a. 因為 A 和 B 對應拋不同的硬幣，所以它們是獨立的事件。

b. $P(A) = \dfrac{1}{2}$ ，因為擲一枚公平的硬幣會導致兩種可能性相同的情況。對於 $P(B)$ 的計算，我們將使用「h」表示正面，「t」表示反面。這樣，事件「hth」對應於第一次和第三次拋硬幣正面朝上，第二次朝反面拋硬幣。因此，如果我們扔三個硬幣，就會有八種的可能性是 {hhh, hht, hth, htt, thh, tht, tth, ttt}，$P(B) = \dfrac{4}{8} = \dfrac{1}{2}$ 。另外，因為在這八種的可能性 {hhh, hht, hth, htt, thh, tht, tth, ttt} 中，只有四個有奇數個正面，即 {hhh, htt，tht，tth}，因此 $P(A \cap B)$ = $\dfrac{2}{4} = \dfrac{1}{2}$ ，而在這八種可能性中，只有兩種滿足第一種落在正面，並且正面有奇數個，即 {hhh, htt}，因此 $P(A) P(B) = \dfrac{1}{4} = P(A \cap B)$，所以事件 A 和 B 是獨立的。

c. 因為 A 和 B 對應擲不同的骰子，所以它們是獨立的事件。

d. $P(A) = \dfrac{1}{6}$ ，因為它對應於擲骰子並獲得特定值。$P(B) = \dfrac{5}{12}$，原因如下。請注意，兩個骰子得分的 36 種等可能的可能性是 {11, 12, 13, ..., 56, 66}。在其中六個中，兩個骰子顯示相同的值，剩餘的 30 個對應於第一個值較高的有 15 個，以及第二個值較高的有另外 15 個，這符合對稱。因此，在 15 種情況下，第二個骰子的值高於第三個骰子，因此 $P(B) = \dfrac{15}{36} = \dfrac{5}{12}$ 。而 $P(A \cap B) = \dfrac{1}{2}$ ，其原因如下。如果第一個骰子落在 3 上，我們總共

有六個同樣可能的場景，即 {31, 32, 33, 34, 35, 36}。在這六個中，其中有三個的第二個值更高。因此，$P(A \cap B) = \frac{3}{6} = \frac{1}{2}$。由於 $P(A)\ P(B) \neq P(A \cap B)$，事件 A 和 B 是相關的。

e. 對於這個問題，我們將假設 A 和 B 是獨立的，也就是天氣的改變與星期幾沒有關係。有鑑於我們對天氣的了解，這是一個公平的假設，但如果我們想更確定，我們可以查看天氣資料集並透過計算相應的機率來驗證這一點。

f. 因為我們假設我們生活在一個有季節的地方，所以六月是北半球的夏天，而南半球是冬天。根據我們住的地方，冬天或夏天可能會下更多的雨。因此，我們可以假設事件 A 和 B 是相互依賴的。

練習 8.2

有一個辦公室，我們必須定期去那裡做一些文書工作。這個辦公室有兩個職員 Aisha 和 Beto。我們知道 Aisha 每週在那工作三天，而 Beto 則在另外兩天工作。然而，日程每週都在變化，所以我們永遠不知道 Aisha 在哪三天，Beto 在哪兩天。

a. 如果我們隨機出現在辦公室，Aisha 是職員的機率是多少？

我們從外面看，發現有位職員穿著一件紅色毛衣，雖然我們不知道他是誰。我們經常去那個辦公室，所以我們知道 Beto 比 Aisha 更經常穿紅色。事實上，Aisha 三天中有一天穿紅色（三分之一的時間），而 Beto 是兩天有一天穿紅色（一半的時間）。

b. 知道店員今天穿紅衣服，Aisha 是店員的機率是多少？

解答

讓我們對事件使用以下符號：

- A：店員是 Aisha 的事件
- B：店員是 Beto 的事件
- R：店員穿紅色的事件

a. 由於 Aisha 在辦公室工作了三天，而 Beto 工作了兩天，所以 Aisha 是店員的機率是 $P(A) = \frac{3}{5}$ 或 60%。此外，Beto 是店員的機率為 $P(B) = \frac{2}{5}$，即 40%。

b. 直覺上來說，因為 Beto 比 Aisha 更常穿紅色，我們假設店員是 Aisha 的機率低於上面的 a) 部分。讓我們檢查一下在數學式中是否與我們所假設的一致。我們知道店員穿著紅色，所以我們需要知道店員穿著紅色的情況下，找出店員是 Aisha 的機率，也就是 $P(A \mid R)$。

Aisha 穿紅色的機率是 $\dfrac{1}{3}$，所以 $P(R \mid A) = \dfrac{1}{3}$。Beto 穿紅色的機率是 $\dfrac{1}{2}$，所以 $P(R \mid B) = \dfrac{1}{2}$。

我們可以使用貝氏定理得到：

$$P(A \mid R) = \frac{P(R \mid A)P(A)}{P(R \mid A)P(A) + P(R \mid B)P(B)} = \frac{\dfrac{1}{3} \cdot \dfrac{3}{5}}{\dfrac{1}{3} \cdot \dfrac{3}{5} + \dfrac{1}{2} \cdot \dfrac{2}{5}} = \frac{\dfrac{1}{5}}{\dfrac{1}{5} + \dfrac{1}{5}} = \frac{1}{2} \text{，或 } 50\%$$

類似的計算說明了，Beto 是店員的機率為 $P(B \mid R) = \dfrac{1}{2}$，即 50%。

而實際上，Aisha 是店員的機率比上述 a) 部分得到的機率還要小，所以我們的直覺是正確的。

練習 8.3

以下是 COVID-19 檢測呈陽性或陰性的病患資料集。他們的症狀是咳嗽 (C)、發燒 (F)、呼吸困難 (B) 和疲倦 (T)。

	咳嗽 (C)	發燒 (F)	呼吸困難 (B)	疲倦 (T)	診斷
病患 1		X	X	X	生病
病患 2	X	X		X	生病
病患 3	X		X	X	生病
病患 4	X	X	X		生病
病患 5	X			X	健康
病患 6		X	X		健康
病患 7		X			健康
病患 8				X	健康

本練習的目標是建立一個單純貝氏分類模型，從症狀中預測診斷結果。使用單純貝氏分類算法找到以下機率：

注意　對於以下問題，沒有提到的症狀我們完全不知道。例如，如果我們知道病患咳嗽，但沒有說他們發燒，這並不意味著病患沒有發燒。

a. 考慮到病患咳嗽，病患生病的機率

b. 考慮到病患沒有感到疲倦，病患生病的機率

c. 考慮到病患咳嗽和發燒，病患生病的機率

d. 考慮到病患咳嗽和發燒，但沒有呼吸困難，病患生病的機率

解答

對於這個問題，我們有以下事件：

- C：病患咳嗽的事件
- F：病患發燒的事件
- B：病患呼吸困難的事件
- T：病患疲倦的事件
- S：病患被診斷為患病的事件
- H：病患被診斷為健康的事件

此外，A^c 表示事件 A 的互補（反面）。因此，例如，T^c 表示病患不疲倦的事件。

首先，讓我們計算 $P(S)$ 和 $P(H)$。請注意，由於資料集包含 4 名健康病患和 4 名確診病患，因此這兩個（先前）機率均為 $\frac{1}{2}$，即 50%。

a. 因為 4 名病患咳嗽，其中 3 人生病，所以 $P(S \mid C) = \frac{3}{4}$，即 75%。同樣地，我們可以使用貝氏定理：首先，我們計算 $P(S \mid C) = \frac{3}{4}$，注意到在四名病患中，有三人咳嗽。我們還注意到 $P(C \mid H) = \frac{1}{4}$，因為有四名健康病患，其中只有一名咳嗽。

現在我們可以使用公式：

$$P(S \mid C) = \frac{P(C \mid S)P(S)}{P(C \mid S)P(S) + P(C \mid H)P(H)} = \frac{\dfrac{3}{4} \cdot \dfrac{1}{2}}{\dfrac{3}{4} \cdot \dfrac{1}{2} + \dfrac{1}{4} \cdot \dfrac{1}{2}} = \frac{3}{4}$$

b. 由於在三個不累的病患中，只有一個病患確診了，所以 $P(S \mid T^c) = \dfrac{1}{3}$，即 33.3%。我們也可以像以前一樣使用貝氏定理。請注意 $P(T^c \mid S) = \dfrac{1}{4}$，因為四個病患中只有一個不累。此外，$P(T^c \mid H) = \dfrac{2}{4}$，因為四分之二的健康病患不覺得累。

根據貝氏定理，

$$P(S \mid T^c) = \frac{P(T^c \mid S)P(S)}{P(T^c \mid S)P(S) + P(T^c \mid H)P(H)} = \frac{\dfrac{1}{4} \cdot \dfrac{1}{2}}{\dfrac{1}{4} \cdot \dfrac{1}{2} + \dfrac{2}{4} \cdot \dfrac{1}{2}} = \frac{\dfrac{1}{8}}{\dfrac{1}{8} + \dfrac{2}{8}} = \frac{1}{3}$$

c. $C \cap F$ 代表病患咳嗽和發燒的事件，因此我們需要計算 $P(S \mid C \cap F)$。

回想上述 a) 部分的 $P(S \mid C) = \dfrac{3}{4}$ 和 $P(C \mid H) = \dfrac{1}{4}$。

現在我們需要計算 $P(F \mid S)$ 和 $P(F \mid H)$。請注意，因為在 4 名病患中，有 3 名發燒，所以 $P(F \mid S) = \dfrac{3}{4}$。同樣地，四分之二的健康病患發燒，因此 $P(F \mid H)$ $= \dfrac{2}{4} = 一$。

我們已經準備好使用單純貝氏分類算法來估計病患生病的機率，因為他們同時有咳嗽和發燒的症狀。使用在第 8 章「那若是有兩個單詞呢？單純貝氏分類算法」一節中的公式，我們得到：

$$P(S\,|\,C\cap F)=\frac{P(C\,|\,S)P(F\,|\,S)P(S)}{P(C\,|\,S)P(F\,|\,S)P(S)+P(C\,|\,H)P(F\,|\,H)P(H)}$$

$$=\frac{\dfrac{3}{4}\cdot\dfrac{3}{4}\cdot\dfrac{1}{2}}{\dfrac{3}{4}\cdot\dfrac{3}{4}\cdot\dfrac{1}{2}+\dfrac{1}{4}\cdot\dfrac{2}{4}\cdot\dfrac{1}{2}}=\frac{\dfrac{9}{32}}{\dfrac{9}{32}+\dfrac{2}{32}}=\frac{9}{11}\text{ 或 }81.82\%$$

d. 對於這個練習，我們需要找到 $P(S\,|\,C\cap F\cap B^c)$。

注意，因為在 4 名確診病患中，只有 1 名沒有呼吸困難，所以 $P(B^c\,|\,S)=\dfrac{1}{4}$。

同樣地，在 4 名健康病患中，有 3 名沒有呼吸困難，所以 $P(B^c\,|\,H)=\dfrac{3}{4}$。

和之前一樣，我們可以使用單純貝氏分類算法。

$$P(S\,|\,C\cap F\cap B^c)=\frac{P(C\,|\,S)P(F\,|\,S)P(B^c\,|\,S)P(S)}{P(C\,|\,S)P(F\,|\,S)P(B^c\,|\,S)P(S)+P(C\,|\,H)P(F\,|\,H)P(B^c\,|\,H)P(H)}$$

$$\frac{\dfrac{3}{4}\cdot\dfrac{3}{4}\cdot\dfrac{1}{4}\cdot\dfrac{1}{2}}{\dfrac{3}{4}\cdot\dfrac{3}{4}\cdot\dfrac{1}{4}\cdot\dfrac{1}{2}+\dfrac{1}{4}\cdot\dfrac{2}{4}\cdot\dfrac{3}{4}\cdot\dfrac{1}{2}}=\frac{\dfrac{9}{32}}{\dfrac{9}{32}+\dfrac{6}{32}}=\frac{9}{15}\text{ 或 }60\%$$

第 9 章：透過提問來分割資料：決策樹

練習 9.1

在下面的垃圾郵件偵測決策樹模型中，請確定來自你媽媽的主題為「請去商店，有促銷活動」的電子郵件是否會被歸類為垃圾郵件。

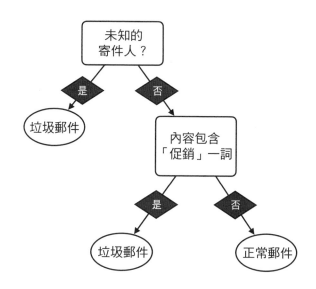

解答

首先我們檢查寄件者是否未知，因為寄件者是我們的媽媽，所以我們對寄件者並不陌生。因此，我們選擇右側的分支。接著，我們必須檢查電子郵件是否包含「促銷」一詞。該電子郵件包含「促銷」一詞，因此分類器（錯誤地）將其分類為垃圾郵件。

練習 9.2

我們的目標是建立一個決策樹模型來確定信用卡交易是否具有詐騙性。我們使用下面的信用卡交易資料集，具有以下特徵：

- **金額：**交易的金額。
- **批准的供應商：**信用卡公司有一個批准的供應商列表。此變數指示供應商是否在此列表中。

	價格	批准的供應商	詐騙
交易 1	$100	沒批准	是
交易 2	$100	批准	否
交易 3	$10,000	批准	否
交易 4	$10,000	沒批准	是
交易 5	$5,000	批准	是
交易 6	$100	批准	否

使用以下規範建構決策樹的第一個節點：

a. 使用吉尼不純度指數

b. 使用熵

解答

在這兩種情況下，最佳分割都是使用批准的供應商功能獲得的，如下圖所示。

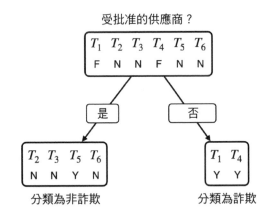

我們將交易稱為 T_1、T_2、T_3、T_4、T_5 和 T_6。

首先，讓我們看看我們可以進行的所有分割。使用批准的供應商進行分割很容易，因為這是一個具有兩個類別的分類變數。而價格欄位更複雜，我們可以使用它以兩種可能的方式分割資料：一種是臨界值在 100 美元到 5,000 美元之間；另一種是在 5,000 美元到 10,000 美元之間。總而言之，以下兩種是所有可能的分割：

- **價值 1**：臨界值在 100 美元到 5,000 美元之間。這裡的兩個類別是 $\{T_1, T_2, T_6\}$ 和 $\{T_3, T_4, T_5\}$。
- **價值 2**：臨界值介於 5,000 美元和 10,000 美元之間。這裡的兩個類別是 $\{T_1, T_2, T_5, T_6\}$ 和 $\{T_3, T_4\}$。
- **批准的供應商**：這兩個類別是「批准的」和「未批准的」，也就是 $\{T_2, T_3, T_5, T_6\}$ 和 $\{T_1, T_4\}$。

a. 讓我們計算以下四個分割中的每個分割的吉尼不純度指數：

價值 1：100 美元到 5,000 美元之間的臨界值

請注意，對於第一類 $\{T_1, T_2, T_6\}$，詐騙欄位中的標籤是 {「yes」,「no」, 「no」}。此分割的吉尼不純度指數為 $1 - \left(\dfrac{1}{3}\right)^2 - \left(\dfrac{2}{3}\right)^2 = \dfrac{4}{9}$。

請注意，對於第二類 $\{T_3, T_4, T_5\}$，詐騙欄位中的標籤是 {「no」,「yes」, 「yes」}。此分割的吉尼不純度指數為 $1 - \left(\dfrac{2}{3}\right)^2 - \left(\dfrac{1}{3}\right)^2 = \dfrac{4}{9}$。

因此，此分割的加權吉尼不純度指數為 $\dfrac{3}{6} \cdot \dfrac{4}{9} + \dfrac{3}{6} \cdot \dfrac{4}{9} = \dfrac{4}{9} = 0.444$。

價值 2：5,000 美元到 10,000 美元之間的臨界值

對於第一類 $\{T_1, T_2, T_5, T_6\}$，詐騙欄位中的標籤是 {「yes」,「no」,「yes」, 「no」}。此分割的吉尼不純度指數為 $1 - \left(\dfrac{2}{4}\right)^2 - \left(\dfrac{2}{4}\right)^2 = \dfrac{1}{2}$。

請注意，對於第二類 $\{T_3, T_4\}$，詐騙欄位中的標籤是 {「no」,「yes」}。該分割的吉尼不純度指數為 $1 - \left(\dfrac{1}{2}\right)^2 - \left(\dfrac{1}{2}\right)^2 = \dfrac{1}{2}$。

因此，此分割的加權吉尼不純度指數為 $\dfrac{4}{6} \cdot \dfrac{1}{2} + \dfrac{2}{6} \cdot \dfrac{1}{2} = \dfrac{1}{2} = 0.5$。

批准的供應商：

對於第一類 $\{T_2, T_3, T_5, T_6\}$，詐騙欄位中的標籤是 {「no」,「no」,「yes」, 「no」}。該分割的吉尼不純度指數為 $1 - \left(\dfrac{3}{4}\right)^2 - \left(\dfrac{1}{4}\right)^2 = \dfrac{6}{16}$。

對於第二類 $\{T_1, T_4\}$，詐騙欄位中的標籤是 {「yes」,「yes」}。此分割的吉尼不純度指數為 $1 - 1^2 = 0$。

因此，此分割的加權吉尼不純度指數為 $\dfrac{4}{6} \cdot \dfrac{6}{16} + \dfrac{2}{6} \cdot 0 = \dfrac{1}{4} = 0.25$。

請注意，在這三個值中，最低的是 0.25，對應於批准的供應商欄位，這代表分割此資料的最佳方法是使用批准的供應商功能。

b. 對於這一部分，我們已經完成了大部分繁重的工作。我們將遵循與上述 a) 部分相同的程序，計算每個階段的熵，而不是吉尼不純度指數。

價值 1：100 美元到 5,000 美元之間的臨界值

集合 {「yes」,「no」,「no」} 的熵是 $-\frac{1}{3}log_2\left(\frac{1}{3}\right)-\frac{2}{3}log_2\left(\frac{2}{3}\right)=0.918$。

集合 {「no」,「yes」,「yes」} 的熵也是 $-\frac{2}{3}log_2\left(\frac{2}{3}\right)-\frac{1}{3}log_2\left(\frac{1}{3}\right)=0.918$。

因此，此分割的加權熵為 $\frac{3}{6}\cdot 0.918+\frac{3}{6}\cdot 0.918=0.918$。

價值 2：5,000 美元到 10,000 美元之間的臨界值

集合 {「yes」,「no」,「yes」,「no」} 的熵是 $-\frac{2}{4}log_2\left(\frac{2}{4}\right)-\frac{2}{4}log_2\left(\frac{2}{4}\right)=1$。

集合 {「no」,「yes」} 的熵是 $-\frac{1}{2}log_2\left(\frac{1}{2}\right)-\frac{1}{2}log_2\left(\frac{1}{2}\right)=1$。

因此，此分割的加權熵為 $\frac{4}{6}\cdot 1+\frac{2}{6}\cdot 1=1$。

批准的供應商：

集合 {「no」,「no」,「yes」,「no」} 的熵是 $-\frac{1}{4}log_2\left(\frac{1}{4}\right)-\frac{3}{4}log_2\left(\frac{3}{4}\right)=0.811$。

集合 {「yes」,「yes」} 的熵是 $-\frac{2}{2}log_2\left(\frac{2}{2}\right)=0$。

因此，此分割的加權熵為 $\frac{4}{6}\cdot 0.811+\frac{2}{6}\cdot 0=0.541$。

請注意，在這三個中，最小的熵是 0.541，對應於批准的供應商欄位。因此，分割此資料的最佳方法是再次使用批准的供應商功能。

練習 9.3

以下是 COVID-19 檢測呈陽性或陰性的病患資料集。他們的症狀是咳嗽 (C)、發燒 (F)、呼吸困難 (B) 和疲倦 (T)。

	咳嗽 (C)	發燒 (F)	呼吸困難 (B)	疲倦 (T)	診斷
病患 1		X	X	X	生病
病患 2	X	X		X	生病
病患 3	X		X	X	生病
病患 4	X	X	X		生病
病患 5	X			X	健康
病患 6		X	X		健康
病患 7		X			健康
病患 8				X	健康

使用準確率，建構高度為 1 的決策樹（決策樹樁），對這些資料進行分類。這個分類器在資料集上的準確率是多少？

解答

讓我們將病患稱為 P_1 到 P_8。生病的病患用「s」表示，健康的用「h」表示。

首先，第一次分割可以是 C、F、B、T 這四個特徵中的任意一個。我們先計算一下特徵 C 上分割資料所得到的分類器準確率，也就是我們根據問題建構的分類器，「病患有咳嗽嗎？」。

以 C 特徵為基礎的分割：

- 咳嗽病患：$\{P_2, P_3, P_4, P_5\}$。它們的標籤是 $\{s, s, s, h\}$。
- 無咳嗽病患：$\{P_1, P_6, P_7, P_8\}$。它們的標籤是 $\{s, h, h, h\}$.

我們可以看到最準確的分類器（僅以 C 特徵為基礎）是將每個咳嗽的人分類為生病的人，將每個沒有咳嗽的人分類為健康的。該分類器正確分類了 8 名病患中的 6 名（3 名生病和 3 名健康），因此其準確率為 6/8，即 75%。

現在，讓我們對其他三個功能執行相同的程式。

以 F 特徵為基礎的分割：

- 發燒病患：$\{P_1, P_2, P_4, P_6, P_7\}$。它們的標籤是 $\{s, s, s, h, h\}$。
- 無發燒病患：$\{P_3, P_5, P_8\}$。它們的標籤是 $\{s, h, h\}$。

我們可以看到，最準確的分類器（僅以 F 特徵為基礎）是將每個發燒的病患分類為病患，將每個沒有發燒的病患分類為健康。該分類器正確分類了 8 名病患中的 5 名（3 名生病和 2 名健康），因此其準確率為 5/8，即 62.5%。

以 B 特徵為基礎的分割：

- 出現呼吸困難的病患：$\{P_1, P_3, P_4, P_5\}$。它們的標籤是 $\{s, s, s, h\}$。
- 未出現呼吸困難的病患：$\{P_2, P_6, P_7, P_8\}$。它們的標籤是 $\{s, h, h, h\}$。

我們可以看到最準確的分類器（僅以 B 特徵為基礎）是將每個表現出呼吸困難的病患分類為確診，將每個沒有表現出呼吸困難的病患分類為健康。該分類器正確分類了 8 名病患中的 6 名（3 名生病和 3 名健康），因此其準確率為 6/8，即 75%。

以 T 特徵為基礎的分割：

- 疲倦的病患：$\{P_1, P_2, P_3, P_5, P_8\}$。它們的標籤是 $\{s, s, s, h, h\}$。
- 不疲倦的病患：$\{P_4, P_5, P_7\}$。它們的標籤是 $\{s, h, h\}$。

我們可以看到，最準確的分類器（僅以 T 特徵為基礎）是將每個疲倦的病患分類為生病的，將每個不疲倦的病患分類為健康。該分類器正確分類了 8 名病患中的 5 名（3 名生病和 2 名健康），因此其準確率為 5/8，即 62.5%。

請注意，為我們提供最佳準確率的兩個特徵是 C（咳嗽）和 B（呼吸困難）。決策樹將隨機選擇其中之一。讓我們選擇第一個，C。使用 C 特徵分割資料後，我們得到以下兩個資料集：

- 咳嗽病患：$\{P_2, P_3, P_4, P_5\}$。它們的標籤是 $\{s, s, s, h\}$。
- 無咳嗽病患：$\{P_1, P_6, P_7, P_8\}$。它們的標籤是 $\{s, h, h, h\}$。

這為我們提供了深度為 1 的樹，它以 75% 的準確率對資料進行分類。下圖中描繪了這棵樹。

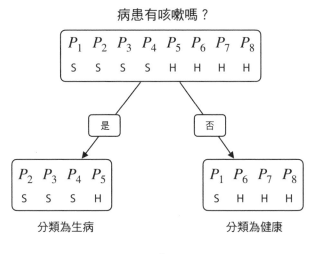

病患有咳嗽嗎？

準確率 $= \dfrac{6}{8} = 75\%$

第 10 章：組合建構組塊以獲得更多力量：神經網路

練習 10.1

下圖顯示了一個神經網路，其中所有激勵函數都是 sigmoid 函數。

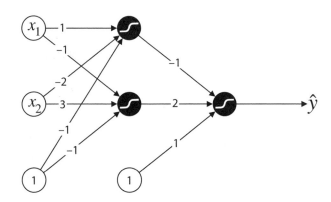

這個神經網路會為輸入 (1,1) 預測什麼？

解答

我們將中間節點的輸出稱為 h_1 和 h_2。 這些計算如下：

$$h_1 = \sigma(1 \cdot x_1 - 2 \cdot x_2 - 1)$$

$$h_2 = \sigma(-1 \cdot x_1 + 3 \cdot x_2 - 1)$$

代入 $x_1 = 1$ 和 $x_2 = 1$，我們得到以下結果：

$$h_1 = \sigma(-2) = 0.119$$

$$h_2 = \sigma(1) = 0.731$$

最後一層是：

$$\hat{y} = \sigma(-1 \cdot h_1 + 2 \cdot h_2 + 1)$$

替換先前為 h_1 和 h_2 所獲得的值，我們得到：

$$\hat{y} = \sigma(-0.119 + 2 \cdot 0.731 + 1) = \sigma(2.343) = 0.912$$

因此，神經網路的輸出為 0.912。

練習 10.2

正如我們在練習 5.3 中了解到的，建構一個模仿 XOR 閘的感知器是不可能的。換句話說，不可能用感知器配適以下資料集並獲得 100% 的準確率：

x_1	x_2	y
0	0	0
0	1	1
1	0	1
1	1	0

這是因為資料集不是可以線性分離的（linearly separable）。請使用深度為 2 的神經網路，建構一個模仿前面顯示的 XOR 閘的感知器。請使用 step 函數而非 sigmoid 函數作為激勵函數，並獲得離散輸出。

提示　使用訓練方法很難做到這一點；相反地，嘗試目測權重，並嘗試（或線上搜尋如何）使用 AND、OR 和 NOT 閘建構 XOR 閘，並使用練習 5.3 的結果來幫助你。

解答

請注意，AND、OR 和 NOT 閘的以下組合形成了 XOR 閘（其中 NAND 閘是 AND 閘和 NOT 閘的組合）。

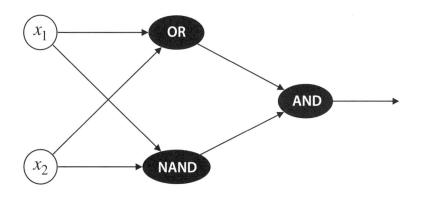

下面的表說明了這一點。

x_1	x_2	$h_1 = x_1\ OR\ x_2$	$h_2 = x_1\ NAND\ x_2$	$h_1\ AND\ h_2$	$x_1\ XOR\ x_2$
0	0	0	1	0	0
0	1	1	1	1	1
1	0	1	1	1	1
1	1	1	0	0	0

正如我們在練習 5.3 中所做的那樣，這裡有模仿 OR、NAND 和 AND 閘的感知器。NAND 閘是透過 AND 閘中的所有權重取反來獲得的。

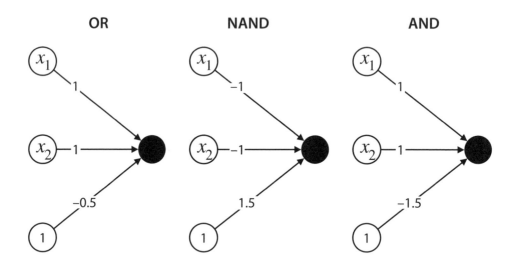

將這些結合在一起，我們得到下圖所示的神經網路。

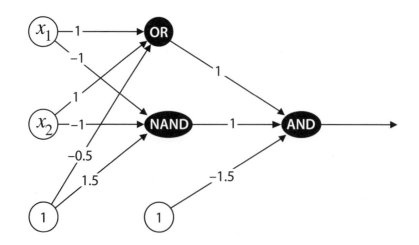

我鼓勵你驗證這個網路確實模仿了 XOR 邏輯閘，這是透過網路輸入四個向量 $(0, 0)$、$(0, 1)$、$(1, 0)$、$(1, 1)$，並驗證輸出為 0、1、1、0 來完成的。

練習 10.3

在「神經網路的圖形表示」一節的最後，我們看到圖 10.13 中具有激勵函數的神經網路不適合表 10.1 中的資料集，因為點 (1, 1) 被錯誤分類。

　　a. 驗證情況是否如此。

　　b. 更改權重，以便神經網路正確分類每個點。

解答

　　a. 對於點 $(x_a, x_b) = (1, 1)$，預測如下：

$$C = \sigma(6 \cdot 1 + 10 \cdot 1 - 15) = \sigma(1) = 0.731$$

$$F = \sigma(10 \cdot 1 + 6 \cdot 1 - 15) = \sigma(1) = 0.731$$

$$\hat{y} = \sigma(1 \cdot 0.731 + 1 \cdot 0.731 - 1.5) = \sigma(-0.39) = 0.404$$

　　　因為預測更接近 0 而不是 1，所以該點被錯誤分類。

　　b. 只要將最終節點中的偏差減少到小於 $2 \cdot 0.731 = 1.461$ 的任何值都可以。例如，如果此偏差為 1.4，則點 (1, 1) 處的預測將高於 0.5。作為練習，我鼓勵你驗證這個新的神經網路是否正確地預測了剩餘點的標籤。

第 11 章：用風格尋找邊界：支援向量機和核方法

練習 11.1

（本練習完成了「距離誤差函數」一節所需的計算。）

用方程式 $w_1 x_1 + w_2 x_2 + b = 1$ 以及 $w_1 x_1 + w_2 x_2 + b = -1$ 證明兩條線之間的距離正好是 $\dfrac{2}{\sqrt{w_1^2 + w_2^2}}$。

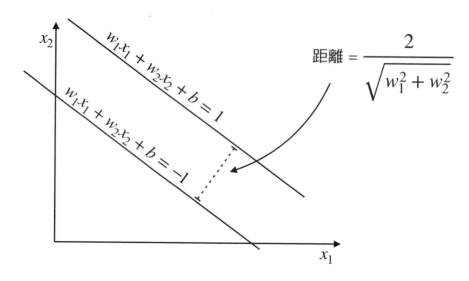

解答

首先，讓我們按下方的方式調用這些行：

- L_1 是方程式 $w_1x_1 + w_2x_2 + b = 1$ 的直線。
- L_2 是方程式 $w_1x_1 + w_2x_2 + b = -1$ 的直線。

請注意，我們可以將方程式 $w_1x_1 + w_2x_2 + b = 0$ 重新寫為 $x_2 = -\dfrac{w_1x_1}{w_2} - \dfrac{b}{w_2}$，斜率為 $-\dfrac{w_1}{w_2}$。任何垂直於這條線的斜率為 $\dfrac{w_2}{w_1}$。特別是，方程式 $x_2 = \dfrac{w_2}{w_1} x_1$ 的直線垂直於 L_1 和 L_2，我們將這條線稱為 L_3。

接下來，我們求解 L_3 與每條線 L_1 和 L_2 的交點。L_1 和 L_3 的交點是下列方程式的解：

- $w_1x_1 + w_2x_2 + b = 1$

- $x_2 = \dfrac{w_2}{w_1} x_1$

我們可以將第二個方程式代入第一個方程式，得到：

$$w_1x_1 + w_2 \cdot \frac{w_2}{w_1} x_1 + b = 1$$

並隨後求解 x_1 以獲得：

$$x_1 = \frac{1-b}{2w_1}$$

因此，由於 L_2 中的每個點都有 $(x, \frac{w_1}{w_2} x)$ 的形式，所以 L_1 和 L_3 的交點是座標為

$\left(\frac{1-b}{w_1}, \frac{1-b}{w_2} \right)$ 的點。

類似的計算會得出 L_2 和 L_3 的 交點是座標為 $\left(\frac{-1-b}{w_1}, \frac{1-b}{w_2} \right)$ 的點。

要找到這兩點之間的距離，我們可以使用勾股定理（Pythagorean theorem）。如預期的，這個距離是：

$$\sqrt{\left(\frac{1-b}{w_1} - \frac{-1-b}{w_1} \right)^2 + \left(\frac{1-b}{w_2} - \frac{-1-b}{w_2} \right)^2} = \sqrt{\left(\frac{2}{w_1} \right)^2 + \left(\frac{2}{w_2} \right)^2} = \frac{2}{\sqrt{w_1{}^2 + w_2{}^2}}$$

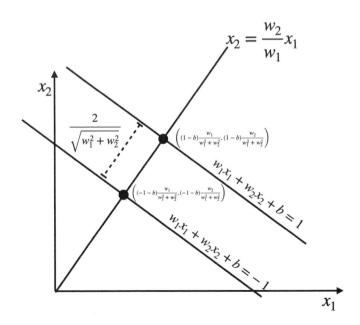

練習 11.2

正如我們在練習 5.3 中了解到的，不可能建立一個模仿 XOR 閘的感知器模型。換句話說，不可能用感知器模型配適以下資料集（準確率 100%）：

x_1	x_2	y
0	0	0
0	1	1
1	0	1
1	1	0

這是因為資料集不是可以線性分離的。支援向量機也有同樣的問題，因為支援向量機也是線性模型。但是，我們可以使用內核來幫助我們。我們應該使用什麼內核來將這個資料集變成一個可以線性分離的？生成的支援向量機會是什麼樣子？

　　提示　查看「使用多項式方程式對我們的好處」一節中的案例 2，它解決了一個非常相似的問題。

解答

考慮二次多項式核，我們得到以下資料集：

x_1	x_2	x_1^2	$x_1 x_2$	x_2^2	y
0	0	0	0	0	0
0	1	0	0	1	1
1	1	1	0	0	1
1	1	1	1	1	0

有一些分類器在這個修改後的資料集上工作。例如 $\hat{y} = step(x_1 + x_2 - 2x_1 x_2 - 0.5)$ 對資料進行了正確分類。

第 12 章：結合模型以最大化結果：集成學習

練習 12.1

增強的強學習器 L 由三個弱學習器 L_1、L_2 和 L_3 組成，它們的權重分別為 1、0.4 和 1.2。對於一個特定的點，L_1 和 L_2 預測它的標籤是正的，而 L_3 預測它是負的。學習器 L 在這一點上做出的最終預測是什麼？

解答

因為和預測標籤是正的，而預測它是負的，所以投票的總和是：

$$1 + 0.4 - 1.2 = 0.2$$

這個結果是肯定的，這代表強學習器預測這個點的標籤是肯定的。

練習 12.2

我們正在對大小為 100 的資料集訓練 AdaBoost 模型。當前的弱學習器正確分類了 100 個資料點中的 68 個。我們將在最終模型中分配給該學習器的權重是多少？

解答

這個權重是對數賠率，或賠率的自然對數，機率是 68/32，因為分類器正確分類了 68 個點，而錯誤分類了剩餘的 32 個點。因此，分配給這個弱學習器的權重為：

$$權重 = ln\left(\frac{68}{32}\right) = 0.754$$

第 13 章：
付諸實踐：資料工程和機器學習的真實案例

練習 13.1

儲存庫包含一個名為 test.csv 的檔案。這是鐵達尼號上更多乘客的檔案，但沒有「倖存」欄位。

1. 像我們在本章中所進行的，前處理這個檔案中的資料。

2. 使用任何模型來預測該資料集中的標籤。根據你的模型，有多少乘客倖存下來？

3. 比較本章中所有模型的效能，你認為測試集中有多少乘客真正倖存下來？

解答

解答在下方 notebook 連結的末段：https://github.com/luisguiserrano/manning/tree/master/Chapter_13_End_to_end_example。

在本附錄中，我們將討論梯度下降的數學細節。這個附錄是相當技術性的，理解它並不需要遵循本書的其餘部分。然而，它在這裡為希望了解一些核心機器學習演算法的內部工作原理的讀者提供一種完整的說明。本附錄所需的數學知識高於本書其餘部分。更具體地說，需要向量、導數和連鎖律的知識。

在第 3、5、6、10 和 11 章中，我們使用梯度下降來最小化模型中的誤差函數。更具體地說，我們使用梯度下降來最小化以下誤差函數：

- 第 3 章：線性迴歸模型中的絕對誤差函數和平方誤差函數
- 第 5 章：感知器模型中的感知器誤差函數
- 第 6 章：邏輯分類器中的對數損失
- 第 10 章：神經網路中的對數損失
- 第 11 章：支援向量機中的分類（感知器）誤差和距離（正規化）誤差

正如我們在第 3、5、6、10 和 11 章中所了解的，誤差函數衡量模型的表現有多差。因此，找到這個誤差函數的最小值，或者至少是一個非常小的值，即使它不是最小值，將有助於找到一個好的模型。

我們使用的比喻是下山——錯誤山，如圖 B.1 所示。場景如下：你在山頂的某個地方，你想到達這座山的山腳下。天氣很陰沉，所以你看不到周圍很遠的地方。最好的辦法是一次一步從山上下來。你問自己：「如果我只走一步，我應該往哪個方向走？」，你找到那個方向並跨出那一步，然後你再問同樣的問題，再跨出一步，

重複這個過程很多次。可以想像，如果你總是採取最能幫助你下降的一步，那麼你必須到達一個低處。你可能還需要一點運氣才能真正抵達山腳，而不是被困在山谷中，但我們稍後會在「陷入局部最小值」一節中討論這個問題。

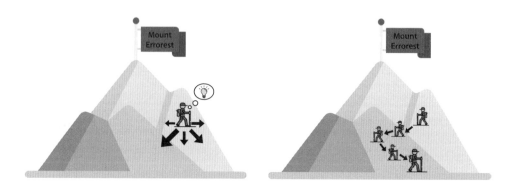

圖 B.1　在梯度下降步驟中，我們想要從一座叫「錯誤山（Mount Errorest）」的山上下來

在接下來的一節中，我們將描述梯度下降背後的數學原理，並使用它來幫助我們透過減少它們的誤差函數來訓練幾種機器學習算法。

使用梯度下降來減少函數

梯度下降的數學形式如下：假設你想在 n 個變數 $x_1, x_2, ..., x_n$ 上最小化函數 $f(x_1, x_2, ..., x_n)$。我們假設函數對於 n 個變數中的每一個都是連續且可微的。

我們目前所在的座標為 $(p_1, p_2, ..., p_n)$ 的點 p 上，我們希望找到函數減少最多的方向，以便邁出這一步，這在圖 B.2 中進行了說明。為了找到函數減少最多的方向，我們使用函數的梯度。梯度是由 f 對每個變數 $x_1, x_2, ..., x_n$ 的偏導數形成的維向量。這個梯度記為 ∇f，如下：

$$\nabla f = \left(\frac{\partial f}{\partial x_1}, \frac{\partial f}{\partial x_2}, ..., \frac{\partial f}{\partial x_n} \right)$$

梯度是指向最大增長方向的向量，即函數*增加*最多的方向。因此，梯度的負值是函數*減少*最多的方向，這也是我們想要採取的步驟。我們使用我們在第 3 章中學到的**學習率**來確定步長的大小，我們用 η 表示。梯度下降步驟包括採取長度

為 $\eta|\nabla f|$ 的步驟，在梯度 ∇f 的負方向。因此，如果我們的原始點是 p，在應用梯度下降步驟之後，我們得到點 $p - \eta\nabla f$。圖 B.2 說明了我們為減少函數 f 所採取的步驟。

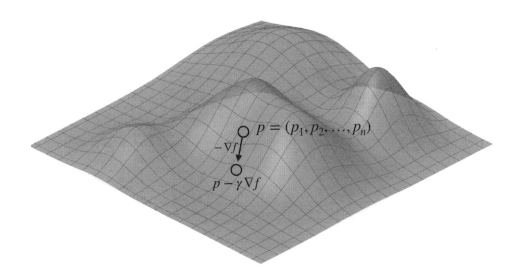

圖 B.2 我們最初在點 p，我們朝著梯度的負方向邁出一步，最終到達一個新的點，這就是函數減少最多的方向（來源：在 Golden Software, LLC 的 Grapher™ 的幫助下建立的圖像；https://www.goldensoftware.com/products/grapher）。

既然我們知道如何一步一步來稍微減少函數，我們可以簡單地重複這個過程多次以最小化我們的函數。因此，梯度下降算法的虛擬碼如下：

梯度下降算法的虛擬碼

目標：最小化函數 f。

超參數：

- 時期數（重複）N
- 學習率 η

過程：

- 選擇一個隨機點 p_0。
- 對於 $i = 0, ..., N - 1$：
  - 計算梯度 $\nabla f(p_i)$。
  - 選擇點 $p_{i+1} = p_i - \eta \nabla f(p_i)$。
- 以點 p_n 結束。

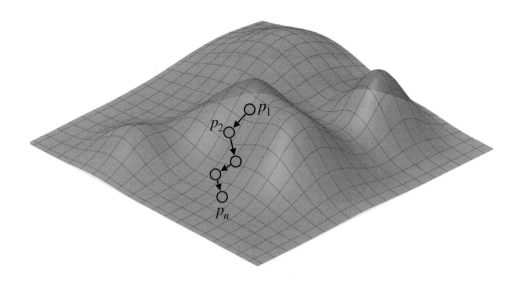

圖 B.3　如果我們重複多次梯度下降步驟，我們很有可能找到函數的最小值。在該圖中，表示起點，表示我們使用梯度下降獲得的點（來源：在 Golden Software, LLC 的 Grapher™ 的幫助下建立的圖像；https://www.goldensoftware.com/products/grapher）。

這個過程總是找到函數的最小值嗎？很不幸的是，這沒有辦法。當你嘗試使用梯度下降最小化函數時可能會出現幾個問題，例如卡在局部最小值（山谷）。我們將在「陷入局部最小值」一節中學習一種非常有用的技術來解決這個問題。

使用梯度下降訓練模型

現在我們知道梯度下降如何幫助我們最小化（或至少找到較小的值）一個函數，在本節中，我們將了解如何使用它來訓練一些機器學習模型。我們將訓練的模型如下：

- 線性迴歸（來自第 3 章）。
- 感知器（來自第 5 章）。
- 邏輯分類器（來自第 6 章）。
- 神經網路（來自第 10 章）。
- 正規化（來自第 4 章和第 11 章）。這不是一個模型，但我們仍然可以看到梯度下降步驟對使用正規化的模型的影響。

我們使用梯度下降來訓練模型的方法是讓 f 成為模型的相應誤差函數，並使用梯度下降來最小化 f。誤差函數的值是在資料集上計算的。然而，正如我們在第 3 章的「我們是一次使用一個點還是多個點進行訓練？」、第 6 章的「隨機、小批量和批量梯度下降」以及第 10 章的「超參數」一節中所看到的，如果資料集太大，我們可以透過將資料集分成（大致）相同大小的小批量來加快訓練速度，並且在每一步選擇一個不同的小批量來計算誤差函數。

這是我們將在本附錄中使用的一些符號。大多數術語已在第 1 章和第 2 章中介紹過：

- 資料集的**大小**或列數為 m。
- 資料集的**維度**或欄數為 n。
- 資料集由**特徵**和**標籤**組成。
- **特徵**是 m 個向量 $x_i = (x_1^{(i)}, x_2^{(i)}, ..., x_n^{(i)})$，$i = 1, 2, ..., m$。
- **標籤** y_i，$i = 1, 2, ..., m$。
- **模型**由 n 個權重向量 $w = (w_1, w_2, ..., w_n)$ 和偏差 b（一個標量）給出（除非模型是神經網路，它會有更多的權重和偏差）。
- **預測**為 $\hat{y}_i$，$i = 1, 2, ..., m$。
- 模型的**學習率**為 η。

- **小批量**資料是 B_1, B_2, ..., B_l，對於某個數字 l。每個小批量的長度為 q。一個小批量中的點（為了符號方便）表示為 $x^{(1)}$, ..., $x^{(q)}$，標籤為 y_1, ..., y_q。

我們將用於訓練模型的梯度下降算法如下：

用於訓練機器學習模型的梯度下降算法

超參數：

- 時期數（重複）N
- 學習率 η

過程：

- 選擇隨機權重 w_1, w_2, ..., w_n 和隨機偏差 b。
- 對於：$i = 0$, ..., $N - 1$：
  - 對於每個小批量 B_1, B_2, ..., B_l。
    - 計算該特定小批量的誤差函數 $f(w, b)$。
    - 計算梯度 $\nabla f(w_1,...,w_n,b) = \left(\dfrac{\partial f}{\partial w_1},...,\dfrac{\partial f}{\partial w_n},\dfrac{\partial f}{\partial b} \right)$。
  - 替換權重和偏差如下：
    - w_i 被 $w_i' = w_i - \eta \dfrac{\partial f}{\partial w_i}$ 取代。
    - b 被 $b' = b - \eta \dfrac{\partial f}{\partial b}$ 取代。

在以下小節中，我們將為以下每個模型和誤差函數詳細執行此過程：

- 具有平均絕對誤差函數的線性迴歸模型（下一節）
- 具有均方誤差函數的線性迴歸模型（下一節）
- 具有感知器誤差函數的感知器模型（「使用梯度下降訓練分類模型」一節）
- 具有對數損失函數的邏輯迴歸模型（「使用梯度下降訓練分類模型」一節）
- 具有對數損失函數的神經網路（「使用梯度下降訓練神經網路」一節）
- 具有正規化的模型（「使用梯度下降進行正規化」一節）

使用梯度下降訓練線性迴歸模型

在本節中，我們使用梯度下降來訓練線性迴歸模型，使用我們之前學習過的兩個誤差函數：平均絕對誤差和均方誤差。回想一下第 3 章，在線性迴歸中，預測 $\hat{y}_1, \hat{y}_2, ..., \hat{y}_q$ 由以下公式給出：

$$\hat{y}_i = \sum_{j=1}^{n} w_j x_j^{(i)} + b$$

我們迴歸模型的目標是找到權重 w_1, …, w_n，它們會產生非常接近標籤的預測。因此，誤差函數有助於測量一組特定權重的 $\hat{y}$ 與 y 的距離。正如我們在第 3 章的「絕對誤差」和「平方誤差」一節中看到的，我們有兩種不同的方法來計算這個距離。一個是絕對值 $|\hat{y} - y|$，第二個是差的平方 $(\hat{y} - y)^2$。第一個產生平均絕對誤差，第二個產生均方誤差。接下來讓我們分別研究它們。

使用梯度下降訓練線性迴歸模型以減少平均絕對誤差

在本小節中，我們將計算平均絕對誤差函數的梯度，並使用它來應用梯度下降並訓練線性迴歸模型。平均絕對誤差是一種判斷 $\hat{y}$ 與 y 相距多遠的方法。它在第 3 章的「絕對誤差」一節中首次定義，其公式如下：

$$MAE(w, b, x, y) = \frac{1}{q} \sum_{i=1}^{q} |\hat{y}_l - y_i|$$

為方便起見，我們將 (w, b, x, y) 縮寫為 MAE。為了使用梯度下降來減少 MAE，我們需要計算梯度 ∇MAE，它是包含 MAE 關於 w_1, ..., w_n, b 的 n + 1 個偏導數的向量：

$$\nabla MAE = \left(\frac{\partial MAE}{\partial w_1}, ..., \frac{\partial MAE}{\partial w_n}, \frac{\partial MAE}{\partial b} \right)$$

我們將使用連鎖法則計算這些偏導數。首先，請注意：

$$\frac{\partial MAE}{\partial w_j} = \frac{1}{q} \sum_{i=1}^{q} \frac{\partial |\hat{y}_i - y_i|}{\partial w_j}$$

$f(x) = |x|$ 的導數是符號函數 $sgn(x) = \dfrac{|x|}{x}$，當 x 為正時為 +1，當 x 為負時為 -1（未定義為 0，但為方便起見，我們可以將其定義為 0）。因此，我們可以將前面的等式改寫為：

$$\frac{\partial MAE}{\partial w_j} = \frac{1}{q} \sum_{i=1}^{q} sgn(\hat{y}_i - y_i) \frac{\partial \hat{y}_i}{\partial w_j}$$

為了計算這個值，讓我們關注方程式的最後一部分，也就是 $\dfrac{\partial \hat{y}_i}{\partial w_j}$。

由於 $\hat{y}_i = \sum_{j=1}^{n} w_j x_j^{(i)}$，那麼：

$$\frac{\partial \hat{y}_i}{\partial w_j} = \sum_{j=1}^{n} \frac{\partial \left(w_j x_j^{(i)} \right)}{\partial w_j} = x_j^{(i)}$$

這是因為 w_j 是關於 w_i 的導數，如果 $j = i$，則為 1，否則為 0。因此，替換導數後，我們得到以下結果：

$$\frac{\partial MAE_j}{\partial w_i} = \frac{1}{q} \sum_{i=1}^{q} sgn\left(\hat{y}_i - y_i \right) x_j^{(i)}$$

使用類似的分析，我們可以計算 $MAE(w, b)$ 關於 b 的導數為

$$\frac{\partial MAE}{\partial b} = \frac{1}{q} \sum_{i=1}^{q} sgn\left(\hat{y}_i - y_i \right)$$

梯度下降步驟如下：

梯度下降步驟：

將 (w, b) 替換為 (w', b')，其中：

- $w_j{}' = w_j + \dfrac{1}{q} \sum_{i=1}^{q} \eta sgn(y_i - \hat{y}_i) x_j^{(i)}$ ， $i = 1, 2, ..., n$

- $b' = b + \eta \sum_{i=1}^{q} sgn(y_i - \hat{y}_i)$

請注意一些有趣的事情：如果小批量的大小為 $q = 1$，並且僅由帶有標籤 y 和預測 $\hat{y}$ 的點 $x = (x_1, x_2, ..., x_n)$ 組成，則步驟定義如下：

將 (w, b) 替換為 (w', b')，其中：

- $w_j' = w_j + \eta \, sgn(y - \hat{y})x_j$
- $b' = b + \eta \, sgn(y - \hat{y})$

這正是我們在第 3 章「一個簡單技巧」一節中用來訓練線性迴歸演算法的簡單技巧。

使用梯度下降訓練線性迴歸模型以減少均方誤差

在本小節中，我們將計算均方誤差函數的梯度，並使用它來應用梯度下降並訓練線性迴歸模型。均方誤差是判斷和相距多遠的另一種方法。我們在第 3 章的「平方誤差」一節中首次定義它，其公式為：

$$MSE(w, b, x, y) = \frac{1}{2m} \sum_{i=1}^{q} (\hat{y}_i - y_i)^2$$

為方便起見，我們將 $MSE(w, b, x, y)$ 縮寫為 MSE。要計算梯度 ∇MSE，我們可以遵循與前面描述的平均絕對誤差相同的過程，不同之處在於 $f(x) = x^2$ 的導數是 $2x$。因此，MSE 對 w_j 的導數是：

$$\frac{\partial MSE}{\partial w_j} = \frac{1}{2q} \sum_{i=1}^{q} \frac{\partial (\hat{y}_i - y_i)^2}{\partial w_j} = \frac{1}{2q} \sum_{i=1}^{q} 2(\hat{y}_i - y_i) \frac{\partial \hat{y}_i}{\partial w_j} = \frac{1}{q} \sum_{i=1}^{q} (\hat{y}_i - y_i) \frac{\partial \hat{y}_i}{\partial w_j}$$

類似地，$MSE(w, b)$ 關於 b 的導數是：

$$\frac{\partial MSE}{\partial b} = \frac{1}{2q} \sum_{i=1}^{q} \frac{\partial (\hat{y}_i - y_i)^2}{\partial b} = \frac{1}{2q} \sum_{i=1}^{q} 2(\hat{y}_i - y_i) \frac{\partial \hat{y}_i}{\partial b} = \frac{1}{q} \sum_{i=1}^{q} (\hat{y}_i - y_i) \frac{\partial \hat{y}_i}{\partial b}$$

梯度下降步驟：

將 (w, b) 替換為 (w', b')，其中：

- $w_j' = w_j + \eta \dfrac{1}{q} \sum_{i=1}^{q} (y_i - \hat{y}_i) x_j^{(i)}$，$i = 1, 2, ..., n$

- $b' = b + \eta \dfrac{1}{q} \sum_{i=1}^{q} (y_i - \hat{y}_i)$

再次注意，如果小批量的大小為 $q = 1$，並且僅由帶有標籤 y 和預測 $\hat{y}$ 的點 $x = (x_1, x_2, ..., x_n)$ 組成，則步驟定義如下：

將 (w, b) 替換為 (w', b')，其中：

- $w_j' = w_j + \eta(y - \hat{y}) x_j$
- $b' = b + \eta(y - \hat{y})$

這正是我們在第 3 章「平方技巧」一節中使用的平方技巧來訓練我們的線性迴歸演算法。

使用梯度下降訓練分類模型

在本節中，我們學習如何使用梯度下降來訓練分類模型。我們將訓練的兩個模型是感知器模型（第 5 章）和邏輯迴歸模型（第 6 章），它們每個都有自己的誤差函數，所以我們將分別開發它們。

使用梯度下降訓練感知器模型以減少感知器誤差

在本小節中，我們將計算感知器誤差函數的梯度，並使用它來應用梯度下降並訓練感知器模型。在感知器模型中，預測為 $\hat{y}_1, \hat{y}_2, ..., \hat{y}_q$，其中每個 $\hat{y}_i$ 是 0 或 1。要計算預測，我們首先需要記住第 5 章介紹的階梯函數 $step(x)$。該函數將任何實數 x 作為輸入，如果 $x < 0$，則輸出 0；反之則輸出 1。其圖形如圖 B.4 所示。

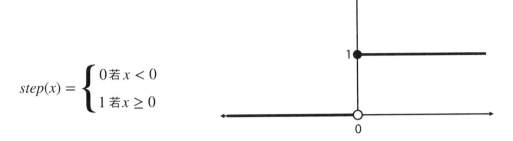

$$step(x) = \begin{cases} 0 \text{ 若 } x < 0 \\ 1 \text{ 若 } x \geq 0 \end{cases}$$

圖 B.4 階梯函數。對於負數，它輸出 0，對於非負數，它輸出 1。

該模型給每個點一個分數。權重 $(w_1, w_2, ..., w_n)$ 和偏差 b 的模型對點 $x^{(i)} = (x_1^{(i)}, x_n^{(i)}, ..., x_n^{(i)})$ 的 $score(w,b,x^{(i)}) = \sum_{j=1}^{n} w_j x_j^{(i)} + b$。預測 $\hat{y}_i$ 由以下公式給出：

$$\hat{y}_i = step(score(w,b,x^{(i)})) = step\left(\sum_{j=1}^{n} w_j x_j^{(i)} + b \right)$$

換句話說，如果得分為正，則預測為 1，反之則為 0。

感知器誤差函數稱為 $PE(w,b,x,y)$，我們將其縮寫為 PE。我們在第 5 章中曾經介紹過。透過構造，如果模型做出了不好的預測，它將是一個很大的數字；如果模型做了一個好的預測，它則是一個小數字（在本例中，實際上是 0）。誤差函數定義如下：

- $PE(w, b, x, y) = 0$，$\hat{y} = y$
- $PE(w, b, x, y) = |score(w, b, x)|$，$\hat{y} \neq y$

換句話說，如果該點被正確分類，則誤差為零；如果該點被錯誤分類，則誤差為得分的絕對值。因此，具有低絕對值分數的錯誤分類點產生低錯誤，而具有高絕對值分數的錯誤分類點產生高錯誤。這是因為一個點的分數的絕對值與該點與邊界之間的距離成正比。因此，誤差小的點是靠近邊界的點，而誤差大的點是遠離邊界的點。

要計算梯度 ∇PE，我們可以使用與之前相同的規則。我們應該注意的是，當 $x \geq 0$ 時，絕對值函數的導數 $|x|$ 為 1；當 $x < 0$ 時則為 0。這個導數在 0 處是未定義的，這是我們計算過的一個問題，但在實踐中，我們可以任意定義為 1 是沒有任何問題的。

在第 10 章中，我們介紹了 $ReLU(x)$（校正線性單元）函數，當 $x < 0$ 時為 0，當 $x \geq 0$ 時為 x。請注意，有兩種方式可以對點進行錯誤分類：

- 如果 $y = 0$ 且 $\hat{y} = 1$，這意味著 $score(w, b, x) \geq 0$。
- 如果 $y = 1$ 且 $\hat{y} = 0$，這意味著 $score(w, b, x) < 0$。

因此，我們可以方便地將感知器誤差重寫為：

$$PE = \sum_{i=1}^{q} y_i ReLU(-score(w,b,x)) + (1-y_i)ReLU(score(w,b,x))$$

或更詳細地說，即：

$$PE = \sum_{i=1}^{q} y_i ReLU\left(-\sum_{j=1}^{n} w_j x_j^{(i)} - b\right) + (1-y_i)ReLU\left(\sum_{j=1}^{n} w_j x_j^{(i)} + b\right)$$

現在我們可以繼續使用連鎖法則計算梯度 ∇PE。我們將使用一個你也可以驗證的重要觀察結果：$ReLU(x)$ 的導數是階梯函數 $step(x)$。這個梯度是：

$$\frac{\partial PE}{\partial w_j} = \sum_{i=1}^{q} y_i step\left(-\sum_{j=1}^{n} w_j x_j^{(i)} - b\right)(-x_j^{(i)}) + (1-y_i)step\left(\sum_{j=1}^{n} w_j x_j^{(i)} + b\right)x_j^{(i)}$$

我們可以重寫為：

$$\frac{\partial PE}{\partial w_j} = \sum_{i=1}^{q} -y_i x_j^{(i)} step(-score(w,b,x)) + (1-y_i)x_j^{(i)} step(score(w,b,x))$$

這看起來很複雜，但實際上並不難。讓我們從前一個表達式的右側分析每一個和。請注意，當 $score(w, b, x) > 0$ 時，$step(score(w, b, x)) = 1$，反之則為 0，而這正是

$\hat{y} = 1$ 時。類似地,當 $score(w, b, x) < 0$ 時,$step(-score(w, b, x)) = 1$,反之則為 0,而這恰好是 $\hat{y} = 0$ 時。因此:

- 當 $\hat{y}_i = 0$ 且 $y_i = 0$ 時:

$$-y_i x_j^{(i)} step(-score(w,b,x)) + (1-y_i) x_j^{(i)} step(score(w,b,x)) = 0$$

- 當 $\hat{y}_i = 1$ 且 $y_i = 1$ 時:

$$-y_i x_j^{(i)} step(-score(w,b,x)) + (1-y_i) x_j^{(i)} step(score(w,b,x)) = 0$$

- 當 $\hat{y}_i = 0$ 且 $y_i = 1$ 時:

$$-y_i x_j^{(i)} step(-score(w,b,x)) + (1-y_i) x_j^{(i)} step(score(w,b,x)) = -x_j^{(i)}$$

- 當 $\hat{y}_i = 1$ 且 $y_i = 0$ 時:

$$-y_i x_j^{(i)} step(-score(w,b,x)) + (1-y_i) x_j^{(i)} step(score(w,b,x)) = x_j^{(i)}$$

這意味著在計算 $\dfrac{\partial PE}{\partial w_j}$ 時,只有來自錯誤分類點的和才會增加價值。

以類似的方式:

$$\frac{\partial PE}{\partial b} = \sum_{i=1}^{q} -y_i step(-score(w,b,x)) + (1-y_i) step(score(w,b,x))$$

因此,梯度下降步驟定義如下:

梯度下降步驟:

將 (w, b) 替換為 (w', b'),其中:

- $w_j' = w_j + \eta \sum_{i=1}^{q} -y_i x_j^{(i)} step(-score(w,b,x)) + (1-y_i) x_j^{(i)} step(score(w,b,x))$

- $b' = b + \eta \sum_{i=1}^{q} -y_i step(-score(w,b,x)) + (1-y_i) step(score(w,b,x))$

接著再一次地，查看前一個表達式的右側：

- 當 $\hat{y}_i = 0$ 且 $y_i = 0$ 時：

$$-y_i step\left(-score\left(w,b,x\right)\right)+\left(1-y_i\right)step\left(score\left(w,b,x\right)\right)=0$$

- 當 $\hat{y}_i = 1$ 且 $y_i = 1$ 時：

$$-y_i step\left(-score\left(w,b,x\right)\right)+\left(1-y_i\right)step\left(score\left(w,b,x\right)\right)=0$$

- 當 $\hat{y}_i = 0$ 且 $y_i = 1$ 時：

$$-y_i step\left(-score\left(w,b,x\right)\right)+\left(1-y_i\right)step\left(score\left(w,b,x\right)\right)=-1$$

- 當 $\hat{y}_i = 1$ 且 $y_i = 0$ 時：

$$-y_i step\left(-score\left(w,b,x\right)\right)+\left(1-y_i\right)step\left(score\left(w,b,x\right)\right)=1$$

這一切可能意義不大，但可以編寫程式碼來計算梯度的所有項目。再次注意，如果小批量的大小為 $q = 1$，並且僅由帶有標籤 y 和預測 $\hat{y}$ 的點 $x = (x_1, x_2, ..., x_n)$ 組成，則步驟定義如下：

梯度下降步驟：

- 如果點被正確分類，不要改變 w 和 b。
- 如果該點的標籤 $y = 0$ 並被分類為 $\hat{y} = 1$：
  - 將 w 替換為 $w' = w - \eta x$。
  - 將 b 替換為 $b' = w - \eta$。
- 如果該點的標籤 $y = 1$ 並被分類為 $\hat{y} = 0$：
  - 將 w 替換為 $w' = w + \eta x$。
  - 將 b 替換為 $b' = w + \eta$。

請注意，這正是在第 5 章「感知器技巧」一節中所說明過的。

使用梯度下降訓練邏輯迴歸模型以減少對數損失

在本小節中，我們將計算對數損失函數的梯度，並使用它來應用梯度下降及訓練邏輯迴歸模型。在邏輯迴歸模型中，預測為 $\hat{y}_1, \hat{y}_2, ..., \hat{y}_q$，其中每個 $\hat{y}_i$ 是介於 0 和 1 之間的某個實數。要計算預測，我們首先需要記住本章介紹的 sigmoid 函數 $\sigma(x)$，此函數將任何實數作為輸入，並輸出介於 0 和 1 之間的某個數。如果是一個大的正數，則 $\sigma(x)$ 接近於 1。如果是一個大的負數，則 $\sigma(x)$ 接近於 0。sigmoid 函數的公式為：

$$\sigma(x) = \frac{1}{1 + e^{-x}}$$

$\sigma(x)$ 的圖形如圖 B.5 所示。

邏輯迴歸模型的預測正是 sigmoid 函數的輸出，即對於 $i = 1, 2, ..., q$，它們定義如下：

$$\hat{y}_i = \sigma(score(w, b, x^{(i)})) = \sigma\left(\sum_{j=1}^{n} w_j x_j^{(i)} + b\right)$$

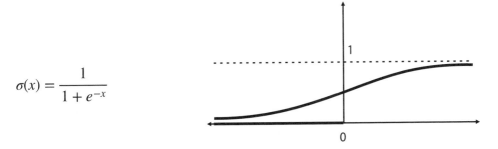

$$\sigma(x) = \frac{1}{1 + e^{-x}}$$

圖 B.5 sigmoid 函數總是輸出一個介於 0 和 1 之間的數字。負數的輸出接近 0，正數的輸出接近 1。

對數損失表示為 $LL(w, b, x, y)$，我們將其縮寫為 LL。這個誤差函數是在第 6 章的「資料集和預測」一節中首次定義。它類似於感知器誤差函數，因為在構造上，如果模型做出了錯誤的預測，它是一個很大的數字；反之，若模型做出了很好的預測，它則會是一個小的數字。對數損失函數定義為：

$$LL = -\sum_{i=1}^{q} y_i log(\hat{y}_i) + (1-y_i)log(1-\hat{y}_i)$$

我們可以繼續使用連鎖法則計算梯度 ∇LL。在此之前，讓我們注意 sigmoid 函數的導數可以寫成 $\sigma'(x)=\sigma(x)|1-\sigma(x)|$。最後計算的細節可以使用微分的商規則來計算，我就把它們留給你自行計算。使用這個，我們可以計算出 $\hat{y}$ 相對於 W_j(小標) 的導數。

由於 $\hat{y}_i = \sigma\left(\sum_{j=1}^{n}(w_j x_j^{(i)} + b)\right)$，接下來，根據連鎖法則：

$$\frac{\partial \hat{y}_i}{\partial w_j} = \sigma\left(\sum_{j=1}^{n}(w_j x_j^{(i)} + b)\right)\left[1 - \sigma\left(\sum_{j=1}^{n}(w_j x_j^{(i)} + b)\right)\right]x_j^{(i)} = y_i(1-y_i)x_j^{(i)}$$

現在，開始建立對數損失。再次使用連鎖法則，我們得到：

$$\frac{\partial LL}{\partial w_j} = -\sum_{i=1}^{q} y_i \frac{1}{\hat{y}_i}\frac{\partial \hat{y}_i}{\partial w_j} - (1-y_i)\frac{-1}{1-\hat{y}_i}\frac{\partial \hat{y}_i}{\partial w_j}$$

並由前面的計算為 $\frac{\partial \hat{y}_i}{\partial w_j}$ 的式子：

$$\frac{\partial LL}{\partial w_j} = \sum_{i=1}^{q} -y_i \frac{1}{\hat{y}_i}\hat{y}_i(1+\hat{y}_i)x_j^{(i)} + (1-y_i)\frac{-1}{1-\hat{y}_i}\hat{y}_i(1-\hat{y}_i)x_j^{(i)}$$

簡化之後，我們得到：

$$\frac{\partial LL}{\partial w_j} = \sum_{i=1}^{q} -y_i(1-\hat{y}_i)x_j^{(i)} + (1-y_i)\hat{y}_i x_j^{(i)}$$

這可以再更簡化為：

$$\frac{\partial LL}{\partial w_j} = \sum_{i=1}^{q} (\hat{y}_i - y_i) x_j^{(i)}$$

同樣地，對求導數，我們得到：

$$\frac{\partial LL}{\partial b} = \sum_{i=1}^{q} (\hat{y}_i - y_i)$$

因此，梯度下降步驟變為如下：

梯度下降步驟：

將 (w, b) 替換為 (w', b')，其中：

- $w' = w + \eta \sum_{i=1}^{q} (y_i - \hat{y}_i) x^{(i)}$

- $b' = b + \eta \sum_{i=1}^{q} (y_i - \hat{y}_i)$

請注意，當小批量的大小為 1 時，梯度下降步驟如下：

將 (w, b) 替換為 (w', b')，其中：

- $w' = w + \eta (y - \hat{y}) x^{(i)}$

- $b' = b + \eta (y - \hat{y})$

這正是我們在第 6 章「如何找到一個好的邏輯分類器？」一節中學到的邏輯迴歸技巧。

使用梯度下降訓練神經網路

在第 10 章的「反向傳播」一節中，我們討論了反向傳播——訓練神經網路的過程，該過程包括重複梯度下降步驟以最小化對數損失。在本小節中，我們將了解如何實際計算導數以執行此梯度下降步驟。我們將在深度為 2 的神經網路（一個輸入層、一個隱藏層和一個輸出層）中執行這個過程，因為這個例子夠大，可以展示這些導數是如何計算的。此外，我們將僅對一個點的誤差應用梯度下降（換句話說，我們將進行隨機梯度下降）。但是，我鼓勵你可以為更多層的神經網路計算導數，並使用小批量點（小批量梯度下降）。

在我們的神經網路中，輸入層由 m 個輸入節點組成，隱藏層由 n 個隱藏節點組成，輸出層由一個輸出節點組成。為簡單起見，本小節中的符號與其他小節中的符號不同，如下所示（如圖 B.6 所示）：

- 輸入是座標為 $x_1, x_2, ..., x_m$ 的點。
- 第一個隱藏層具有權重 V_{ij} 和偏差 b_j，$i = 1, 2, ..., m$ 和 $j = 1, 2, ..., n$。
- 第二個隱藏層的權重為 W_j，$j = 1, 2, ..., n$，和偏差 c。

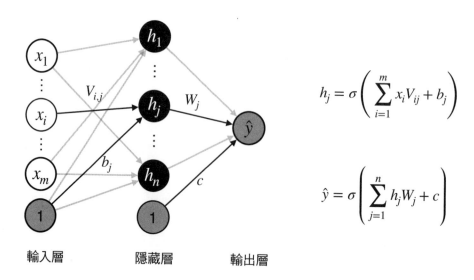

$$h_j = \sigma \left(\sum_{i=1}^{m} x_i V_{ij} + b_j \right)$$

$$\hat{y} = \sigma \left(\sum_{j=1}^{n} h_j W_j + c \right)$$

輸入層　　　　隱藏層　　　　輸出層

圖 B.6　使用具有一個隱藏層和 sigmoid 激勵函數的神經網路計算預測的過程

計算輸出的方式是透過以下兩個等式：

- $h_j = \sigma\left(\sum_{i=1}^{m} x_i V_{ij} + b_j\right)$

- $\hat{y} = \sigma\left(\sum_{j=1}^{n} h_j W_j + c\right)$

為了簡化導數的計算，我們使用以下輔助變數 r_j 和 s：

- $r_j = \sum_{i=1}^{m} x_i V_{ij} + b_j$
- $h_j = \sigma(r_j)$
- $s = \sum_{j=1}^{n} h_j W_j + c$
- $\hat{y} = \sigma(s)$

這樣，我們可以計算以下偏導數（回想一下 sigmoid 函數的導數是 $\sigma'(x) = \sigma'(x)[1 - \sigma(x)]$，且對數損失為 $L(y, \hat{y}) = -y\ ln(\hat{y}) - (1 - y)ln(1 - \hat{y})$。為方便起見，我們稱其為 L）：

1. $\dfrac{\partial L}{\partial \hat{y}} = -y\dfrac{1}{\hat{y}} - (1-y)\dfrac{-1}{1-\hat{y}} = \dfrac{-(y-\hat{y})}{\hat{y}(1-\hat{y})}$

2. $\dfrac{\partial \hat{y}}{\partial s} = \sigma(s)[1 - \sigma(s)] = y(1 - y)$

3. $\dfrac{\partial s}{\partial W_j} = h_j$ ，$\dfrac{\partial s}{\partial b_j} = 1$

4. $\dfrac{\partial s}{\partial h_j} = W_j$

5. $\dfrac{\partial h_j}{\partial r_j} = \sigma(r_j)[1 - \sigma(r_j)] = h_j(1 - h_j)$

6. $\dfrac{\partial r_j}{\partial V_{ij}} = x_i$ ，$\dfrac{\partial r_j}{\partial b_j} = 1$

為了簡化我們的計算，請注意，如果我們將方程式 1 和方程式 2 相乘並使用連鎖法則，我們得到：

7. $\dfrac{\partial L}{\partial s} = \dfrac{\partial L}{\partial \hat{y}} \dfrac{\partial \hat{y}}{\partial s} = \dfrac{-(y-\hat{y})}{\hat{y}(1-\hat{y})} \hat{y}(1-\hat{y}) = -(y-\hat{y})$

現在，我們可以使用連鎖法則和方程式 3-7 來計算對數損失，使用關於權重和偏差的導數，如下所示：

8. $\dfrac{\partial L}{\partial W_j} = \dfrac{\partial L}{\partial s} \dfrac{\partial s}{\partial W_j} = -(y-\hat{y})h$

9. $\dfrac{\partial L}{\partial c} = \dfrac{\partial L}{\partial s} \dfrac{\partial s}{\partial c} = -(y-\hat{y})$

10. $\dfrac{\partial L}{\partial V_{ij}} = \dfrac{\partial L}{\partial s} \dfrac{\partial s}{\partial h_j} \dfrac{\partial h_j}{\partial r_j} \dfrac{\partial r_j}{\partial V_{ij}} = -(y-\hat{y})W_j h_j(1-h_j)x_i$

11. $\dfrac{\partial L}{\partial b_j} = \dfrac{\partial L}{\partial s} \dfrac{\partial s}{\partial h_j} \dfrac{\partial h_j}{\partial r_j} \dfrac{\partial r_j}{\partial b_j} = -(y-\hat{y})W_j h_j(1-h_j)$

使用前面的方程式，梯度下降步驟如下：

神經網路的梯度下降步驟：

- 替換 V_{ij}，為 $V_{ij} - \eta \dfrac{\partial L}{\partial V_{ij}} = V_{ij} + \eta(y-\hat{y})W_j h_j(1-h_j)x_i$。

- 替換 b_j，為 $b_j - \eta \dfrac{\partial L}{\partial b_j} = b_j + \eta(y-\hat{y})W_j h_j(1-h_j)$。

- 替換 W_j，為 $W_j + \eta \dfrac{\partial L}{\partial W_j} = W_j + \eta(y-\hat{y})h_j$。

- 替換 c，為 $c + \eta \dfrac{\partial L}{\partial c} = c + \eta(y-\hat{y})$。

前面的方程式相當複雜，甚至更多層神經網路的反向傳播方程式也是如此。但值得慶幸的是，我們可以使用 PyTorch、TensorFlow 和 Keras 來訓練神經網路，而無須計算所有導數。

使用梯度下降進行正規化

在第 4 章的「修改誤差函數來解決我們的問題」一節中,我們要學習正規化作為減少機器學習模型中過度配適的一種方法。正規化包括向誤差函數添加正規化項,這有助於減少過度配適。該術語可以是模型中使用的多項式的 L1 或 L2 範數。在第 10 章的「訓練神經網路的技術」一節中,我們學習如何透過添加類似的正規化項來應用正規化以訓練神經網路。接著,在第 11 章的「距離誤差函數」一節中,我們要學習支援向量機的距離誤差函數,它確保了分類器中的兩條線彼此靠近。距離誤差函數具有與 L2 正規化項相同的形式。

然而,在第 4 章的「查看正規化的直覺方法」一節中,我們要學習一種更直覺的正規化方法。簡而言之,每個使用正規化的梯度下降步驟都會使模型的係數值略微減少。讓我們看看這種現象背後的數學原理。

對於權重為 w_1, w_2, ..., w_n 的模型,正規化項如下:

- L1 正規化:$W_1 = |w_1| + |w_2| + \cdots + |w_n|$
- L2 正規化:$W_2 = w_1^2 + w_2^2 + \cdots + w_n^2$

回想一下,為了不過度改變係數,正規化項乘以正規化參數 λ。因此,當我們應用梯度下降時,係數修改如下:

- L1 正規化:w_i 被替換為 $w_i - \nabla W_1$
- L2 正規化:w_i 被替換為 $w_i - \nabla W_2$

其中 ∇ 表示正規化項的梯度。換句話說,$\nabla(b_1,...,b_n) = \left(\dfrac{\partial b_1}{\partial a_1},...,\dfrac{\partial b_n}{\partial a_n} \right)$。由於

$\dfrac{\partial |w_i|}{\partial w_i} = sgn(w_i)$ 且 $\dfrac{\partial w_i^2}{\partial w_i} = 2w_i$,則梯度下降步驟如下:

正規化的梯度下降步驟：

- L1 正規化：將 a_i 替換為 $a_i - \lambda \dfrac{\partial a_i}{\partial a_i} = a_i - \lambda \cdot sgn(a_i)$。

- L2 正規化：將 a_i 替換為 $a_i - \lambda \dfrac{\partial a_i}{\partial a_i} = a_i - 2\lambda a_i = (1 - 2\lambda)a_i$。

請注意，這個梯度下降步驟總是會減少係數 a_i 的絕對值。在 L1 正規化中，如果 a_i 為正，我們從 a_i 中減去一個小值；如果 a_i 為負，則添加一個小值。在 L2 正規化中，我們則是將 a_i 乘以一個略小於 1 的數字。

陷入局部最小值：它是如何發生的，以及我們如何解決它

如本附錄一開頭所述，梯度下降算法不一定可以找到函數的最小值。舉例來說，請看圖 B.7。假設我們想使用梯度下降找到該圖中函數的最小值。因為梯度下降的第一步是從一個隨機點開始，所以我們將從標記為「起點」的點開始。

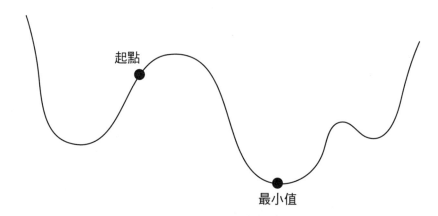

圖 B.7 我們站在標有「起點」的地方。該函數的最小值是標記為「最小值」的點。我們能用梯度下降達到這個最小值嗎？

圖 B.8 顯示了梯度下降算法尋找最小值的路徑。請注意，它成功地找到了最接近該點的局部最小值，但它完全錯過了右側的全局最小值。

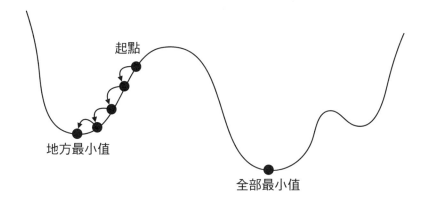

圖 B.8　不幸的是，梯度下降並沒有幫助我們找到這個函數的最小值。我們確實設法下降，但我們陷入了局部最小值（山谷）。我們如何解決這個問題？

我們該如何解決這個問題？我們可以使用許多技術來解決這個問題，在本節中，我們將學習一種稱為隨機重啟（*random restart*）的常見技術。解決方案是簡單地多次運行算法，始終從不同的隨機點開始，並選擇總體找到的最小值。在圖 B.9 中，我們使用隨機重啟來找到函數的全局最小值（請注意，此函數僅在圖中的區間上定義，因此區間中的最小值確實是全局最小值）。我們選擇了三個隨機起點，一個用圓圈表示，一個用正方形表示，一個用三角形表示。請注意，如果我們對這三個點中的每一個都使用梯度下降，則正方形設法找到函數的全局最小值。

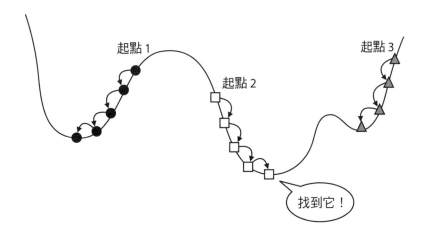

圖 B.9　說明了隨機重啟技術。該函數僅在此區間上定義，具有三個谷，全局最小值位於第二個谷中。在這裡，我們使用三個不同的起點運行梯度下降算法：圓形、正方形和三角形。請注意，正方形設法找到了函數的全局最小值。

這種方法仍然不能保證找到全局最小值，因為我們可能沒有那麼幸運並且只選擇卡在山谷中的點。但是，如果有夠多的隨機起點，我們找到全局最小值的機會就會增加許多。即使我們找不到全局最小值，我們仍然可以找到一個夠好的局部最小值來幫助我們訓練一個好的模型。

附錄 | C
參考資料

你可以在下方連結中找到這些參考資料：https://serrano.academy/grokking-machine-learning/。

一般參考資料

- GitHub 儲存庫：www.github.com/luisguiserrano/manning
- YouTube 影片：www.youtube.com/c/LuisSerrano
- 一般資訊：https://serrano.academy
- 書籍資訊：https://serrano.academy/grokking-machine-learning

培訓課程

- Udacity 機器學習奈米學位：http://mng.bz/4KE5
- Coursera 機器學習課程：https://www.coursera.org/learn/machine-learning
- Coursera 機器學習專業（華盛頓大學）：http://mng.bz/Xryl
- 端點到端點機器學習：https://end-to-end-machine-learning.teachable.com/courses

部落格及 **Youtube** 頻道

- Brandon Rohrer 的機器學習影片：https://www.youtube.com/user/BrandonRohrer
- Josh Starmer 的 StatQuest：https://www.youtube.com/user/joshstarmer
- Chris Olah 的部落格：https://colah.github.io/
- Jay Alammar 的部落格：https://jalammar.github.io/
- Alexis Cook 的部落格：https://alexisbcook.github.io/
- Dhruv Parthasarathy 的部落格：https://medium.com/@dhruvp
- 3Blue1Brown：http://youtube.com/c/3blue1brown
- Machine Learning Mastery：https://machinelearningmastery.com
- Andrej Karpathy 的部落格：http://karpathy.github.io/

書籍

Christopher Bishop 的著作《*Pattern Recognition and Machine Learning*》：
http://mng.bz/g1DZ

第 1 章

影片

- 一般機器學習影片：https://serrano.academy/general-machine-learning/
- 機器學習介紹影片：www.youtube.com/watch?v=IpGxLWOIZy4
- Monty Python spam sketch: www.youtube.com/watch?v=zLih-WQwBSc

第 2 章

影片

- 監督式機器學習影片：https://serrano.academy/linear-models/
- 非監督式機器學習影片 https://serrano.academy/unsupervised-learning/
- 生成機器學習影片 https://serrano.academy/generative-models

- Reinforcement learning videos: https://serrano.academy/reinforcement-learning
- Deep learning videos: https://serrano.academy/neural-networks

書籍

- *Grokking Deep Reinforcement Learning*, by Miguel Morales: http://mng.bz/5Zy4

培訓課程

- UCL course on reinforcement learning, by David Silver:
  https://www.davidsilver.uk/teaching/
- Udacity Deep Reinforcement Learning Nanodegree Program:
  http://mng.bz/6mMG

第 3 章

程式碼

- GitHub 儲存庫：http://mng.bz/o8lN

資料集

- Hyderabad 房屋資料集：
  - 建立者：Ruchi Bhatia
  - 日期：2020/08/27
  - 版本：4
  - 來源：http://mng.bz/nrdv
  - 執照：CC0: Public Domain

影片

- 線性迴歸影片：http://mng.bz/v4Rx
- 多項式迴歸影片：https://www.youtube.com/watch?v=HmmkA-EFaW0

第 4 章

程式碼

- GitHub 儲存庫：http://mng.bz/4KXB

影片

- 機器學習：測試和錯誤指標：https://www.youtube.com/watch?v=aDW44NPhNw0
- Lasso（L1）迴歸（StatQuest）：https://www.youtube.com/watch?v=NGf0voTMlcs
- Ridge（L2）迴歸（StatQuest）：https://www.youtube.com/watch?v=Q81RR3yKn30

第 5 章

程式碼

- GitHub 儲存庫：http://mng.bz/Qqpm

影片

- 邏輯迴歸和感知器算法影片：https://www.youtube.com/watch?v=jbluHIgBmBo
- 隱馬可夫模型影片：https://www.youtube.com/watch?=kqSzLo9fenk

第 6 章

程式碼

- GitHub 儲存庫：http://mng.bz/Xr9Y

資料集

- IMDB 電影廣泛評論資料集
  - 建立者：Stefano Leone
  - 日期：2019/11/24
  - 版本：2

- 　　來源：https://www.kaggle.com/stefanoleone992/imdb-extensive-dataset
- 　　執照：CC0: Public Domain

影片

- 邏輯迴歸和感知器算法影片：https://www.youtube.com/watch?v=jbluHIgBmBo
- 交叉熵（StatQuest）：https://www.youtube.com/watch?v=6ArSys5qHAU
- 交叉熵 (Aurélien Géron)：https://www.youtube.com/watch?v=ErfnhcEV1O8

第 7 章

影片

- 機器學習：測試和錯誤指標：https://www.youtube.com/watch?v=aDW44NPhNw0

第 8 章

程式碼

- GitHub 儲存庫：http://mng.bz/yJRJ

資料集

- 垃圾郵件過濾器資料集
  - 建立者：Karthik Veerakumar
  - 日期：2017/07/14
  - 版本：1
  - 來源：https://www.kaggle.com/karthickveerakumar/spam-filter
  - 可視性：公開

影片

- 單純貝氏分類：https://www.youtube.com/watch?v=Q8l0Vip5YUw

第 9 章

程式碼

- GitHub 儲存庫：http://mng.bz/MvM2

資料集

- 申請入學資料集
  - 建立者：Mohan S. Acharya
  - 日期：2018/03/03
  - 版本：2
  - 來源：http://mng.bz/aZlJ
  - 文章：Mohan S. Acharya、Asfia Armaan 和 Aneeta S Antony，「A Comparison of Regression Models for Prediction of Graduate Admissions」，IEEE International Conference on Computational Intelligence in Data Science（2019 年）
  - 執照：CC0: Public Domain

影片

- 決策樹（StatQuest）：https://www.youtube.com/watch?v=7VeUPuFGJHk
- 迴歸決策樹（StatQuest）：https://www.youtube.com/watch?v=g9c66TUylZ4
- 決策樹 (Brandon Rohrer)：https://www.youtube.com/watch?v=9w16p4QmkAI
- 吉尼不純度指數：https://www.youtube.com/watch?v=u4IxOk2ijSs
- Shannon 熵和資訊增益：https://www.youtube.com/watch?v=9r7FIXEAGvs

部落格文章

- Shannon 熵、資訊增益和從桶中撿球：http://mng.bz/g1lR

第 10 章

程式碼

- GitHub 儲存庫：http://mng.bz/ePAJ

資料集

- MNIST 資料集：Deng, L.「The MNIST Database of Handwritten Digit images for Machine Learning Research」。*IEEE Signal Processing Magazine* 29，No. 6 (2012)：141-42。http://yann.lecun.com/exdb/mnist/
- Hyderabad 房屋資料集（參閱第 3 章的參考資料）

影片

- 深度學習和神經網路：https://www.youtube.com/watch?v=BR9h47Jtqyw
- 卷積神經網路：https://www.youtube.com/watch?v=2-Ol7ZB0MmU
- 循環神經網路：https://www.youtube.com/watch?v=UNmqTiOnRfg
- 神 經 網 路 的 工 作 原 理 (Brandon Rohrer)：https://www.youtube.com/watch?v=ILsA4nyG7I0
- 循環神經網路 (RNN) 和長短期記憶 (LSTM) (Brandon Rohrer)：https://www.youtube.com/watch?v=WCUNPb-5EYI

書籍

- 《*Grokking Deep Learning*》，作者：Andrew Trask：https://www.manning.com/books/grokking-deep-learning
- 《*Deep Learning*》，作者：Ian Goodfellow、Yoshua Bengio 和 Aaron Courville：https://www.deeplearningbook.org/

培訓課程

- Udacity 深度學習課程：http://mng.bz/p9lP

部落格文章

- 「Using Transfer Learning to Classify Images with Keras」，作者：Alexis Cook： http://mng.bz/OQgP

- 「Global Average Pooling Layers for Object Localization」，作者：Alexis Cook： http://mng.bz/Ywj7

- 「A Brief History of CNNs in Image Segmentation: From R-CNN to Mask R-CNN」，作者：Dhruv Parthasarathy：http://mng.bz/GOnN

- 「Neural networks, Manifolds, and Topology」，作者：Chris Olah：http://mng.bz/ zERZ

- 「Understanding LSTM Networks」，作者：Chris Olah：http://mng.bz/01nz

- 「How GPT3 Works: Visualizations and Animations」，作者：Jay Alammar： http://mng.bz/KoXn

- 「How to Configure the Learning Rate When Training Deep Learning Neural Networks」，作者：Jason Brownlee：http://mng.bz/9ae8

- 「Setting the Learning Rate of Your Neural Network」，作者：Jeremy Jordan： http://mng.bz/WBKX

- 「Selecting the Best Architecture for Artificial Neural Networks」，Ahmed Gad：http://mng.bz/WBKX

- 「A Recipe for Training Neural Networks」，作者：Andrej Karpathy：http:// mng.bz/80gg

工具

- TensorFlow 遊樂場：https://playground.tensorflow.org/

第 11 章

程式碼

- GitHub 儲存庫：http://mng.bz/ED6r

影片

- 支援向量機：https://www.youtube.com/watch?v=Lpr__X8zuE8
- 多項式內核（StatQuest）：https://www.youtube.com/watch?v=Toet3EiSFcM
- 徑向基函數核（RBF）（StatQuest）：https://www.youtube.com/watch?v=Qc5IyLW_hns

部落格文章

- 「Kernels and Feature Maps: Theory and Intuition」，作者：Xavier Bourret Sicotte：
  http://mng.bz/N4aX

第 12 章

程式碼

- GitHub 儲存庫：http://mng.bz/DK50

影片

- 隨機森林（StatQuest）：https://www.youtube.com/watch?v=J4Wdy0Wc_xQ
- AdaBoost（StatQuest）：https://www.youtube.com/watch?v=LsK-xG1cLYA
- 梯度提升（StatQuest）：https://www.youtube.com/watch?v=3CC4N4z3GJc
- XGBoost（StatQuest）：https://www.youtube.com/watch?v=OtD8wVaFm6E

部落格文章

- 「A Decision-Theoretic Generalization of Online Learning and an Application
  to Boosting」，作者：Yoav Freund 和 Robert Shapire，*Journal of Computer
  and System Sciences*，55, 119–139。http://mng.bz/l9Bz
- 「Explaining AdaBoost」，作者：Robert Schapire：http://rob.schapire.net/papers/
  explaining-adaboost.pdf

- 「XGBoost: A Scalable Tree Boosting System」，作者：Tiani Chen 和 Carlos Guestrin。KDD '16：第 22 屆 ACM SIGKDD International Conference on Knowledge Discovery and Data Mining 論文集，2016 年 8 月，785–794。https://doi.org/10.1145/2939672.2939785
- 「Winning the Netflix Prize: A Summary」，作者：Edwin Chen：http://mng.bz/B1jq

第 13 章

程式碼

- GitHub 儲存庫：http://mng.bz/drlz

資料集

- 鐵達尼號資料集：
  - 來源：https://www.kaggle.com/c/titanic/data

圖片和圖像

圖片和圖像由 flaticon.com 的以下建立者提供：

- IFC—hiker、mountain range：Freepik；flag：Good Ware
- Preface—musician：photo3idea_studio；mathematician：Freepik
- 圖 1.2—person：Eucalyp；computer：Freepik
- 圖 1.4—person：ultimatearm
- 圖 1.5、1.6、1.7、1.8、1.9—person on computer：Freepik
- 圖 2.1、2.2、2.3、2.4—dog：Freepik；cat：Smashicons
- 圖 2.2、2.3、2.4—factory：DinosoftLabs
- 圖 2.5、2.6—envelope：Freepik
- 圖 2.7—house：Vectors Market
- 圖 2.8—map point：Freepik

- 圖 2.11、2.12—robot、mountain：Freepik；dragon：Eucalyp；Treasure：Smashicons

- 圖 3.3、3.4、3.5—house：Vectors Market

- 圖 3.20、3.21、3.22—hiker、mountain range：Freepik；flag、bulb：Good Ware

- 圖 4.1—Godzilla：Freepik；swatter：Smashicons；fly：Eucalyp；bazooka：photo3idea_studio

- 圖 4.6—house：Vectors Market；bandage、shingles：Freepik；titanium rod：Vitaly Gorbachev

- 圖 5.1、5.2、5.3、5.4、5.5、5.6、5.10、5.11、5.12、5.13、5.16、5.17、5.18、5.19、5.20、5.21、5.22、5.23、5.24、6.1、6.4、6.5、6.6、10.2、10.3—happy face、sad face、neutral face：Vectors Market

- 圖 5.15、5.16—hiker：Freepik；bulb：Good Ware

- 圖 7.11 (in the exercises)—various animals：surang；book：Good Ware；clock、strawberry、planet、soccer ball：Freepik；video：monkik

- 圖 8.4—chef hat：Vitaly Gorbachev、wheat、bread：Freepik

- 圖 8.5、8.6、8.7、8.8、8.9、8.10、8.11、8.12、8.13—envelope：Smashicons

- 圖 9.6、9.7、9.8、9.9、9.12、9.13、9.15、9.16、9.17—atom：mavadee；beehive：Smashicons；chess knight：Freepik

- 圖 9.13、9.17—handbag：Gregor Cresnar

- Joke in chapter 10—arms with muscle：Freepik

- Joke in chapter 11—corn、chicken：Freepik；chicken：monkik

- Joke in chapter 12—shark、fish：Freepik

- 圖 12.1—big robot：photo3idea_studio；small robots：Freepik

- Joke in chapter 13—ship：Freepik

索引

※ 提醒您：由於翻譯書排版的關係，部分索引名詞的對應頁碼會和實際頁碼有一頁之差。

A

absolute error（絕對誤差）, 68, 70, 174

absolute trick（絕對技巧）, 62-63

accuracy（準確率）,

  decision trees（決策樹）,

    帶有連續型特徵, 296

    帶有是／否問題, 276-277

  examples of models（模型的範例）, 202-203

  receiver operating characteristic (ROC) curve（接受者操作特徵（ROC）曲線）, 215-228

    曲線下面積, 222-223

    使用～做決策, 223-224

    敏感性與特異性, 215-222, 226-228

  testing（測試）, 460

  types of errors（誤差的種類）, 203-214

    選擇, 215

    混淆矩陣, 207-208

    偽陽性與偽陰性, 204-207

    F-score, 212-215

    精確率, 210-212

    召回率, 208-209

Acharya, Mohan S., 541

activation functions（激勵函數）, 325, 338-339

AdaBoost（AdaBoost 算法）, 411-421

  building weak learners（建立弱學習器）, 413-415

  coding in Scikit-Learn（在 Scikit-Learn 中編寫～）, 420-421

  combining weak learners into strong learner（將弱學習器與強學習器合併）, 415-418

    合併分類器, 418

    機率、賠率與對數賠率, 416

AdaBoostClassifier package (AdaBoostClassifier 套件), 420

Admissions dataset（申請入學的資料集）, 541

AI (artificial intelligence)（人工智慧）, 3-4

Alammar, Jay, 538, 542

algorithms（演算法）, 7-15

  clustering（分群法）, 26-28

  examples of models that humans use（人類使用的模型之範例）, 8-13

  examples of models that machines use（機器使用的模型之範例）, 13-15

  linear regression（線性迴歸）, 49-50

    廣義線性迴歸演算法, 66-67

    概覽, 63

用於資料集 , 65

使用模型做預測 , 66

alien planet example (外星球上的範例)

classification (分類法), 120

偏誤與 y 截距 , 135-136

分類器的目標 , 129

感知器分類器的定義 , 132-135

一般分類器 , 129-130

稍微更複雜的星球 , 125-128

階梯函數與激勵函數 , 131

neural networks (神經網路), 317-332

全連接神經網路的架構 , 331-332

神經網路的邊界 , 329-331

將感知器的輸出結合到另一個感知器中 , 321-324

神經網路的圖像呈現 , 326

感知器的圖像呈現 , 324-326

使用兩條線來分類資料集 , 318-319

AND dataset (AND 資料集), 482

AND gate (AND 閘), 481

AND operator (AND 運算子), 321, 378

Antony, Aneeta S., 541

apply() function (apply() 函式), 257

app-recommendation system (app 推薦系統), 274-292

asking best question (詢問最好的問題), 274-287

decision tree algorithm (決策樹算法), 291-292

hyperparameters (超參數), 290-291

iterating (迭代), 287-290

problem overview (問題概覽), 272

architecture (架構), 340

Armaan, Asfia, 541

artificial intelligence (AI) (人工智慧), 3-4

AUC (area under the curve) (曲線下面積), 222-223

B

backpropagation (反向傳播), 333-335

bagging (袋裝法), 403, 411

fitting decision tree (配適決策樹), 407

fitting random forest manually (手動配適隨機森林), 407-408

training random forest in Scikit-Learn (在 Scikit-Learn 訓練隨機森林), 409-410

batch gradient descent (批量梯度下降), 76

logistic regression algorithm (邏輯迴歸演算法), 188

perceptron algorithm (感知器算法), 155

batch vs. mini-batch vs. stochastic gradient descent (批量、小批、隨機梯度下降), 340

Bayesian analysis (貝氏分析), 239

Bayesian learning (貝氏學習), 239

Bayesian statistics (貝氏統計學), 239

Bayes' theorem (貝氏定理),

finding posteriors with (用～找到後驗機率), 259

implementing naive Bayes algorithm (實作單純貝氏分類算法), 260-261

Bengio, Yoshua, 542

Bhatia, Ruchi, 539

bias (偏誤), 43, 128

binary trees (二元樹), 266

binning (分組), 454-456

Bishop, Christopher, 538

boosting (提升法), 403

branches, of decision nodes (決策節點的分支), 267

Brief History of CNNs in Image Segmentation, A (Parthasarathy), 542

Brownlee, Jason, 544

c

categorical cross-entropy (分類交叉熵), 345

categorical data (類別資料), 22

chatbots (聊天機器人), 353

Chen, Edwin, 545

Chen, Tiani, 545

circular dataset (圓形資料集), 373-375, 394-395

classification (分類), 23-25, 118, 166, 170

　alien planet problem (外星球問題), 120

　　偏誤與 y 截距 , 135

　　分類器的目標 , 129

　　感知器分類器的定義 , 132-135

　　一般的分類器 , 129-130

　　稍微更複雜的星球 , 125-128

　　階梯函數與激勵函數 , 131

　applications of (～的應用), 161-163

　　電腦視覺 , 164

　　醫療保健 , 163-165

　　推薦系統 , 163

　　垃圾郵件過濾器 , 163

　coding (編寫程式), 155-161

　　概覽 , 159-160

　　感知器技巧 , 158

　　使用 Turi Create 套件 , 160-161

　combining (合併), 418

　error function (誤差函數), 137-147, 362-364

　　分類器 , 137-145

　　平均感知器誤差 , 142-145

　perceptron algorithm (感知器算法), 145-154

　　梯度下降 , 155

　　感知器技巧 , 145-150

　　～的虛擬碼 , 153-154

　　隨機梯度下降與批量梯度下降 , 155

　using gradient descent to train models (用梯度下降以訓練模型), 522-528

　　以減少對數損失 , 527-529

　　以減少感知器損失 , 522-525

classification model (分類模型), 22

classifiers (分類器), 118

clustering algorithms (分群演算法), 26-28

CNN (convolutional neural networks) (卷積神經網路), 352-353

coding (編寫程式)

　kernel method (核方法), 394-399

　　多項式內核用來分類圓形資料集 , 394

　　徑向基函數核 , 395-397

　logistic regression algorithm (邏輯迴歸演算法), 188

　perceptron algorithm (感知器算法), 155-161

　　感知器技巧 , 158

　　概覽 , 159-160

　　使用 Turi Create, 160

Comparison of Regression Models for Prediction of Graduate Admissions, A (Acharya, Armaan, and Antony), 541

compile function (compile 函式), 345

computer vision (電腦視覺), 164

conditional probability (條件機率), 234

confusion matrix (混淆矩陣), 207-208

continuous features (連續型特徵), 294-296

continuous perceptrons (連續感知器), 169

convolutional neural networks (CNN) (卷積神經網路), 352-353

Cook, Alexis, 538, 542

coronavirus dataset (新冠病毒資料集), 203

cost functions (成本函數), 68

Courville, Aaron, 542

C parameter (C 參數)

  in Scikit-Learn (Scikit-Learn 中的～), 371

  overview (概覽), 367-369

create function (create 函式), 77, 111, 161, 195

criterion 超參數 , 303

cross-entropy (交叉熵), 179

cross-validation (交叉驗證), 466

CSV (comma-separated values), 443

D

data (資料), 4, 19-20, 448

  defined (定義), 19-20

  features (特徵), 19

  labeled and unlabeled data (標記資料與未標記資料), 19-20

  labels (標籤、標記), 19

  linear regression (線性迴歸), 64

  predictions (預測), 19

data engineering (資料工程師)

  feature engineering (特徵工程), 450-457

    分組 , 454-456

    特徵選擇 , 456-457

    獨熱編碼，one-hot 編碼 , 452-454

  grid search (網格搜尋), 463-466

  missing values (缺失值), 447-449

    丟棄有缺失值的欄位 , 448

    填補缺失資料 , 449

  Titanic dataset (鐵達尼號資料集), 442-447

    ～的特徵 , 443

    用 Pandas 載入 , 443-444

    用 Pandas 學習 , 445-447

  training models (訓練模型), 457-462

    評估模型 , 459-462

    許多資料集上的模型 , 459

    分割資料 , 458

    測試模型 , 462

    using k-fold cross-validation (使用 k 折交叉驗證), 467-468

DataFrame object (DataFrame 物件), 444

DBSCAN (density-based spatial clustering) (基於密度的聚類演算法), 28

decision node (決策樹節點), 267

decision stumps (單層決策樹，決策樹樁), 266

Decision-Theoretic Generalization of Online Learning and an Application to Boosting, A (Freund and Shapire), 545

DecisionTreeClassifier object (DecisionTreeClassifier 物件), 300

DecisionTree object (DecisionTree 物件), 301

DecisionTreeRegressor object (DecisionTreeRegressor 物件), 309

decision trees (決策樹), 267

  applications (應用), 310-311

    醫療保健的～ , 310

  app-recommendation system (App 推薦系統), 274-292

    詢問最佳問題 , 274-287

    決策樹算法 , 291-292

    超參數 , 290-291

    迭代 , 287-290

    問題概覽 , 272-274

  fitting (配適), 407

  for regression (用於迴歸), 306-309

  gradient boosting (梯度提升), 422-427

  graphical boundary of (～的視覺邊界), 297-301

  modeling student admissions with Scikit-Learn (用 Scikit-Learn 對學生申請入學資料建模), 301-305

  splitting data with more classes (用更多層來分割資料), 293-296

使用連續型特徵 , 294-296

使用非二元類別型特徵 , 293

deep learning (DL) (深度學習), 5-6, 316

Deep Learning (Goodfellow, Bengio, and Courville), 542

degree (次), 80

degree parameter, 394

density-based spatial clustering (DBSCAN) algorithm (DBSCAN 演算法), 28

depth, of decision trees (決策樹), 267

dimension (維度), 29

dimensionality reduction (降維), 28-29

direction (方向), 54

discrete perceptron (離散感知器), 169

display_tree function (display_tree 函式), 300

distance (距離),

　comparing classifiers (比較分類器), 139-141

　error function (誤差函數), 364-365

DL (deep learning) (深度學習), 5-6, 316

drop function (drop 函式), 448

dropout, 337

E

email dataset (資料集),

　false positives and false negatives (偽陽性與偽陰性), 207

　overview (概覽), 203

email spam-detection model (垃圾郵件偵測模型), 22

ensemble learning (集成學習)

　AdaBoost (AdaBoost 提升法), 411-421

　　弱學習器 , 413-415

　　在 Scikit-Learn 中編寫～ , 420-421

　　將弱學習器與強學習器合併 , 415-418

analogy (比喻), 402-403

applications of ensemble methods (集成方法的應用), 438

　bagging (袋裝法), 404-406

　　配適決策樹 , 407

　　手動配適隨機森林 , 407-408

　　在 Scikit-Learn 訓練隨機森林 , 409-410

　gradient boosting (梯度提升), 422-427

　XGBoost, 428-438

　　建立弱學習器 , 429-432

　　進行預測 , 433-435

　　相似分數 , 428-429

　　在 Python 中訓練模型 , 436-438

　　樹修剪 , 432-433

entropy (熵), 282, 285

epochs (迭代週期), 63

error functions (損失函數), 67-76, 137-147

　absolute error (絕對誤差), 68

　comparing classifiers (分類器), 137-145

　　距離 , 139-141

　　誤差的數量 , 137-139

　　分數 , 141-142

　gradient descent (梯度下降), 71-74

　lasso regression and ridge regression (lasso 迴歸與脊迴歸), 102-103

　logistic classifiers (分類器), 174

　　絕對誤差 , 174

　　對數損失 , 175

　　平方誤差 , 175

　mean absolute and (root) mean square errors (平均絕對誤差與均方 (根) 誤差), 71-73

　mean perceptron error (平均感知器誤差), 142-145

　measuring neural networks (神經網路), 333

of SVMs (support vector machines) (支持
向量機的～), 362-369

分類的誤差函數 , 362-364

C 參數 , 367-369

距離的誤差函數 , 364-365

plotting (繪圖), 74-76

square error (平方誤差), 70

stochastic and batch gradient descent (隨機
梯度下降與批量梯度下降), 76

error types (誤差的種類), 203-214

choosing (選擇), 215

confusion matrix (混淆矩陣), 207-208

false positives and false negatives (偽陽性
與偽陰性), 204-207

F-score, 212-215

計算 , 213

計算 F_β-score, 213-215

precision (精確率), 210-212

recall (召回率), 208-209

events (事件), 238-239

Explaining AdaBoost (Schapire), 545

F

F_1-score, 212-213, 460, 462

f1_score function (f1_score 函式), 460

false negatives (偽陰性), 204-207

false positives (偽陽性), 204-207

feature engineering (特徵工程), 450-457

binning (分組), 454-456

feature selection (特徵選擇), 456-457

one-hot encoding (獨熱編碼，one-hot 編
碼), 452-454

feature maps (特徵圖), 372

features (特徵), 12, 42, 302, 370, 409, 458

fillna function (fillna 函式), 449

fit function (fit 函式), 300, 302, 459

formulas (公式), 3

formulate (制定), 8

Freund, Yoav, 545

F-score, 212-215

calculating (計算), 213

calculating F_β-score, 213-214

G

Gad, Ahmed, 544

games (遊戲), 35

gamma parameter (gamma 參數), 392-393

GANs (generative adversarial networks)(生成
對抗網路), 33, 355

gated recurrent units (GRU) (閘控遞迴單元),
353-355

Gaussian mixture models (高斯混合模型),
28

general linear regression algorithm (廣義線性
迴歸演算法), 66-67

generative machine learning (生成機器學習),
33, 355

genetics (遺傳學), 28

get_dummies function (get_dummies 函式),
453

Gini impurity index (吉尼不純度指數), 279,
296

Global Average Pooling Layers for Object
Localization (Cook), 542

Goodfellow, Ian, 542

gradient boosting (梯度提升), 428-438

building weak learners (建立弱學習器),
429

making predictions (進行預測), 433-435

training an XGBoost model in Python (在
Python 中訓練 XGBoost), 436-438

tree pruning (樹修剪), 432-433

using decision trees to build strong learners (使用決策樹建立強學習器), 422-427

XGBoost similarity score (XGBoost 相似度分數), 428-429

GradientBoostingRegressor package (GradientBoostingRegressor 套件), 426

gradient descent (梯度下降), 71-74, 513-516

decreasing functions (減少函數), 514-515

for regularization (為正規化), 532-534

local minima (局部最小值), 534-536

perceptron algorithm (感知器算法), 155

training models (訓練模型), 516-532

分類模型 , 522-528

線性迴歸模型 , 518-523

神經網路 , 529-532

graphical boundary (圖形邊界), 297-301

grid search (網格搜尋), 291, 463-466

GridSearchCV (GridSearchCV 函式), 466

grid world example (網格世界的範例), 34-35

Grokking Deep Learning (Trask), 352, 542

Grokking Deep Reinforcement Learning (Morales), 539

GRU (gated recurrent units) (閘控遞迴單元), 353-355

Guestrin, Carlos, 545

H

ham (正常郵件), 8

health care applications classification (醫療保健的分類應用), 163-165

decision trees (決策樹), 310

regression (迴歸), 82

hierarchical clustering (階層式分群法), 28

high precision models (高精確率模型), 212

high recall models (高召回率模型), 209

high sensitivity (高敏感性), 217

high specificity (高特異性), 217

HMM (hidden Markov models) (隱馬可夫模型), 119

housing prices model (房價模型), 22

housing regression model (房屋迴歸模型), 22

formulate step (制定步驟), 44-45

multivariate linear regression (線性迴歸), 46-47

predicting price of house (預測房屋價格), 41-47

predict step (預測步驟), 46

remember step (記住步驟), 43-44

using Turi Create (使用 Turi Create), 76-78

How GPT3 Works (Alammar), 542

How to Configure the Learning Rate When Training Deep Learning Neural Networks (Brownlee), 542

Hyderabad housing dataset (Hyderabad 房屋資料集), 539

hyperparameters (超參數),

decision trees (決策樹), 290-291

defined (定義), 81-82

grid search (網格搜尋), 463-466

setting in Scikit-Learn (Scikit-Learn 中的設定), 303-306

training neural networks (訓練神經網路), 340

I

if statement (if 語句), 159

image recognition (圖像辨識), 347, 352

building and training model (建立並訓練模型), 349-350

evaluating model (評估模型), 350

loading data (載入資料), 347

preprocessing data (前處理資料), 347-349

IMDB movie extensive reviews dataset (IMDB 電影評論資料集), 540

index column (index 欄位), 195

information gain (資訊增益), 287

intersections (交集), 245

is_na function (is_na 函式), 448

iterating (迭代), 287-290

J

Jordan, Jeremy, 544

K

Karpathy, Andrej, 538, 544

Keras, 340-350

　　graphical example in two dimensions (二維的圖形範例), 341-347

　　　　神經網路的架構 , 343

　　　　在 Keras 中建立模型 , 344-345

　　　　訓練模型 , 345-347

　　　　將非二進位的特徵轉化為二進位的特徵 , 343

　　training neural network for image recognition (為圖像辨識訓練類神經網路), 347-350

　　　　建立並訓練模型 , 349-350

　　　　評估模型 , 350

　　　　載入資料 , 347

　　　　前處理資料 , 347-349

kernel method (核方法), 371-397

　　coding (編寫程式碼), 394-399

　　　　多項式內核用來分類圓形資料集 , 394-395

徑向基函數核 , 395

　　polynomial kernel (多項式內核), 373-380

　　　　在推薦系統上的 AND 運算子 , 378-379

　　　　圓形資料集 , 373-375

　　　　超越二次方程式 , 379-380

　　radial basis function (RBF) kernel (徑向基函數核), 380-386

　　　　～的函數 , 384-386

　　　　相似度 , 386

　　　　用～訓練 SVM, 387-393

kernel parameter (內核參數), 394

Kernels and Feature Maps (Sicotte), 544

k-fold cross-validation (K 折交叉驗證), 467-468

K-means clustering (K-means 分群), 28

L

L1 and L2 norm (L1 範數與 L2 範數),

　in coefficients of model (模型係數的～), 105-106

　　measuring model complexity (測量模型複雜度), 101-102

l1_penalty parameter (l1_penalty 參數), 111

l2_penalty parameter (l2_penalty 參數), 111

labeled data (標記資料), 20-25

　classification models (分類模型), 23-25

　regression models (迴歸模型), 22-23

labels (標籤、標記), 43, 302, 370, 409, 458

lambda 92, 105

lambda parameter (lambda 參數), 436

lasso regression (lasso 迴歸), 102-103

leaf node (葉節點), 267

learner (學習器), 402

learning rate (學習率), 60, 340, 436, 514

learning_rate 超參數 , 426

leaves (葉), 266

len function (len 函式), 445

Leone, Stefano, 540

linear equation (線性方程式), 45

linear regression (線性迴歸),

　absolute trick (絕對技巧), 62-63

　algorithm (算法), 49-67

　　廣義線性迴歸演算法 , 66-67

　　概覽 , 63-64

　　用於資料集 , 65-66

　　使用模型做預測 , 66

　applications of regression (線性迴歸的應用), 82

　error function (誤差函數), 67-76

　　絕對誤差 , 68

　　梯度下降 , 71-74

　　平均絕對誤差與均方 (根) 誤差 , 71-73

　　繪圖 , 74-76

　　平方誤差 , 70

　　隨機梯度下降與批量梯度下降 , 76

　housing regression model (房屋迴歸模型)

　　制定步驟 , 44-45

　　線性迴歸 , 46-47

　　預測房屋價格 , 41-47

　　預測步驟 , 46

　　記住步驟 , 43-44

　　使用 Turi Create 套件 , 76-78

　loading data and plotting (載入資料與繪圖), 57, 64

　parameters and hyperparameters (參數和超參數), 81-82

　polynomial regression (多項式迴歸),

　　配適多項式曲線 , 81

　　多項式 , 78-80

　simple trick (簡易技巧), 55-58

　slope and y-intercept (斜率與 y 軸截距), 52-55

square trick (平方技巧), 58-63

　using gradient descent to train models (使用梯度下降訓練模型), 518-523

　　減少絕對誤差 , 518-520

　　減少均方誤差 , 520-522

linear_regression package (linear_regression 套件), 77

local minima (局部最小值), 534-536

location (位置), 54

logistic_classifier object (logistic_classifier 物件), 161

logistic_classifier package (logistic_classifier 套件), 195

logistic classifiers (邏輯分類器),

　classifying IMDB reviews with Turi Create (用 Turi Create 分類 IMDB 評論), 194

　comparing classifiers using log loss (比較分類器的對數損失), 179

　　邏輯分類器 1, 179

　　邏輯分類器 2, 180

　dataset and predictions (資料集與預測), 172

　error functions (損失函數), 174

　　絕對誤差 , 174

　　對數損失 , 175

　　平方誤差 , 175

　logistic regression algorithm (邏輯迴歸演算法), 181

　　編寫程式碼 , 188

　　邏輯技巧 , 181

　　～的虛擬碼 , 187

　　隨機、小批、批量梯度下降 , 188

　sigmoid function (sigmoid 函數), 170

　softmax function (softmax 函數), 196

LogisticRegression, 459

logistic regression algorithm (邏輯迴歸演算法), 170

logistic trick (邏輯技巧), 181

log loss (對數損失),

    comparing classifiers using (使用～比較分類器), 179

        邏輯分類器 1, 179

        邏輯分類器 2, 180

    formula for (～的公式), 179

    overview (概覽), 175

    using gradient descent (使用梯度下降), 527-529

log-odds (對數賠率), 416

loss functions (損失函數), 68

lower() function (lower() 函數), 257

LSTM (long short-term memory networks) (長短期記憶網路), 119, 353-355

M

machine learning (機器學習),

    AI (artificial intelligence) (人工智慧), 3-4

    background needed for (背景需求), 2-3

    deep learning (深度學習), 5-6

    defined (定義), 4-5

    remember-formulate-predict framework (記得 - 制定 - 預測的框架), 6-15

        房屋的迴歸模型 , 41-42

        人類如何思考 , 6-7

        模型與算法 , 7-8

    types of

        資料類型 , 19-20

        增強式學習 , 33-35

        用標記資料進行監督式學習 , 20-25

        用未標記資料進行非監督式學習 , 25-28

machine translation (機器翻譯), 353

MAE (mean absolute value) (平均絕對值), 479

market segmentation (市場區隔), 28

matrix factorization (矩陣分解), 33

max_depth 超參數 , 303, 409

max_features 超參數 , 303

maximum depth (最大深度), 436

mean absolute errors (平均絕對誤差), 71, 518-520

mean perceptron error (平均感知器誤差), 142

mean square error (MSE) (均方誤差), 71-73, 307, 520

medical dataset (醫療資料集), 203

medical imaging (醫學影像), 28

mini-batch gradient descent (小批梯度下降), 76, 155, 188

mini-batch learning (小批梯度下降學習), 76

minimizing functions (最小化函數), 71

min_impurity_decrease 超參數 , 303

min_impurity_decrease 超參數 , 303

minimum split loss (最小化分割損失), 436

min_samples_leaf 超參數 , 303

min_samples_split 超參數 , 303

missing values (缺失值), 447-449

    dropping columns with missing data (丟棄有缺失值的欄位), 448

    filling in missing data (填補缺失資料), 449

MNIST (Modified National Institute of Standards and Technology) dataset (MNIST 資料集), 341

model complexity graph (模型複雜度圖), 96-97

models (模型), 7-8, 43

    classification models (分類模型), 23-25

    examples of models that humans use (人類使用的模型之範例), 8-13

    examples of models that machines use (機器使用的模型之範例), 13

regression models (迴歸模型), 22-23

Morales, Miguel, 539

MSE (mean square error) (均方誤差), 71-73, 307, 520

multilayer perceptrons (多層感知器), 316

multivariate linear regression (線性迴歸), 46-47

music recommendations (音樂推薦), 82

N

naive Bayes model (單純貝氏模型), 234, 263

　　example of sick or healthy (生病或健康的範例), 235-239

　　spam-detection model (垃圾郵件偵測模型), 240-256

　　　　用真實資料建立～ , 256-261

　　　　尋找後驗機率 , 241-242

　　　　尋找先驗機率 , 240

　　　　將比率轉換成機率 , 242-248

NAND gate (NAND 閘), 506

negative zone (負區域), 123

n_estimators 超參數 , 409

neural networks (神經網路), 5

　　alien planet example (外星球範例), 317-319

　　　　全連接神經網路的架構 , 331-332

　　　　神經網路的邊界 , 329-331

　　　　將感知器的輸出結合到另一個感知器中 , 321-324

　　　　神經網路的圖形表示 , 326

　　　　感知器的圖形表示 , 324-326

　　　　使用兩條線來分類資料集 , 318-320

　　architectures for complex datasets (複雜資料集的結構), 352-355

　　　　卷積神經網路 , 352-353

　　　　generative adversarial networks (GAN), 355

　　　　RNN, GRU, LSTM, 353-355

　　coding in Keras, 340-350

　　　　二維的圖形範例 , 341-347

　　　　為圖像辨識訓練類神經網路 , 347-350

　　for regression (迴歸), 351-352

　　training (訓練), 332-340

　　　　激勵函數 , 338-339

　　　　反向傳播 , 333-335

　　　　誤差函數 , 333

　　　　超參數 , 340

　　　　問題、過度配適與梯度消失 , 335-336

　　　　softmax 函數 , 339-340

　　　　的技術 , 336-340

　　with gradient descent (梯度下降), 529-532

Neural networks, Manifolds, and Topology (Olah), 542

nodes (節點), 266

non-binary categorical features (非二元類別型特徵), 293

NOR gate (NOR 閘), 504

numerical data (數值型資料), 22

O

odds (賠率), 416

Olah, Chris, 538, 542

one-hot encoding (獨熱編碼，one-hot 編碼), 293, 452-454

operator theory (算子理論), 372

OR dataset (OR 資料集), 483

OR gate (OR 閘), 481

overfitting (過度配適), 88, 115

　　example using polynomial regression (多項式迴歸的範例), 89-91

model complexity graph (模型複雜度圖), 96-97

polynomial regression, testing, and regularization with Turi Create (用 Turi Create 進行多項式迴歸、測試和正規化), 108-114

reducing by tree pruning (以決策樹剪枝減少～), 432-433

regularization (正規化), 97-108

    L1 和 L2 的效果模型係數的正規化, 105-106

    過度配適的範例, 100-101

    直覺的方法來觀察正規化, 106

    L1 範數與 L2 範數, 101-102

    lasso 迴歸與脊迴歸, 102-103

    正規化參數, 103-105

testing model (測試模型), 91-95

    選出測試集, 93

    用測試資料訓練模型, 93-95

training neural networks (神經網路), 335-336

validation set (驗證集), 95

oversimplification (過度簡化), 88

P

Pandas

    loading dataset (載入資料集), 443-444

    studying dataset (學習資料集), 445-447

parameters (參數), 81-82

Parthasarathy, Dhruv, 538, 542

Pattern Recognition and Machine Learning (Bishop), 538

perceptron (感知器), 118

perceptron algorithm (感知器算法), 119

perceptron classifier (感知器分類器), 118

perceptron error function (感知器誤差函數), 141

perceptron model (感知器模型), 118

perceptrons (感知器),

    algorithm (算法), 145-154

        梯度下降, 155

        感知器技巧, 145-150

        ～的虛擬碼, 153-154

        隨機梯度下降與批量梯度下降, 155

    architecture of fully connected neural network (全連接神經網路的架構), 331-332

    boundary of neural network (神經網路的邊界), 329-331

    combining outputs of into other perceptron (將感知器的輸出結合到另一個感知器中), 321-324

        職業快樂感分類器, 321

        家庭快樂感分類器, 323

        快樂感分類器, 324

    graphical representation of (～的圖形表示), 324-326

    graphical representation of neural networks (神經網路的圖形表示), 326

    using gradient descent (使用梯度下降), 522-525

    using two lines to classify dataset (使用兩條線來分類資料集), 319-320

perceptron trick (感知器技巧), 119

plotting (繪圖),

    error function (誤差函數), 74-76

    linear regression data (線性迴歸資料), 64

polynomial kernel (多項式內核), 373, 380

    AND operator on recommendation system (在推薦系統上的 AND 運算子), 378-379

    circular dataset (圓形資料集), 373-375

    going beyond quadratic equations (超越二次方程式), 379-380

polynomial regression (迴歸), 78, 89-90

positive zone (正區域), 123

posteriors (後驗機率),

   defined (定義), 238-239

   spam-detection model (垃圾郵件偵測模型), 241-242

   with Bayes' theorem (用貝氏定理), 259

precision (精確率), 460, 488

   F-score, 212-215

     計算 , 213

     calculating F_β-score, 213-215

   overview (概覽), 210-212

   specificity and (特異性與～), 226-228

predicted positive (預測陽性), 486

predict function (函式), 303, 460

prediction (預測), 8, 43, 325

predictions column (預測欄位), 196

priors (先驗機率), 259

   defined (定義), 238-239

   spam-detection model (垃圾郵件偵測模型), 240

probability (機率), 242-248, 416

product recommendations (產品推薦), 82

product rule for independent probabilities (獨立機率的產品規則), 249

pseudocode (虛擬碼),

   for backpropagation algorithm (反向傳播算法的), 333-335

   for logistic regression algorithm (邏輯迴歸演算法的), 187

   for perceptron algorithm (感知器算法的), 153-154

   for perceptron trick (感知器技巧的), 150

     代數 , 147-149

     幾何 , 145

R

RandomForestClassifier package (RandomForestClassifier 套件), 409

random forests (隨機森林), 404

random package (random 套件), 64

random restart (隨機重啟), 535

random_state (random_state 函式), 458

ratios (比率), 242-248

RBF (radial basis function) kernel (徑向基函數核), 373, 386, 463

   functions of (的函式), 384-386

   similarity (相似度), 386

   training SVM with (用～訓練 SVM), 387-393

RBMs (restricted Boltzmann machines) (受限玻爾茲曼機模型), 33

recall (召回率), 459, 488

   F-score, 212-215

     計算 , 213

     計算 F_β-score, 213-214

   overview (概覽), 208-209

   sensitvity and (敏感性與～), 226-228

Recipe for Training Neural Networks, A (Karpathy), 544

recommendation systems (推薦系統),

   AND operator on (在～上的 AND 運算子), 378-379

   classification (分類), 163

   decision trees (決策樹), 310-311

   regression (迴歸), 82

regression (迴歸), 170

   for decision trees (用於決策樹的～), 306-309

   models (模型), 22-23

   neural networks for (神經網路用於～), 351-352

regression model (迴歸模型), 22

regularization (正規化), 97-108

　effects of L1 and L2 regularization (L1 與 L2 正規化的效果), 105-106

　example of overfitting (過度配適的範例), 100-101

　for training neural networks (用於訓練神經網路), 336-337

　gradient descent for (用於～的梯度下降), 532-534

　intuitive way to see regularization (直覺的方法來觀察正規化), 106-108

　L1 and L2 norm (L1 範數與 L2 範數), 101-102

　lasso regression and ridge regression (lasso 迴歸與脊迴歸), 102-103

　regularization parameter (正規化參數), 103-105

regularization parameters (正規化參數), 103-105, 340

reinforcement learning (增強式學習), 33-35

ReLU (rectified linear unit) (修正線性單元), 338, 338-339

remember-formulate-predict framework (記得 - 制定 - 預測的框架), 6-15

　how humans think (人類如何思考), 6-7

　models and algorithms (模型與算法), 7-15

　　人類使用的模型之範例 , 8-13

　　機器使用的模型之範例 , 13

rescaling factor (重新縮放因子), 413

research experience (研究經驗), 302

ridge regression (脊迴歸), 102-103

RMSE (root mean square error) (均方根誤差), 71, 112

RNN (recurrent neural networks) (循環神經網路), 119, 353-355

robotics (機器人技術), 35

ROC (receiver operating characteristic) curve (接受者操作特徵曲線), 215-219

　AUC (area under the curve) (曲線下面積), 222-223

　making decisions using (使用～做決策), 223-226

　recall and precision (召回率與精確率), 226-228

　sensitivity and specificity (敏感性與特異性), 215-217

Rohrer, Brandon, 538, 542

root node (根節點), 266

rule of complementary probabilities (互補機率定律), 244

S

Schapire, Robert, 545

Scikit-Learn

　building decision tree with (用～建立決策樹), 300

　coding AdaBoost in (用～編寫 AdaBoost), 420-421

　coding SVMs in (用～編寫 SVM), 369-371

　　C 參數 , 371

　　simple SVM, 369

　modeling student admissions with (用～對學生申請入學資料建模), 301-305

　training random forest in (用～訓練隨機森林), 409-410

score (分數), 141-142, 523

score function (score 函式), 303, 460

Selecting the Best Architecture for Artificial Neural Networks (Gad), 542

self-driving cars (自駕車), 35

semantic segmentation (語義分割), 353

sensitivity (敏感性), 215-222

calculating (計算), 218

optimizing in model (在模型中最佳化～), 218-222

sentiment analysis (情感分析), 23, 118

sentiment analysis classifier (情感分析分類器), 319-320

sentiment column (情緒欄位), 195

Series object (Series 物件), 444

Setting the Learning Rate of Your Neural Network (Jordan), 544

Shapire, Robert, 545

Sicotte, Xavier Bourret, 544

sigmoid function (sigmoid 函數), 170

Silver, David, 539

similarity (相似度), 386

similarity score (相似度分數), 428

simple trick (簡易技巧), 55-56

simplifying data (簡化資料),

dimensionality reduction (降維), 28-29

matrix factorization and singular value decomposition (矩陣分解與奇異值分解), 31-33

singular value decomposition (奇異值分解), 31-33, 33

slope (斜率), 44, 55

social media (社群媒體), 23

softmax function (softmax 函數), 196, 339-340

spam email (垃圾郵件),

dataset (資料集), 203

filters (過濾), 163

naive Bayes model (單純貝氏模型), 240-256

用真實資料建立～ , 256-261

尋找後驗機率 , 241-242

尋找先驗機率 , 240-241

將比率轉換成機率 , 242-248

Spam filter dataset (垃圾資料過濾資料集), 541

specificity (特異性), 215-222

calculating (計算), 218

optimizing in model (在模型中最佳化～), 218-222

speech recognition (語音辨識), 353

split() function (split() 函式), 257

splitting data (分割資料), 293-296

into features and labels, and training and validation (將資料分割為特徵與標籤以及訓練集和驗證集), 458

using continuous features (使用連續型特徵), 294-296

using non-binary categorical features (使用非二元類別型特徵), 293

square error (平方誤差), 68, 71-73, 175

square trick (平方技巧), 58-63

Starmer, Josh , 538

stochastic gradient descent (隨機梯度下降), 76

logistic regression algorithm (邏輯迴歸演算法), 188

perceptron algorithm (感知器算法), 155

sum function (sum 函式), 447

sum rule for disjoint probabilities (互斥機率的總和規則), 279

supervised learning (監督式學習), 20-25

classification models (分類模型), 23-25

regression models (迴歸模型), 22-23

SVMs (support vector machines) (支持向量機)

coding in Scikit-Learn (在 Scikit-Learn 中編寫～), 369-371

用～編寫 SVM, 369-370

C 參數 , 371

kernel method (核方法), 371-397

編寫程式碼 , 394-399

多項式內核 , 373-380

徑向基函數核 , 380-386

using error function to build better classifiers (用誤差函數建立更好的分類器), 362-369

加上 2 個誤差函數以獲得誤差函數 , 366-367

分類的誤差函數 , 362-364

C 參數 , 367-369

距離的誤差函數 , 364-365

T

tanh (hyperbolic tangent) function (tanh 函式), 338

testing error (測試誤差), 92

testing models (測試模型), 91-95, 459-462

accuracy (準確率), 460

F1-score, 460-462

picking testing set (選出測試集), 93

using testing data for training model (用測試資料訓練模型), 93-95

testing set (測試集), 91

text_analytics package (text_analytics 套件), 194

text summuarization (文字摘要), 355

threshold (截止值、閾值), 136

Titanic dataset (鐵達尼號資料集), 442-447

features of (的特徵), 443

loading with Pandas (用 Pandas 載入), 443-444

studying with Pandas (用 Pandas 學習), 445-447

training error (訓練誤差), 92

training models (訓練模型),

data engineering (資料工程), 457-462

評估模型 , 459-462

資料集 , 459

將資料分割為特徵與標籤以及訓練集和驗證集 , 458

測試模型 , 462

with gradient descent (用梯度下降), 516-532

分類模型 , 522-528

線性迴歸模型 , 518-523

神經網路 , 529-532

training neural networks (訓練神經網路), 332-340

activation functions (激勵函數), 338-339

backpropagation (反向傳播), 333-335

error function (誤差函數), 333

hyperparameters (超參數), 340

problems, overfitting and vanishing gradients (問題、過度配適與梯度消失), 335-336

softmax function (softmax 函數), 339

techniques for (的技術), 336-337

丟棄 , 337

正規化 , 336

training set (訓練集), 91

train_test_split function(train_test_split 函式), 458

transfer learning(遷移式學習), 353

Trask, Andrew, 352, 542

Turi Create, 76-78

classifying IMDB reviews with (用～分類 IMDB 評論), 194

coding perceptron algorithm (感知器算法), 160-161

polynomial regression, testing, and regularization with (用～進行多項式迴歸、測試和正規化), 108-109

U

underfitting (配適不足), 88, 115

example using polynomial regression (多項式迴歸的範例), 89-91

model complexity graph (模型複雜度圖), 96-97

polynomial regression, testing, and regularization with Turi Create (用 Turi Create 進行多項式迴歸、測試和正規化), 108-114

regularization (正規化), 97-108

在模型係數中 L1 與 L2 正規化的效果 , 105-106

過度配適的範例 , 100-101

直覺的方法來觀察正規化 , 106-108

L1 範數與 L2 範數 , 101-102

lasso 迴歸與脊迴歸 , 102-103

正規化參數 , 103-105

testing model (測試模型), 91-95

選出測試集 , 93

用測試資料訓練模型 , 93-95

validation set (驗證集), 95

Understanding LSTM Networks (Olah), 542

unlabeled data (未標記資料), 25-28

clustering algorithms (算法), 26-28

dimensionality reduction (降維), 28-29

generative machine learning (生成機器學習), 33

matrix factorization and singular value decomposition (矩陣分解與奇異值分解), 31-32

unsupervised learning (非監督式學習), 25-28

clustering algorithms (分群算法), 26-28

dimensionality reduction (降維), 28-29

generative machine learning (生成機器學習), 33

matrix factorization and singular value decomposition (矩陣分解與奇異值分解), 31-33

Using Ttransfer Learning to Classify Images with Keras (Cook), 542

V

validation set (驗證集), 95

Veerakumar, Karthik, 541

W

weak learners (弱學習器), 403

website traffic (網站流量), 23

weights (權重), 43, 128

Winning the Netflix Prize (Chen), 545

X

XGBoost (extreme gradient boosting) (極限梯度提升法), 428, 438, 545

building weak learners (弱學習器), 429-432

making predictions (進行預測), 433-435

similarity score (相似度分數), 428-429

training model in Python (在 Python 中訓練模型), 436-438

tree prunings (樹修剪), 432-433

xgboost package (xgboost 套件), 437

XGBRegressor model (XGBRegressor 模型), 436

XOR dataset, 378, 483

白話機器學習

作　　者：Luis G. Serrano
譯　　者：洪巍恩
企劃編輯：蔡彤孟
文字編輯：王雅雯
設計裝幀：張寶莉
發 行 人：廖文良

發 行 所：碁峰資訊股份有限公司
地　　址：台北市南港區三重路 66 號 7 樓之 6
電　　話：(02)2788-2408
傳　　真：(02)8192-4433
網　　站：www.gotop.com.tw
書　　號：ACL063800
版　　次：2023 年 05 月初版
建議售價：NT$780

商標聲明：本書所引用之國內外公司各商標、商品名稱、網站畫面，其權利分屬合法註冊公司所有，絕無侵權之意，特此聲明。

版權聲明：本著作物內容僅授權合法持有本書之讀者學習所用，非經本書作者或碁峰資訊股份有限公司正式授權，不得以任何形式複製、抄襲、轉載或透過網路散佈其內容。
版權所有 ● 翻印必究

國家圖書館出版品預行編目資料

白話機器學習 ／ Luis G. Serrano 原著；洪巍恩譯. -- 初版. -- 臺
　北市：碁峰資訊, 2023.05
　　面；　公分
　　ISBN 978-626-324-449-8(平裝)
　　譯自：Grokking Machine Learning
　　1.CST：機器學習
312.831　　　　　　　　　　　　　　　112002485